高新纺织材料研究与应用丛书

绿色纺织复合材料

王春红　鹿超　左祺　王利剑　编著

中国纺织出版社有限公司

内 容 提 要

全书内容共6章，主要涉及天然纤维及天然纤维增强绿色复合材料的设计、制备、表征以及应用性能评价。第1章简要阐述绿色复合材料的定义，并系统地介绍了绿色纺织复合材料领域广泛研究的天然纤维、可降解树脂以及复合材料成型工艺；第2章阐述天然纤维微观结构及表征方法；第3章~第6章分述不同增强形式的天然纤维增强绿色复合材料的制备及其在汽车内饰、轨道交通、航空及建筑装饰材料中的应用。

本书可作为纺织及相关专业师生的参考书和教材，也可供相关专业的科研院所、高校的科研人员、专业技术人员使用。

图书在版编目（CIP）数据

绿色纺织复合材料 / 王春红等编著. -- 北京：中国纺织出版社有限公司，2021.4

ISBN 978-7-5180-8181-3

Ⅰ. ①绿… Ⅱ. ①王… Ⅲ. ①纺织纤维—复合材料—高等学校—教材 Ⅳ. ① TS102

中国版本图书馆 CIP 数据核字（2020）第 220453 号

策划编辑：沈　靖　孔会云　　责任编辑：沈　靖
责任校对：楼旭红　　责任印制：何　建

中国纺织出版社有限公司出版发行
地址：北京市朝阳区百子湾东里A407号楼　邮政编码：100124
销售电话：010—67004422　传真：010—87155801
http：//www.c-textilep.com
中国纺织出版社天猫旗舰店
官方微博 http：//weibo.com/2119887771
北京玺诚印务有限公司印刷　各地新华书店经销
2021年4月第1版第1次印刷
开本：710×1000　1/16　印张：20.75
字数：343千字　定价：58.00元

前　言

“绿水青山就是金山银山”的理念已成为指引整个国家前进方向的新发展理念的重要组成部分，良好生态环境是实现中华民族永续发展的内在要求。当前，生态文明建设正处于压力叠加、负重前行的关键期，已进入提供更多优质生态产品以满足人民日益增长的优美生态环境需要的攻坚期，也到了有条件、有能力解决突出生态环境问题的窗口期，全球新材料行业趋于绿色低碳化，与环境的兼容性也日趋增强，已期形成绿色可持续发展之态势。

复合材料是由两种或两种以上的单一材料，用物理或化学方法经过复合而成的一种固体材料。如果复合材料组分中含有纤维、纱线或织物等纺织材料，则可称作纺织复合材料。纺织复合材料是以纺织纤维及其结构体实现增强的先进复合材料，其制备过程包括纤维与织物增强体的制备以及增强体与基体的复合材料的制备。绿色纺织复合材料则是至少有一种组分材料选用可降解材料的纺织复合材料。

《绿色纺织复合材料》一书是在编者近20年绿色纺织复合材料相关制品研发、生产的基础上，结合与加拿大首席科学家、国际知名纺织结构复合材料专家Frank Ko教授在内的国内外专家、学者的最新合作研究成果，通过精选、分析、研究和整理编写而成。全书共分为六章，系统地阐述了绿色纺织复合材料增强用天然纤维的性能特征以及其在汽车内饰、轨道交通、航空、建筑装饰领域的性能分析方法和产品应用开发。第1章为绿色复合材料导论，介绍了天然纤维、可降解树脂以及天然纤维增强复合材料成型工艺；第2章为复合材料增强用天然纤维性能分析，从宏观和微观角度介绍了有关纤维的物理、化学性能测试和分析方法，介绍了天然纤维精细化处理方法以及天然纤维物理、化学性能相关性研究；第3章~第6章为绿色纺织复合材料分别在汽车内饰、轨道交通、航空及建筑装饰领域的产品设计、开发以及应用性能分析。本书对纺织及复合材料行业中天然纤维制品的研发与生产具有实际及理论指导意义。

本书为作者多年研究积累的成果，研究过程中得到了黄故、王瑞等专家学者的指导和资料支持。此外，本书编写过程中参考了一些已出版的文献和资料。在此，对提供技术支持、文献资料和数据的单位、作者表示诚挚的谢意。同时，本书作者指导的天津工业大学学生白肃跃、曹文静、陈菊香、陈祯、崔晓彤、韩川川、何顺辉、何威、胡秀东、黄梦岚、贾瑞婷、李姗、李言、李勇刚、李园平、历宗洁、林天扬、刘丹、刘家兴、刘健、刘胜凯、刘秀明、龙碧璇、吕静、孟庆庆、冉俊、任慧敏、任子龙、尚德强、唐模秋、田达、王聪、王航、韦浩威、温彪彪、吴美雅、解希娜、徐贵海、杨明华、叶张龙、岳鑫敏、张东辉、张青菊、张荫楠、赵建萍、赵玲、郑素娜、支中祥、朱赤红、朱静静、朱耀泽（按拼音排序）等做了大量富有实效的实验工作和资料汇编整理工作，在此向他们表示衷心的感谢。最后，特别感谢黄故教授对本书进行了审阅。

本书涵盖了有关绿色纺织复合材料的研究、开发和应用的理论和实践案例分析，可供从事绿色纺织复合材料研究和生产的研究学者、工程技术人员参考，还可以为材料科学、纺织复合材料相关专业的本科生和研究生以及从事相关工作的技术人员提供技术支持。

由于本书内容涉及多个学科领域，加上编著者的专业背景和对跨学科领域的前沿研究和技术发展现状掌握的局限性，书中难免会有错误和不足之处，敬请各学科领域的专家学者和广大读者批评指正，以便在后续的修订版本中补充、修改和完善。

编著者

2020年12月初

目 录

第1章　导论

1.1　绿色复合材料概述

材料作为人类进步的里程碑，不仅是技术进步的关键，而且是现代文明重要的物质基础。因此，世界各国一直十分重视对新材料的研究、开发，并将其列入产业政策和技术政策的重要内容。早在20世纪70年代就有美国人把能源比作血液，把材料比作现代工业的骨肉；日本人则把材料、能源和信息比喻为现代文明的三大支柱；我国也一直强调“新材料不仅是发展新兴产业的物质基础，更是改造传统产业所不可或缺的”，并将新材料列入我国实施高技术的研究开发计划中。

新材料与现代高技术的深度融合，使新材料的提取、合成、制造、改性、应用等技术水平达到了空前的高度，为人类的未来展现出光辉的前景。然而，所有的材料都是用资源换取的，全球的资源可分为两类，一类是不可再生资源，另一类是可再生资源。而目前全球资源的状况是：不可再生资源日益枯竭，可再生资源还未得到充分开发利用，这就是绿色材料和材料绿色化迅速发展的原因。

近半个世纪以来，作为新材料领域中的后起之秀，复合材料得到了长足的发展，目前已与有机高分子材料、无机非金属材料、金属材料一起并列为四大材料。目前复合材料使用的增强纤维主要有芳纶、碳纤维、玻璃纤维、碳化硅纤维及聚乙烯纤维等，目前有关复合材料已经被广泛应用在航空、火车、汽车、建筑、休闲用品和体育器材等领域。然而，这几类复合材料存在一些严重的缺点，比如材料的回收问题、后处理问题和可持续发展问题等。碳纤维和芳纶的原材料都属于石油基材料，石油属于不可再生资源，玻璃纤维属于高能耗材料，这些缺点对他们的可持续发展是致命的。

以玻璃纤维为例，玻璃纤维在国民经济中的应用较广泛，而玻璃纤维作为复合材料的增强体存在如下缺点：①能耗高，在玻璃纤维的生产过程中能源消耗大，每吨玻璃纤维耗电量约接近3000kW·h；②对人体危害大，由于玻璃的化学性质十分稳定，玻璃纤维毛会对人体皮肤产生强烈的刺激作用，一旦吸入人体后不能被吸收或者分解，容易引起肺部疾病甚至引发癌变；③对环境污染严重，玻璃纤维增强复合材料的制品废弃后，玻璃毛会对空气构成污染，且由于玻璃毛的存在，这些材料不能在食品与包装行业使用。所有这些都极大地限制了玻璃纤维作为复合材料增强体的应用范围。随着不可再生资源的不断消耗，可再生资源的开发利用对于国家经济的可持续发展以及材料领域的可持续发展显得尤为重要。

有研究者认为，天然植物纤维和热固性或热塑性树脂制备的复合材料可称为绿色复合材料。近年来，随着各种生物可降解树脂的开发和利用，使绿色复合材料的基体材料也具备了生物可降解性，为制备可完全降解复合材料提供了可能，也诞生了真正意义上的绿色复合材料——能与生态环境和谐共存的材料，即能够完全生物降解、再生的材料。

绿色复合材料使用天然纤维作为复合材料的增强体，有着玻璃纤维无法比拟的优点，具体如下。

①天然纤维原料有较强的再生能力，来源广泛，如苎麻可一年三熟，是“取之不竭，用之不尽”的生物资源。

②天然纤维在制备复合材料的生产过程中不会对人体造成任何伤害，而且天然纤维与人类有良好的亲和性，人们非常乐意接受由天然纤维制备的复合材料制品，这为天然纤维复合材料提供了巨大的市场空间。

③天然纤维和基体的适当配合可以制成可完全降解的复合材料，因此，开发完全可生物降解的天然纤维复合材料，不仅可以扩大复合材料的应用范围，也有可能解决困扰人类发展的环境问题。

复合材料基体包括金属基、陶瓷基及聚合物基等，绿色复合材料是以聚合物为基体，大部分研究也集中在以聚合物为基体的复合材料性能及应用上。聚合物是纤维增强复合材料的必需组分，其主要作用包括传递载荷、黏结纤维、提供一些特殊性能、保护纤维免受损伤等。聚合物基体按热行为可分为热塑性和热固性两类，热塑性基体包括聚丙烯、聚乙烯、聚酰胺树脂等，热固性基体包括环氧树脂、不饱和聚酯树脂、酚醛树脂等。目前所认为的绿色复合材料仅在于增强体的绿色化，对于基体的绿色化还并未完全做到，但近年来已经有研究集中于可降解树脂的开发，从而使复合材料达到真正的完全降解，即真正意义上的绿色复合材料。

研究开发环境友好型绿色材料已成为国际先进技术和环保领域的共识，而以天然竹纤维为代表的植物纤维复合材料，以其优良的力学性能和多功能等特点已在航空、轨道交通、汽车、建筑以及土木等领域引起广泛关注。未来，绿色复合材料技术的发展将会是一个渐进、创新、创意的过程，需要采取时尚设计与综合优势应用并举的发展策略，以加速该领域的发展与进步。

1.2　绿色复合材料用天然纤维

1.2.1　概述

采用可再生资源如木材、麻、秸秆等其他植物来制作新材料已经成为当前世界各国关注和研究的热点之一。植物纤维是一种天然高分子材料，生长并存在于天然绿色植物中，是一种取之不尽、用之不竭的资源。高性能天然纤维（如麻纤维、竹纤维等）与传统的四大材料（钢材、水泥、塑料、木材）相比，具有高强高模、耐磨、耐腐蚀、分布广、产量大、生长周期短、无污染等特点，其增强复合材料具有如下优势：①价格低廉，且生长、收获、加工过程消耗的能量少。②质轻密度小。③来源广泛，麻纤维生长周期短、生长环境要求低。④性能优良，麻纤维复合材料耐腐性强，隔热、隔音性能好，耐冲击，具有良好的刚度、断裂特性、切口韧性、低温特性等。⑤环境保护性好，麻纤维具有可降解、可回收和可再生的优点，尤其是其良好的可生物降解性和可再生性，是其他无机纤维材料所无法比拟的。

天然植物纤维的应用一直以来都局限于纺织行业和造纸行业，以天然植物纤维作为复合材料的增强体，不仅可以拓宽天然植物纤维的应用范围、发展以天然植物纤维为基础的高新技术，而且对提高农副产品的附加值，增加农民收入、推动我国农业发展也具有十分积极的意义。因此，植物纤维用于复合材料的潜在优势越来越受到人们的关注，其价格低廉，密度小，具有较高的弹性模量（与无机纤维相近），同时其生物降解性和可再生性是其他任何增强材料无法比拟的，因而植物纤维在复合材料应用中得到了迅速发展。

1.2.2　麻纤维

麻纤维最早产于我国，是我国重要的经济作物之一，其品种达100余种。世界上主要的麻类品种在我国均有种植。麻纤维主要分为韧皮纤维和叶纤维，苎麻、亚麻、黄麻、洋麻、汉麻（又称大麻）、罗布麻等都属于韧皮纤维，剑麻、菠萝叶纤维等属于叶纤维，目前应用比较广泛的主要是韧皮纤维。目前商品化生产的麻类主要有苎麻、洋麻、亚麻、黄麻、剑麻、汉麻。全球麻年总产量约500万吨，产自我国的约有60万吨。我国苎麻产量约占世界的90%，是全球苎麻产量最大的国家；黄麻和洋麻以孟加拉国和印度的种植面积和产量为最大，我国目前位列第三；亚麻也称欧洲麻，在俄罗斯种植最多，产业重心近年来移至我国，我国的加工能力已位列第一；剑麻主要产自巴西，占世界产量的70%，目前我国剑麻产量在全球位居第二。我国麻的种植地区分布较广，在长江上中游流域主要种植苎麻，热带主要种植剑麻，在东北和西北主要种植亚麻，黄淮海流域主要是黄麻、红麻。我国麻类常年种植面积约为2000万亩。

2009年的麻产量约为51.6万吨，麻纺织能力达215万锭，其中，亚麻为110万锭，苎麻为95万锭。2010年，我国麻类产业总产值超过1000亿元，其中麻产品与服装出口近700亿元。

苎麻、亚麻、汉麻因其纤维柔软，可纺性好，主要应用在纺织业和增强复合材料中，黄麻和洋麻因纤维粗硬，可纺性差，主要应用在麻袋和工业生产中。

麻纤维增强复合材料由于其密度明显低于传统无机纤维增强复合材料，力学性能优良，吸湿性能好、吸音效果优良，在汽车工业、建筑工业、医用行业都得到了广泛应用，不仅能有效减轻材料自重，降低成本，还具有可降解性，绿色环保，无废弃料处理难题的特点。比如，在汽车领域可用作内饰件、吸噪声板、充气安全袋及轮胎帘子布等；在建筑领域可用作膜材，包括道路施工材料、屋顶防水材料、环保工程材料、水利工程材料等。德国的BASF公司用麻纤维作为增强材料、聚丙烯等热塑性塑料作为基体制备出麻纤维增强热塑性塑料毡复合材料（NMTS）；加拿大的Motive Industries公司成功研发出以汉麻纤维为汽车车身，利用清洁电力为能源的新型环保汽车，该车使用的汉麻纤维经过处理以后，使增强后的复合材料的力学性能达到了汽车使用标准。

1.2.2.1 苎麻纤维

苎麻为多年生的草本植物，属荨麻科苎麻属。根据种植环境的不同，苎麻每年可收获2~5次。我国苎麻的发展历史源远流长，据考古研究，最古老的苎麻植物约有6000年的历史，有文献记载，早在2600多年前，利用自然发酵法加工苎麻的方法就已经出现。苎麻的种植范围主要集中在湖南、湖北、四川、安徽、江西5个省份。2005年，5个省的苎麻种植面积达13.4万公顷。苎麻单纤维很长，可达60~250mm，是麻纤维中最好的。苎麻纤维横截面一般为不规则的圆筒形，宽度一般为30~80μm，纤维壁厚6~14μm。内腔为腰圆形、椭圆形或不定形，纤维表面平滑，没有卷曲，外表有明显条纹和螺旋状的节。

1.2.2.2 亚麻纤维

亚麻是一年生草本植物，属亚麻科亚麻属。亚麻起源于近东、地中海沿岸。早在5000多年前的新石器时代，古代埃及人和瑞士湖栖居民就有种植，我国也有2000多年的栽培历史。亚麻纤维的一个单纤维就是一个独立的细胞，是纤维束的基本组成单位，单纤维细胞向两端拉长，呈纺锤状，长度为4~60mm，直径为12~37μm。亚麻纤维在茎的韧皮部内成束地分布，一个纤维束一般有13~20个单纤维，它们被果胶质紧密黏结在一起。茎的周围有由20~40个纤维束组成的密度不同的环，纤维束依靠纤维束之间共存的一些单纤维连接在一起，形成完整坚固的纤维网。

1.2.2.3 洋麻纤维

洋麻纤维是一年生草本植物，属锦葵科木槿属，主要分布在亚洲、拉丁美洲和非洲的一些国家，种植范围主要集中在孟加拉、印度、泰国和中国等国家。洋麻生长速度较快，一般5~7个月就可以收获，产量较高（16~20吨/公顷）。洋麻的韧皮纤维为长纤维，约占全杆重量的35%。洋麻纤维的性能与黄麻纤维的性能极其相似，但木质素含量比黄麻略高，因此，洋麻纤维比黄麻纤维要粗硬。洋麻单纤维一般长2~6mm，宽18~30μm。

1.2.2.4　黄麻纤维

黄麻是一年生草本植物，是最廉价的麻纤维之一，属椴树科黄麻属。黄麻在我国的栽培历史悠久，早在北宋《图经本草》（公元1061年）中就有对黄麻形态的简要描述。黄麻主要分为两种，即长果种黄麻和圆果种黄麻。主要种植在中国、印度、尼泊尔、孟加拉等国家。印度是世界上黄麻产量最高的国家。黄麻纤维细胞的横截面呈五角形、六角形和多边形，断面有倾斜的龟裂条痕，表面呈X型节状或竹子节状，长度为17~20mm，纤维细胞厚度整齐呈圆筒状，无卷曲。黄麻纤维因单纤维较短，无法进行单纤维纺纱。

1.2.2.5　汉麻纤维

汉麻是一年生草本植物，属大麻科大麻属。汉麻原产于中国，早在2000年前就有汉麻栽培记载。汉麻的生长范围广，在大部分热带和温带地区都能生长。汉麻的生长期因地区气候条件的不同而不同，一般在100~250天，茎高2.5~3m，茎截面一般为1~3cm。汉麻韧皮部分的纤维质量好，可以作为纺织原料。汉麻纤维细胞两端为钝圆，表面有纵条，强度较高，单纤维断裂强度高于亚麻，低于苎麻。

1.2.2.6　剑麻纤维

剑麻是多年生热带植物，属龙舌兰科丝兰属，原产于墨西哥龙加丹半岛。目前剑麻主要在墨西哥、巴西、坦桑尼亚等国家生产，中国也是剑麻生产国之一，主要集中在广东、广西、福建和海南等地。目前，巴西是世界上剑麻的主要生产国，剑麻纤维年产量达12.5万吨，占全球剑麻纤维产量的45%，中国和墨西哥的剑麻纤维产量则分别在3.8万吨和3.1万吨左右。剑麻纤维属于叶纤维，取自剑麻叶片中的纤维管束，纤维粗硬、耐腐蚀。剑麻纤维中纤维素含量约40%，结晶度低、强度高、弹性模量大、断裂伸长率小，常被用于制作海上用的绳网、缆绳和粗麻袋，但剑麻的可纺性差。

1.2.2.7　麻纤维的物理性能

麻纤维的物理性能取决于纤维在植物上的部位（杆、叶等）、植物的生长环境、纤维的成熟度、纤维的成分和提取纤维的工艺方法等。纤维的强度、电阻系数、杨氏模量等都与纤维的内部结构和化学组成有很大的关系。麻纤维具有良好的抗拉强度和杨氏模量、高持久性、可塑性、低密度及再循环能力，表1-1为几种麻纤维与传统纤维的物理性能对比表。

麻纤维具有较高的强度、模量和较小的密度，适用于聚合物基复合材料的增强体。亚麻纤维的比强度和比模量都接近于E-玻璃纤维。但是麻纤维的力学性能很不均匀，相同纤维不同批次之间、同一纤维不同部位之间的力学性能都相差很大。

1.2.2.8 麻纤维的化学性能

麻纤维的化学成分主要有纤维素、半纤维素、木质素、果胶、脂蜡质和水溶物，其中纤维素、半纤维素和木质素占主要部分。纤维素是组成纤维细胞的主要骨架，木质素和半纤维素填充在纤维之间和微细纤维之间，起到“黏合剂”和“填充剂”的作用，在纤维束状结合、纤维素强度以及吸湿性方面都起着至关重要的作用。图1-1所示为麻纤维的结构模型，纤维细胞表面由纤维素构成的细胞膜，称为初生壁；接着是由微纤丝和非晶体物质构成的细胞壁，称为次生壁；纤维细胞通过木质素聚集在一起，形成纤维。单个纤维并没有成束，但可以产生较强的纤维内部固有强度，这个特性对应增强复合材料的特性有重要意义。

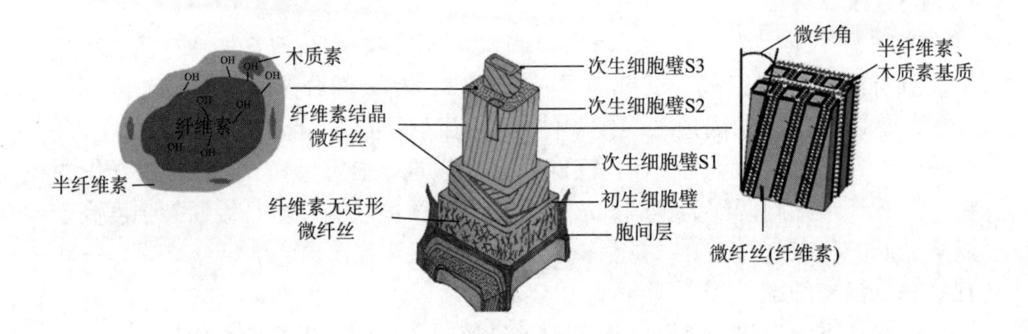

图 1-1 麻纤维的结构模型

麻纤维品种繁多，不同品种的麻纤维其化学成分含量大不相同。事实上，同一品种的麻纤维，由于其产地、生长周期不同，其成分含量也大不相同，同一批次的麻纤维因为其在麻株上生长的位置不同，各化学成分含量也不尽相同。表1-2所示为几种麻纤维的化学组成和特性，可以看出，不同麻纤维的各化学成分含量各不相同，同一种麻纤维的各化学成分含量也是在一个范围内波动；表1-3是不同产地的两种亚麻纤维的化学组成，可以看出，进口的和国产的亚麻纤维中各化学成分的含量是不一样的。

表 1-1 几种麻纤维与传统纤维的物理性能比较

纤维	密度 / ($g \cdot cm^{-3}$)	断裂伸长 / %	拉伸强度 /MPa	拉伸模量 / GPa	比强度 / ($MPa \cdot cm^3 \cdot g^{-1}$)	比模量 / ($GPa \cdot cm^3 \cdot g^{-1}$)
黄麻	1.30~1.46	1.50~1.80	393.00~800.00	10.00~30.00	302.00~595.00	20.40
亚麻	1.40~1.50	1.20~3.20	345.00~1500.00	27.60~80.00	230.00~690.00	18.40

续表

纤维	密度 /（$g\cdot cm^{-3}$）	断裂伸长 /%	拉伸强度 /MPa	拉伸模量 /GPa	比强度 /（$MPa\cdot cm^3\cdot g^{-1}$）	比模量 /（$GPa\cdot cm^3\cdot g^{-1}$）
苎麻	1.50	2.00~3.80	220.00~938.00	44.00~128.00	267.00~625.00	40.90~85.30
汉麻	1.48	1.60	550.00~900.00	70.00	460.00	—
剑麻	1.33~1.50	2.00~14.00	400.00~700.00	9.00~38.00	341.00~623.00	6.30~14.70
椰壳纤维	1.20	15.00~30.00	175.00~220.00	4.00~6.00	146.00	3.30~5.00
E- 玻璃纤维	2.50	2.50~3.00	2000.00~3500.00	70.00	800.00~1400.00	28.00
碳纤维	1.40	1.40~1.80	4000.00	230.00~240.00	2857.00	164.00~171.00
芳纶	1.40	3.30~3.70	3000.00~3150.00	63.00~67.00	2143.00~2250.00	45.00~47.90
棉花	1.50~1.60	3.00~10.00	287.00~597.00	5.50~12.60	191.00~398.00	3.70~8.30

表 1-2 几种麻纤维的化学组和特性

名称	化学组成 /%					单纤维细度 /μm	单纤维长度 /mm
	纤维素	半纤维素	果胶	木质素	其他		
苎麻	65.0~75.0	14.0~16.0	4.0~5.0	0.8~1.5	6.5~14.0	30.0~40.0	20.0~250.0
亚麻	70.0~80.0	12.0~15.0	1.4~5.7	2.5~5.0	5.5~9.0	12.0~17.0	17.0~25.0
黄麻	57.0~60.0	14.0~17.0	1.0~1.2	10.0~13.0	1.4~3.5	15.0~18.0	1.5~5.0
洋麻	52.0~58.0	15.0~18.0	1.1~1.3	11.0~19.0	1.5~3.0	18.0~27.0	2.0~6.0
汉麻	67.0~78.0	5.5~16.1	0.8~2.5	2.9~3.3	5.4	15.0~17.0	15.0~25.0
罗布麻	40.8	15.5	13.3	12.1	22.1	17.0~23.0	20.0~25.0

表 1-3 亚麻纤维的化学成分 单位：%

品种	纤维素	半纤维素	木质素	果胶	脂蜡质	水溶物	灰分
进口	68.85	15.70	2.97	4.64	1.85	5.70	1.32
国产	65.71	15.51	4.42	3.61	2.26	6.01	1.42

1.2.3 竹纤维

竹基增强复合材料增强体根据其尺寸、形态分为竹粉、短竹原纤维、长竹原纤维和薄竹板。大量研究表明，不同增强形态竹基复合材料力学性能的关系为：长竹原纤维增强复合材料＞短竹原纤维增强复合材料＞竹粉增强复合材料，长竹原纤维增强复合材料的力学性能与薄竹板或者纤维板增强复合材料的力学性能相当。与薄竹板或纤维板增强复合材料相比，长竹原纤维具有耐发霉、耐气候性、产品形状灵活多变等优势。因而以长竹原纤维作为增强体制备的复合材料的应用前景更为广阔。

竹原纤维取材于竹子，竹片由外到内分别为竹青、竹肉和竹黄，它们主要由维管束、基本组织组成。在微观结构上，竹材是一种天然梯度复合材料，竹材结构中的维管束厚壁细胞为增强体、基本组织薄壁细胞为基体。竹材中含有大量的维管束，单个维管束中含有大量竹原纤维，竹原纤维的性能在很大程度上影响了竹原纤维增强复合材料及竹原纤维纱线的性能，因此，如何从竹材中提取出具有优良性能的竹原纤维，一直是研究的热点。

竹原纤维是采用物理、化学或生物方法，除去竹材中的非纤维素物质（木质素、果胶等）后所制得的天然纤维。竹原纤维制备复合材料具有以下优点。

①环保再生性。竹原纤维从取材、制备到降解过程中，对人体及环境均不产生毒害，是一种绿色环保纤维。竹原纤维取材于竹子，竹子的生长周期短，产量高，在生长过程中吸收空气中的二氧化碳，同时不需要使用农药。

②取材资源充足。我国竹材资源丰富，无论是竹子的种类、种植面积、年采伐量和蓄积量均居世界首位。

③力学性能优异。竹原纤维具有密度低、强度高、耐磨等优势，成熟竹原纤维的拉伸强度与碳钢相当。

④抑菌抗菌性。竹原纤维具有抗菌性，主要是由于纤维中含有一种名为“竹醌”的物质，这种物质对细菌繁殖具有一定的抑制作用。竹醌在提取纤维的过程中和竹原纤维产品制备过程中不会遭到破坏，这便使得竹原纤维的抑菌抗菌性较长久。同时，竹原纤维中存在的另一种物质——“竹沥”也能够阻止细菌的生长。

1.2.4 其他纤维

1.2.4.1 木质纤维

木质纤维是天然可再生木材经过化学处理、机械法加工得到的有机絮状纤维物质，包括由木粉、稻壳粉、竹粉、秸秆粉等制成的纤维，纤维长度0.5~3mm。木质纤维与塑料、润滑剂等通过挤出、注塑等成型方法制成的类似于木材的木塑复合材料，其产品主要用作木材的替代品，并可以像塑料一样回收利用，是一种优良的绿色环保材料。

由于木塑复合材料是与塑料复合而成，所以它具有晶态（木质纤维）和无序态（塑料）的多相状态，即兼有二者的优点，具有传统木材和塑料所不及的性能。与木质材料相比，具有强度高、尺寸稳定性好、耐酸碱、耐水性能好等优点，且易成形，产品形状多样；与塑料等材料相比，具有热稳定性好、低毒、不锈蚀、成本低等优点。

木质纤维主要应用于室内家具及装饰、户外用家具及装饰、汽车内饰材料、包装材料、建筑材料等领域。

1.2.4.2　棕榈纤维

棕榈纤维属于棕树的叶鞘纤维，称为棕板或棕皮。棕榈纤维自然生长过程中交织成网，形成片状层层包于棕榈树茎上。棕榈纤维的成分与麻纤维略有不同，两种纤维的化学成分见表1-4。棕榈纤维没有天然扭曲，表面凹凸不平，在纵向存在明显的竖纹。棕榈纤维的断裂强度低于麻纤维，但棕榈纤维具有很高的弹性，可以利用棕榈纤维为骨干材料，通过加入胶黏剂而形成具有一定弹性和强度的基础材料，主要用作垫材（如床垫材料、坐靠垫材料等）、缓冲材料、包装材料、过滤材料等。基于复合材料的棕榈纤维弹性床垫具有纯天然环保、成本低、工艺简单、弹性舒适等优点，与普通金属床垫相比，生产过程也是能耗低、无污染、不消耗金属材料，因此具有广泛的市场前景。

表 1-4　棕榈纤维和麻纤维的化学成分

棕榈纤维成分	含量 /%	麻纤维成分	含量 /%
纤维素	339. ± 1.9	纤维素	57.21
半纤维素	26.1 ± 2.2	半纤维素	17025
木质素	27.7 ± 1.2	木质素	7.27
灰分	6.9 ± .01	脂蜡质	2.02
抽出物	3.5 ± 1.0	抽出物	9.71
		果胶	6.55

1.2.4.3　椰壳纤维

椰壳纤维的外观呈淡黄色，直径为100~450μm，长度10~25cm，密度1.12g/cm^3，是一种具有多细胞附聚结构的长纤维。椰壳纤维的化学成分：木质素占41%~45%（质量分数，下同），半纤维素占0.15%~0.25%，纤维素占40%~43%，蛋白质和相关成分3%~4%，灰分2.22%，含水率7%~8%。椰壳纤维的物理性能见表1-5。研究椰壳纤维的树脂复合材料并开辟结构材料的新品种，既可以弥补木材资源的不足，又有利于环境保护、生态平衡及能源节约，具有深远的社会意义和经济效益。

表 1-5　椰壳纤维和其他麻类纤维的对比

纤维	密度 /（g · cm^{-3}）	断裂伸长率 /%	抗张强度 /MPa	杨氏模量 /GPa
黄麻	1.30~1.46	1.5~1.8	393~800	10~13
亚麻	1.40~1.50	1.2~3.2	345~1500	27.6~80

续表

纤维	密度 /（g·cm^{-3}）	断裂伸长率 /%	抗张强度 /MPa	杨氏模量 /GPa
汉麻	1.48	1.6	550~900	70
苎麻	1.50	2.0~3.8	220~938	44~128
剑麻	1.33~1.50	2.0~14.0	400~700	9~38
椰壳纤维	1.20	15.0~30.0	175~220	4~6

1.2.5 天然纤维成分构成

1.2.5.1 纤维素

纤维素是由D-葡萄糖基通过1，4-苷键以C-1椅式构象连接而成的线型高分子化合物，是不溶于水的均一聚糖。无论在纤维中还是纤维增强复合材料中，纤维素都起到骨架作用，提供主要的强度、刚度和结构稳定性。其化学结构如图1-2所示。化学结构的实验分子式为（$C_6H_{10}O_5$）$_n$，n为聚合度，C、H、O的质量分数分别为44.44%、6.17%、49.39%。

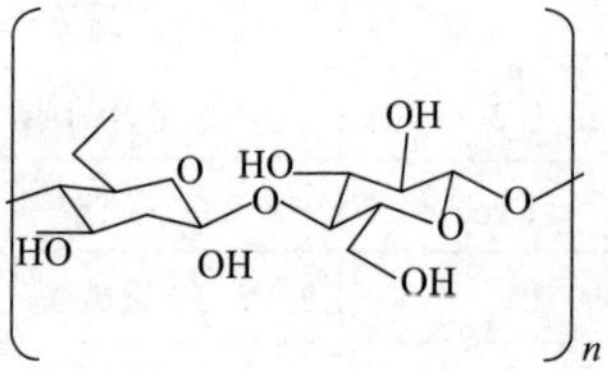

图 1-2 纤维素的化学结构式

处于平衡态时纤维素大分子链相互间的几何排列特征称为纤维素的超分子结构（或聚集态结构），纤维素的超分子结构主要包括结晶结构（晶区和非晶区、晶胞大小及形式等）和取向结构（分子链和微晶的取向）。纤维素具有特性的X射线图，纤维素大分子的聚集状态为，一部分的分子链排列比较规整，呈现清晰的X射线图，这部分称为结晶区；另一部分的分子链排列不整齐，较松弛，但其取向大致与纤维轴平行，这部分称为无定形区。成纤高聚物在外力作用下，分子链会沿着外力的方向平行排列起来而产生择优取向。当纤维素分子产生择优取向后，分子间的相互作用力会大大增强，对纤维的力学性能有着显著的影响。

1.2.5.2 半纤维素

半纤维素与纤维素相同，皆由碳水化合物组成，但不同之处是，半纤维素不是均一聚糖，而是一群复合聚糖的总称。由于早期误认为半纤维素是纤维素生物合成的中间产物，因此被称为半纤维素，后续研究证明，半纤维素与纤维素的合成无关，并非合成纤维素的前驱物质，但因半纤维素这一命名已应用久广，所以仍习惯地继续沿用。

半纤维素指在植物细胞壁中与纤维素相伴生，可溶于碱溶液，遇酸后远较纤维素易于水解的那部分植物多糖，在天然纤维的胶质中含量最高，半纤维素的含量与天然纤维性能有关，含量越高，纤维强度越低，纤维与树脂之间的结合越差。半纤维素多是分散性的，与木质素之间存在着化学连接，与纤维素之间没有共价键连接，但半纤维素与纤维素之间有着氢键和范德瓦耳斯作用力，因此两者紧密结合。

1.2.5.3 木质素

木质素是由苯基丙烷结构单元通过碳—碳键和醚键连接构成的天然高分子化合物，具有三度空间结构。其芳香核部分大致有愈创木基丙烷、紫丁香基丙烷和对羟苯基丙烷三种结构。在同一细胞的不同壁层之间其化学结构也可能有差异。木质素并非代表单一的物质，是指植物中具有共同性质的一类物质。木质素是纤维细胞壁的主要组成部分之一，有一部分与半纤维素通过化学键连接，木质素与纤维素是否有化学键连接尚未定论。木质素存在于植物的木化组织之中，在细胞壁和微细纤维之间是填充剂和黏合剂，在胞间层把相邻的细胞黏结在一起。木质素的填充和黏结作用，不仅能加固细胞壁，同时，其对于细胞间的黏结作用赋予细胞及植物茎秆很大的机械强度，但是影响纤维的品质，使纤维的光泽、弹性、可纺性及着色性变差，降低纤维与树脂之间的结合力。

1.2.5.4 果胶

果胶是一种含有聚阿拉伯糖、聚半乳糖和聚半乳糖醛酸的复杂碳水化合物，成分复杂，涉及多种糖基，呈黏质状态。果胶存在于植物细胞壁、细胞内及细胞间，是纤维素、半纤维素等成分的营养物质。

在植物生长的不同地区或不同时期中，果胶的含量均有所变化，在一般情况下，果胶物质含量随纤维在生长期的增长而逐步下降，并随着植物的生长，一部分果胶物质会转化为纤维素和半纤维素。在植物生长末期又稍有回升。果胶质是细胞之间的机构即胞间层的主要物质，起到两个细胞间的连接作用。果胶在纤维与纤维之间、纤丝系统之间和链状分子团系统之间起连接作用，但是果胶的存在降低了纤维与树脂之间的结合力。

1.2.5.5 脂蜡质及水溶物

脂蜡质中，油脂的主要成分是高级脂肪酸的甘油酯，蜡质的主要成分由高级饱和脂肪酸和高级一元醇所形成的酯，它们可溶于各种有机溶剂，不溶于水。脂蜡质为植物纤维中可被有机溶液提取的部分，主要分布在天然纤维的表层。蜡质的主要成分为饱和烃族化合物及其衍生物、高级脂肪酸、类醛类等物质。脂蜡质提升了纤维外表光泽，使纤维柔软、松散，可提高纤维的可纺性，但脂蜡质含量过高也会影响纤维与树脂的结合力。

水溶物是植物纤维中可以被水溶解的物质，一般情况下，可以分为冷水溶解物和热水溶解物。大部分研究均将热水溶解物视为水溶物。植物纤维原料中的部分色素、糖类、水溶性果胶和小分子等均可溶解在热水中，组成水溶物的主要成分。

1.3 可降解树脂

1.3.1 概述

树脂有天然树脂和合成树脂之分。天然树脂是指由自然界中动植物分泌物所得的无定形有机物质，如松香、琥珀、虫胶等。合成树脂是指由简单有机物经化学合成或某些天然产物经化学反应而得到的树脂产物（如酚醛树脂、聚氯乙烯树脂等），是塑料的主要成分。用于制备复合材料的树脂以合成树脂为主，主要分为热固性树脂和热塑性树脂。

热固性树脂是指树脂加热后产生化学变化，逐渐硬化成型，再受热也不软化，也不能溶解的一种树脂。热固性树脂其分子结构为体型，包括大部分的缩合树脂，优点是耐热性高，受压不易变形，缺点是力学性能较差。热固性树脂有酚醛、环氧、氨基、不饱和聚酯以及硅醚树脂等。

热塑性树脂具有受热软化、冷却硬化的特性，而且不发生化学反应，无论加热和冷却重复进行多少次，均能保持这种性能。凡具有热塑性的树脂其分子结构都属线型结构。它包括全部聚合树脂和部分缩合树脂。热塑性树脂的优点是加工成型简便，具有较高的性能，缺点是耐热性和刚性较差。热塑性树脂有聚乙烯（PE）、聚丙烯（PP）、聚氯乙烯（PVC）、聚苯乙烯（PS）、聚酰胺（PA）、聚甲醛（POM）、聚碳酸酯（PC）、聚苯醚、聚砜、橡胶等。

复合材料必然向着绿色环保、低能耗、低腐蚀的方向发展，满足可持续发展的要求。国内外回收热固性树脂基复合材料的方法有很多，如高温热解法、流化床热解法、微波热解法、硝酸氧化法、溶剂分解法、超／亚临界流体技术、绿色氧化法和源头设计法等，却没有一种方法能解决所有复合材料的回收问题。从根本上来说，大部分热固性树脂和热塑性树脂都是不可降解、不可回收的，要使复合材料满足可持续发展的要求，树脂本身就应该具有可降解性。

可降解塑料是指在生产过程中加入一定量的添加剂（如淀粉、改性淀粉或其他纤维素、光敏剂、生物降解剂等），使得材料稳定性下降，在特定的环境下，通过光或微生物将塑料大分子链切断变成小分子，最终变成水和二氧化碳能消失于自然界的塑料。可降解塑料按照降解机理可以分为光降解塑料、生物可降解塑料和光—生物降解塑料三大类。生物可降解塑料根据来源可分为生物基可降解塑料和石油基可降解塑料，已经商品化的生物可降解塑料包括：聚乳酸（PLA）、再生纤维素、淀粉塑料、聚羟基脂肪酸酯类聚合物

（PHAs）等。PHAs类生物可降解塑料有聚3-羟基丁酸酯（PHB）、3-羟基丁酸酯和3-羟基戊酸酯的共聚物（PHBV）以及3-羟基丁酸酯和3-羟基己酸酯的共聚物（PHBH）；已经商品化的石油基可降解塑料包括：聚丁二酸丁二醇酯（PBS）、聚己内酯（PCL）、聚乙醇酸（PGA）、二氧化碳可降解塑料（一般指二氧化碳和环氧丙环的聚合物PPC）以及一类共聚酯，如聚己二酸/对苯二甲酸丁二醇酯（PBAT）、聚己二酸/丁二酸丁二醇酯共聚物（PBSA），与PBS同属聚酯类生物可降解塑料。

1.3.2 聚乳酸

聚乳酸（PLA）英文全称为polylactide，也称聚丙交酯，分子式为（$C_3H_4O_2$）$_n$，是一种不饱和聚酯，白色，常温下为粉末状固体，热稳定性好，熔点为155~185℃。PLA是一种新型、环境友好型高分子材料，是从玉米、马铃薯等发酵得到的乳酸制备而来，原料来源广泛且可再生。PLA的生产加工和使用过程对环境无污染，产品在使用后能够被完全生物降解，最终被分解成二氧化碳和水，属于绿色环保高分子材料。

从天然植物（如玉米、马铃薯等）发酵得到乳酸单体，乳酸分子的旋光异构体有D型（右旋）和L型（左旋）两种，结构式如图1-3所示。

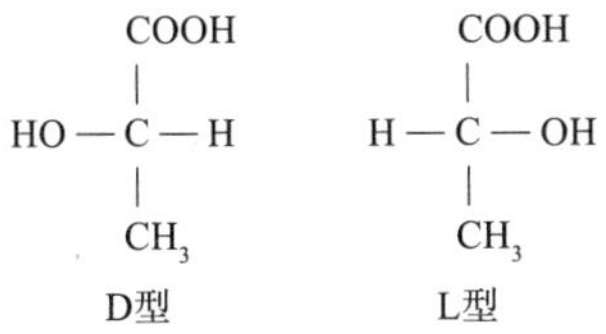

```
      COOH              COOH
       |                 |
HO — C — H        H — C — OH
       |                 |
      CH3               CH3
      D型               L型
```

图 1-3 乳酸分子结构

常见的PLA合成方法主要有两种：一种是直接缩聚法，另一种是开环缩聚法。直接缩聚法也称“一步法”，是指乳酸单体在脱水剂、催化剂的作用下直接脱水缩合生成PLA，如图1-4所示。

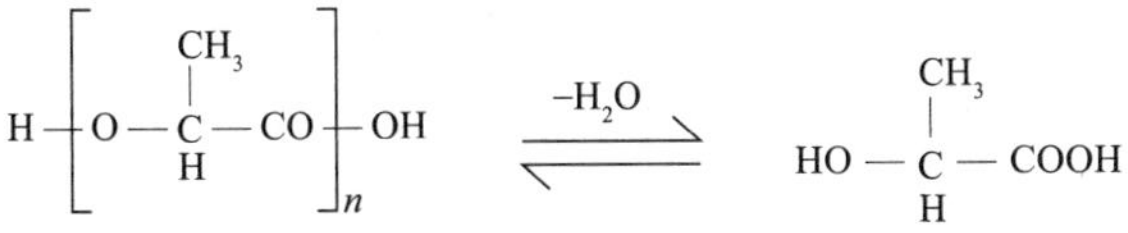

$$H\left[O-\underset{H}{\overset{CH_3}{\underset{|}{\overset{|}{C}}}}-CO\right]_n OH \overset{-H_2O}{\rightleftharpoons} HO-\underset{H}{\overset{CH_3}{\underset{|}{\overset{|}{C}}}}-COOH$$

图 1-4 直接缩聚法

开环缩聚法是合成高分子量PLA最常用、最有效的方法之一。该方法主要分为三步，首先将乳酸通过缩聚得到低分子的聚合物，其次聚合物通过加热裂解得到环状的丙交酯，最后在催化剂的作用下，丙交酯再开环聚合得到PLA，开环聚合路线如图1-5所示。

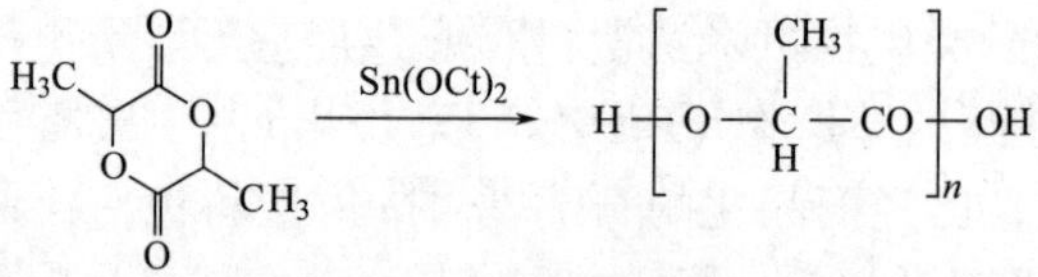

图 1-5　开环缩聚法

PLA的热学性能：PLA的玻璃化转变温度为58℃；熔融温度为160℃，且熔限较窄，说明PLA晶体完善程度较一致；熔融热焓为25.5J/g；熔点为160℃，加工温度可在170~230℃；热稳定性好，有好的抗溶剂性。PLA树脂可通过多种方式加工，如挤压、纺丝、双轴拉伸、注射吹塑。由PLA制成的产品除了具有生物可降解性以外，生物相容性、手感和耐热性也好，还具有一定的耐菌性、阻燃性和抗紫外性。PLA树脂硬且脆，韧性差，缺乏柔性和弹性，弯曲易变形，结晶度高，亲水性差，且降解速度不稳定、不含可扩展的基团。

纯PLA的拉伸强度在40~70MPa，断裂伸长率较小，但经过增塑剂改性后，拉伸强度会降低，断裂伸长率会明显增加。用罗布麻制备成纤维毡，纤维体积占15%时，与PLA薄膜结合，拉伸强度为82.9MPa。黄麻短纤维和PLA树脂挤出注塑成型的复合材料，拉伸强度为57.88MPa。PLA包覆在苎麻纱上，通过热压制备复合材料，拉伸强度最大能达42MPa。

除了热塑性PLA树脂，有研究者还研制出生物树脂基—热固性聚乳酸。热固性PLA也是一种乳酸基的不饱和聚酯，其分子式如图1-6所示。

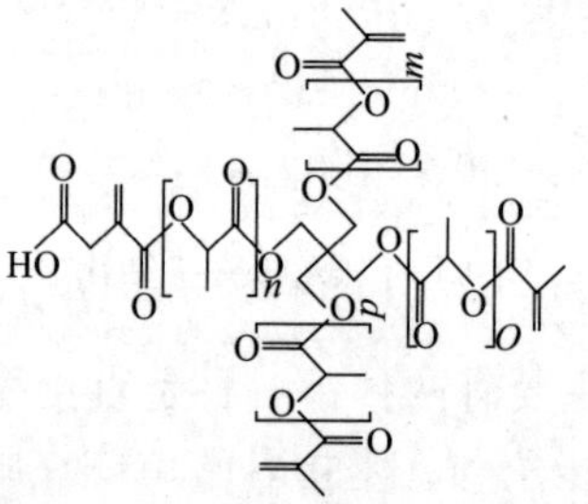

图 1-6　热固性 PLA 分子式

热固性PLA作为一种新型的生物基热固性树脂，目前研究者分别以汉麻、羊毛和亚麻为增强体，以PLA为基体，研制了三种生物基复合材料，制备工艺为：170℃、40bar压制3min；并且对比分析了三种生物基复合材料的弯曲模量，结果表明：汉麻/PLA的弯曲模量为4.5GPa；羊毛/PLA的弯曲模量为1.5GPa，亚麻/PLA的弯曲模量为8.7GPa，亚麻/PLA的性能最好。

1.3.3　热塑性淀粉树脂

1.3.3.1　淀粉

淀粉是一种多糖类化合物，主要存在于植物的种子、块根、块茎等植物器官中。淀粉有两种分子结构，即直链淀粉和支链淀粉。直链淀粉主要是线型α-1、4-葡萄糖苷键连接的葡萄糖聚合物，相对分子质量为1×10^5，而支链淀粉是由葡萄糖苷键和α-1、6-葡萄糖苷键以及少量α-1、3-葡萄糖苷键连接的具有分支结构的葡萄糖聚合物，相对分子质量要比直链淀粉高很多，为1×10^7~1×10^8。

淀粉是一种刚性天然高分子，分子内及分子间存在氢键，分子作用力强，亲水，但不能溶于水。由于淀粉的玻璃化温度和熔点都高于其热分解温度，直接加热没有熔融过程，所以天然淀粉不具备热塑性加工性能，无法利用螺杆挤出机等塑料加工机械进行加工。淀粉塑化的实质是淀粉结晶和分子链间作用力被破坏，淀粉的塑化改性包括化学增塑、物理增塑和热塑性增塑等方式。

淀粉的热塑性增塑就是使淀粉分子结构无序化，能够进行热塑性加工。其机理与淀粉的物理改性相似，是在热力场、外力场和增塑剂的作用下，淀粉分子间和分子内氢键被增塑剂与淀粉之间较强的氢键作用所取代，淀粉大分子活动能力提高，玻璃化转变温度降低。增塑剂的加入破坏了淀粉原有的结晶结构，使分子结构无序化，实现由晶态向非晶态的转变，从而使淀粉在分解前实现熔融，淀粉表现出热塑性。目前热塑性淀粉塑料的制备研究非常广泛，使用的增塑剂不同可制备出不同性能的热塑性淀粉塑料。热塑性淀粉塑料的增塑剂主要包括多元醇类、酰胺类。

1.3.3.2 热塑性淀粉

热塑性淀粉（thermoplastic starch，TPS），又称变构淀粉，是改性淀粉的一种。热塑性淀粉具有重新塑化的能力，可以进行再加工。热塑性淀粉若要在某些应用上替代石油树脂，具备这种特点是必不可少的。淀粉不具备热塑性加工的性能，通过添加增塑剂在热和剪切的作用下实现了热塑性加工。但是从制备的过程中看，淀粉的加工性能仍然不十分理想。

热塑性淀粉的制备过程：将淀粉与增塑剂混合均匀，待淀粉溶胀完全后，施加热与剪切的作用（流变仪的密炼单元进行熔融加工），使淀粉制备成热塑性淀粉。塑化过程中，小分子的增塑剂插入到高分子链之间，增塑剂起增塑作用。非极性增塑剂的作用主要是插入到高分子链之间，增大淀粉分子链间的距离，从而削弱它们之间的范德瓦耳斯力，故用量越多，则隔离作用也越大，而且小分子易活动，易使高聚物黏度降低极性增塑作用，增塑剂中的羟基与淀粉分子中的羟基相互作用，代替了淀粉分子间的作用，使聚合物溶胀，同时增塑剂中的非极性部分把聚合物分子的极性屏蔽起来，并增大了大分子之间的距离，从而削弱了高分子链间的范德瓦尔斯力，使大分子链容易运动，从而降低了淀粉的熔融温度，得到热塑性淀粉。

热塑性淀粉树脂与其他树脂不同，在热塑性淀粉树脂中必须含有一定的水分，而且含水量对复合材料的性能有很大的影响。水、多元醇等增塑剂的含量对热塑性淀粉的性能有很大影响。流变性能上表现出假塑性熔体的特征，熔体黏度随着体系中增塑剂的用量增加而降低。纯热塑性淀粉塑料弹性模量为500MPa，断裂强度为3~15MPa，断裂伸长率为50%~100%。随着增塑剂含量的增加，拉伸强度降低，断裂伸长率先增加后降低。热塑性淀粉树脂本身耐水性很差，在储存和使用中容易吸水，导致力学性能降低。

淀粉中直链淀粉和支链淀粉在储藏过程的重结晶是影响TPS复合材料力学性能的关键因素。材料放置过程中，TPS发生重结晶，产品的拉伸强度和弹性模量增加，断裂伸长率降低。TPS重结晶可形成单螺旋和双螺旋两种结晶结构。在加工冷却过程中，直链淀粉快速形成三种单螺旋结晶。而在储存温度超过热塑性淀粉玻璃态转变温度的储存过程中，直链淀粉与支链淀粉发生重结晶，形成双螺旋结晶。不同淀粉分子链直接的双螺旋起到交联作用，削弱淀粉分子链的相互作用，从而使内应力增大。

在热塑性淀粉树脂复合材料中，增强体的加入对纯淀粉的增强效果明显。天津工业大学苏阳利用苎麻落麻纤维作为增强体、淀粉与交联淀粉混合作为基体，通过联合改性处理后，拉伸性能与低密度聚乙烯（21~28MPa）相媲美，接近聚丙烯（29~38MPa）。华南理工大学姚东明研究的爆破剑麻纤维增强热塑性淀粉复合材料拉伸强度达25.87MPa。

1.3.4 聚己内酯

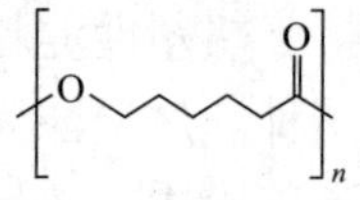

聚己内酯（polycaprolactone，PCL）又称聚ε-己内酯（图1-7），是通过ε-己内酯单体在金属阴离子络合催化剂催化下开环聚合而成的高分子有机聚合物，通过控制聚合条件，可以获得不同的分子量。PCL熔点在59~64℃，常温下密度是1.146g/mL，无毒，不溶于水，易溶于多种极性有机溶剂。与PLA不同，PCL是一种商品化的生物基可降解塑料，质地非常柔软，具有较大的延展性、生物相容性、有机高聚物相容性以及生物降解性，可用作细胞生长的支持材料，可与多种常规塑料互相兼容，自然环境下6~12个月即可完全降解。此外，PCL还具有良好的形状记忆温控性质，被广泛应用于药物载体、增塑剂、可降解塑料、纳米纤维纺丝、塑形材料的生产与加工领域。

图 1-7 聚己内酯

聚己内酯力学性能和耐热性差，但聚己内酯能够与其他聚合物共混以提高抗应力开裂性能和染色效果，而且聚己内酯与其他聚合物的共混相容性很好，如聚氯乙烯、苯乙烯—丙烯腈共聚物、ABS树脂、双酚A型聚碳酸酯以及其他碳酸酯、硝酸纤维素和丁酸纤维素，而且与其他一些聚合物（如聚乙烯、聚丙烯、天然橡胶、聚氯乙烯、乙丙橡胶）有机械相容性。但其缺点是性脆（高结晶度），熔点过低（60℃左右），不能单独作为塑料使用；再加上PCL的高结晶性能影响其降解速度，高结晶度不利于降解，降解过程缓慢，在土壤中掩埋7个月后，质量损失仅为13%。这两个缺点使PCL的使用受到限制，而且价格较高，是一般树脂的4~5倍，所以用PCL均聚物作为生物降解塑料的推广存在一定的困难。

丁芳芳等人研究不同秸秆与PCL所制备的复合材料的力学性能和降解性能，这种复合材料的断裂伸长率、拉伸强度呈现先增大后减小的趋势。对于小麦秸秆纤维/PCL复合材料，当秸秆纤维含量为10%时，断裂伸长率达到最大值12.9%，但小于纯PCL；拉伸强度在13%时，达到最大值21.61MPa。对于玉米秸秆纤维/PCL复合材料，其中在纤维含量为10%时，断裂伸长率达到最大值13.5%，但小于纯PCL；拉伸强度在10%时，达到最大值23.76MPa。段亮等用壳聚糖纤维增强聚己内酯，在保证原有良好生物相容性的前提下，得到具有优良力学性能的复合材料，同时通过适当地复合，对其力学性能和降解速率加以控制，这将为其进一步用作人工胸壁材料打下良好的基础，证明PCL在医疗应用上有很大的前景。

1.3.5 聚丁二酸丁二醇酯

聚丁二酸丁二醇酯（PBS）是一种化学物质，分子式是HO—［CO—（CH_2）$_2$—CO—O—（CH_2）$_4$—O］$_n$—H。PBS易溶于氯仿，略溶于四氢呋喃，在水、甲醇或乙醇中几乎不溶。聚丁二酸丁二醇酯由丁二酸和丁二醇经缩合聚合而得，原料来源既可以是石油资源，也可以是通过生物资源发酵得到。

聚丁二酸丁二醇酯树脂呈乳白色，无臭无味，易被自然界的多种微生物或动植物体内的酶分解、代谢，最终分解为二氧化碳和水，是典型的可完全生物降解聚合物材料。具有良好的生物相容性和生物可吸收性；密度为1.26g/cm^3，熔点为114℃，根据分子量的高低和分子量分布的不同，结晶度在30%~45%。

聚丁二酸丁二醇酯属热塑性树脂，加工性能良好，可以在普通加工成型设备上进行成型加工，加工温度范围140~260℃。物料加工前须进行干燥，含水率须在0.02%以下。聚丁二酸丁二醇酯可以用注塑、吹塑、吹膜、吸塑、层压、发泡、纺丝等成型方法进行加工。聚丁二酸丁二醇酯是具有良好可生物降解性能的聚合物，与聚乳酸、聚羟基烷酸酯、聚己内酯等可生物降解塑料相比，PBS价格相对较低，力学性能优异，耐热性能好，热变形温度接近100℃，是国内外在生物降解塑料研发方面的重点。聚丁二酸丁二醇酯（PBS）的性能介于聚乙烯和聚丙烯之间，可直接作为塑料加工使用。PBS的典型性能见表1-6。

表 1-6 PBS 的典型性能

项目	数值
拉伸屈服强度 /MPa	30
伸长率 /%	400
悬臂梁缺口冲击强度 /（$kJ \cdot m^{-2}$）	4
弯曲强度 /MPa	25
弯曲模量 /MPa	400

公艳艳研究了椰壳纤维经NaOH处理后与聚丁二酸丁二醇酯树脂复合制备的复合材料，力学性能最大可达33.67MPa；利用碱处理加偶联剂联合处理后的复合材料力学性能可达39.59MPa。但也有研究表明，有的增强体的加入会导致聚丁二酸丁二醇酯的力学性能下降，因此，对聚丁二酸丁二醇酯改性，对增强体的选用以及如何发挥聚丁二酸丁二醇酯的性能优势还有待研究。

1.3.6 其他可降解树脂

1.3.6.1 聚羟基脂肪酸酯

聚羟基脂肪酸酯（PHAs）是由很多细菌合成的一种胞内聚酯，在生物体内主要是作为碳源和能源的贮藏性物质而存在。PHAs是许多微生物在碳源充足而其他营养元素缺乏时所产生的胞内颗粒聚酯，一般来说，在C源充分而N、P、S、O等缺乏时，微生物就会发生这一生理过程。可以作为分子内碳源和能源储备，并成为颗粒体聚集在细胞质内。发酵物主要是葡萄糖一类的碳水化合物。不同的发酵条件可以生产不同类型的PHAs。

由于PHAs昂贵的价格和良好的生物相容性，更多地被用于医疗领域，如医用缝线、修复装置、维修补丁、绷带、心血管补丁、关节软骨修复支架、神经导管、肌腱修复装置、人造食道及伤口敷料等。

聚-β-羟丁酸（poly-β-hydroxybutyrate，PHB）是PHAs中存在最广、发现最早、研究最多的一种。PHB是一种可完全生物降解的热塑性树脂，其强度和硬度都比较高，但是它作为材料使用具有明显的缺点，首先其熔融温度在170~180℃，分解温度为205℃，二者比较相近，成型加工只能在很窄的一个温度区域内进行；其次其结晶度比较高，在80%左右，导致其耐冲击性能比较低，断裂伸长率比聚丙烯少两个数量级，为了解决这个矛盾，可通过在PHB中共聚增塑段以改善其韧性。目前PHB的主要应用研究大部分集中在医用材料、复合材料与纤维方面。

1.3.6.2 聚己二酸 / 对苯二甲酸丁二酯

聚己二酸/对苯二甲酸丁二酯［poly（butyleneadipate-co-terephtha-late），PBAT］属于热塑性生物可降解塑料，是己二酸丁二醇酯和对苯二甲酸丁二醇酯的共聚物，兼具PBA和PBT的特性，既有较好的延展性和断裂伸长率，也有较好的耐热性和冲击性；此外，还具有优良的生物降解性。PBAT是一种半结晶型聚合物，通常结晶温度在110℃附近，而熔点在130℃左右，密度在1.18~1.3g/mL。PBAT的结晶度在30%左右，且邵氏硬度在85以上。PBAT是脂肪族和芳香族的共聚物，综合了PBAT分子链族聚酯的优异降解性能和芳香族聚酯的良好力学性能。

1.4 天然纤维增强复合材料成型工艺

1.4.1 手糊成型

1.4.1.1 手糊成型工艺介绍

手糊成型工艺是复合材料最早的一种成型方法，也是一种最简单的方法，其具体工艺过程如下：

①在模具上涂刷含有固化剂的树脂混合物，再在其上铺贴一层按要求剪裁好的纤维织物，用刷子、压辊或刮刀压挤织物，使其均匀浸胶并排除气泡后，再涂刷树脂混合物和铺贴第二层纤维织物，反复上述过程直至达到所需厚度为止。

②在一定压力作用下加热固化成型（热压成型）或者利用树脂体系固化时放出的热量固化成型（冷压成型），最后脱模得到复合材料制品。其工艺流程如图1-8所示。

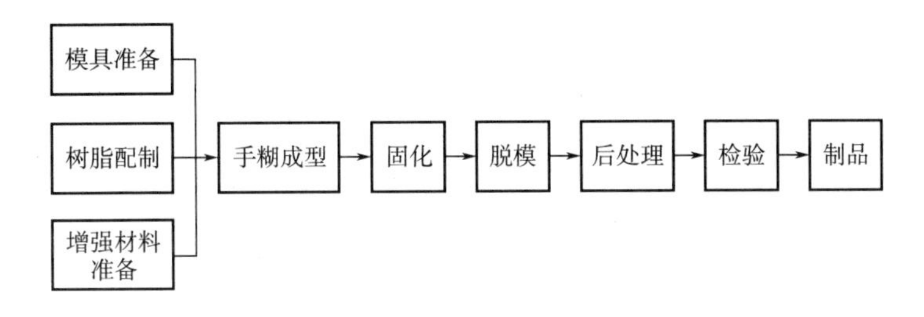

图 1-8 手糊成型工艺流程图

1.4.1.2 手糊成型工艺特点

（1）手糊成型工艺优点

①不受产品尺寸和形状限制，适宜尺寸大、批量小、形状复杂产品的生产。②设备简单、投资少、设备折旧费低。③工艺简单。④易于满足产品设计要求，可以在产品不同部位任意增补增强材料。⑤制品树脂含量较高，耐腐蚀性好。

（2）手糊成型工艺缺点

①生产效率低，劳动强度大，劳动卫生条件差。②产品质量不易控制，性能稳定性不高。③产品力学性能较低。

1.4.1.3 手糊成型工艺应用

适用于生产机械强度要求不高的大型制品，或小批量、大尺寸、品种变化多的制品生产。一般可以用来制备座椅、游船、汽车车壳、电动车壳、机器盖、保险杠、油罐、赛艇、滑板等。

1.4.2 模压成型

1.4.2.1 模压成型工艺介绍

模压成型工艺是将一定量的模塑料放入金属对模中，在一定的温度和压力作用下，使模塑料在模腔内受热塑化、受压流动并充满模腔成型固化而获得制品的一种方法。

将定量的模塑料或颗粒状树脂与短纤维的混合物放入敞开的金属对模中，闭模后加热使其熔化，并在压力作用下充满模腔，形成与模腔相同形状的模制品；再经加热使树脂进一步发生交联反应而固化，或者冷却使热塑性树脂硬化，脱模后得到复合材料制品。其工艺流程如图1–9所示。

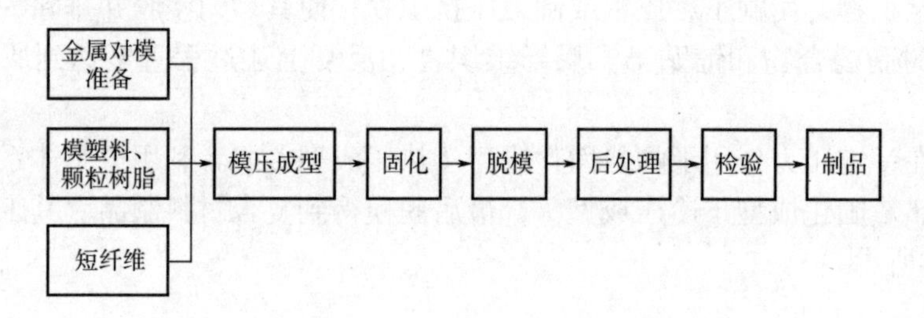

图 1–9 模压成型工艺流程图

1.4.2.2 模压成型工艺特点

（1）模压成型工艺优点

模压成型工艺有较高的生产效率，制品尺寸准确，表面光洁，多数结构复杂的制品可一次成型，无须二次加工，制品外观及尺寸的重复性好，容易实现机械化和自动化等。

（2）模压成型工艺缺点

模具设计制造复杂，压机及模具投资高，制品尺寸受设备限制，一般只适合制造批量大的中、小型制品。

1.4.2.3 模压成型工艺应用

模压制品主要用作结构件、连接件、防护件和电气绝缘件等，广泛应用于工业、农业、交通运输、电气、化工、建筑、机械等领域。由于模压制品质量可靠，在兵器、飞机、导弹、卫星上得到广泛应用。

1.4.3 层压成型

1.4.3.1 层压成型工艺介绍

层压成型工艺是把一定层数的浸胶布（纸）叠在一起，送入多层液压机，在一定的温度和压力下压制成板材的工艺。复合材料层压板的生产工艺流程如图1–10所示。

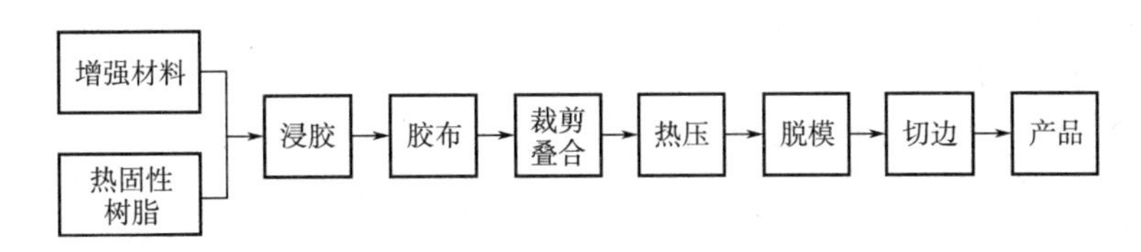

图 1–10 层压成型工艺流程图

1.4.3.2 层压成型工艺特点

层压成型工艺的优点是制品表面光洁、质量较好且稳定以及生产效率较高。层压成型工艺的缺点是只能生产板材，且产品的尺寸大小受设备的限制。

1.4.3.3 层压成型工艺应用

层压成型工艺生产的制品包括各种层压板、绝缘板、波形板等，典型产品有装饰板、建筑模板。

1.4.4 树脂传递模塑成型

1.4.4.1 树脂传递模塑成型介绍

树脂传递模塑成型（RTM）是一种闭模低压成型的方法。将纤维增强材料预先放在模腔内，合模后注入聚合物，再经固化成型的一种成型工艺方法，又称树脂转移成型。纤维增强材料有时可预先在一个模具内预成为大致形状（带黏结剂），再在第二个模具内注射成型。

注射与固化可在室温或加热条件下进行。模具可采用复合材料与钢材料制作。若采用加热工艺，宜用钢模。其工艺流程如图1–11所示。

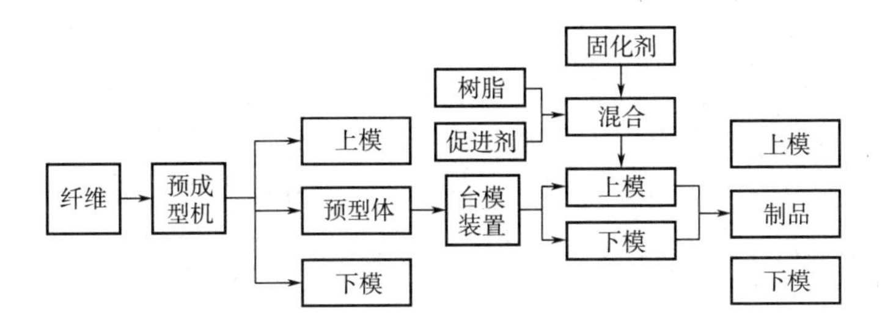

图 1–11 树脂传递模塑成型流程图

1.4.4.2 树脂传递模塑成型特点

（1）树脂传递模塑成型优点

①制品纤维含量可较高，未被树脂浸的部分非常少。②闭模成型，生产环境好。③劳动强度低，对工人技术熟练程度的要求也比手糊与喷射成型低。④制品两面光洁，可作有表面胶衣的制品，精度也比较高。⑤成型周期较短。⑥产品可大型化。⑦强度可按设计要求具有方向性。⑧可与芯材、嵌件一体成型。⑨相对注射成型设备与模具成本较低。

（2）树脂传递模塑成型缺点

①不易制作较小产品。②因要承压，故模具较手糊与喷射工艺用模具要重和复杂，价位也高一些。

1.4.4.3 树脂传递模塑成型应用

树脂传递模塑工艺应用于建筑、交通、卫生、航空航天等领域。已开发的产品有汽车壳体及部件、娱乐车构件、螺旋桨、8.5m长的风力发电机叶片、天线罩、浴盆、淋浴间、游泳池板、座椅、水箱、电话厅、电线杆、小型游艇、导弹包装箱等。典型产品有小型飞机与汽车零部件、客车座椅、仪表壳。

1.4.5 拉挤成型

1.4.5.1 拉挤成型工艺介绍

拉挤成型是一种连续生产复合材料型材的方法。它是将纱架上的无捻玻璃纤维粗纱和其他连续增强材料、聚酯表面毡等进行树脂浸渍，然后通过具有一定截面形状的成型模具，并使其在模内固化成型后连续出模。其工艺流程如图1-12所示。

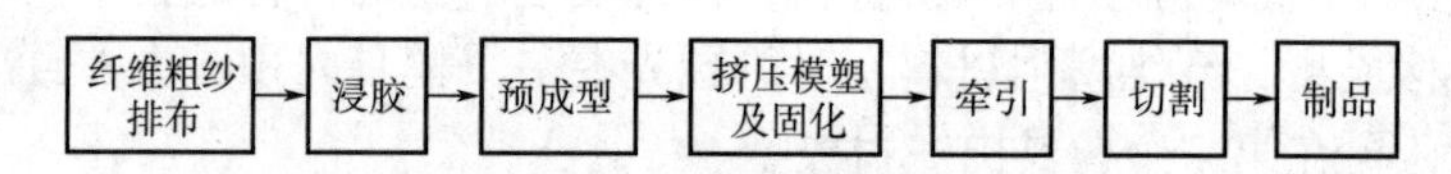

图 1-12 拉挤成型工艺流程图

1.4.5.2 拉挤成型工艺特点

（1）拉挤成型的优点

①生产效率高，易于实现自动化。②制品中增强材料的含量一般为40%~80%，能够充分发挥增强材料的作用，制品性能稳定可靠。③不需要或仅需要进行少量加工，生产过程中树脂损耗少。④制品的纵向和横向强度可任意调整，以适应不同制品的使用要求，其长度可根据需要定长切割。

（2）拉挤成型的缺点

产品形状单调，只能生产线形型材，而且横向强度不高。

1.4.5.3 拉挤成型工艺应用

拉挤制品的主要应用领域如下。

①耐腐蚀领域。主要用于上、下水装置，工业废水处理设备、化工挡板及化工、石油、造纸和冶金等工厂内的栏杆、楼梯、平台扶手等。

②电工领域。主要用于高压电缆保护管、电缆架、绝缘梯、绝缘杆、灯柱、变压器和电动机的零部件等。

③建筑领域。主要用于门窗结构用型材、桁架、桥梁、栏杆、支架、天花板吊架等。

④运输领域。主要用于卡车构架、冷藏车厢、汽车笼板、刹车片、行李架、保险杆、船舶甲板、电气火车轨道护板等。

⑤运动娱乐领域。主要用于钓鱼竿、弓箭杆、滑雪板、撑竿跳杆、曲棍球棍、活动游泳池底板等。

⑥能源开发领域。主要用于太阳能收集器、支架、风力发电机叶片和抽油杆等。

⑦航空航天领域。主要用于宇宙飞船天线绝缘管、飞船用电动机零部件等。

1.4.6 纤维缠绕成型

1.4.6.1 纤维缠绕成型工艺介绍

纤维缠绕是一种复合材料连续成型方法，基本原理是将浸过树脂胶液的连续纤维或布带，按照一定规律缠绕到芯模上，然后固化脱模成为复合材料制品。

利用连续纤维缠绕技术制作复合材料制品时，有两种不同的方式可供选择。

（1）湿法缠绕

将无捻粗纱经浸胶后直接缠绕到芯模上的成型工艺过程。其特点是不需要预浸渍设备，设备投资少；便于选材；纱片质量及张力需严格控制，固化时易产生气泡。

（2）干法缠绕

将预浸纱带（或预浸布），在缠绕机上经加热至黏流状态并缠绕到芯模上的成型工艺过程。其特点是制品质量稳定（含胶量、尺寸等）；缠绕速度快（100~200m/min）；劳动卫生条件好；预浸设备投资大。

目前普遍采用前者。其工艺流程如图1–13所示。

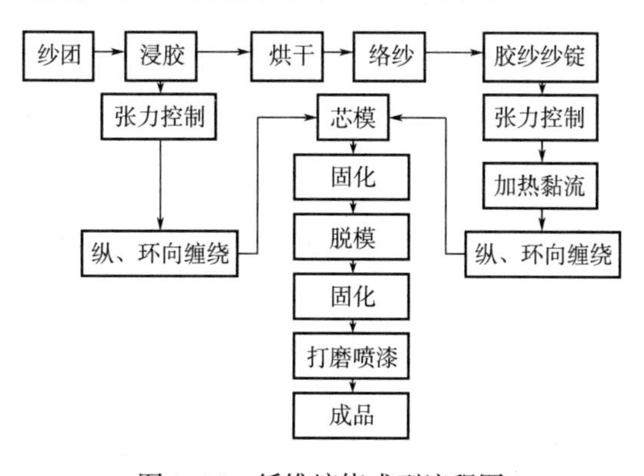

图 1–13 纤维缠绕成型流程图

1.4.6.2 纤维缠绕成型特点

（1）连续纤维缠绕技术的优点

首先，纤维按预定要求排列的规整度和精度高，通过改变纤维排布方式、数量，可以实现等强度设计，因此，能在较大程度上发挥增强纤维抗张性能优异的特点；其次，用连续纤维缠绕技术所制得的成品，结构合理，比强度和比模量高，质量比较稳定以及生产效率较高。

（2）连续纤维缠绕技术的缺点

不能缠绕任意结构形式的制品，特别是表面有凹部和形状不规则的制品；缠绕成本高，只有在大批量生产时，才能获得较高的经济效益。设备投资费用大，只有大批量生产时才可能降低成本。

1.4.6.3 纤维缠绕成型应用

航空航天及军工方面：固体火箭发动机壳体、烧蚀衬套，火箭发射筒，直升机的旋翼，飞机机头雷达罩等；民用品方面：高压气瓶，玻璃钢管、罐，风机叶片，纺织机剑杆，汽车板簧及传动轴等。

1.4.7 注射成型

1.4.7.1 注射成型工艺介绍

注射成型工艺是将粒状或粉末状树脂、短纤维送入注射腔内，加热熔化、混合均匀，并以一定的挤出压力，注射到温度较低的密闭模具中，经过冷却定型后，脱模得制品。图1–14所示为注射成型工艺示意图。

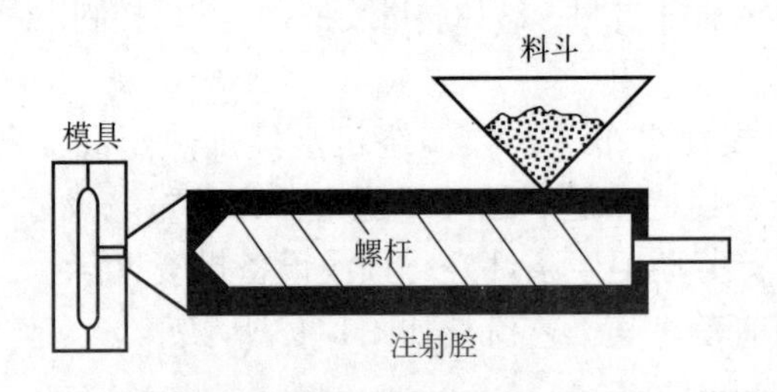

图 1–14 注射成型工艺示意图

注射成型工艺过程包括加料、熔化、混合、注射、冷却硬化和脱模等步骤。

加工热固性树脂时，一般是将温度较低的树脂体系（防止物料在进入模具之前发生固化）与短纤维混合均匀后注射到模具，然后再加热模具使其固化成型。

在加工过程中，由于熔体混合物的流动会使纤维在树脂基体中的分布有一定的各向异性。如果制品形状比较复杂，则容易出现局部纤维分布不均匀或大量树脂富集区，影响材料的性能。因此，注射成型工艺要求树脂与短纤维混合均匀，混合体系有良好的流动性，而纤维体积含量不宜过高，一般在30%~40%。

注射成型适用于热塑性和热固性树脂基复合材料，但以热塑性树脂基复合材料应用为广。

1.4.7.2 注射成型工艺特点

（1）注射成型优点

成型周期短；耗热量少；闭模成型，可使形状复杂的产品一次成型；生产效率高、成本低。

（2）注射成型缺点

纤维分布不均匀；不适于长纤维增强的产品，对模具质量要求高。

1.4.7.3 注射成型工艺应用

注射制品主要应用于地板、家具、花箱、垃圾桶、外墙装饰板、遮阳板、桌椅、指示牌、栈道、步道、桥板、扶手、护栏、栅栏等。

1.4.8 挤出成型

1.4.8.1 挤出成型工艺介绍

挤出成型工艺是生产热塑性复合材料制品的主要方法之一。其工艺过程是先将树脂和增强纤维制成粒料，然后再将粒料加入挤出机内，经塑化、挤出、冷却、定型成制品。

增强粒料分长纤维和短纤维两种。长纤维粒料的纤维长度等于粒料长度，一般为3~13mm，而且纤维平行于粒料长度方向排列。短纤维粒料的长度一般为0.25~0.5mm。纤维和树脂无规混合。长纤维粒料生产的制品力学性能较高，短纤维粒料则用于生产形状复杂的薄壁制品。

挤出成型需要完成粒料输送、塑化和在压力作用下使熔融物料通过机头模获得所要求的断面形状制品等过程。挤出成型机示意图如图1-15所示。

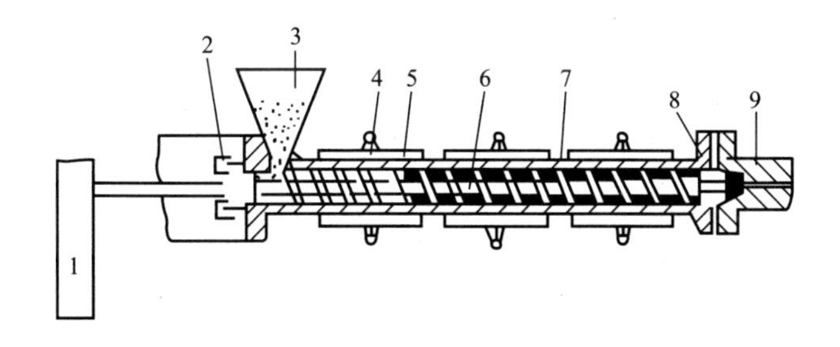

图 1-15 挤出成型机

1—转动结构 2—止推轴承 3—料斗 4—冷却系统
5—加热器 6—螺杆 7—机筒 8—滤板 9—机头

粒料从料斗3进入挤出机的机筒7，在热压作用下发生物理变化，并向前推进。由于滤板8、机头9和机筒7的阻力，使粒料压实、排气。与此同时，外部热源与物料摩擦热使粒料受热塑化，变成熔融黏流态，凭借螺杆推力，定量地从机头推出。

1.4.8.2 挤出成型工艺特点

（1）挤出成型优点

挤出成型工艺能加工绝大多数热塑性复合材料及部分热固性复合材料，生产过程连续，自动化程度高，工艺易掌握及产品质量稳定等。

（2）挤出成型缺点

挤出成型工艺只能生产线型制品。

1.4.8.3 挤出成型工艺应用

挤出成型工艺广泛用于生产各种增强塑料管、棒材、异形断面型材等。

参考文献

[1]材料科学和技术综合专题组.2020年中国材料科学和技术发展研究［A］.中国土木工程学会.2020年中国科学和技术发展研究（上）［C］.北京：中国土木工程学会，2004：75.

[2]曹勇，合田公一，陈鹤梅.绿色复合材料的研究进展［J］.材料研究学报，2007（2）：119-125.

[3]SHEKAR H S S，RAMACHANDRA M. Green composites：A review［J］. Materials Today Proceedings，2018，5（1）：2518-2526.

[4]GEJO G，KURUVILLA J，BOUDENNE A，et al. Recent advances in green composites［J］. Key Engineering Materials，2010，425：107-166.

[5]姚穆.纺织材料学［M］.北京：中国纺织出版社，1990：65-66.

[6]于伟东.纺织材料学［M］.北京：中国纺织出版社，2006：18.

[7]杜国军，刘晓兰，郑喜群，等.亚麻纤维在脱胶过程中形态结构的变化［J］.纺织学报，2008，29（12）：12-16.

[8]刘涛，余雪江，余凤湄，等.短亚麻纤维/聚乳酸复合材料制备与性能研究［J］.塑料科技，2011，39（2）：52-56.

[9]盛旭敏，徐梁，李又兵，等.聚丙烯/红麻纤维复合材料性能的研究［J］.塑料科技，2011，39（9）：53-56.

[10]雷文，杨涛.不饱和聚酯树脂/大麻纤维复合材料性能的研究［J］.工程塑料应用，2008，36（4）：25-28.

[11]栾加双，张梅，张华.新型大麻纤维复合材料的制备［J］.天津工业大学学报，2008，27（6）：20-22.

[12]何美香，王恩过.剑麻纤维化学脱胶技术的探讨［J］.湛江师范学院学报，2011，32（6）：115-118.

[13]张波，陆绍荣，王敏，等.剑麻纤维/聚丙烯复合材料物理力学性能的研究［J］.2009，16（1）13-17.

[14]廖建和，肖学文，廖双泉，等.剑麻纤维接枝丙烯酸吸水树脂的研究［J］.热带作物学报，2008，29（3）：280-287.

[15] CHAND N, ROHATGI P K.Natural fibers and composites [J] .Periodical Experts Agency, Delhi, India, 1994: 55.

[16] ZERONIAN S H, ELLISON M S.Temperature dependence of the brittleness of cellulose fibers and of chemically modified cellulose fibers [J] .Journal of Applied Polymer Science, 1979, 24 (6): 1497-1502.

[17] 刘敬来 . 天然纤维的发展概述 [J] . 黑龙江纺织, 2006 (1): 1-2.

[18] 金霄, 张效林, 邓祥胜, 等 . 竹纤维增强热塑性塑料复合材料研究进展 [J]. 中国塑料, 2017, 31 (10): 6-11.

[19] 郎思遥, 唐艳云, 王筠, 等 . 竹原纤维的研究进展 [J] . 中国纤检, 2013 (23): 77-79.

[20] 杨薇, 何小军, 陈志文 . 木塑复合材料成型工艺及对其性能影响的研究进展 [J] . 科技视界, 2016 (24): 315-316.

[21] 张有, 陈长洁, 孙广祥, 等 . 棕榈纤维的结构性能及其应用 [J]. 现代丝绸科学与技术, 2016, 31 (3): 116-118.

[22] 张建群, 沙燕, 李勇 . 高比例棕榈纤维填充木塑复合材料的研发 [J]. 橡塑技术与装备, 2015, 41 (10): 27-30.

[23] 高锦冉, 王威 . 椰壳纤维与聚乙烯复合材料研究的可行性与发展前景 [J] . 天津纺织科技, 2009 (3): 29-32.

[24] 李欣欣, 普萨那, 张伟, 等 . 天然椰壳纤维及其增强复合材料 [J] . 上海化工, 1999 (14): 28-30.

[25] 杨莹 . 热固性树脂趋势概述 [J] . 玻璃钢, 2012 (4): 39-41.

[26] 马全胜, 王宝铭 . 复合材料用高性能热塑性树脂最新进展 [J] . 玻璃钢, 2017 (3): 25-30.

[27] 张力, 张以河, 王雷, 等 . 热固性树脂基复合材料的资源化再利用进展 [J] . 玻璃钢 / 复合材料, 2018 (8): 106-113.

[28] 李应军 . 生物降解树脂及制品 [J] . 西部大开发, 2004 (2): 77-78.

[29] 魏泽昌, 蔡晨阳, 王兴, 等 . 生物可降解高分子增韧聚乳酸的研究进展 [J]. 材料工程, 2019, 47 (5): 34-42.

[30] 段瑞侠, 刘文涛, 陈金周, 等 . 包装用聚乳酸的改性研究进展 [J] . 包装工程, 2019, 40 (5): 109-116.

[31] 王楠 . 聚乳酸的合成与改性研究进展 [J] . 黑龙江科技信息, 2016 (23): 108.

[32] 梅小雪 . 罗布麻和苎麻纤维增强聚乳酸复合材料的制备与性能研究 [D] . 上海: 东华大学, 2016.

[33] 黄祥斌, 于淑娟 . 淀粉树脂的研究与应用 [J] . 中国甜菜糖业, 2002 (3): 16-18.

[34] 王礼建, 董亚强, 杨政, 等 . 基于淀粉直接改性的热塑性淀粉塑料研究进展 [J] . 材料导报, 2015, 29 (17): 63-67.

[35] 杨晋辉, 于九皋, 马骁飞 . 热塑性淀粉的制备、性质及应用研究进展 [J]. 高分子通报, 2006 (11): 78-84.

[36] 唐皞, 郭斌, 李本刚, 等 . 热塑性淀粉的增强研究进展 [J] . 塑料工业, 2013, 41 (1): 1-8, 28.

[37] 苏阳 . 改性落麻纤维增强热塑性淀粉复合材料的制备及性能研究 [D] . 天津: 天津工业大学, 2016.

[38] 姚东明 . 剑麻纤维增强热塑性淀粉复合材料的研究 [D]. 广州：华南理工大学，2012.
[39] 轩朝阳，孙瑞洲，任宇飞，等 . 聚己内酯 / 无机纳米复合材料的研究与应用进展 [J]. 塑料科技，2019，47（5）：104-108.
[40] 金立维，储富祥 . 聚己内酯在热塑性生物质复合材料中的应用研究进展 [J]. 生物质化学工程，2010，44（3）：50-53.
[41] 丁芳芳，李延超 . 不同秸秆纤维增强聚己内酯复合材料的力学及降解性能研究 [J]. 化工新型材料，2014（5）：130-131.
[42] 段亮，徐志飞，孙康，等 . 壳聚糖短纤维增强聚己内酯复合材料的体内生物相容性研究 [J]. 第二军医大学学报，2005，26（8）：900-902.
[43] 李丹，柴云，游倩倩，等 . 聚丁二酸丁二醇酯纳米复合材料研究进展 [J]. 塑料工业，2013，41（5）：7-11，37.
[44] 公艳艳 . 椰壳纤维 / 聚丁二酸丁二醇酯复合材料的研究 [D]. 淄博：山东理工大学，2016.
[45] 张效林，丛龙康，邓祥胜，等 . 植物纤维增强聚羟基脂肪酸酯复合材料研究进展 [J]. 中国塑料，2016，30（8）：11-16.
[46] 王鑫，石敏，余晓磊，等 . 聚己二酸对苯二甲酸丁二酯（PBAT）共混改性聚乳酸（PLA）高性能全生物降解复合材料研究进展 [J]. 材料导报，2019，33（11）：1897-1909.
[47] 莫兰 . 聚乳酸 / 聚己二酸对苯二甲酸丁二酯复合生物材料制备及相关性能研究 [D]. 湘潭：湘潭大学，2017.
[48] 秦滢杰，韩建平，赵凯 . 热塑性复合材料在线成型设备研究进展 [J]. 玻璃钢 / 复合材料，2019（5）：116-120.
[49] 韩笑，侯锋辉，王希杰，等 . 国内外预浸料应用市场概述 [J]. 玻璃纤维，2018（6）：6-11.
[50] SHEVTSOV S N，FLEK M B，WU J K，et al. Multi-objective optimization of distributed RTM (resin transfer molding) process for curing the large composite structures with varied thickness [M]. Springer International Publishing，2014.
[51] 陈轲，薛平，孙华，等 . 树脂基复合材料拉挤成型研究进展 [J]. 中国塑料，2019，33（1）：116-123.
[52] 冯磊强 . 复合材料纤维铺放技术现状与研究进展 [J]. 河北农机，2016（4）：66.
[53] ANDRZEJEWSKI J，SZOSTAK M. Preparation and characterization of the injection molded polymer composites based on natural/synthetic fiber reinforcement [J]. 2019.
[54] 刘红燕 . 塑料加工成型技术现状及研究进展 [J]. 合成树脂及塑料，2017，34（6）：93-96.
[55] 谢晖 . 塑料成型加工技术发展现状及研究进展 [J]. 云南化工，2019，46（4）：152-153.
[56] KABIR M M, WANG H, LAU K T, et al. Chemical treatments on plant-based natural fibre reinforced polymer composites: An overview [J]. Composites Part B, 2012, 43(7):2883-2892.
[57] MUKHERJEE A, GANGULY P K, SUR D. Structural mechanics of jute: The effects of hemicellulose or lignin removal [J]. Journal of the Textile Institute, 1993, 84(3):348-353.
[58] FRATZL P, WEINKAMER R. Nature's hierarchical materials [J]. Progress in Materials Science, 2007, 52(8):1263-1334.
[59] BALEY C. Analysis of the flax fibres tensile behaviour and analysis of the tensile stiffness increase [J]. Composites Part A Applied Science & Manufacturing, 2002, 33(7):939-948.

第 2 章　复合材料增强用天然纤维性能分析

2.1　天然纤维基本性能测试方法

2.1.1　天然纤维宏观物理、化学性能测试

（1）工艺纤维强度测试

①参考标准。ASTM D3822/D3822M—2014《单支纺织品纤维张力性能的标准试验方法》。

②测试方法。天然纤维工艺纤维测试样品每种数量为30根，拉伸隔距为10mm，拉伸速度为1mm/min。拉伸强度计算式如式（2–1）所示，测试样品如图2–1（a）所示。

$$拉伸强度=\frac{b}{D} \tag{2-1}$$

式中：b为工艺纤维断裂时最大载荷（N）；D为工艺纤维的横截面积（mm^2）。

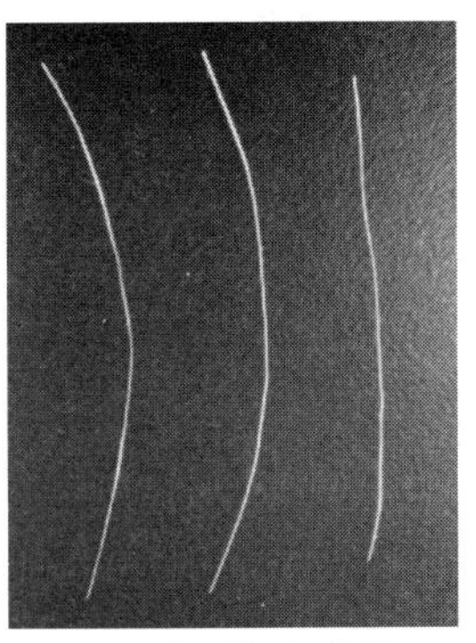

（a）工艺纤维测试样品

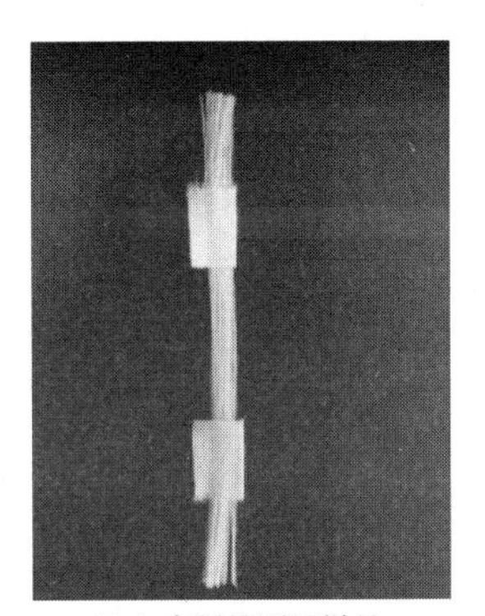

（b）束纤维测试样品

图 2–1　天然纤维拉伸强度测试样品

（2）束纤维强度测试

①参考标准。ASTM D1294—2005《25.4mm（1英寸）规准长度羊毛纤维束的拉伸强度和断裂强度的标准试验方法》。

②测试方法。天然纤维束纤维测试样品每种数量20束，拉伸隔距为25.4mm，控制在拉伸隔距内的纤维重量为15~25mg，拉伸速度为250mm/min。纤维强度计算式如式（2-2）所示，测试样品如图2-1（b）所示。1MPa= 0.00689476 × lbf/in.^{2}。

$$1\text{bf/in.}^2=\frac{2.54^3 \cdot GLB}{M} \tag{2-2}$$

式中：G为纤维密度（g/cm^3）；L为束纤维长度（英寸）；B为束纤维断裂时最大载荷（bf）；M为束纤维拉伸隔距内纤维重量（g）。

（3）回潮率测试

①参考标准。GB 5883—1986《苎麻回潮率、含水率试验方法》。

②测试方法。预调湿温度为23℃ ± 2℃，湿度为65% ± 5%。天然纤维回潮率W计算式如式（2-3）所示。

$$W=\frac{G-G_0}{G_0} \times 100\% \tag{2-3}$$

式中：G为纤维标准状态下的重量（g）；G_0为纤维干重（g）。

（4）表面摩擦系数测试

天然纤维摩擦系数测试采用常州德普纺织科技有限公司的Y151型摩擦系数测试仪，摩擦辊转速为30r/min，纤维夹质量的选取要保证纤维伸直而不伸长，选用500mg纤维夹。每种纤维测试20根工艺纤维，测试结果取平均值，计算式如式（2-4）所示。图2-2为摩擦系数测试样品图。

$$\mu=0.733 \times [\lg m_1-\lg(m_1-m_2)] \tag{2-4}$$

式中：μ为纤维摩擦系数；m_1为纤维夹重量（g）；m_2为天平读数（g）。

图 2-2　摩擦系数测试样品

（5）比表面积测试

①参考标准。GB/T 19587—2017《气体吸附BET法测定固态物质比表面积》。

②测试方法。采用美国Quanta chrome仪器公司ASIQM000000-6型快速全自动比表面和孔径分布分析仪。首先随机选取3g左右天然纤维，剪成1cm长的纤维片段，放入烧杯中，加入一定量丙酮没过纤维，放在超声波清洗器中清洗15min，取出纤维风干。试样处理过程为：60℃保持10min，再以5℃/min升温至95℃，保持4h。测试结束后借助ASiQwin软件计算得出比表面积。

（6）柔软度测试

①参考标准。GB/T 12411.4—1990《黄、洋（红）麻纤维柔软度试验方法》。

②测试方法。测试试样长度为20cm，重量为0.1g。

2.1.2　天然纤维微观结构及化学成分含量测试

2.1.2.1　天然纤维化学成分测试

（1）参考标准

参考GB 5889—1986《苎麻化学成分定量分析方法》。

（2）测试方法

①试样准备。将天然纤维样品随机分取，去除杂质，取5g试样，每种天然纤维取5份。

②试样干重测定。称量瓶干重：取2个称量瓶，放入电热鼓风干燥烘箱中，在105~110℃下烘干至恒重（先后两次重量差不超过后一次重量的0.02%，下同），约需1h，取出迅速放于干燥器中冷却（约需30min），并用万分之一天平称重记录，保留四位小数。

③脂蜡质含量测试。将测完试样干重后的纤维试样，分别放入脂肪提取器内，试样高度低于溢流口10~15mm，烧瓶中加入150mL苯乙醇（体积比2∶1）溶液。将烧瓶放入电热套中恒温加热进行脂蜡质的提取，控制电热套的功率使脂肪提取器内的回流速度为4~6次/h。从苯乙醇提取液滴落开始计时3h。提取结束后，将试样放入通风橱中初步风干，回收废液。将初步风干后试样放入分样筛中洗净，风干。然后放入已知重量的称量瓶中，在105~110℃下烘至恒重。取出迅速放于干燥器中冷却30min，用万分之一天平分别称取试样与称量瓶总重量并记录。

④水溶物含量测试。将提取脂蜡质后的试样，分别放于三角烧瓶中，加入150mL蒸馏水，装好球形冷凝管，使用电热套恒温加热三角烧瓶，沸煮1h。更换新蒸馏水，再次沸煮2h，取出试样，放于分样筛中洗净，风干。放于已知重量的称量瓶中，在105~110℃下烘至恒重。取出迅速放于干燥器中冷却30min，用万分之一天平分别称取试样与称量瓶总重量并记录。

⑤果胶含量测试。将提取水溶物后的试样，分别放于三角烧瓶中，加入150mL，浓度为5g/L的草酸铵溶液，装好球形冷凝管，使用电热套恒温加热三角烧瓶，沸煮3h。取出试样，放于分样筛中洗净，风干。放于已知重量的称量瓶中，在105~110℃下烘至恒重。取出迅速放于干燥器中冷却30min，用万分之一天平分别称取试样与称量瓶总重量并记录。

⑥半纤维素含量测试。将提取果胶后的试样，分别放于三角烧瓶中，加入150mL浓度为20g/L的氢氧化钠溶液，装好球形冷凝管，使用电热套恒温加热三角烧瓶，沸煮3.5h。取出试样，放于分样筛中洗净，风干。放于已知重量的称

量瓶中，在105~110℃下烘至恒重。取出迅速放于干燥器中冷却30min，用万分之一天平分别称取试样与称量瓶总重量并记录。

⑦木质素含量测试。随机取5g天然纤维试样，提取脂蜡质后风干剪碎（长度不超过1.5mm），称取每个重约1g的试样，共3个。分别放于已知重量的有塞三角烧瓶中，烘至恒重。取出迅速放于干燥器中冷却30min，称重记录。然后缓慢加入30mL浓度为72%的硫酸溶液。放于电冰箱中，在8~15℃下放置24h。然后移至三角烧瓶中，用蒸馏水稀释至300mL，装好球形冷凝管沸煮1h。待溶液冷却后，用已知重量的玻璃砂芯漏斗反复抽滤、洗涤，直至滤液中不含硫酸根离子时为止（用10%的氯化钡溶液检验，无沉淀即可）。取下玻璃砂芯漏斗烘至干重，取出迅速放于干燥器中冷却30min，称重并记录。

⑧纤维素含量。根据上述各步骤所得的计算结果，计算得出。

⑨数据处理。天然纤维各个化学成分计算参考下述方法进行。式（2-5）~式（2-9）分别为天然纤维脂蜡质、水溶物、果胶、半纤维素、木质素的含量计算式，式（2-10）为纤维素含量计算式。

纤维脂蜡质含量（%）：

$$W_1=\frac{G_1-G_0}{G_0}\times 100\% \tag{2-5}$$

纤维水溶物含量（%）：

$$W_2=\frac{G_2-G_1}{G_0}\times 100\% \tag{2-6}$$

纤维果胶含量（%）：

$$W_3=\frac{G_3-G_2}{G_0}\times 100\% \tag{2-7}$$

纤维半纤维素含量（%）：

$$W_4=\frac{G_4-G_3}{G_0}\times 100\% \tag{2-8}$$

纤维木质素含量（%）：

$$W_5=\frac{g_1-g_0}{m_1-m_0}\times 100\% \tag{2-9}$$

纤维素含量（%）：

$$W_6=1-W_1-W_2-W_3-W_4-W_5 \tag{2-10}$$

式中：G_0为试样提取脂蜡质前干重（g）；G_1为试样提取脂蜡质后干重（g）；G_2为试样提取水溶物后干重（g）；G_3为试样提取果胶后干重（g）；G_4为试样提取半纤维素后干重（g）；g_0为玻璃砂芯漏斗干重（g）；g_1为玻璃砂芯漏斗与木质素干重（g）；m_0为有塞三角烧瓶干重（g）；m_1为有塞三角烧瓶与剪碎试样干重（g）。

2.1.2.2　天然纤维傅里叶红外光谱扫描

傅里叶红外光谱测试采用赛默飞世尔科技公司生产的Nicolet iS10傅里叶红外光谱分析仪。测试用探测器为DLATG，Diamond ATR附件，波数范围选择为400~4000cm^{-1}，单个光谱扫描次数为128次。每种天然纤维扫描次数为1次。对天然纤维进行扫描得到傅里叶红外光谱图。

2.1.2.3　天然纤维 X 射线衍射

X射线衍射测试采用美国Agilent Technologies公司的SuperNova X射线衍射仪，Cu靶衍射波波长λ=0.154nm，2θ为0°~50°，50kV，0.8mA，方位角为0°~180°，每种纤维测试5根工艺纤维，测试结果取平均值。束纤维测试采用美国BRUKER AXS公司的DB DISCOVER with GADDS X射线衍射仪，Cu靶衍射波波长λ=0.154nm，2θ为5°~40°，50kV，0.8mA，方位角为0°~180°，每种纤维测试1束纤维。结晶度计算式参考Segal方法，如式（2-11）所示。取向度计算式参考Bohn方法，如式（2-12）所示。工艺纤维测试样品及束纤维测试样品如图2-3所示。

$$\%\mathrm{Cr}=\frac{I_{002}-I_{am}}{I_{002}}\times 100\% \qquad (2-11)$$

式中：I_{002}为纤维素晶体2θ（20°~23°）角度处衍射强度值；I_{am}为非晶区（2θ在18°~19°间）衍射强度最小值。

$$OR=\frac{180-H}{180}\times 100\% \qquad (2-12)$$

式中：H为纤维素晶体2θ（20°~23°）角度处衍射峰半宽值。

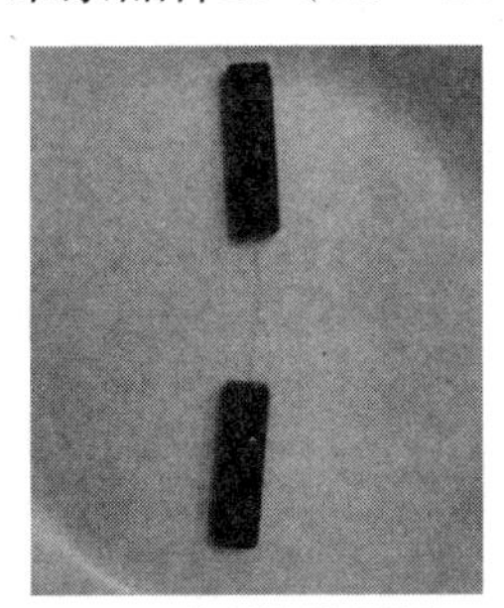

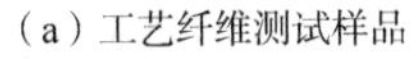
（a）工艺纤维测试样品　（b）束纤维测试样品

图2-3　天然纤维XRD测试样品

2.1.2.4　X 射线光电子能谱扫描

X射线光电子能谱测试采用美国ThemoFisher科技公司的K-Aepna型X射线光电子能谱仪，使用单色化Al Kα源能量：1486.6eV，15kV 150W；束斑大小：500μm；扫描模式：CAE；全谱扫描：通能为200eV；窄谱扫描：通能为50eV；扫描次数：每种天然纤维1次。对天然纤维表面C、O化学元素的含量以及两元素对应化学状态进行测试分析。

2.2 天然纤维提取及精细化处理

2.2.1 竹原纤维的提取

2.2.1.1 竹原纤维提取研究现状

（1）物理提取

①蒸汽爆破。蒸汽爆破是作为低能耗方法而研发出来的，通过分离植物的细胞壁以产生植物浆。该工艺是从植物表面分离木质素的有效方法，特别是对于纸浆工业，所得纤维刚性较大并且颜色较深。使用蒸汽爆破法提取的纤维呈现出粘连状态，纤维之间不能有效分开。通过具有网孔过滤的筛机制备直径为125~210μm的纤维束，再将纤维在120℃下干燥2h，这种方法可以将木质材料中的木质素去除，但是不能完全去除，因此，需要进一步使用混合机从纤维中除去剩余的木质素并生产竹纤维棉。

②沤制。在采用沤制方法提取竹纤维的过程中，首先除去竹皮，劈成竹条，将竹条在水中浸泡三天；为了分离竹纤维，将润湿的竹条进行打浆处理，然后用锋利的刀子刮下并梳理。在该方法中，梳理纤维表面的过程对纤维的质量具有很大的影响，但是沿着纤维的长度方向断裂较少。另外一种竹纤维提取的方法不涉及精梳，而是简单地将生竹切成几个纵向部分，而不去除竹节和表皮，在浸泡之前，竹条用流水清洗，使用两种不同类型的浸泡，分别为厌氧和有氧浸没，并且这种方法能够将束与秆分离。采用沤麻的方法提取纤维，可以得到任意的长度。

③机械碾压。机械碾压法是首先通过辊式破碎机将原料竹切成小片，然后通过滚针将小片提取成粗纤维，将它们在90℃下煮沸10h以除去其脂质，再将粗纤维放入脱水器进行脱水，然后在旋转干燥器中干燥。机械碾压方法的缺点是提取过程产生短纤维，如果提取过程中加工过度，这些短纤维会变成粉末。

④研磨。研磨法是将没有竹节的竹秆切成条，在水中浸泡24h，然后用刀将浸透的竹条手工切成较小的片，竹条通过挤出机后，通过切割较长的条获得小竹片。接下来，通过用高速混合器研磨竹片30min获得短竹纤维。使用具有各种孔径的几个筛子将纤维分离，最后将提取的竹纤维在105℃烘箱中干燥72h。虽然长纤维能够承载较高的拉伸载荷，这是由于它们增加了横向长度，增加了复合材料的拉伸模量，但是较长纤维的抗拉强度比较低。同时，有研究人员使用研磨的方法提取纤维并且研究了竹纤维复合材料的流变和形态行为，研究发现竹纤维作为一种有效的成核剂可以增加基体的结晶速率。

⑤轧机。轧机法提取竹纤维是将竹秆从节点切成较小的块，然后将这些块切成厚度为1mm的竹条。竹条在水中浸泡1h以促进纤维的分离，然后将竹条

在低速和轻微的压力下通过轧机，再将竹条放在水中浸泡约30min，然后用刀片分离成纤维。此方法将获得长度为220~270mm的竹纤维，在阳光下干燥2周即可。

（2）化学提取

化学提取方法是使用碱或酸浸渍、化学浸渍、化学辅助自然浸渍（CAN）或脱胶以减少或除去基本纤维的木质素。化学提取会对竹纤维的其他组分产生一定的影响，如果胶和半纤维素。

①脱胶。使用脱胶工艺通过去除竹条的胶质和果胶（含量）来提取纤维。竹子脱胶是提取竹纤维必要的过程。但是，植物中含有的果胶和木质素在纤维中也起到骨架作用，纤维也需要进行连接，因此不能完全去除。

②碱浸。由于木质素可溶于碱性溶液，因此使用碱性溶液来提取纤维。在碱浸提取法中，将竹条浸泡在NaOH溶液中，在温度为70℃条件下加热5h；随后，使用压制机压制经碱处理的竹条，并通过钢钉分离纤维；最后，用水洗涤提取的纤维并在烘箱中干燥。另一种方法是将具有较小尺寸的竹条在NaOH中浸泡2h，NaOH的质量分数为4%，使其与纤维素和非纤维素发生反应；该方法在一定压力下重复数次，以提取纸浆形式的纤维，该方法的问题是在提取期间形成一些大的纤维束。还有的方法是将小竹条浸泡在氢氧化钠中72h以促进纤维提取。总的来说，与其他方法相比，碱处理改善了复合材料的界面结合或表面黏附性能，但提取的竹纤维大部分以纤维束的形式存在。

③化学辅助自然浸渍。使用化学辅助自然浸渍工艺可以降低竹纤维中的木质素的含量。在提取过程中，将竹秆沿着纵向切成较薄的竹片，将手工分离的纤维浸入浓度为1%、2%和3%的$Zn(NO_3)_2$溶液中，其中纤维与液体的比例为1∶20。将纤维在温度为40℃、pH为中性条件下浸泡116h，并保存在BOD培养箱中，然后在水中煮沸1h。研究发现，与碱性浸渍相比，该方法能够除去更多的木质素。在另一方法中，研究人员将竹秆切成2cm的切片，并在150℃下将切片烘烤30min。将切片浸入60℃的水中24h，然后在空气中干燥，然后通过重复滚轧进一步除去杂质。随后，纤维束在100℃下用0.5%氢氧化钠、2%硅酸钠、2%亚硫酸钠和2%多聚磷酸钠溶液在20∶1的液体处理60min，用热水洗涤后，纤维在温度为70℃和pH为6.5条件下用0.04%木聚糖酶和0.5%二亚乙基三胺五乙酸处理60min。除了使用0.7%氢氧化钠之外，按照相同的步骤在100℃下再次烘干所得纤维60min。将纤维在具有0.2%氢氧化钠、4%双氧水和0.5%硅酸钠的聚乙烯袋中漂白50min，pH保持在10.5，浴比为20∶1；最后，在用0.5%硫酸处理10min并乳化5天后，获得精制竹纤维，使用该方法提取的竹纤维具有较小的取向角，这表明竹纤维与常用的洋麻、苎麻等相比，更适合用作天然纤维复合材料的增强体。

④机械化学联合提取。压缩模塑技术（CMT）和辊磨技术（RMT）通常在

碱和化学处理之后用于提取纤维。研究发现，压缩模塑技术用于在10吨的负载下对两个平坦压板之间碱处理后的竹纤维进行加压。在该方法中，起始竹条的厚度和压缩时间是分离高质量纤维的重要因素。在辊磨技术中，处理的竹条被放在两个辊之间，一个辊固定，另一个旋转。在这两种方法中，竹条会被压平，并且碱性处理和机械碾压的组合使得竹条易于分离成单根纤维。压缩模具的尺寸和辊的直径是影响两种技术中提取的竹条尺寸的两个因素。

有研究人员使用响应曲面对各类纤维进行了提取工艺的研究，如张平安研究了提取温度、提取时间以及浸提液pH对膳食纤维的提取率的影响，并采用数学模型进行最优提取工艺的确定；袁艳娟利用正交试验以及响应曲面法共同对绿豆皮中膳食纤维的提取工艺进行了优化，发现提取温度对提取的纤维量影响最大。

2.2.1.2 竹原纤维提取工艺优化

（1）竹纤维提取工艺

①预整料。将四年生的慈竹按竹节截断，并将竹秆劈成约10mm宽的竹片（图2–4），把竹片放入竹篾机中，调节竹篾机上下刀片的距离从而使得竹片分成厚度较均匀的两片，分别为竹黄和竹青，使用竹黄提取纤维。

图 2–4　慈竹竹片

②溶液配制。将一定质量的NaOH和JFC混合溶液溶于水中，配制成一定浓度的溶液，竹片和溶液的质量比为1∶20。

③沸煮竹片。当温度为100℃时，将切好的竹片放入灭菌锅中，倒入配好的溶液，沸煮一定时间后取出（图2–5）。

图 2-5　蒸煮竹片

④纤维提取。将煮好的竹片取出，水洗多次，直至pH为7，然后使用铁棍进行锤击碾压，使得纤维束分散开，水洗后，将纤维分散铺开晾干。

本研究采用Design-Expert中的Box-Behnken设计方法，设计三个影响因素分别为NaOH质量分数X_1、渗透剂（JFC）质量分数X_2、沸煮时间X_3，以及四个响应值分别为竹纤维的拉伸强度Y_1、提取率Y_2、直径Y_3和摩擦系数Y_4。Box-Behnken试验设计因素和水平列见表2-1。

表 2-1　Box-Bchnken 试验设计因素和水平

因素	编码		水平		
	编码值	实际值	−1	0	1
NaOH 质量分数 /%	x_1	X_1	0.5	0.6	0.7
JFC 质量分数 /%	x_2	X_2	0.1	0.2	0.3
沸煮时间 /h	x_3	X_3	1.5	2	2.5

（2）竹纤维提取的响应曲面优化结果及分析

实验结果见表2-2。采用设计软件Design Expert分析了竹纤维提取过程的影响因素，用回归模型建立了NaOH质量分数X_1、JFC质量分数X_2、沸煮时间X_3和响应值拉伸强度Y_1、提取率Y_2、直径Y_3、摩擦系数Y_4之间多个模型，见表2-3，通过拟合Design Expert获得四个响应值的模型。

每个模型的R^2值均在0.8以上，Y_3建立的回归模型为极显著（$P<0.001$），Y_1、Y_2、Y_4建立的回归模型为显著（$P<0.05$）。

表2-4中为每个单因素以及两个因素相互的作用对Y的影响，显著影响竹纤维的拉伸强度的因素为X_1、X_2、X_1X_3（$P<0.05$），根据F值的大小，三个单因素中对竹纤维拉伸强度影响最大的为X_2（JFC浓度）。

显著影响纤维提取率的为X_3（$P<0.05$），根据F值的大小，三个单因素中对竹纤维提取率影响最大的为X_3（沸煮时间）。

显著影响纤维直径的为X_3、X_1X_2、X_1X_3、X_2X_3（$P<0.05$），根据F值的大小，三个单因素中对竹纤维直径影响最大的为X_3（沸煮时间）。

显著影响纤维摩擦系数的为X_1X_2（$P<0.05$），根据F值的大小，三个单因素中对竹纤维摩擦系数影响最大的为X_1（NaOH质量分数）。

表 2–2 响应曲面实验结果

测试序号	NaOH 质量分数 /%	JFC 质量分数 /%	沸煮时间 / h	拉伸强度 / MPa	提取率 /%	直径 / μm	摩擦系数
1	–1	–1	0	253.81	57.4	212.7	0.231
2	1	–1	0	320.39	53.7	251.66	0.174
3	–1	1	0	309.73	51.4	267.87	0.201
4	1	1	0	366.56	54.6	246.86	0.196
5	–1	0	–1	294.82	53.1	235.37	0.177
6	1	0	–1	345.56	52.8	182.15	0.182
7	–1	0	1	343.18	52.1	221.52	0.169
8	1	0	1	315.98	55.6	269.92	0.163
9	0	–1	–1	376.88	48.3	200.89	0.159
10	0	1	–1	380.86	46.3	253.26	0.169
11	0	–1	1	384.29	53	268.15	0.17
12	0	1	1	454.86	54.6	211.3	0.175
13	0	0	0	322.03	50.4	360.1	0.16
14	0	0	0	322	50.4	360.2	0.16
15	0	0	0	322.06	50.3	360.4	0.16
16	0	0	0	322.02	50.2	358	0.16
17	0	0	0	322.04	50.7	359.8	0.16

表 2-3　拟合得到的数学模型

模型	拟合模型	R^2	调整 R^2	精密度值	$CV/\%$	F	P
11	$Y_1=-908.06+6036.54X_1-1597.45X_2-523.36X_3-243.75X_1X_2-389.70X_1X_3+332.95X_2X_3-4187.25X_1^2+3246.50X_2^2+178.91X_3^2$	0.943	0.869	14.567	4.78	12.75	0.0014
22	$Y_2=210.35-472.63X_1-166.88X_2-5.50X_3+172.50X_1X_2+19.00X_1X_3+18.00X_2X_3+336.25X_1^2+51.25X_2^2-1.45X_3^2$	0.832	0.616	7.218	3.27	3.85	0.0445
33	$Y_3=-3058.43+6589.31X_1+4232.46X_2+983.03X_3-1499.25X_1X_2+508.10X_1X_3-546.10X_2X_3-6074.38X_1^2-5458.38X_2^2-288.47X_3^2$	0.989	0.974	21.774	3.79	66.64	<0.0001
34	$Y_4=1.02-2.93X_1-1.44X_2+0.19X_3+1.30X_1X_2-0.06X_1X_3-0.03X_2X_3+2.25X_1^2+1.80X_2^2-0.04X_3^2$	0.868	0.698	7.457	6.06	5.11	0.0214

表 2-4　方差分析结果

模型	拉伸强度		提取率		直径		摩擦系数	
	F	P	F	P	F	P	F	P
X_1	10.31	0.0148	0.31	0.5925	0.20	0.6661	4.43	0.0733
X_2	14.90	0.0062	1.30	0.2910	2.48	0.1595	0.055	0.8217
X_3	4.79	0.0647	9.44	0.0180	11.58	0.0114	0.11	0.7480
X_1X_2	0.091	0.7719	4.11	0.0824	8.46	0.0227	6.04	0.0436
X_1X_3	5.80	0.0468	1.25	0.3013	24.30	0.0017	0.27	0.6191
X_2X_3	4.24	0.0786	1.12	0.3255	28.07	0.0011	0.056	0.8199

①两因素交互作用对纤维的拉伸强度的影响。由图2-6（a）NaOH与JFC共同作用对竹纤维拉伸强度的三维曲线图可以发现：JFC浓度固定时，竹纤维拉伸强度随着NaOH浓度的增加均为先增大后减小。NaOH浓度为0.62%时，竹纤维拉伸强度达到最大值，从以上实验可以发现，NaOH浓度对拉伸强度的影响较大，NaOH浓度的增加时，可以将竹片中的胶质去除，继续增大浓度后，纤维素也会发生降解，影响竹纤维的拉伸强度。

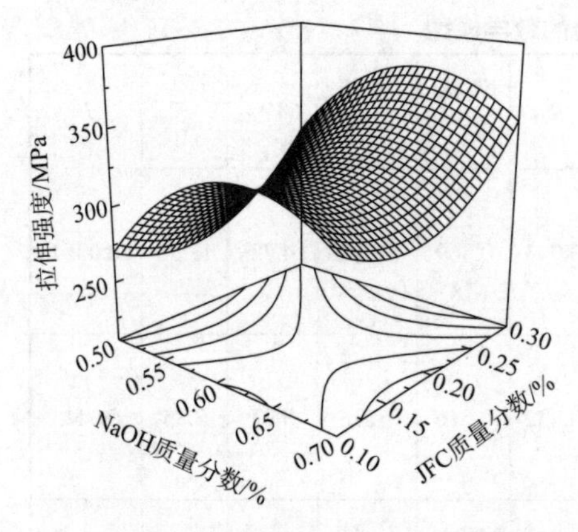

(a) NaOH与JFC质量分数对纤维拉伸强度的影响

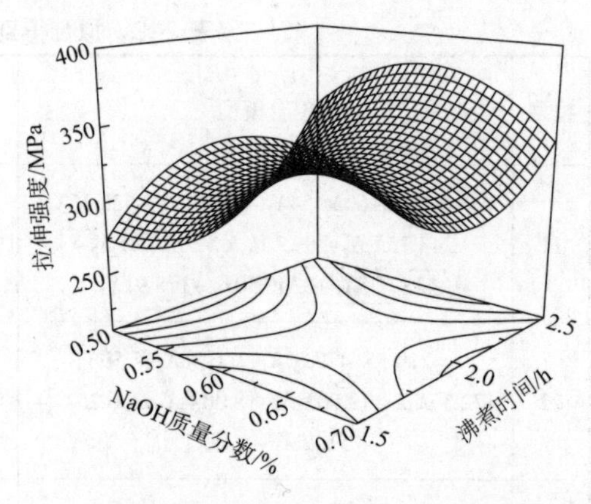

(b) NaOH质量分数与沸煮时间对纤维拉伸强度的影响

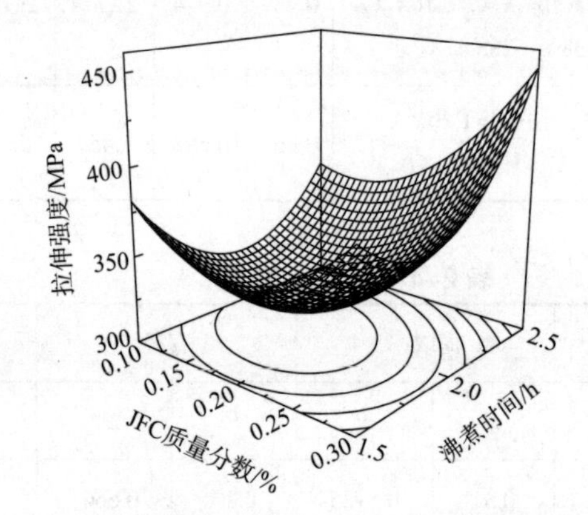

(c) JFC质量分数与沸煮时间对纤维拉伸强度的影响

图 2-6 因素对纤维拉伸强度的影响

由图2-6(b)NaOH质量分数与沸煮时间对竹纤维拉伸强度的三维曲线图可以发现：当NaOH浓度较低时，增大NaOH浓度会使得竹纤维拉伸强度增加，当浓度继续增大时，拉伸强度下降，一方面是由于JFC浓度的限制使得NaOH不能完全进入竹片内部，不能去除竹片内部的胶质，另一方面是由于NaOH浓度增大后，竹片表面的纤维胶质已经去除，继续增加NaOH浓度，会对竹纤维造成一定的损伤。

由图2-6(c)JFC质量分数与沸煮时间对竹纤维拉伸强度的三维曲线图可以得知：在每个固定的沸煮时间下，竹纤维拉伸强度均随着JFC浓度的增大呈现出先减小后增大的趋势。竹纤维拉伸强度在沸煮时间为2.5h时达到最大值。在固定的沸煮时间下，竹纤维拉伸强度随着JFC浓度的增加呈现较明显的先减小后增大的趋势。

②两因素交互作用对纤维提取率的影响。由图2-7(a)NaOH质量分数与

JFC质量分数对纤维提取率的三维曲线图可以发现：当JFC的浓度为0.1%时，纤维提取率随着NaOH浓度增加呈现出先减小后增大的趋势，并且在每个固定的JFC浓度下，纤维提取率均表现出先减小后增加的趋势。JFC浓度固定为0.1%时，在NaOH浓度为0.5%时纤维提取率达到最大值（约为56%），之后NaOH浓度越大，纤维表面的胶质和杂质去除的越多，同时也会有纤维素降解的发生，使得竹纤维的提取率降低。

由图2-7（b）NaOH质量分数与沸煮时间对纤维提取率的三维曲线图可以发现：当沸煮时间为1.5h时，竹纤维的提取率随着NaOH质量分数的增加呈现先减小后增大的趋势，并且在每个固定的沸煮时间下，竹纤维的提取率均随着NaOH质量分数的增加呈现出先减小后增大的趋势。竹纤维提取率在NaOH质量分数为0.5%时达到最大值（约为52%）。

由图2-7（c）JFC质量分数与沸煮时间对竹纤维提取率的三维曲线图可以

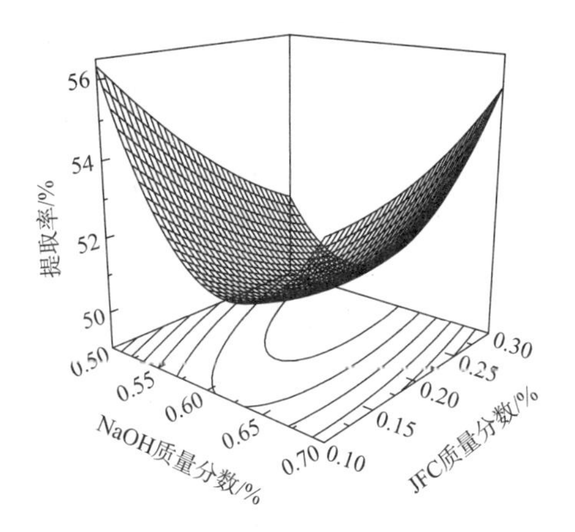

（a）NaOH与JFC质量分数对纤维提取率的影响

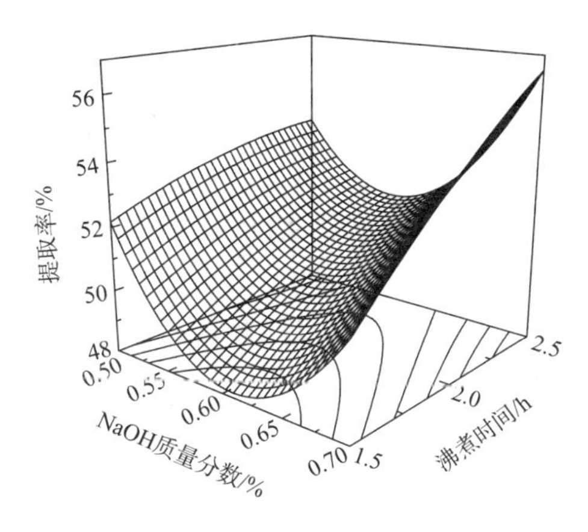

（b）NaOH质量分数与沸煮时间对纤维提取率的影响

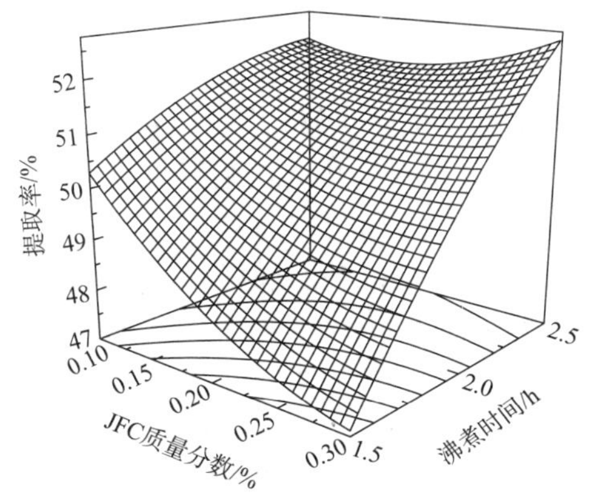

（c）JFC质量分数与沸煮时间对纤维提取率的影响

图 2-7　因素对纤维提取率的影响

发现：当沸煮时间为1.5h时，竹纤维提取率随着JFC质量分数的增加呈现减小的趋势，在沸煮时间为2.5h时，竹纤维提取率随着JFC质量分数的增加呈现出先减小后增大的趋势，1.5~2.5h之间为过渡部分。当沸煮时间为2.5h时，竹纤维提取率在JFC质量分数为0.3%时达到最大值（约为52%）。

③两因素交互作用对纤维直径的影响。由图2-8（a）NaOH质量分数与JFC质量分数对纤维直径的三维曲线图可以发现：当JFC质量分数为0.1%时，随着NaOH质量分数的增加，竹纤维的直径呈现先增大后减小的趋势，同时在0.1%~0.3%范围内的每个JFC浓度下，竹纤维直径均呈现先增大后较小的趋势。JFC质量分数较低时，NaOH渗入纤维较少，纤维表面的胶质较多。增大JFC质量分数时，NaOH进入竹片内部，去除的胶质增多，纤维变得更细，长径比增加。纤维直径在NaOH浓度为0.5%时达到最小值。

由图2-8（b）NaOH质量分数与沸煮时间对竹纤维直径的三维曲线图可以发现：当沸煮时间为1.5h时，竹纤维的直径随着沸煮时间的增加呈现先增大后减小的趋势，并且在1.5~2.5h之间的每个固定的沸煮时间下，竹纤维的直径均随着NaOH质量分数的增加呈现先增大后减小的趋势。随着NaOH质量分数的增加，NaOH先进入竹片的外层，然后再进入竹片的内部，外部纤维开始出现分散，接着部分胶质去除。竹纤维的直径在NaOH质量分数为0.7%时达到最小值（约为200μm）。

由图2-8（c）JFC浓度与沸煮时间对纤维直径的三维曲线图可以发现：当沸煮时间为1.5h时，竹纤维的直径随着JFC质量分数的增加呈现先增大后减小的趋势，同时在每个固定的沸煮时间下，竹纤维的直径均随JFC质量分数的增加呈现先增大后减小的趋势。沸煮时间为1.5h时，竹纤维的直径最小值在JFC质量分数为0.1%时取得，为195μm。

④两因素交互作用对纤维摩擦系数的影响。由图2-9（a）NaOH质量分数与JFC质量分数对竹纤维摩擦系数的三维曲线图可以发现：当JFC质量分数为0.1%时，竹纤维的摩擦系数随着NaOH浓度的增加呈现先减小后增大的趋势，并且在0.1%~0.3%之间的每个固定的JFC质量分数下，竹纤维的摩擦系数均随NaOH质量分数的增加呈现先减小后增大的趋势。竹纤维的摩擦系数在NaOH质量分数为0.5%时达到最大值（约为0.21）。

由图2-9（b）NaOH质量分数与沸煮时间对竹纤维摩擦系数的三维曲线图可以发现：当沸煮时间为1.5h时，随着NaOH质量分数的增加，竹纤维摩擦系数呈现先增大后减小的趋势，并且在NaOH质量分数为0.5%~0.7%之间的每一个固定值下，随着NaOH质量分数的增加，竹纤维的摩擦系数均呈现先增大后减小的趋势。竹纤维的摩擦系数在质量分数为0.62%时达到最大值（为0.18）。沸煮时间固定时，NaOH质量分数增加，竹片中的杂质去除，使得竹纤维裸露出来，竹纤维表面摩擦系数增大。

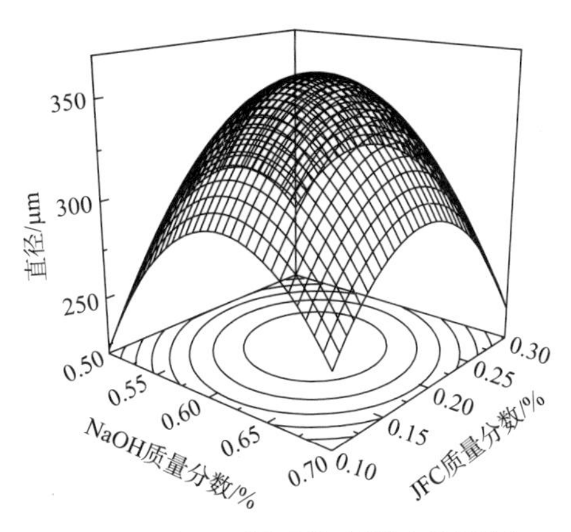

（a）NaOH与JFC质量分数对纤维直径的影响

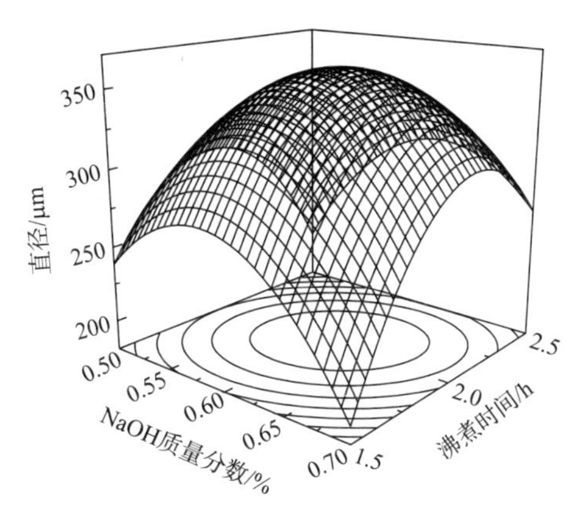

（b）NaOH质量分数与沸煮时间对纤维直径的影响

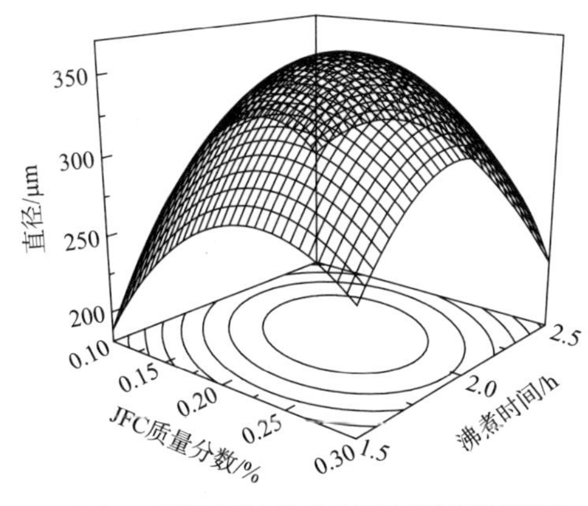

（c）JFC质量分数与沸煮时间对纤维直径的影响

图 2-8　因素对纤维直径的影响

由图2-9（c）JFC质量分数与沸煮时间对竹纤维摩擦系数的三维曲线图可以发现：当沸煮时间为1.5h时，随着JFC质量分数的增加，竹纤维的摩擦系数呈现先增大后减小的趋势，并且在1.5~2.5h之间的每一个沸煮时间下，随着JFC质量分数的增加，竹纤维的摩擦系数均呈现先增大后减小的趋势。竹纤维的摩擦系数在JFC质量分数为0.2%时达到最大值（约为0.17）。

（3）响应曲面优化结果验证

采用Design Expert分析软件，以拉伸强度为最重要因素，进行优化得到竹纤维最优提取工艺为：NaOH浓度为0.7%、JFC浓度为0.3%、沸煮时间为2.5h。通过各因素之间的交互作用以及各因素影响的显著性预测出竹纤维的拉伸强度为405.08MPa，提取率为59.0%，直径为175.59 μm，摩擦系数为0.191。采用最优工艺提取竹纤维进行验证，得到的竹纤维的拉伸强度为386.25MPa，提取率为43.7%，可能是由于提取的竹纤维较少造成误差较大，摩擦系数为0.206，直

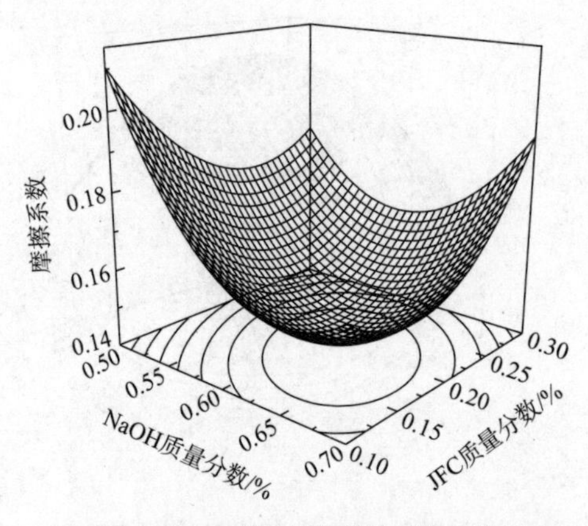

（a）NaOH与JFC质量分数对纤维摩擦系数的影响

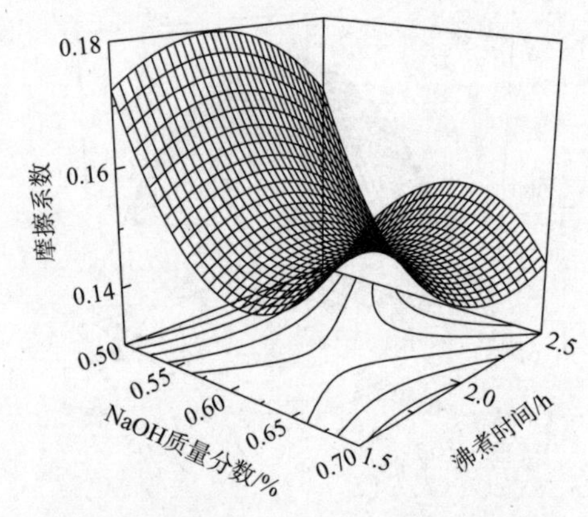

（b）NaOH质量分数与沸煮时间对纤维摩擦系数的影响

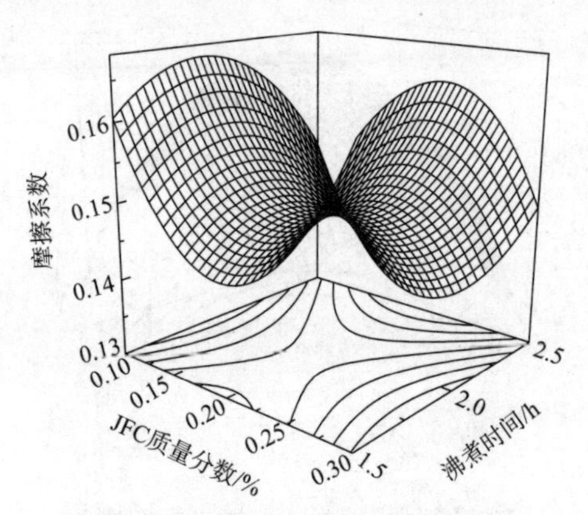

（c）JFC质量分数与沸煮时间对纤维摩擦系数的影响

图 2-9　因素对纤维摩擦系数的影响

径为191.79μm，均和预测值接近，误差小于10%。表2-5为响应曲面纤维性能预测值与验证值对比数据。

表 2-5　响应曲面纤维性能预测值与验证值对比

纤维性能	拉伸强度	直径	摩擦系数
预测值	405.08MPa	175.59μm	0.191
验证值	386.25MPa	191.79μm	0.206
误差	4.6%	9.2%	7.8%

（4）竹纤维形貌观察与分析

采用响应曲面设计提取的竹纤维如图2-10所示，分别为实验组中的1号、2号、3号样品。对比1号和2号样品发现，两种纤维的提取工艺JFC质量分数以及沸煮时间相同，NaOH质量分数不同，从图中可以发现：1号竹纤维比2号纤维的胶质更多；而2号竹纤维裸露的工艺纤维形态的纤维较多，因此，提高碱浓度在一定程度上改善了纤维表面结构；2号和3号竹纤维提取工艺中NaOH质量分数和沸煮时间相同，JFC质量分数不同；3号纤维的JFC质量分数较高，使得NaOH更易渗入纤维内部，与纤维接触，从而使纤维内部脱胶，工艺纤维之间的空腔也有利于树脂浸润，使得竹纤维与树脂之间的浸润吸附效果更强，从而使得复合材料力学性能提升。

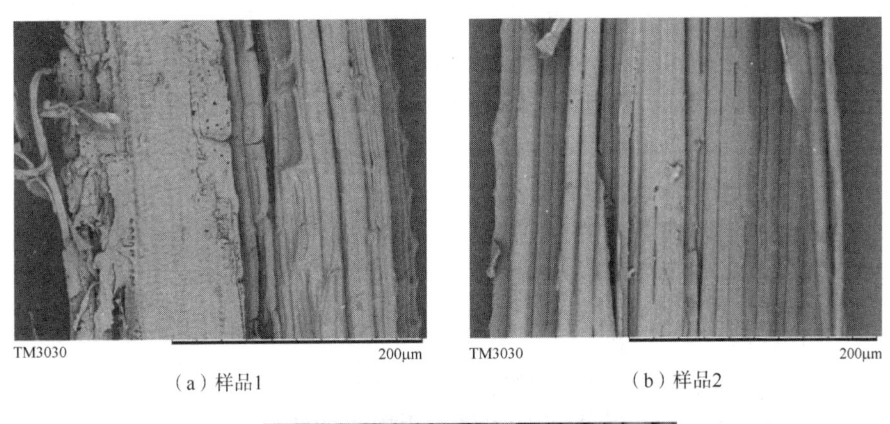

（a）样品1　　（b）样品2

（c）样品3

图 2-10　竹纤维的微观结构

2.2.1.3　竹原纤维分级提取

（1）竹原纤维提取工艺

根据竹片、竹青至竹黄性能的差异，竹原纤维提取采用的是竹青纤维、竹黄纤维分类提取的工艺。具体纤维提取方法为：清洗好的竹片放于碱液中常温浸泡24h，其中碱液为NaOH、Na_2SO_3、JFC渗透剂的混合溶液，NaOH为50g/L、JFC渗透剂为3g/L、Na_2SO_3为2g/L。碱液浸泡起到去除竹片中的糖类、半纤维素、果胶等杂质的作用，另外可使竹片软化。然后将浸泡好的竹片取出清洗干净，放入常压蒸煮容器中蒸煮1h。再将蒸煮好的竹片取出，用刀具在竹片厚度处从中间破开沿竹片纵向一分为二，靠近竹青处的部分统称为竹青，靠近竹黄的部分统称为竹黄；再将分离后的竹青、竹黄分别用压辊碾压，通过物理机械作用将连接在一起的纤维束分散开来，将碾压好的纤维用铁木梳在单向作用力下反复梳理成单纤维状。这样分别提取出竹青纤维和竹黄纤维。其工艺流程如图2-11所示。

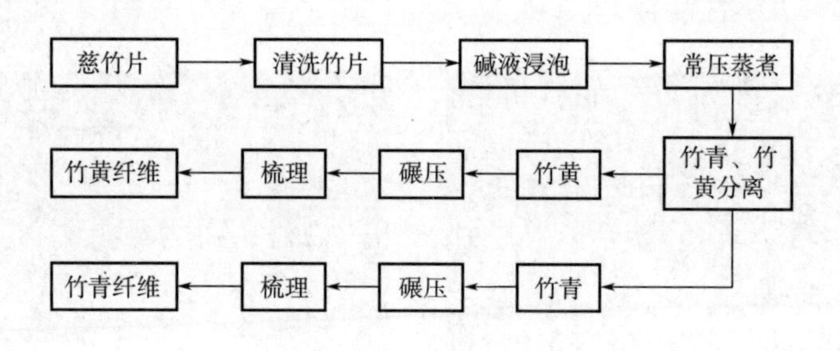

图 2-11　竹原纤维提取工艺流程

（2）测试结果及分析

①竹原纤维细度。提取出的竹青纤维、竹黄纤维外观如图2-12所示，纤维细度测试结果见表2-6。由图2-12可知，提取出的竹青纤维、竹黄纤维外观有一定差异，竹青纤维色泽偏黄、手感较硬、挺直，竹黄纤维色泽偏白、手感较软。由表2-6可知，提取出的竹青纤维、竹黄纤维平均直径分别为107.91μm、89.61μm，竹青纤维直径比竹黄纤维大16.96%。提取出的竹青纤维之所以比竹黄纤维粗，可能是因为竹片竹青处的维管束密度大于竹黄处的，且排列整齐有序，厚壁细胞密集，纤维密度大，竹原单纤维抱和成束纤维，相互之间纠缠紧密，提取时不易分离的缘故；而竹黄处维管束分布稀疏，排列无规则，纤维密度小，部分单纤维间纠缠不如竹青处的紧密，提取时较易分离，故竹青纤维细度大于竹黄纤维。

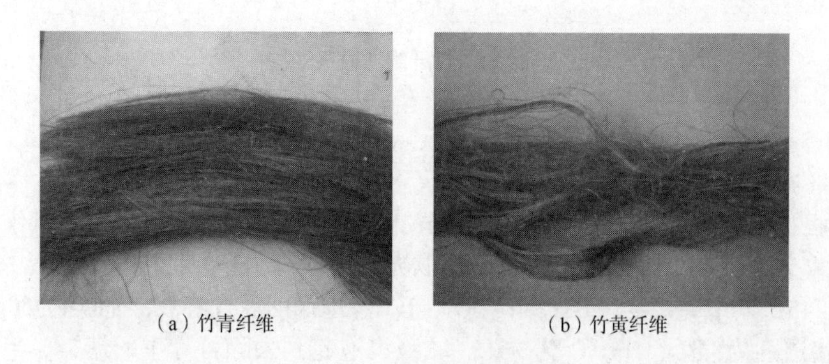

（a）竹青纤维　　（b）竹黄纤维

图 2-12　提取出的竹原纤维

表2-6　竹原纤维细度

纤维种类	平均直径/μm	标准差/μm	*CV*值/%
竹青纤维	107.91	20.11	18.64
竹黄纤维	89.61	19.32	21.56

②竹原纤维力学性能。提取出的竹青纤维、竹黄纤维力学性能见表2-7。由表可知，竹青纤维拉伸强度、拉伸模量、断裂伸长率和断裂功分别为751.70MPa、32.50GPa、5.31%和26.02J，比竹黄纤维分别高44.76%、124.60%、20.68%和123.35%，各项力学性能远远高于竹黄纤维。这可能是因为竹片竹青处的维管束数量较竹黄处的密集，纤维密度大，故在提取出的细度相同的竹青纤维与竹黄纤维中，竹青纤维的单纤维数量高于竹黄处的，故竹青处的纤维力学性能较好。相对而言，外观粗硬、力学性能优良的竹青纤维较适宜用于制作高性能竹纤维增强复合材料。

表2-7　竹原纤维力学性能

指标	竹青纤维	竹黄纤维
拉伸强度/MPa	751.70（30.93）	519.26（52.68）
拉伸模量/GPa	32.50（20.04）	14.47（41.06）
断裂伸长率/%	5.31（23.07）	4.40（36.54）
断裂功/J	26.02（43.68）	11.65（51.37）

注　括号内部数值为*CV*值，单位为%。

③竹原纤维红外光谱分析。经过查阅相关文献可知，竹原纤维特征官能团的红外波峰归属见表2-8，红外光谱测试结果如图2-13所示。由图可知，3331cm^{-1}处和2895cm^{-1}处振动强烈，分别代表O—H伸缩振动和C—H伸缩振动，这是纤维素类物质的特征谱带；而1596cm^{-1}和1424cm^{-1}为芳香环骨架振动，这是木质素类物质的特征吸收峰；1317cm^{-1}为OH面内振动，1157cm^{-1}为C—O—C伸展振动，1027cm^{-1}为C—O伸展振动，这三处吸收峰为纤维素、半纤维类物质的特征吸收峰。从竹青纤维、竹黄纤维红外光谱图对比可知，两者图谱差别不大，说明这两种纤维内部化学成分类似，均含有纤维素、半纤维素、木质素等物质。

表 2-8　竹原纤维特征吸收峰归属

波数 /cm^{-1}	归属
3331	O—H 伸缩振动
2895	C—H 伸缩振动
1596	芳香环骨架振动
1424	芳香环骨架振动
1317	OH 面内振动
1157	C—O—C 伸展振动
1027	C—O 伸展振动

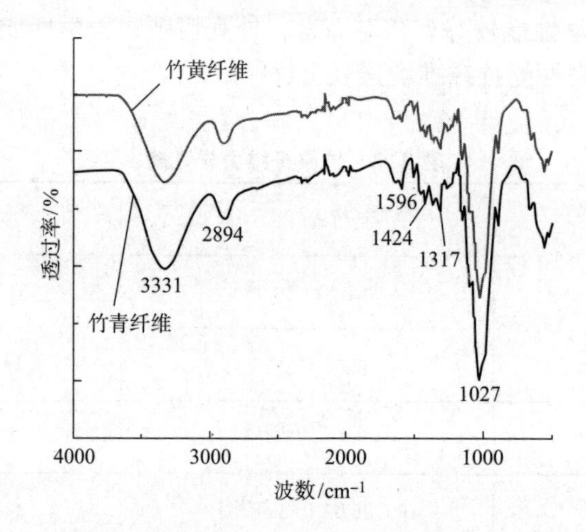

图 2-13　竹原纤维红外光谱

④竹原纤维X射线衍射分析。采用Segal法计算纤维的相对结晶度。Segal法是一种通过XRD图谱快速判断结晶度大小的经验方法，计算式为：

$$结晶度=\frac{I_{002}-I_{am}}{I_{002}}$$

式中：I_{002}为002面的最大衍射强度；I_{am}为2θ=18.5° 时衍射强度，即无定形区的衍射强度。

竹原纤维X射线衍射测试结果如图2-14所示。由图可知，竹青纤维、竹黄纤维为典型纤维素I型，通过计算，结晶度分别为61.51%、45.66%，竹青纤维结晶度比竹黄纤维高34.78%。纤维结晶度影响纤维的拉伸强度，结晶度越高，纤维拉伸强度越大，故竹青纤维的拉伸强度高于竹黄纤维的拉伸强度。

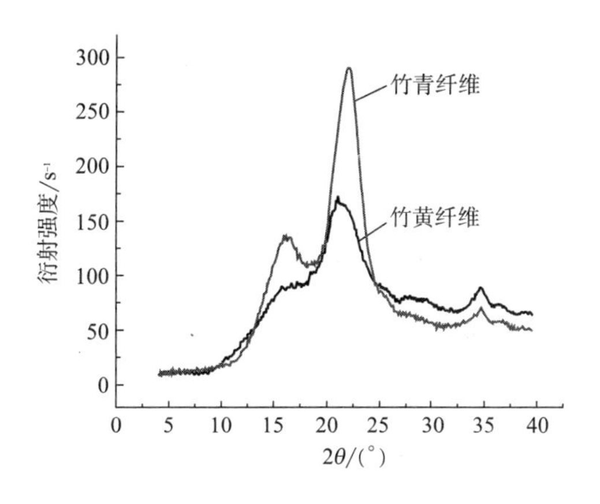

图 2-14　竹原纤维 X 射线衍射光谱

2.2.2　洋麻纤维的精细化处理

2.2.2.1　麻纤维精细化处理研究现状

为了使洋麻纤维能够在纺织工业以及复合材料中顺利应用，对洋麻的改性是一个重要的环节。改性的目的是通过改善洋麻纤维柔软度和卷曲度来提高纤维可纺性，同时增加纤维表面粗糙度以提升复合材料界面性能。植物纤维常用的改性方法有物理法、生物法和化学法。物理法主要是机械碾压，生物法包括沤制和酶处理，化学法主要为碱处理。

在物理方法脱胶的研究中，郭肖青采用辊子对汉麻进行碾压脱胶，使麻纤维表面的胶质破碎脱离，这种方法工艺流程短，实验条件简单，对环境无污染，为植物纤维的精细化研究提供了新的思路。盛冠忠等利用机械—生物酶联合脱胶工艺对棉秆皮进行脱胶，研究表明，棉秆皮残胶率随着碾压次数的增加而下降，在碾压150次后趋于稳定，同时对碾压后的棉秆皮进行生物酶处理，最终得到的棉秆皮纤维的残胶率为8.09%，木质素残余率为9.64%。杨英贤采用超声波机械处理罗布麻纤维，与化学脱胶和微生物化学联合脱胶相比，超声波脱胶法能明显加快脱胶速率，减少脱胶时间和残胶率，所得精干麻的品质优良，并且对纤维的损伤很小，较好地保持了纤维的原有特性。

在生物法脱胶处理中，Yu等对传统的水沤麻方法进行改进，通过提取沤麻河水中的真菌生物处理洋麻，使用该方法的果胶去除率达到91%，同时大大减小了传统水沤造成的环境污染。Song等通过沤麻、碱处理以及果胶酶处理等方法对洋麻纤维进行脱胶处理，对处理后的纤维进行热学分析发现，非纤维素物质有效减少，其中3%果胶酶处理能够使纤维中木质素含量减小一半。Ramaswamy等通过比较在30℃条件下沤麻10天和100℃下7%碱处理1h洋麻的性能发现，化学处理后的洋麻纤维的束纤维强度、纤维长度和非纤维素物质含量等指标都比沤麻处理的低。

在化学脱胶的研究中，张毅等通过预氧、碱煮、脱胶后处理等工艺对洋麻纤维进行脱胶加工，并对影响脱胶效果的因子进行探讨，制得洋麻纤维的断裂强度可达3.85cN/dtex，细度可达738nm，其可纺性指标以及纤维品质均有明显改善。Yousifa等对洋麻纤维进行6%碱处理，由于碱处理后的洋麻纤维界面黏结性和复合材料的孔隙度大幅提高，处理过的洋麻纤维增强环氧树脂，使复合材料的抗弯强度增加约36%。王维明等研究了助剂类型、助剂质量浓度、处理温度和处理时间对脱胶精干黄麻性能的影响，获得了以氢氧化钠为主要精练剂，硅酸钠、JFC渗透剂、亚硫酸钠为辅助精练剂的脱胶工艺，得到最佳脱胶工艺为氢氧化钠质量浓度为16g/L，硅酸钠质量浓度为3g/L，亚硫酸钠质量浓度为4g/L，JFC渗透剂质量浓度为2g/L，90℃处理120min，浴比为1∶20。

洋麻纤维与其他纤维素纤维成分相似，可以借鉴其他纤维的改性方案，通过合理的实验设计，优选出适合的精细化处理工艺。根据洋麻纤维中各成分对化学试剂的敏感程度不同，使用碱氧一浴法和柔软剂对其进行精细化处理，通过测试处理前后洋麻纤维各项性能的变化，研究精细化处理对纤维可纺性能的影响，为洋麻纤维在纺织和复合材料上的应用奠定基础。

2.2.2.2 精细化处理方案的确定

洋麻纤维中各成分的性质各不相同。纤维素由复杂多糖、葡萄糖残基通过β-1，4苷键连接而成，苷键对碱有相当高的稳定性。半纤维素由几种不同的多糖通过甙键连接而成，半纤维素容易被酸水解，不溶于水却易被碱所提取。果胶物质是含有糖醛酸基环的高分子物质，生果胶不溶于水，但其耐酸碱性较差，经过无机酸和稀碱溶液处理即能溶解和水解。木质素结构中存在许多极性基团，具有很强的分子内能和分子间的氢键，木质素的溶解性稳定，但木质素易受氧化剂的作用而裂解，且用碱、亚硫酸盐试剂可使木质素空间结构转变成线状结构，从而使其可溶性增强。

洋麻纤维精细化处理的基本原理是利用纤维中各种化学成分对碱和氧化剂稳定性的不同，在不损伤或尽量少损伤纤维原有机械性质的原则下，去除其中的木质素、半纤维素、果胶等成分，而保留纤维素的化学加工过程。

（1）实验方法

洋麻纤维精细化处理中，最佳处理工艺的优选方法是采用基于正交试验设计的多指标优化表，见表2-9。该试验方法利用矩阵分析法对多指标正交试验设计进行优化，解决了多指标正交试验方法中存在的计算工作量大、权重的确定不够合理等问题；通过建立正交试验的三层结构模型和层结构矩阵，将各层矩阵相乘得出试验指标值的权矩阵，并计算得出影响试验结果的各因素各水平的权重，根据权重的大小，确定最优方案以及各个因素对正交试验的指标值影响的主次顺序，从而解决多指标正交试验设计中最优方案的选择问题。

（2）多指标各影响因素水平的确定

洋麻精细化处理中，碱和双氧水是主要的精练试剂，碱不仅可以去除果胶、半纤维素等杂质，而且为双氧水漂白提供碱性环境，活化其氧化性能以去除纤维中的木质素。在碱氧一浴处理过程中添加多聚磷酸钠、硫酸镁等助剂，可加大氢氧化钠与洋麻的接触程度，同时稳定双氧水的分解，减少双氧水对纤维的损伤。

正交试验中各因素水平选择的依据为：由于所用洋麻经过初步的水沤处理，且经预实验探究，8%碱浓度处理后纤维可纺性大幅度提高，因此选择6%~10%为调整区间。纤维的残胶率、强度及白度与双氧水的用量并不成正比关系，双氧水的用量如果超过某一特定量，会与纤维产生副反应，使纤维过度氧化，碱氧一浴中双氧水的质量浓度达到1%已能达到一定的白度要求，浓度再高时白度不仅增加不多，反而容易损伤纤维。双氧水需要在碱性环境下才能够分解，发挥其氧化漂白作用，去除洋麻纤维中的木质素等物质，但双氧水在碱性较强的条件下分解较为剧烈，效果较差且容易损伤纤维，因此需要在双氧水处理期间提供合适的碱性环境；经过预实验可知，当双氧水在碱浓度为1%条件下时，作用效果明显，结合上述两点水平设定为0.8%~1.2%。随碱氧一浴处理时间的加长，残胶率呈降低趋势，但下降趋势越来越缓慢，强力也随着时间的延长而降低，在汉麻碱氧一浴中，时间范围为90~150min，考虑到洋麻中非纤维素物质化学成分含量大于汉麻，经预实验探究，选取碱氧一浴处理时间为120~180min。

表2-10为纤维精细化正交设计表。

表 2-9　多指标优化表

影响因素					评判指标		
水平数	碱浓度 /%	先加入碱浓度 /%	双氧水浓度 /%	处理时间 /h	纤维线密度 / dtex	柔软度 / [r·(10cm)$^{-1}$]	断裂强度 / (cN·dtex^{-1})
1	6	0.8	0.8	2			
2	8	1	1	2.5			
3	10	1.2	1.2	3			

表 2-10　纤维精细化正交设计表

试验号	因素 A	因素 B	因素 C	因素 D	指标 1	指标 2	指标 3
	碱浓度 /%	先加入碱浓度 /%	双氧水浓度 /%	处理时间 /h	纤维线密度 / dtex	柔软度 / [r·(10cm)$^{-1}$]	断裂强度 / (cN·dtex^{-1})
1	1	1	1	1			
2	1	2	2	2			
3	1	3	3	3			

续表

试验号	因素 A	因素 B	因素 C	因素 D	指标 1	指标 2	指标 3
	碱浓度 /%	先加入碱浓度 /%	双氧水浓度 /%	处理时间 /h	纤维线密度 / dtex	柔软度 / [r·(10cm) $^{-1}$]	断裂强度 / (cN·dtex^{-1})
4	2	1	2	3			
5	2	2	3	1			
6	2	3	1	2			
7	3	1	3	2			
8	3	2	1	3			
9	3	3	2	1			

（3）洋麻纤维精细化处理操作步骤

①称取纤维和试剂。根据纤维重量和对应的正交设计表，称取所需的纤维和试剂。

②配制处理溶液。处理溶液的浴比为1：20；溶液的成分为B% NaOH，为处理液提供碱性环境；C% H_2O_2，对洋麻纤维进行漂白以及去除纤维中的木质素；助剂为纤维干重2% Na_2SO_3、纤维干重3% $Na_5P_3O_{10}$和纤维干重3% $MgSO_4$，使作为精细化处理主体的氢氧化钠和双氧水发挥最大效果。

③碱氧一浴处理。处理温度采用缓慢升温方式，以1℃/min的速率将溶液温度升至95℃，目的是使双氧水在低温弱碱条件下与洋麻纤维充分反应，然后加入剩余的氢氧化钠，使氢氧化钠浓度达到A%，去除洋麻纤维中的非纤维素物质；在95℃条件下高温水浴处理Dh。

④水洗。将精细化处理后的洋麻纤维水洗至中性。

⑤柔软剂处理。将处理后的纤维洗至中性并拧干后，使用纤维干态重量5%的柔软剂（TDSL-2005A，天津工业大学纺织助剂有限公司提供）配制的浴比为1∶15的柔软处理液，在30℃的条件下处理30min，拧干后在90℃条件下烘干1h，然后在135℃条件下交联4min，使柔软剂与纤维发生反应，此后在90℃条件下烘至干燥。

2.2.2.3 多指标优化试验结果分析

表2-11所示为所得数据及处理结果，从表中可看出基于正交试验设计的多指标优化方法对洋麻纤维线密度、柔软度、断裂强度3个单指标评价最优方案的结果。对正交试验的指标层、因素层与水平层结构建立矩阵，将三层矩阵相乘得出试验指标值的权矩阵，并计算得出影响试验结果的各因素各水平的权重。

表2-11　正交试验性能测试结果

试验号	因素A	因素B	因素C	因素D	指标1	指标2	指标3
	碱浓度/%	先加入碱浓度/%	双氧水浓度/%	处理时间/h	纤维线密度/dtex	柔软度/[r·(10cm)$^{-1}$]	断裂强度/(cN·dtex^{-1})
1	6	0.8	0.8	2	32.455	31.125	3.249
2	6	1	1	2.5	39.705	32.417	3.816
3	6	1.2	1.2	3	24.598	32.833	3.301
4	8	0.8	1	3	28.714	33.000	3.305
5	8	1	1.2	2	23.887	31.875	3.371
6	8	1.2	0.8	2.5	16.951	32.250	3.402
7	10	0.8	1.2	2.5	17.753	32.917	3.367
8	10	1	0.8	3	20.502	33.750	3.332
9	10	1.2	1	2	18.425	32.250	2.519
K1	32.25	26.31	23.30	24.92	纤维线密度直观分析 A>B>C>D		
K2	23.18	28.03	28.95	24.80			
K3	18.89	19.99	22.08	24.60			
R	13.36	8.04	6.87	0.32			
K1	32.13	32.35	32.38	31.75	柔软度直观分析 A>B>C>D		
K2	32.38	32.68	32.56	32.53			
K3	32.97	32.44	32.54	33.19			
R	0.85	0.33	0.18	1.44			
K1	3.46	3.31	3.34	3.05	断裂强度直观分析 D>B>A>C		
K2	3.36	3.51	3.21	3.53			
K3	3.07	3.07	3.35	3.31			
R	0.38	0.43	0.13	0.48			

表2-12为多指标各因素及权重计算结果，由表中可知，各个因素对纤维线密度、柔软度、强度3个指标影响的主次顺序为A>D>B>C；因素A_3、B_3、C_3、D_2的权重最大，正交试验的最优方案为：$A_3B_3C_3D_2$，即最佳处理工艺为：总碱浓度为10%，先加入碱浓度为1.2%，双氧水浓度为1.2%，处理时间为2.5h。按照最优工艺处理洋麻纤维，纤维线密度为13.83dtex，柔软度为33.75r/10cm，断裂强度为4.13cN/dtex，相较9组正交试验所得纤维的性能最好。

表 2-12　多指标各因素及权重计算结果

因素	水平	权重
碱浓度 /%	6	0.10359
	8	0.11586
	10	0.12632
先加入碱浓度 /%	0.8	0.07178
	1	0.07412
	1.2	0.07798
双氧水浓度 /%	0.8	0.04993
	1	0.04332
	1.2	0.05320
处理时间 /h	2	0.09287
	2.5	0.09972
	3	0.09839

2.2.2.4　精细化处理对洋麻纤维性能的影响

（1）表面粗糙度

洋麻纤维处理前后SEM图像如图2-15所示，未处理洋麻纤维表面有较多的杂质，工艺纤维中的单纤维结合较为紧密，表面相对光滑；碱氧一浴处理后的洋麻纤维表面杂质明显减少，工艺纤维中的单纤维分离劈裂，纤维表面出现明显的沟槽，纤维粗糙度增加。

果胶和半纤维素的去除是使工艺纤维分离和表面粗糙度增加的主要原因，

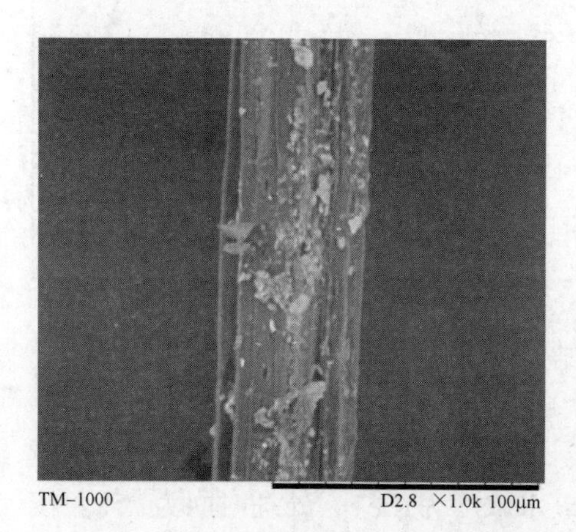

（a）未处理洋麻

（b）精细化处理后洋麻纤维

图 2-15　洋麻纤维表面形貌

工艺纤维分离和表面粗糙度增加使得纤维间接触面积和滑动阻力增大，利于成纱强度的提高。此外，纤维表面杂质的去除使得纤维间抱合更加紧密，有利于提升成纱质量。

（2）成分变化

精细化处理前后洋麻纤维热重分析如图2-16（a）所示，精细化处理后纤维热重曲线右移，与图2-16（b）纯纤维素热重曲线相似，由此可知，精细化处理能够有效地去除洋麻纤维中的非纤维素物质。图2-17为傅里叶红外光谱图。

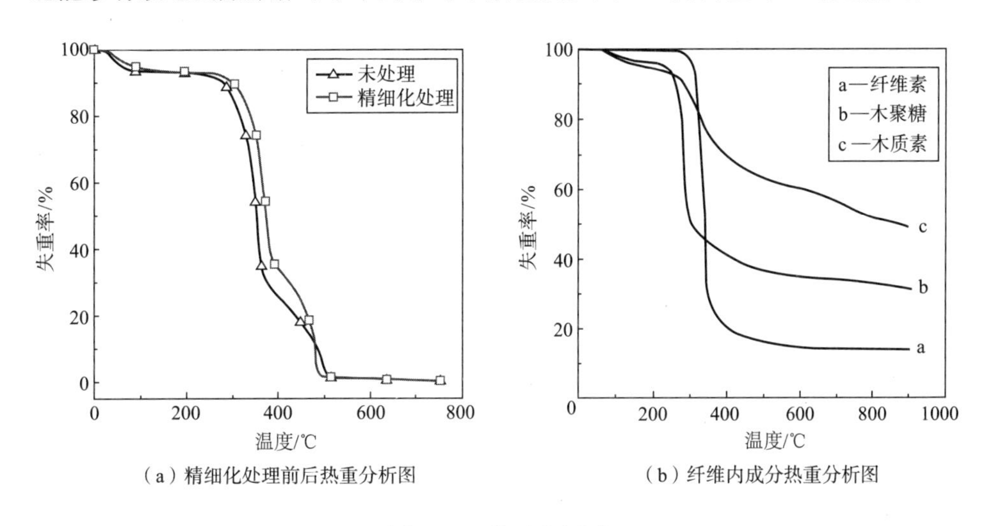

（a）精细化处理前后热重分析图　（b）纤维内成分热重分析图

图 2-16　热重分析图

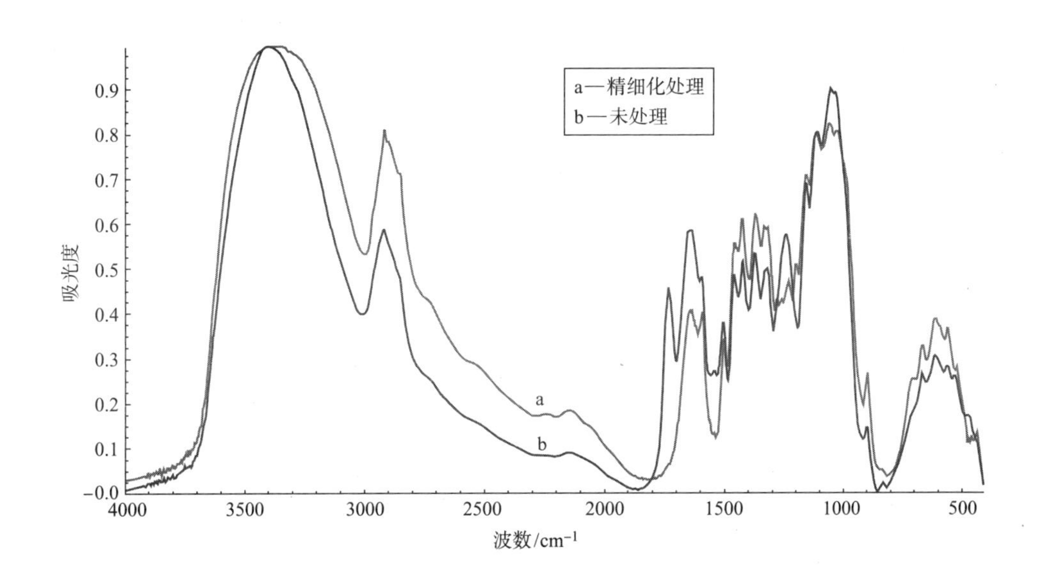

图 2-17　傅里叶红外光谱图

由文献可知，1736cm^{-1}是羧酸及其酯、内酯的吸收峰，精细化处理后该吸收峰消失，是由于果胶和油脂的去除引起的。1646cm^{-1}处是与芳香核共轭的羰基吸收峰，该峰在精细化处理后强度明显减弱，说明在碱氧环境下，木质素发生反应，此外，1596cm^{-1}和1508cm^{-1}是木质素芳香环的吸收峰，其强度也有一定的下降，说明部分木质素被去除。半纤维素特征峰为1245cm^{-1}，精细化处理后该峰几乎消失，说明碱氧一浴处理能够去除半纤维素。

由热重以及红外测试可知，洋麻纤维经过精细化处理后，非纤维素物质得到有效去除，纤维素比例增大，使纤维柔软度和弹性增加，可纺性增强。

（3）纤维拉伸性能

由于洋麻纤维中的半纤维素和果胶在碱性条件下易被去除，木质素在双氧水、氢氧化钠、亚硫酸钠的作用下可溶性增强，且碱氧一浴能够有效去除纤维表面上黏附的杂质，因此，经过碱氧一浴处理后，洋麻纤维重量损失达29.2%。

由表2-13可知，经过碱氧一浴和柔软剂处理后，洋麻工艺纤维线密度降低66.1%，强度提高25.9%，断裂伸长率增加54.7%。半纤维素和果胶一般作为分子黏合剂将单纤维黏合成工艺纤维，半纤维素和果胶在碱氧条件下溶解，导致束纤维发生分离，使纤维直径减小。线密度的降低可以有效地减小洋麻纤维的刚度，提高纤维柔软度。由于纤维素是洋麻纤维受力主体，纤维精细化处理去除的大多数为非纤维素物质，纤维素所受损伤较小，且单纤线密度明显减小，使纤维强度有所提升，从而有利于纱线强度的增加。断裂伸长率增加54.7%，表明纤维的柔软度和弹性均有所增加，与未处理洋麻纤维相比，处理后的纤维可纺性增强。

表 2-13 精细化处理前后洋麻纤维拉伸性能变化

纤维种类	线密度 /dtex	强度 /（cN · dtex^{-1}）	断裂伸长率 /%
未处理的纤维	40.78	3.28	3.53
精细化处理的纤维	13.83	4.13	5.46

（4）柔软度测试

根据标准GB/T 12411.4—2006所述，纤维的断裂捻回数越大表示纤维的柔软度越好。如图2-18所示，精细化处理后洋麻纤维柔软度提高25.1%，纤维的柔软度与纤维中木质素含量密切相关，木质素含量低，纤维柔软度好，光泽强。碱氧一浴处理中，“双氧水+氢氧化钠+亚硫酸钠”的处理方案能够有效地去除洋麻纤维中的木质素，从而提高纤维的柔软度，改善其可纺性。

（5）可纺性测试

将精细化处理前后的洋麻与棉按照50：50的比例投料，采用数字化小样纺纱系统，按照图2-19所示的纺纱流程纺纱，为了使纱线更具可比性，各个工序

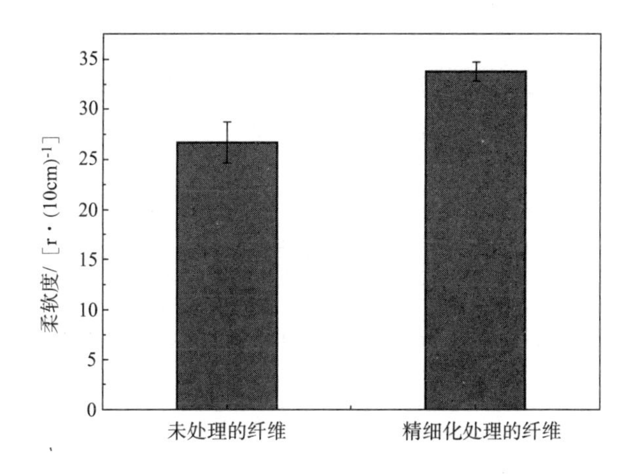

图 2-18　纤维柔软度对比

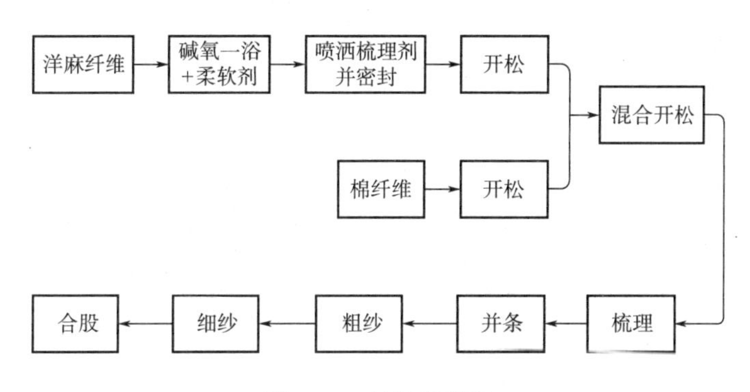

图 2-19　纺纱流程图

参数设置相同。

由表2-14可知，经过精细化处理后，纤维的落率明显下降，其中开松落麻率下降10.0%，梳理混合落率下降37.2%。精细化处理使洋麻纤维中的非纤维素物质大大减少，提升了纤维的柔软度和弹性，使纤维刚度下降，抱合力增加，从而使梳理阶段落率大大减小。

表 2-14　落麻率统计表

纤维种类	开松落麻率 /%	梳理混合落率 /%
未处理的纤维	5.81	9.21
精细化处理的纤维	5.23	5.78

众所周知，3mm及以上毛羽对后道加工工序以及织物穿着舒适性有严重的影响，由表2-15可知，经过精细化处理后，得到的混纺纱线毛羽下降41.8%。洋麻纤维较为粗硬是造成混纺纱线毛羽的关键因素，此外，纤维的长度、线密

度以及整齐度都会影响纱线性能。未处理洋麻线密度较大，纤维刚度大，经过开松梳理后，纤维损伤较大，整齐度变差，因此毛羽较多。纤维经过柔软处理后，其线密度下降51.1%，纤维的柔软度和弹性提升，开松梳理对纤维损伤减轻，使得成纱毛羽较少。

表 2-15　纱线毛羽对比表

纤维种类	1mm	2mm	3mm	4mm	5mm	6mm 及以上
未处理的纤维	1651	702	344	195	101.2	161.8
精细化处理的纤维	1479.4	538.4	222.4	119	59.6	65.4

由图2-20可知，洋麻纤维经过精细化处理后，纱线强度提升8.6%，由于纤维线密度的降低和柔软度的增加，单位面积内纤维根数增多，纤维间的抱合力增大，从而提升了纱线强度。

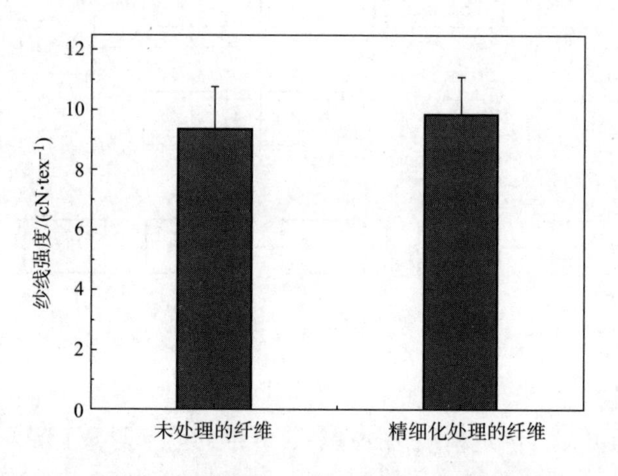

图 2-20　纱线强度对比

2.3　天然纤维物理、化学性能

2.3.1　洋麻纤维物理、化学性能测试结果分析

2.3.1.1　洋麻纤维化学成分测试结果及分析

本节所用洋麻纤维A~G均由马来西亚农业发展研究所提供。洋麻纤维A~G化学成分含量的测试结果见表2-16。从测试结果可以看出，不同种类洋麻纤维的各个成分含量各不相同，不同种类间各成分含量的变异系数均较高。七种洋麻纤维中，洋麻A纤维素含量（66.24%）最高，木质素含量（14.67%）最低。洋

麻B木质素（19.24%）、脂蜡质（2.27%）、水溶物（2.38%）含量均为最多，半纤维素含量（12.60%）最少。洋麻D果胶含量（2.68%）最高。洋麻E半纤维素含量（19.91%）最高，纤维素含量（60.46%）最低。洋麻F脂蜡质（0.72%）、果胶（0.38%）含量均最少。洋麻G水溶物含量（0.81%）最低。上述分析的某些特点可与FTIR及XPS结果相互分析验证。

表 2-16 洋麻纤维 A~G 化学成分含量测试结果

名称	脂蜡质 /%	水溶物 /%	果胶 /%	半纤维素 /%	木质素 /%	纤维素 /%
洋麻 A	0.94	1.29	0.57	16.28	14.67	66.24
洋麻 B	2.27	2.38	1.95	12.60	19.24	61.56
洋麻 C	1.70	1.47	0.46	18.98	16.47	60.93
洋麻 D	1.30	1.24	2.68	17.45	16.61	60.68
洋麻 E	1.19	1.97	0.65	19.91	15.82	60.46
洋麻 F	0.72	0.89	0.38	15.26	16.93	65.79
洋麻 G	1.07	0.81	0.69	17.88	15.94	63.60
CV/%	39.71	39.47	84.69	14.52	8.49	3.93

2.3.1.2 洋麻纤维 FTIR 测试结果与分析

图2-21所示为洋麻纤维A~G的傅里叶红外光谱图。在3330cm^{-1}处出现的较宽的特征峰为O—H伸缩振动吸收峰，1033cm^{-1}附近处的特征峰为伯羟基和仲羟基的特征峰，麻纤维多数化学成分含有此官能团，在纤维素中含量最高。在

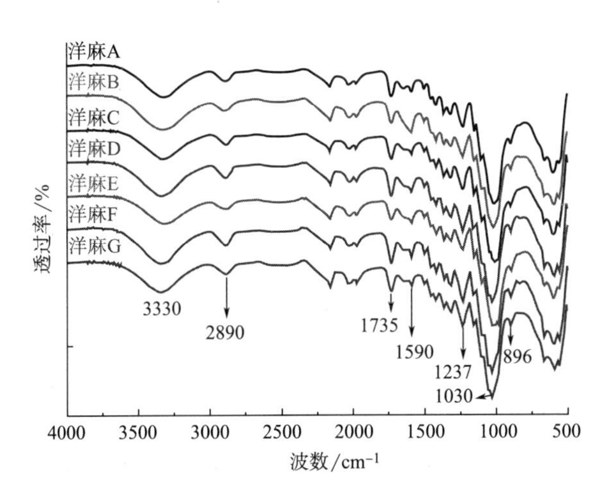

图 2-21 洋麻纤维 A~G FTIR 图谱

2890cm^{-1}处为甲基（—CH_3）和亚甲基（—CH_2）对称与不对称伸缩振动，纤维素与半纤维素中均含有此官能团。在1735cm^{-1}左右的特征峰为C═O酯基伸缩振动吸收峰，木质素与果胶中含有此特征官能团。1590cm^{-1}附近的特征峰为木质素中的芳香环伸缩振动。1237cm^{-1}附近的特征峰为芳基上的C═O伸缩振动，木质素中含有此特征官能团。896cm^{-1}处为纤维素及半纤维素中的β–糖苷键振动峰。在1500~1000cm^{-1}区域为指纹区，这一区域的特征峰与纤维中复杂的碳水化合物及木质素相关。

从7种洋麻纤维的傅里叶红外光谱图及各特征峰分析来看，图谱差别不大，说明7种洋麻纤维均包含纤维素、半纤维素、木质素、果胶等化学成分，无明显差异。从各特征峰的峰形来看，洋麻D和F在1735cm^{-1}处，木质素与果胶特征峰相比于其他图谱而言峰形较明显，对比化学成分含量测试结果，可以发现，洋麻D果胶含量（2.68%）最高，洋麻F木质素含量（16.93%）仅次于洋麻B木质素含量（19.24%）。在1590cm^{-1}木质素特征峰处，洋麻B峰形最明显，与最高的木质素含量相对应。木质素在1237cm^{-1}处也有特征峰，同样两种木质素含量较高的洋麻B和F峰形相比于其他图谱而言较明显。总体而言，洋麻纤维A~G的傅里叶红外光谱测试结果与化学成分含量测试结果相符。

2.3.1.3 洋麻纤维X射线光电子能谱（XPS）测试结果与分析

XPS是材料表面化学分析的有效手段之一，可以用来测定材料表面除H元素和He元素外所有的元素类型，其测试深度大约为材料表面10nm。近年来，这项技术不断被应用于各种纤维的表面化学特征分析。Johansson在对造纸过程中纤维素的纯度分析时，通过XPS对纸浆纤维表面木质素含量进行研究。Stenstad结合FTIR和XPS来表征纤维素的各种表面化学改性。Sébastien等运用XPS和FTIR技术对纤维素纸浆与木质纸浆进行化学成分分析，与化学成分测试结果相符合性良好。因此，可将XPS技术应用于洋麻纤维化学成分分析，以期与化学成分测试结果互相验证。

图2–22所示为7种洋麻纤维A~G宽谱扫描图，可以看出，在285eV和535eV附近有强峰，表明洋麻纤维的化学成分中含有大量的C、O元素，同时也可以看到7种洋麻纤维C、O元素含量各不相同。下面通过O/C比和C1s的窄谱扫描来说明7种洋麻纤维间的差别。

纤维素化学式（$C_6H_{10}O_5$）$_n$，O/C比理论值为0.83。半纤维素由五碳糖和六碳糖组成，包括木糖（$C_5H_{10}O_5$）、阿拉伯糖（$C_5H_{10}O_5$）和半乳糖（$C_6H_{12}O_6$）等，果胶化学式为$C_5H_{10}O_5$，其O/C比理论值也均较高。木质素由愈创木基结构、紫丁香基结构和对羟苯基结构组成，其O/C比理论值在0.3~0.4之间，脂蜡质及水溶物的O/C比理论值约为0.1。表2–17所示为7种洋麻纤维O/C比及7种洋麻纤维化学成分情况，可以看出，对于碳水化合物（纤维素、半纤维素、果胶）含量较高的洋麻纤维A和G，XPS扫描所显示出的O/C比较高，对于木质

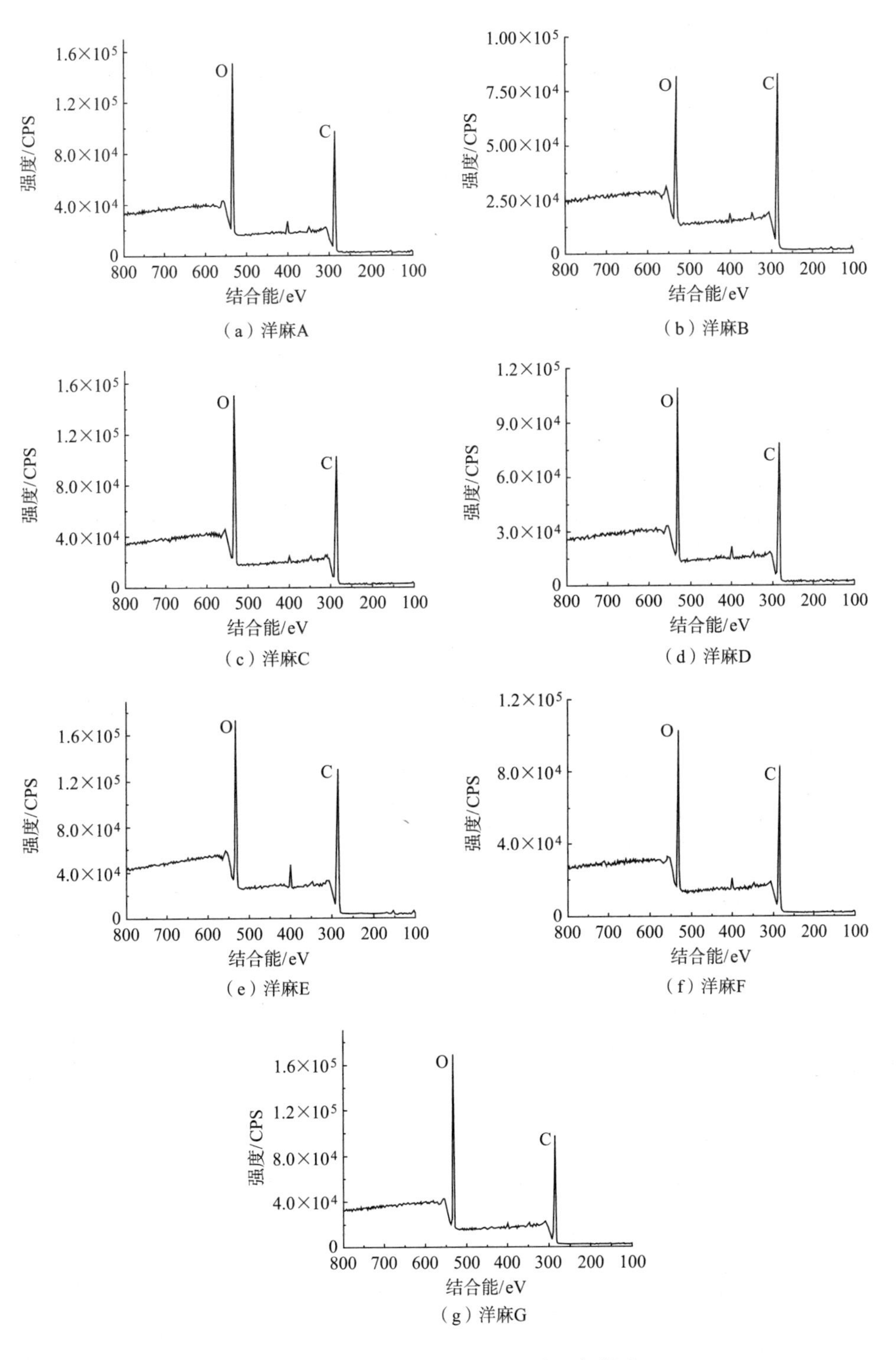

图 2-22　洋麻纤维 A~G XPS 测试宽谱图

素、抽提物（脂蜡质、水溶物）含量较高的洋麻纤维B，XPS扫描所显示出的O/C比仅有0.33。XPS扫描O/C比与化学成分测试结果大体相符，变化趋势的细微差别可能是由于XPS测试对样品表面测试深度浅引起的。

表 2-17　7 种洋麻纤维 A~G XPS 宽谱扫描 O/C 比

洋麻	B	F	E	D	C	A	G
O/C 比	0.33	0.43	0.46	0.49	0.52	0.56	0.64
纤维素 + 半纤维素 + 果胶 /%	76.11	81.43	81.02	80.81	80.37	83.09	82.17
木质素 + 脂蜡质 + 水溶物 /%	23.89	18.54	18.98	19.15	19.64	16.90	17.82

天然纤维中C元素的存在形式可依据C被氧化的程度分为四种类型，C1为未氧化的C（如C—C，C—H，C═C），来源于纤维表面的木质素苯基丙烷和脂肪酸、脂肪、蜡和萜类化合物等的抽提物（脂蜡质、水溶物）；C2是指单键连接O原子的C（如C—O，C—O—C）；C3是指有两个键连接O原子的C（如C═O，O—C—O），C2和C3主要来源于碳水化合物（纤维素、半纤维素、果胶）；C4是指有三个键连接O原子的C（如O—C═O），主要来自纤维表面的木质素及抽提物（表2-18）。

表 2-18　洋麻纤维表面碳元素（C1s）分峰信息

分类	结合能 /eV	氧化级别	主要来源
C1	285.2 ± 0.4	C—C、C—H、C═C	木质素、脂蜡质、水溶物
C2	286.5 ± 0.2	C—O、C—O—C	碳水化合物
C3	287.8 ± 0.5	C═O、O—C—O	碳水化合物
C4	289.1 ± 0.2	O—C═O	木质素、脂蜡质、水溶物

运用Gauss-Lorentzian结合函数对高精度C1s窄谱分峰拟合处理，7种洋麻纤维A~G的分峰拟合Gauss-Lorentzian比均设置为0.25，通过Xpseak软件得到如图2-23所示分峰拟合效果。从图中可大致看出7种洋麻纤维中的C均存在C1~C4四种价态。根据对分峰后的峰面积积分来计算7种洋麻纤维表面各基团的含量。表2-19所示为各基团具体比例数据。

表 2-19　7 种洋麻纤维 A~G C1s 价态分析后各基团信息

洋麻	A	B	C	D	E	F	G
C1/%	39.99	49.70	42.76	50.26	43.84	41.65	42.64
C2/%	44.08	24.47	22.65	31.45	36.77	25.99	38.87
C3/%	13.91	18.43	22.43	14.09	13.71	24.44	17.51
C4/%	2.03	7.40	12.16	4.21	5.67	7.92	1.48

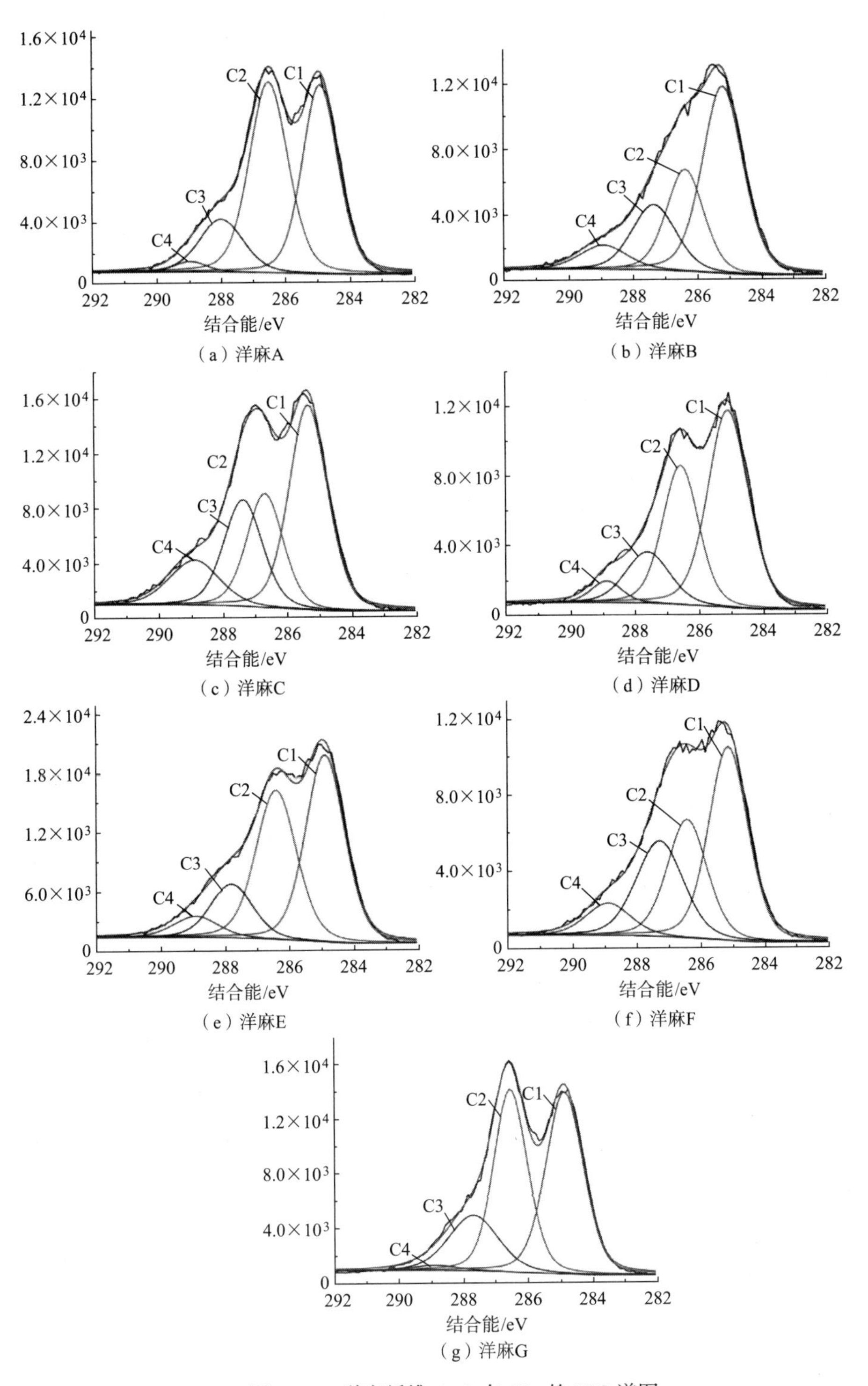

图 2-23　洋麻纤维 A~G 在 C1s 的 XPS 谱图

从表2-19可以看出，碳元素以C1及C2为主要存在形式，C1主要来源于纤维中的木质素及抽提物，C2主要与碳水化合物相关，而从表2-19所示的结果对比中可以发现纤维中碳水化合物占主要的比例，木质素及抽提物含量并不多，这可能是抽提物包含的脂蜡质主要存在于纤维的表面，而XPS测试深度浅的原因。图2-24为7种洋麻纤维A~G化学成分含量与XPS测试结果对比分析图，由图可知，XPS分析结果中C1+C4比例与化学成分中木质素+脂蜡质+水溶物含量变化趋势相似，C2+C3比例与化学成分中纤维素+半纤维素+果胶含量变化趋势相似。

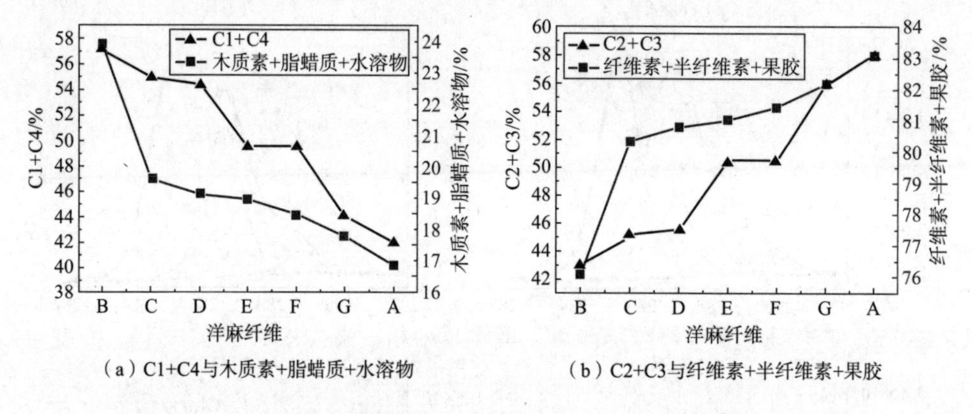

（a）C1+C4与木质素+脂蜡质+水溶物　　（b）C2+C3与纤维素+半纤维素+果胶

图 2-24　7 种洋麻纤维 A~G 化学成分含量与 XPS 测试结果对比分析

2.3.1.4　工艺纤维及束纤维拉伸强度分析

麻纤维具有绿色环保且可再生，比强度、比模量与玻璃纤维接近，密度低，价格低廉，来源丰富等优点，因而备受复合材料领域关注，比如麻纤维及其复合材料目前已经在汽车工业取得了广泛的应用，如奥迪、宝马等国际大部分知名汽车制造商均已采用此类复合材料制作汽车内饰板等部件，且因其不断向汽车、火车外部材料等承力结构领域拓展，麻纤维复合材料的使用量今后将以年均超过10%的速度递增。麻纤维的拉伸强度始终是其选用过程中的关键因素。

洋麻纤维A~G工艺纤维及束纤维拉伸强度测试结果见表2-20，可以看出，工艺纤维的拉伸强度高于束纤维的拉伸强度，然而并未有明显的规律。束纤维拉伸强度偏低可能是由于束纤维样品是由数百数千根工艺纤维排列而形成的，其拉伸强度的结果存在工艺纤维强度利用率问题。由于各工艺纤维拉伸性能的差异，在束纤维拉伸性能测试过程中，首先断裂的是断裂伸长率小的纤维，而且平行纤维束中，纤维伸直度和平行排列程度的差异将会加剧纤维断裂的不同时性，因此束纤维强度总是小于单纤维强度。

表 2-20　7 种洋麻纤维拉伸强度

样品形式	数据	A	B	C	D	E	F	G
工艺纤维	拉伸强度 /MPa	459.96	513.93	498.97	554.93	523.93	627.45	542.53
	CV/%	46.44	31.99	46.77	49.31	52.48	29.07	28.14
束纤维	拉伸强度 /MPa	411.88	454.88	410.80	490.12	534.38	443.79	352.55
	CV/%	15.97	9.89	13.84	13.90	8.62	17.14	12.67

从工艺纤维与束纤维拉伸强度测试方法的选取来看，工艺纤维测试根数为30根，束纤维测试数量为20束，当30个样本量的*CV*值小于26.85%，20个样本量的*CV*值小于21.39%时，可以满足95%置信水平下，置信区间半宽值不超过10%的要求。从工艺纤维与束纤维测试数据结果的*CV*值来看，工艺纤维的*CV*值均大于26.85%，当样品A的工艺纤维样本量增加至50根时，数据*CV*值仍为47.84%。然而，束纤维*CV*值均小于21.39%，符合在95%置信水平下，置信区间半宽值不超过10%的要求。相比于工艺纤维强力，束纤维强力与成纱强力间有更好的关系，且考虑到工艺纤维的强度测试费时费力，因此选择束纤维强度测试方法作为洋麻纤维拉伸强度的测试方法。

2.3.1.5　工艺纤维及束纤维结晶度、取向度分析

（1）纤维素晶体

各晶体物质都有其特定的结构参数（点阵类型、晶胞大小、晶胞中原子或分子的数目、位置等），结构参数不同则X射线衍射花样也就各不相同，通过X射线衍射图谱可以确定晶体类型、结晶度、取向度等物质参数。天然纤维中晶体类型为纤维素晶体，纤维素晶体类型有纤维素Ⅰ、Ⅱ、Ⅲ、Ⅳ、Ⅴ等类型。纤维素Ⅰ为天然纤维素，由 I_α 和 I_β 组成。纤维素Ⅰ经一定程度的碱处理可转化为纤维素Ⅱ，纤维素Ⅲ、Ⅳ可经由纤维素Ⅰ、Ⅱ制得。纤维素的各个结晶变体均为单斜晶系，纤维素变体的不同会直接导致晶胞面间距离的不同，而通过X射线进行晶体结构分析时，晶面的确定非常重要。晶面是指通过原子的平面位置的标记，以数字（h、k、l）表示，成为晶面指数（或密勒指数）。h、k、l分别代表一个平面在坐标轴x、y、z上的指数。纤维素Ⅰ、Ⅱ晶胞的主要衍射面间距见表2-21。

表 2-21　纤维素Ⅰ和纤维素Ⅱ晶胞的主要衍射面间距

面指数（*hkl*）	101	$10\bar{1}$	002
纤维素Ⅰ晶面间距 /nm	0.598	0.536	0.390
纤维素Ⅱ晶面间距 /nm	0.735	0.445	0.401

通过纤维素的晶胞参数以及Bragg公式可以计算出纤维素Ⅰ、Ⅱ的各个特征衍射峰位置，结果见表2-22。Bragg公式如下：

$$d=\frac{n\lambda}{2\sin\theta} \tag{2-13}$$

式中：d为晶面间距；n为衍射级次；θ为Bragg角；λ为X光波长λ=0.154nm。

表 2-22　纤维素Ⅰ、Ⅱ的各特征峰位置理论计算值

晶体类型	纤维素Ⅰ			纤维素Ⅱ		
特征峰（hkl）	101	$10\bar{1}$	002	101	$10\bar{1}$	002
2θ/（°）	14.81	16.54	22.80	12.04	19.95	22.17

（2）工艺纤维及束纤维XRD测试结果

从纤维素Ⅰ、Ⅱ的各特征峰位置理论计算值可以看出，纤维素Ⅰ的XRD衍射曲线在低角度15° 附近有两个衍射峰，在22° 附近有一个特征峰，而纤维素Ⅱ的XRD衍射曲线在20°~22° 附近有两个衍射峰，而在12° 低角度附近只有1个结晶峰，它在高角度区域的衍射峰信息比较丰富，但强度均不高。图2-25所示为洋麻纤维A~G工艺纤维及束纤维XRD测试结果图。

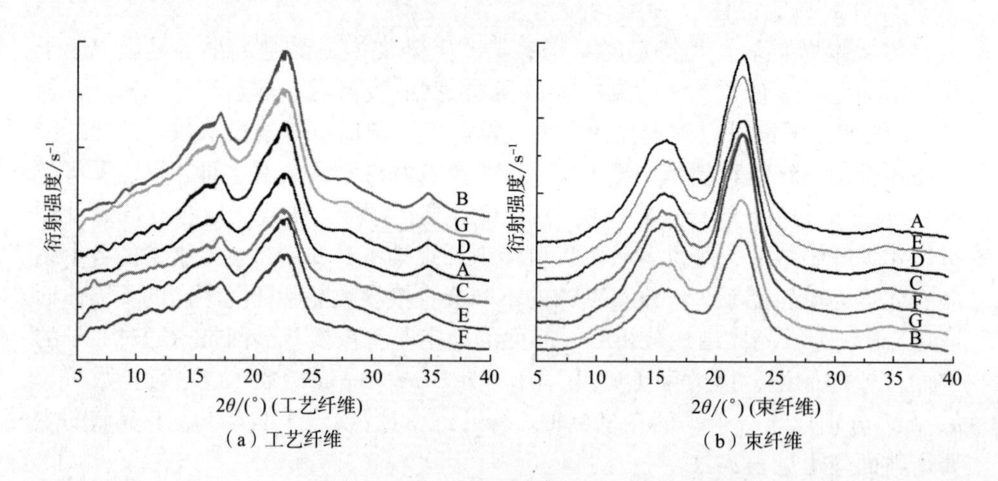

（a）工艺纤维　（b）束纤维

图 2-25　洋麻纤维 A~G 工艺纤维及束纤维 XRD 测试结果图

从图2-25可以看出，洋麻纤维A~G所显示出的XRD衍射图谱均符合纤维素晶体Ⅰ的衍射峰特征。工艺纤维曲线平滑度相比于束纤维曲线平滑度稍差，可能是由于测试仪器不同造成的。表2-23所示为工艺纤维及束纤维结晶度、取向度计算结果，可以看出，相比于工艺纤维而言，束纤维结晶度高，而取向度略低。束纤维结晶度高可能是由于束纤维中包含的工艺纤维数量较多，因此晶体的衍射强度较高，而取向度略低则是因为束纤维中工艺纤维的排列规整度低于单个工艺纤维内纤维素大分子链排列规整度。

表 2-23　工艺纤维及束纤维结晶度、取向度计算结果

结果	样品	A	B	C	D	E	F	G
结晶度 /%	工艺纤维	47.09	47.88	40.76	47.44	42.71	41.97	41.04
	束纤维	61.02	58.18	61.22	62.17	61.13	63.43	60.50
取向度 /%	工艺纤维	92.43	92.89	92.26	93.39	93.06	92.77	92.61
	束纤维	91.30	92.06	91.56	91.65	91.35	91.47	90.66

2.3.1.6　工艺纤维摩擦系数结果分析

纤维的摩擦性质是指纤维与纤维或纤维与其他物质表面接触并发生相对运动时的行为，是纤维表面性质中必然涉及的内容之一。在纤维形成纱线的过程中，依靠纤维与纤维之间的相互摩擦作用成网、成条、滑移变细、纠缠结合而形成纱线，且使纱线具有一定的力学性能。在纱线交织形成织物时，也是通过纱线与纱线之间的相互摩擦作用，使织物以交织点或编结固定，从而使得织物形状稳定，不仅具有一定的力学强度，又多孔、通透、柔软、舒适。在非织造领域，纤维的摩擦性能可以使纤维在无任何黏结剂的情况下，仅仅依靠纤维与纤维之间的纠缠摩擦就可形成力学强度很好的非织造布，因此，纤维的摩擦性对纺纱、织造均有一定的影响。

本实验所涉及的纤维摩擦系数测试方法是绞盘法，即将纤维两端用相同重量的张力夹夹住，张力夹的重量要保证纤维伸直但不伸长；然后将纤维悬挂于可以转动的金属辊轴上，使辊轴以一定速度旋转，调节支撑力值达到悬挂体的平衡，依据欧拉公式$F=f\times e^{\mu\alpha}$（F为张力夹的重力，f为张力夹重力减去天平显示力值，e为自然底数，μ为摩擦系数，α为纤维对辊轴的包覆角π）即可计算出纤维与辊轴间的摩擦系数。表2-24所示为洋麻纤维A~G摩擦系数测试结果，由表可知7种洋麻纤维的摩擦系数相差不大。

表 2-24　洋麻纤维 A~G 的摩擦系数

项目	A	B	C	D	E	F	G
摩擦系数	0.1735	0.1703	0.1777	0.1799	0.1692	0.1731	0.1796
CV/%	10.23	9.79	9.16	9.23	9.53	9.54	10.06

2.3.1.7　束纤维比表面积结果分析

比表面积是指单位质量（或单位体积）固态物质的表面积。在造纸领域，

天然纤维的比表面积对纸张的印刷有一定的影响；在纺织领域，纤维的比表面积不仅影响纤维的摩擦性质，同时在作为复合材料增强体时，纤维巨大的比表面积是导致复合材料存在巨大的界面，并引起界面效应的根本原因。纤维表面存在部分孔隙，复合材料的制备过程中，一部分孔隙将被基体填充，从而呈现一种纤维与基体机械镶嵌的结合状态，形成一定的界面效应。

比表面积测试基于的BET方法，原理为：放到气体体系中的样品，其物质表面（颗粒外部和内部通孔的表面积）在低温下将发生物理吸附，当吸附达到平衡时，测量平衡吸附压力和吸附的气体量，根据BET方程可求出试样单分子层吸附量，从而获得试样的比表面积。表2–25所示为洋麻纤维A~G比表面积测试结果。洋麻纤维A、F、G表现出较高的比表面积，洋麻纤维C、D、E比表面积稍低，洋麻纤维B比表面积最低。结合洋麻纤维的表面形态观察可以发现，洋麻A、F、G洁净度较高，且纤维柔软，脱胶状态良好，洋麻纤维D、E洁净度稍差，且脱胶状态相比于洋麻A、F稍差，洋麻纤维B较粗硬，与纤维的比表面积测试结果表现出相符的状态。

表 2–25　洋麻纤维 A~G 比表面积

洋麻纤维	A	B	C	D	E	F	G
比表面积 /（$m^2 \cdot g^{-1}$）	0.263	0.200	0.255	0.248	0.238	0.354	0.264

2.3.2　麻纤维生长条件对其结构的影响

2.3.2.1　生长条件和生长周期对洋麻纤维宏观性能的影响

以马来西亚农业发展研究所提供的19种洋麻纤维为研究对象，对纤维进行了物理、化学结构及性能测试。分别基于生长周期、生长地域双因素和生长周期、土壤类型双因素对洋麻纤维的宏观性能进行显著性分析。

（1）基于生长周期和生长地域的双因素方差分析

土壤类型为沙质黏土，以生长周期和生长地域为影响因素，对洋麻纤维的宏观性能进行显著性分析，数据见表2–26。

表 2–26　洋麻纤维宏观性能数据

编号	生长地域	生长周期 / 月	束纤维强度 /MPa	工艺纤维强度 /MPa	回潮率 /%	摩擦系数	挥发性有机物释放总量 /（$\times 10^{-8} A \cdot g^{-1}$）	界面结合强度 /MPa
1#	玻璃市州	3	300.24	348.99	7.67	0.085	3783.58	25.10
2#	彭亨州	3	423.78	451.01	7.81	0.084	4971.49	13.85
5#	柔佛州	3	398.67	426.66	7.76	0.084	5518.32	21.06
8#	丁加奴州	3	177.91	321.36	7.67	0.074	3398.87	22.97
12#	吉兰丹州	3	364.26	449.35	8.28	0.078	6726.84	20.77

续表

编号	生长地域	生长周期 / 月	束纤维强度 /MPa	工艺纤维强度 /MPa	回潮率 /%	摩擦系数	挥发性有机物释放总量 /（$\times 10^{-8}$A·g^{-1}）	界面结合强度 /MPa
3#	玻璃市州	4	212.85	140.96	7.73	0.082	4840.03	15.80
4#	彭亨州	4	244.63	368.79	7.83	0.067	3005.5	21.06
6#	柔佛州	4	497.89	317.64	8.26	0.081	4624.84	26.91
10#	丁加奴州	4	391.35	512.30	6.33	0.087	3011.58	42.49
14#	吉兰丹州	4	347.26	435.21	8.66	0.072	2277.61	18.44

对洋麻纤维的各项宏观性能进行基于生长周期和生长地域的双因素方差分析，表2–27为显著性汇总结果。

由表2–27可知，在显著水平α=0.05下，洋麻纤维的生长地域对洋麻工艺纤维的强度影响显著，而生长周期和生长地域的交互作用对洋麻工艺纤维强度和纤维表面摩擦系数均产生显著影响。

由观测值可知，生长于吉兰丹州的洋麻工艺纤维强度普遍较高，生长周期为3个月的洋麻工艺纤维强度最高，平均值达到500MPa；生长于玻璃市州的洋麻工艺纤维平均强度最低；生长于丁加奴州、生长周期为4个月的洋麻纤维表面摩擦系数最大，表面结构粗糙程度最大。

表 2–27　显著性分析结果汇总

项目	束纤维强度	工艺纤维强度	摩擦系数	回潮率	挥发性有机物释放量	界面结合强度
因素 A（生长地域）	—	显著	—	—	—	—
因素 B（生长周期）	—	—	—	—	—	—
交互作用	—	显著	显著	—	—	—

（2）基于生长周期和土壤类型的双因素方差分析

生长地域为丁加奴州，以生长周期和土壤类型为变量，洋麻纤维的宏观性能数据见表2–28。

表 2–28　洋麻纤维宏观性能数据

编号	生长周期 / 月	土壤类型	束纤维强度 /MPa	工艺纤维强度 /MPa	回潮率 /%	摩擦系数	挥发性有机物释放总量 /（$\times 10^{-8}$A·g^{-1}）	界面结合强度 /MPa
7#	3	沙土	318.54	333.56	7.99	0.10	2955.38	5.61
8#	3	沙质黏土	177.91	321.36	7.67	0.07	3398.87	22.97

续表

编号	生长周期/月	土壤类型	束纤维强度/MPa	工艺纤维强度/MPa	回潮率/%	摩擦系数	挥发性有机物释放总量/（$\times 10^{-8}A \cdot g^{-1}$）	界面结合强度/MPa
9#	4	沙土	406.58	368.97	8.23	0.07	3607.51	19.49
10#	4	沙质黏土	391.35	512.30	6.33	0.09	3011.58	42.49

对洋麻纤维的各项宏观性能进行基于生长周期和土壤类型的双因素方差分析，表2–29为显著性汇总结果。

由表2–29可知，在显著水平α=0.05下，对于洋麻工艺纤维强度和摩擦系数，因素C不显著，而因素B、因素B与因素C的交互作用都显著，也就是说，土壤类型对洋麻工艺纤维强度和表面摩擦系数不存在显著性影响，而生长周期以及生长周期与土壤类型的交互作用对洋麻工艺纤维强度和表面摩擦系数产生显著的影响。

由观测值可知，生长于沙质黏土环境、生长周期为4个月的洋麻工艺纤维平均强度最大；生长于沙土环境、生长周期为3个月的洋麻纤维表面摩擦系数最大。

表 2–29　生长周期和土壤类型对洋麻性能的影响显著性分析结果汇总

项目	束纤维强度	工艺纤维强度	摩擦系数	回潮率	挥发性有机物释放量	界面结合强度
因素B（生长周期）	—	显著	显著	—	—	—
因素C（土壤类型）	—	—	—	—	—	—
交互作用	—	显著	显著	—	—	—

2.3.2.2　生长条件和生长周期对洋麻纤维微观结构及化学成分的影响

分别基于生长周期、生长地域双因素和生长周期、土壤类型双因素对洋麻纤维的微观物理、化学性能进行显著性分析。

（1）基于生长周期和生长地域的双因素方差分析

土壤类型为沙质黏土，以生长周期和生长地域为影响因素，对洋麻纤维的微观物理、化学性能进行显著性分析，数据见表2–30。

表 2–30　洋麻纤维微观物理、化学性能数据

编号	生长地域	生长周期/月	结晶度/%	取向度/%	水溶物/%	半纤维素/%	木质素/%
1#	玻璃市州	3	67.48	89.88	1.96	12.89	18.29
2#	彭亨州	3	66.25	92.29	1.02	10.82	17.67
5#	柔佛州	3	65.91	91.62	1.03	12.61	17.44

续表

编号	生长地域	生长周期 / 月	结晶度 /%	取向度 /%	水溶物 /%	半纤维素 /%	木质素 /%
8#	丁加奴州	3	64.95	90.78	1.24	10.75	8.68
12#	吉兰丹州	3	92.29	92.03	0.89	15.31	11.54
3#	玻璃市州	4	66.97	91.44	2.30	12.68	17.49
4#	彭亨州	4	66.57	92.34	1.79	11.85	15.85
6#	柔佛州	4	64.62	91.22	1.22	12.68	15.25
10#	丁加奴州	4	67.67	91.54	1.17	12.56	14.23
14#	吉兰丹州	4	65.43	91.32	3.10	11.65	16.09

对洋麻纤维的各项微观性能进行基于生长周期和生长地域的双因素方差分析，表2–31为显著性汇总结果。

由表2–31可知，在显著水平α=0.05下，生长周期、生长地域及二者的交互作用对于洋麻纤维水溶物含量均产生显著性影响，对于半纤维素含量，生长地域作用显著，生长周期与生长地域的交互作用同样显著。

由观测值可知，生长于吉兰丹州、生长周期为4个月的洋麻纤维具有最高的水溶物含量；生长于吉兰丹州、生长周期为3个月的洋麻纤维具有最低的水溶物含量；生长于吉兰丹州、生长周期为3个月的洋麻纤维半纤维素含量最高；生长于丁加奴州、生长周期为3个月的洋麻纤维半纤维素含量最低。

表 2–31　显著性分析结果汇总

项目	结晶度	取向度	水溶物	半纤维素	木质素
因素 A（生长地域）	—	—	显著	显著	—
因素 B（生长周期）	—	—	显著	—	—
交互作用	—	—	显著	显著	—

（2）基于生长周期和土壤类型的双因素方差分析

生长地域为丁加奴州，以生长周期和土壤类型为变量，洋麻纤维的微观物理、化学性能数据见表2–32。

表 2–32　洋麻纤维微观物理、化学性能数据

编号	生长周期 / 月	土壤类型	结晶度 /%	取向度 /%	水溶物 /%	半纤维素 /%	木质素 /%
7#	3	沙土	66.24	92.37	2.04	12.25	17.62
8#	3	沙质黏土	64.95	90.78	1.24	10.75	8.68
9#	4	沙土	67.32	89.39	1.95	13.73	13.11
10#	4	沙质黏土	67.67	91.54	1.17	12.56	14.23

对洋麻纤维的各项微观性能进行基于生长周期和土壤类型的双因素方差分析，表2–33为显著性汇总结果。

表 2–33　生长周期和土壤类型对洋麻性能的影响显著性分析

项目	结晶度	取向度	水溶物	半纤维素	木质素
因素 B（生长周期）	—	—	—	显著	—
因素 C（土壤类型）	—	—	显著	显著	显著
交互作用	—	—	显著	—	显著

由表2–33可知，在显著水平α=0.05下，土壤类型、生长周期与土壤类型的交互作用对洋麻纤维水溶物含量产生显著的影响；对于半纤维素含量，生长周期和土壤类型均对其产生显著的影响；对于洋麻纤维木质素含量，土壤类型、生长周期与土壤类型的交互作用对其影响显著。

由观测值可知，生长于沙质土壤、生长周期为3个月的洋麻纤维水溶物含量最高，生长于沙质黏土、生长周期为4个月的洋麻纤维水溶物含量最低；生长于沙质土壤、生长周期为4个月的洋麻纤维半纤维素含量最高，生长于沙质黏土、生长周期为3个月的洋麻纤维半纤维素含量最低；生长于沙质土壤、生长周期为3个月的洋麻纤维木质素含量最高，生长于沙质黏土、生长周期为3个月的洋麻纤维木质素含量最低。

2.3.3　麻纤维化学成分对其力学性能的调控机理

2.3.3.1　洋麻纤维化学成分与其各项性能间的灰关联分析

（1）灰色系统

有关传统系统因素间相互影响的研究大都采用数理统计方法，不仅要求有大量的数据，更要求样本服从某个典型的概率分布，而且还可能会出现量化结果与定性分析不符的现象，导致系统的规律和关系遭到颠倒和歪曲。数学模型的建立往往是根据事物特有的内在规律，在一些必要的简化假设下得到一个数学结构。然而，对研究对象的了解程度并非均是透明的，按照了解程度可分为白箱模型、灰箱模型和黑箱模型三种。信息完全、明朗、纯净的为白箱模型，信息并不完全、若明若暗、多种成分的为灰箱模型，而信息缺乏、暗、混沌的为黑箱模型。

人们在对系统的研究过程中，由于认识水平的局限或内外扰动的存在，得到的信息往往会带有某种不确定性。人类社会不断进步，科学技术也日益发展，人们对各类系统不确定性的认识逐渐深化，研究日益深入，在系统科学和系统工程领域，不断创建出各类不确定性系统理论和方法，例如，Pawlak教授的粗糙集理论、Zadeh教授的模糊数学、王光远教授的未知数学和邓聚龙教授的灰色系统理论等重要成果。其中邓聚龙教授所提出的灰色系统理论是以“部分信息已知，部分信息未知”的“小样本”“贫信息”这类的不确定性系统为研究对象。通过对“部分”已知信息的生成和开发，提取有价值的信息，从而实现对系统运行行为、演化规律的正确描述和有效监控。灰色系统模型因对实验数据无太多特殊要求和限制而应用较广。

目前，灰关联分析方法在纺织领域已有不少应用，比如在织物风格评价中和成纱系统的研究中。例如，戎佳琦等对亚麻打成麻物理性能、伴生物含量与细纱强力关系进行灰关联分析发现，果胶含量、打成麻强力对细纱强力的影响最大，为0.74、0.87；李晓峰等人将苎麻纤维原料与成纱指标看作灰色系统，并采用灰关联方法分析苎麻成纱指标与各项纤维性能间的关系，结果显示，苎麻纤维长度变异系数、平均长度、线密度、强度与成纱指标的关联度分别为0.60、0.59、0.70、0.80，分析得出纤维的强度对成纱品质的影响最大，其次是纤维线密度、纤维的长度变异系数和平均长度；陈东生等人在仿真织物风格评价中采用了灰关联分析法，将计算所得的关联度作为风格值的量度，有较好效果。

（2）洋麻纤维化学成分与结晶度、取向度灰关联分析

将洋麻纤维A~G的工艺纤维结晶度、取向度测试结果依次代入灰关联计算步骤中的参考数列Y，计算得到洋麻纤维化学成分与工艺纤维结晶度、取向度的关联度，见表2-34。半纤维素在纤维中与微原纤以氢键和范德瓦尔力的形式结合，形成初步的网络结构，进而由木质素、果胶等物质作为填充物，使纤维形成稳定的结构，过多的非纤维素物质含量可能会减弱微原纤的集结程度，从而减少结晶区的面积。取向度是指微原纤在纤维中排列的规整程度，过多非纤维素物质的填充可能对微原纤的位置排列有一定的影响。因此，脂蜡质、水溶物、果胶、木质素的含量均对工艺纤维结晶度、取向度影响较大（大于0.60）。

表 2-34　洋麻化学成分与工艺纤维结晶度、取向度的关联度

项目	脂蜡质	水溶物	果胶	半纤维素	木质素	纤维素
结晶度	0.68	0.67	0.74	0.49	0.66	0.57
取向度	0.62	0.62	0.76	0.58	0.67	0.54

将洋麻纤维A~G的束纤维结晶度、取向度测试结果依次代入灰关联计算步骤中的参考数列Y，计算得到洋麻纤维化学成分与束纤维结晶度、取向度的关联度，见表2-35。从结晶度与各成分关联度分析来看，束纤维结晶度、工艺纤维结晶度与各成分关联度大小大致呈现相反的趋势，束纤维的结晶度与纤维素、半纤维素表现出较大的关联度（大于0.60），可能是由于束纤维结晶度测试样品由多根工艺纤维组成，对于大量纤维而言，纤维素及半纤维素这两个形

成纤维初步网络结构的成分含量对结晶度表现出更大的影响性。从束纤维取向度与各成分关联度结果来看，各成分对束纤维取向度、工艺纤维取向度影响程度大致相同，脂蜡质、水溶物、半纤维素、木质素这些非纤维素物质对纤维的取向度影响程度较大。

表 2-35　洋麻化学成分与束纤维结晶度、取向度的关联度

项目	脂蜡质	水溶物	果胶	半纤维素	木质素	纤维素
结晶度	0.58	0.56	0.51	0.72	0.57	0.62
取向度	0.72	0.74	0.58	0.64	0.71	0.48

（3）洋麻纤维化学成分与摩擦系数、比表面积灰关联分析

将洋麻纤维A~G的摩擦系数测试结果依次代入灰关联计算步骤中的参考数列Y，计算得到洋麻纤维化学成分与摩擦系数的关联度依次为：半纤维素0.73，果胶0.60，纤维素0.58，脂蜡质0.55，木质素0.54，水溶物0.50。在植物的细胞壁中，纤维素和木质素由聚糖混合物紧密地相互贯穿在一起，这些聚糖混合物即被称为半纤维素。果胶则是纤维中的主要胶质之一。作为胶黏角色的半纤维素及果胶含量的多少可影响纤维中各成分的疏松程度及纤维构象。Duchesne等人的研究发现，半纤维素含量高的纸浆纤维表面孔隙也较多，与半纤维素含量与纤维摩擦系数关联度大的结论相符。

将洋麻纤维A~G的比表面积测试结果依次代入灰关联计算步骤中的参考数列Y，计算得到洋麻纤维化学成分与比表面积的关联度依次为：木质素0.70，纤维素0.69，脂蜡质0.64，半纤维素0.63，水溶物0.62，果胶0.55。木质素和半纤维素及果胶等成分作为填充剂和黏合剂存在于细胞壁的微细纤维间，在胞层间的木质素则把相邻的细胞黏结在一起。同时木质素还可以减小细胞壁横向的透水性，增强植物茎秆的纵向疏导能力。纤维素作为纤维晶区的构成部分，其含量可影响结晶区面积，进而影响纤维的致密程度。脂蜡质作为赋予纤维光泽的成分，可影响纤维表面的光洁。半纤维素与纤维的表面孔隙相关。水溶物含量则可以通过影响纤维的吸水性进而影响纤维的润胀程度。因此，木质素、纤维素、脂蜡质、半纤维素、水溶物含量均与纤维的比表面积有较大的关联度。

（4）洋麻纤维化学成分与拉伸强度灰关联分析

①从灰关联分析计算步骤示例结果可知，木质素与工艺纤维拉伸强度关联度最大，为0.71，其次为纤维素0.67，脂蜡质0.62，果胶0.61，半纤维素0.57，水溶物0.55。

纤维素大分子首先形成微原纤，排列规整的微原纤形成纤维中的晶体结构，构成纤维中的主要承力部分，因此纤维素含量与工艺纤维拉伸强度关联度较大，为0.67。

其次在纤维承受拉伸的过程中，微原纤首先被伸直，应力集中在其连接处，进而产生微裂痕，微裂痕逐渐扩展直至断裂，同时，纤维素大分子链之间形成相互滑移，纤维素大分子链抵抗滑移的程度也反映了纤维的拉伸性能。而纤维素大分子链抵抗相互滑移的程度不仅与纤维素大分子链之间的氢键作用相关，还与木质素、半纤维素、果胶等非纤维素物质相关。半纤维素与纤维素大分子链之间以氢键的作用连接，初步形成一定的网络结构，木质素与半纤维素之间存在部分化学键，同时木质素、果胶以胶体的角色填充满网络结构，从而使纤维形成稳定的结构。因此，木质素、果胶这些非纤维素物质的存在可以极大程度地阻止纤维拉伸过程中纤维素大分子链间的相互滑移，进而增强纤维拉伸强度。

另外，从各个成分含量与工艺纤维结晶度、取向度的灰关联分析结果来看，果胶与工艺纤维结晶度、取向度关联度最大（分别为0.74、0.76）。木质素含量与工艺纤维结晶度、取向度关联度较大（分别为0.66、0.67）的关联度，脂蜡质含量与工艺纤维结晶度、取向度关联度分别为0.68、0.62。而对于纤维，一般而言，较高的结晶度和取向度会使纤维表现出良好的力学性能。因此，不仅仅是纤维素与工艺纤维拉伸强度有较大关联度，木质素、脂蜡质、果胶与工艺纤维的拉伸强度的关联度也较大，分别为0.71、0.62、0.61。

②洋麻纤维化学成分与束纤维拉伸强度灰关联分析。将洋麻纤维A~G的束纤维测试结果依次代入灰关联计算步骤中的参考数列Y，计算得到洋麻纤维化学成分与束纤维拉伸强度的关联度分别为：水溶物0.72，半纤维素0.67，木质素0.66，果胶0.63，脂蜡质0.58，纤维素0.49。可以看出，水溶物、半纤维素、木质素、果胶含量与束纤维拉伸强度均有较大的关联度。

纤维中水溶物的含量对纤维的吸湿性有一定的影响，高的水溶物含量可结合空气中更多的水分子，而纤维回潮率对麻纤维的拉伸性能有一定的影响，当麻纤维的回潮率提高后，大分子链之间的氢键作用削弱，增强了大分子链之间的滑移能力，这有助于改善原来大分子链之间的张力不均匀性，分子链间断裂的不同时性被大大降低或缓和，从而使纤维强度提高，束纤维中包含的工艺纤维数量多，因此，相比于工艺纤维拉伸强度与水溶物关联度，束纤维拉伸强度与水溶物关联度表现出较大的特点。

半纤维素与束纤维拉伸强度关联度较大的原因不仅是因为半纤维素与纤维素大分子以氢键形成的基础网络结构的重要结构作用，同时，观察各化学成分与纤维各项性能的关联度的结果可以发现，半纤维素与摩擦系数、比表面积、结晶度、取向度均有着较大的关联度（均大于0.60），其中，与纤维摩擦系数的关联度最大（0.73），而束纤维正是由多根工艺纤维组成的，其拉伸性能不仅与组成束纤维的工艺纤维拉伸性能相关，还与工艺纤维之间的摩擦性能相关。因此半纤维素与束纤维的拉伸性能关联度较大。

其次，木质素、果胶含量与束纤维拉伸强度关联度均大于0.60。木质素含量与比表面积、束纤维取向度有着较大的关联度（分别为0.70、0.71），且木质素含量与工艺纤维拉伸强度关联度最大（0.71）。果胶与摩擦系数关联度为0.60，且果胶含量与工艺纤维结晶度、取向度关联度均最大（分别为0.74、0.76）。木质素与果胶对束纤维拉伸强度的贡献度不仅在于其微观至填充与黏结的角色，还与工艺纤维拉伸强度贡献、工艺纤维间摩擦作用贡献相关，因此，木质素与果胶含量与束纤维拉伸强度也表现出较大的关联度。因此，木质素、果胶与束纤维的拉伸性能关联度也较大。

2.3.3.2 洋麻纤维物理微观结构、化学成分与宏观性能的灰关联分析

（1）物理微观结构、化学成分与纤维拉伸强度灰关联分析

①束纤维拉伸强度。由关联度分析结果可知，纤维素与束纤维拉伸强度关联度最大，为0.75，其次分别为半纤维素0.66，取向度0.64，结晶度0.63，木质素0.62，水溶物0.60，果胶0.57和脂蜡质0.56。可以看出，纤维素、半纤维素、取向度、结晶度、木质素及水溶物对于洋麻束纤维拉伸强度具有较大的关联度。

②工艺纤维拉伸强度。将19种洋麻纤维的工艺纤维的断裂强度代入灰关联分析计算式，得到纤维微观结构参数和化学成分含量与工艺纤维拉伸强度的关联度分别为：取向度0.71，结晶度0.69，半纤维素0.66，木质素0.66，纤维素0.64，脂蜡质0.56，水溶物0.55，果胶0.53。可以看出，对于洋麻工艺纤维来说，纤维的结晶度、取向度、半纤维素、木质素和纤维素对洋麻纤维的拉伸强度有着较大的关联度。

洋麻纤维中纤维素、半纤维素、木质素三种物质的含量占据了纤维总质量的95%以上，洋麻纤维由大量的微原纤维构成，从微观结构来看，每一根微原纤维都可以看作是一个微型的复合材料，其中纤维素作为增强体，为纤维提供主要的强度。Gassan等通过建立纤维微观结构模型，研究纤维素含量等对纤维力学性能的影响，发现纤维素含量越高，天然纤维的力学性能就越好。半纤维素和木质素则在微原纤维中扮演者基体的角色，当纤维受到纵向拉伸时，微纤丝逐渐伸展，在应力传递的过程中，半纤维素与木质素的存在可以在一定程度上阻止微原纤维之间的滑移并保持微原纤维的原位置从而保证麻纤维具有较高的力学性能。因此洋麻纤维的纤维素、半纤维素、木质素对其拉伸强度有较大的关联度。

对于纤维而言，如果它具有较高的结晶度和取向度，那么在宏观上会表现出较高的力学性能。结晶度高低反映出纤维内部纤维素大分子排列的紧密度，结晶度高的纤维，纤维素大分子排列紧密，相邻分子间结合力更大，大分子之间更不容易产生相对滑移，纤维素作为纤维晶区的构成部分，其含量可影响结晶区面积进而影响纤维的拉伸强度；半纤维素是植物组织中与纤维素伴生的一

种低分子量的无定形物质；木质素是高度复杂的、无定形的，主要由芳香基，苯基丙烷组成的聚合物。工艺纤维取向度大小能够表明纤维中纤维素大分子平行于纤维轴向排列的程度和数量的多少，取向度较大纤维，有更多的纤维素大分子沿着纤维轴向排列，当纤维受到纵向拉伸时，纤维素大分子能够更多地被有效用于分担应力，进而提高纤维抗拉强度；束纤维取向度大小取决于两个方面，一方面是工艺纤维内部纤维素大分子的排列整齐度，另一方面是纤维束中工艺纤维的排列整齐度，纤维排列整齐度高的纤维束，纤维束取向度高，当受到纵向拉伸时，纤维束中的工艺纤维能够更多地得到有效利用，进而提高纤维束的拉伸强度。

水溶物同样对洋麻纤维拉伸强度有较高的关联度，水溶物对工艺纤维强度的关联度相对于束纤维来说要低一些，这是因为洋麻纤维水溶物对洋麻纤维的吸湿性有一定的影响，高的水溶物含量使纤维能够吸收更多的水分子，吸水后的麻纤维具有更强的力学性能；从微观结构分析，当洋麻纤维吸收更多的水分之后，纤维素大分子之间的氢键被削弱，结果会增加分子链间的滑移能力，当纤维受到纵向拉伸时，纤维大分子的相对滑移能够改善纤维大分子排列的均匀性，降低纤维大分子断裂的不同时性，进而提高纤维的断裂强度。相对于工艺纤维，束纤维中含有更多的单纤维，由于纤维吸水产生的纤维强度提高的现象会更加明显，因此水溶物对束纤维断裂强度的关联度更大。

（2）物理微观结构、化学成分与摩擦系数灰关联分析

将19种洋麻纤维的摩擦系数代入灰关联分析计算式，得到纤维微观结构参数和化学成分含量与摩擦系数的关联度分别为：纤维素0.71，取向度0.68，半纤维素0.67，木质素0.63，结晶度0.63，果胶0.62，水溶物0.60，脂蜡质0.58。

Duchesne等研究发现半纤维素含量高的纤维表面孔隙也较多，当半纤维素含量减小时，纤丝的聚集度增加，微纤丝排列更加致密。果胶则是纤维中的主要胶质之一。作为胶黏角色的半纤维素及果胶含量的多少影响纤维中各成分的疏松程度及纤维构象。由SEM图可以清晰地看到，洋麻纤维表面存在着数量不同的胶状物质，这些物质的存在会对纤维表面的光洁程度产生影响，进而影响纤维的表面摩擦系数。

（3）物理微观结构、化学成分与纤维回潮率灰关联分析

将19种洋麻纤维的回潮率代入灰关联分析计算式，得到纤维微观结构参数和化学成分含量与纤维回潮率的关联度分别为：纤维素0.72，水溶物0.71，半纤维素0.68，木质素0.68，脂蜡质0.67，结晶度0.63，取向度0.61，果胶0.61。

不同的化学成分所含有的表面官能团不同，纤维素、半纤维素表面的羟基较多，木质素中含有芳香环结构，果胶中含有酯键结构。不同的化学基团对化

学分子极性的影响不同，因此，各化学成分的含量将对纤维表面极性状态产生直接影响。

纤维素含有的大量羟基具有极强的吸水性，这将会严重影响复合材料界面性能，半纤维素与木质素在非结晶区提供了部分羟基，这些羟基更容易和环境中的水分结合，存在于非晶区的半纤维素和木质素提供给水分子穿透纤维表面的机会，进而水分子与非晶区中的纤维素羟基结合，从而留在纤维结构之中，这使得纤维具有亲水性，脂蜡质主要存在于纤维表面，其含量的多少直接影响纤维表面对水分的吸收。

（4）物理微观结构、化学成分与挥发性有机物释放量灰关联分析

将19种洋麻纤维的挥发性有机物释放量代入灰关联分析计算式，得到纤维微观结构参数和化学成分含量与挥发性有机物释放量的关联度分别为：纤维素0.69，半纤维素0.68，取向度0.67，水溶物0.65，果胶0.63，脂蜡质0.63，结晶度0.60，木质素0.57。

纤维素和半纤维素作为纤维中含量最大的化学成分，对纤维的物理化学性质会产生最明显的影响，对纤维热解产生的挥发性有机物含量的关联度最大。纤维素热解主要产物是生物油，而生物油的主要成分是左旋葡萄糖、甲苯以及各种醛、酮、酸有机化合物。

半纤维素由多种多糖组成，包括葡萄甘露聚糖、木聚糖、阿拉伯聚糖、半乳甘露聚糖等，在高温条件下，多糖发生降解，生成多种挥发性有机物。

脂蜡质、果胶的含量对挥发性有机物释放量的关联度比较大，这是因为在脂蜡质中含有大量具有很高还原活性的萜烯类化合物，这些物质与大气中的臭氧、羟基自由基、氮氧化物发生光化学反应，产生新的醛、酮等碳氢化合物；果胶是一种甲酯化的多半乳糖醛酸，在高温条件下，分解产生出呋喃、甲酯、甲基呋喃等有害物质。

（5）物理微观结构、化学成分与界面结合强度灰关联分析

将19种洋麻纤维的界面结合强度代入灰关联分析计算式，得到纤维微观结构参数和化学成分含量与界面结合强度的关联度分别为：纤维素0.73，半纤维素0.68，结晶度0.65，取向度0.63，木质素0.63，脂蜡质0.62，水溶物0.62，果胶0.61。

Rauha等研究了麻纤维脂蜡质含量与麻纤维增强复合材料界面性能的关系，发现脂蜡质含量越高，纤维与树脂间的界面结合力越低。李向丽等发现随着麻纤维中半纤维素的不断降解，复合材料的拉伸强度和弯曲模量不断增加，该项研究指出，半纤维素的降解可能改善了复合材料的界面性能，进而促进复合材料宏观力学性能的提高。Baley等发现因纤维初生细胞壁与次生细胞壁之间发生的脱层会影响麻纤维复合材料的界面性能，而木质素是细胞间物质的主要组成部分，胞间层木质素含量达到90%。脂蜡质作为赋予纤维光泽的成分，可

影响纤维表面的光洁。

当来自大气的水分与纤维接触时，氢键断裂，羟基与水分子形成新的氢键。纤维的横截面成为水渗透的主要途径。亲水性纤维和疏水性基质之间的相互作用导致纤维在基质内膨胀，这导致界面处的结合强度弱化，进而引起复合材料的尺寸不稳定，基体开裂和力学性能降低。

2.3.4　基于化学成分含量的洋麻纤维拉伸强度预测模型的构建

2.3.4.1　偏最小二乘预测模型

偏最小二乘回归最早由欧洲经济计量学家Wold提出，其基本思想是在解释变量空间里寻找某些线性组合，以便更好地解释反应变量的变异信息，偏最小二乘回归是集多因变量对多自变量的回归建模以及主成分分析为一体的多元数据分析方法，是集主成分分析、典型相关性分析和一般最小二乘回归分析方法所具备优势于一身的分析预测方法，具备结构简单稳定、预测精度较高、计算量小等优势，偏最小二乘模型适合于解释变量和反应变量之间的复杂的关系。

偏最小二乘法可以较好地解决许多以往用普通多元回归无法解决的问题，当自变量的样本数与自变量个数相比过少时仍可进行预测。

（1）偏最小二乘预测模型构建的一般步骤

首先将数据进行标准化处理。X经标准化处理后的数据矩阵记为$\boldsymbol{E}_0$=（$\boldsymbol{E}_{01}$, ···, $\boldsymbol{E}_{0p}$）$_{n\times p}$，Y的相应矩阵记为$\boldsymbol{F}_0$=（$\boldsymbol{F}_{01}$, ···, $\boldsymbol{F}_{0q}$）$_{n\times q}$。

第一步，记$\boldsymbol{t}_1$是$\boldsymbol{E}_0$的一个成分，$\boldsymbol{t}_1=\boldsymbol{E}_0\boldsymbol{w}_1$，$\boldsymbol{w}_1$是$\boldsymbol{E}_0$的第一个轴，它是一个单位向量，即$\|\boldsymbol{w}_1\|_{=1}$。

记$\boldsymbol{u}_1$是$\boldsymbol{F}_0$的第一个成分，$\boldsymbol{u}_1=\boldsymbol{F}_0\boldsymbol{a}_1$，$\boldsymbol{a}_1$是$\boldsymbol{F}_0$的第一个轴，且$\|\boldsymbol{a}_1\|=1$。

于是，在偏最小二乘回归中，我们要求解下列优化问题，即：

$$\max_{\boldsymbol{w}_1,\ \boldsymbol{c}_1}\langle \boldsymbol{E}_0\boldsymbol{w}_1,\ \boldsymbol{F}_0\boldsymbol{c}_1\rangle \tag{2-14}$$

$$s.t\begin{Bmatrix}\boldsymbol{w}_1'\boldsymbol{w}_1=1\\ \boldsymbol{c}_1'\boldsymbol{c}_1=1\end{Bmatrix} \tag{2-15}$$

记$\boldsymbol{\theta}_1=\boldsymbol{w}_1'\boldsymbol{E}_0'\boldsymbol{F}_0\boldsymbol{a}_1$，即$\boldsymbol{\theta}_1$正是优化问题的目标函数值。

采用拉格朗日算法，可得：

$$\boldsymbol{E}_0'\boldsymbol{F}_0\boldsymbol{a}_1=\boldsymbol{\theta}_1\boldsymbol{w}_1 \tag{2-16}$$

$$\boldsymbol{F}_0'\boldsymbol{E}_0\boldsymbol{w}_1=\boldsymbol{\theta}_1\boldsymbol{a}_1 \tag{2-17}$$

将$\boldsymbol{F}_0'\boldsymbol{E}_0\boldsymbol{w}_1=\boldsymbol{\theta}_1\boldsymbol{a}_1$代入$\boldsymbol{E}_0'\boldsymbol{F}_0\boldsymbol{a}_1=\boldsymbol{\theta}_1\boldsymbol{w}_1$可得：

$$\boldsymbol{E}_0'\boldsymbol{F}_0\boldsymbol{F}_0'\boldsymbol{E}_0\boldsymbol{w}_1=\boldsymbol{\theta}_1^2\boldsymbol{w}_1 \tag{2-18}$$

同理，有：

$$\boldsymbol{F}_0'\boldsymbol{E}_0\boldsymbol{E}_0'\boldsymbol{F}_0\boldsymbol{a}_1=\boldsymbol{\theta}_1^2\boldsymbol{a}_1 \tag{2-19}$$

可见，$\boldsymbol{w}_1$是对应于$\boldsymbol{E}_0'\boldsymbol{F}_0\boldsymbol{F}_0'\boldsymbol{E}_0$矩阵的最大特征值的单位特征向量，而$\boldsymbol{a}_1$则是对应于$\boldsymbol{F}_0'\boldsymbol{E}_0\boldsymbol{E}_0'\boldsymbol{F}_0$矩阵的最大特征值$\boldsymbol{\theta}_1^2$的单位特征向量。

求得$\boldsymbol{w}_1$和$\boldsymbol{a}_1$后，即可得到成分：

$$\boldsymbol{t}_1=\boldsymbol{E}_0\boldsymbol{w}_1 \tag{2-20}$$

$$\boldsymbol{u}_1=\boldsymbol{F}_0\boldsymbol{a}_1 \tag{2-21}$$

然后，分别求$\boldsymbol{E}_0$和$\boldsymbol{F}_0$对$\boldsymbol{t}_1$的回归方程：

$$\boldsymbol{E}_0=\boldsymbol{t}_1\boldsymbol{p}_1'+\boldsymbol{E}_1 \tag{2-22}$$

$$\boldsymbol{F}_0=\boldsymbol{t}_1\boldsymbol{r}_1'+\boldsymbol{F}_1 \tag{2-23}$$

其中，$\boldsymbol{E}_1$和$\boldsymbol{F}_1$分别是两个方程的残差矩阵，回归系数向量是：

$$\boldsymbol{P}_1=\frac{\boldsymbol{E}_0'\boldsymbol{t}_1}{\|\boldsymbol{t}_1\|^2} \tag{2-24}$$

$$\boldsymbol{r}_1=\frac{\boldsymbol{F}_0'\boldsymbol{t}_1}{\|\boldsymbol{t}_1\|^2} \tag{2-25}$$

第二步，用残差矩阵$\boldsymbol{E}_1$和$\boldsymbol{F}_1$取代$\boldsymbol{E}_0$和$\boldsymbol{F}_0$，然后，求第二个轴$\boldsymbol{w}_2$、$\boldsymbol{a}_2$以及第二个成分$\boldsymbol{t}_2$和$\boldsymbol{u}_2$，有：

$$\boldsymbol{t}_2=\boldsymbol{E}_1\boldsymbol{w}_2 \tag{2-26}$$

$$\boldsymbol{u}_2=\boldsymbol{F}_1\boldsymbol{a}_2 \tag{2-27}$$

$$\boldsymbol{\theta}_2=\langle \boldsymbol{t}_2，\boldsymbol{u}_2\rangle=\boldsymbol{w}_2'\boldsymbol{E}_1'\boldsymbol{F}_1\boldsymbol{a}_2 \tag{2-28}$$

其中，$\boldsymbol{w}_2$是对应于$\boldsymbol{E}_1'\boldsymbol{F}_1\boldsymbol{F}_1'\boldsymbol{E}_1$矩阵的最大特征值的单位特征向量，而$\boldsymbol{a}_2$是对应于$\boldsymbol{F}_1'\boldsymbol{E}_1\boldsymbol{E}_1'\boldsymbol{F}_1$矩阵的最大特征向量$\boldsymbol{\theta}_2^2$的单位特征向量。计算回归系数：

$$\boldsymbol{p}_2=\frac{\boldsymbol{E}_2'\boldsymbol{t}_2}{\|\boldsymbol{t}_2\|^2} \tag{2-29}$$

$$\boldsymbol{r}_2=\frac{\boldsymbol{F}_2'\boldsymbol{t}_2}{\|\boldsymbol{t}_2\|^2} \tag{2-30}$$

此时，有回归方程：

$$\boldsymbol{E}_1=\boldsymbol{t}_2\boldsymbol{p}_2'+\boldsymbol{E}_2 \tag{2-31}$$

$$\boldsymbol{F}_1=\boldsymbol{t}_2\boldsymbol{r}_2'+\boldsymbol{F}_2 \tag{2-32}$$

如此计算下去，如果$\boldsymbol{X}$的秩为$\boldsymbol{a}$，则最终会有：

$$\boldsymbol{E}_0=\boldsymbol{t}_1\boldsymbol{p}_1'+\cdots+\boldsymbol{t}_a\boldsymbol{p}_a' \tag{2-33}$$

$$\boldsymbol{F}_0=\boldsymbol{t}_1\boldsymbol{r}_1'+\cdots+\boldsymbol{t}_a\boldsymbol{r}_a'+\boldsymbol{F} \tag{2-34}$$

由于$\boldsymbol{t}_1，\cdots，\boldsymbol{t}_a$均可以表示成$\boldsymbol{E}_{01}$，$\boldsymbol{E}_{02}$，$\cdots$，$\boldsymbol{E}_{0p}$的线性组合，因此，$\boldsymbol{F}_0=\boldsymbol{t}_1\boldsymbol{r}_1'+\cdots+\boldsymbol{t}_a\boldsymbol{r}_a'+\boldsymbol{F}$还可以还原成$\boldsymbol{y}_k^*=\boldsymbol{F}_{0k}$关于$\boldsymbol{x}_j^*=\boldsymbol{E}_{0j}$的回归方程形式，即：

$$\boldsymbol{y}_k^*=\boldsymbol{\lambda}_{k1}\boldsymbol{x}_1^*+\cdots+\boldsymbol{\lambda}_{kp}\boldsymbol{x}_p^*+\boldsymbol{F}_{ak}，k=1，2，\cdots，q \tag{2-35}$$

其中，$\boldsymbol{F}_{ak}$是残差矩阵$\boldsymbol{F}_a$的第k列。

（2）偏最小二乘预测模型的构建

以1~16#洋麻纤维的结晶度、取向度以及化学成分含量作为自变量，设X_1=结晶度，X_2=取向度，X_3=纤维素，X_4=半纤维素含量，X_5=木质素含量，X_6=果胶含量，X_7=脂蜡质含量，X_8=水溶物含量，以拉伸强度为因变量，即Y=拉伸强度，建立偏最小二乘回归模型，借助MATLAB R2012b实现。

经过程序的运算，得到洋麻纤维拉伸强度的回归方程为：

$$Y=-454.4943-0.9795X_1+7.9399X_2+2.1117X_3+2.6921X_4-0.9996X_5-19.2353X_6-18.0215X_7-13.7426X_8$$

以此回归方程对17~19#洋麻纤维进行拉伸强度的预测，预测值及预测相对误差见表2-36。

表 2-36　洋麻纤维拉伸强度偏最小二乘预测结果

编号	拉伸强度实际值 /MPa	拉伸强度预测值 /MPa	相对误差 /%
17	195.31	191.76	1.85
18	191.13	216.08	11.55
19	174.72	249.33	29.92

由所得预测结果可知，偏最小二乘预测模型的预测结果呈现出较高的预测精度不稳定性，部分预测结果与真实值接近，精度较高，部分预测结果与真实值之间偏差较大，预测精度较低。分析其原因，可能是由于偏最小二乘虽然能够有效解决自变量和因变量之间的多重相关性，但是本系统中的纤维微观物理结构参数、化学成分和纤维拉伸性能之间的联系是非线性的，而多元线性回归并不能对这样的数据系统进行精确的表达。

（3）数据初始化处理

用于建模的数据见表2-37。因实验数据的随机离散性较大，一般不直接用于建模，通常要对数据进行初始化处理。依据式（2-36）对数据进行初始化处理，即将每一数据除以该数据所在列的第一个数，得到的$\boldsymbol{X}_i^0(k)$见表3-38。

$$\boldsymbol{X}_i^0(k)=\boldsymbol{X}_i(k)/\boldsymbol{X}_i(1) \tag{2-36}$$

式中：$\boldsymbol{X}_i^0(k)$为初始化处理后的数据，i表示几个不同的行为因子因变量，也指行数，k表示列数。

表 2-37　洋麻纤维 A~G 化学成分含量及拉伸强度测试结果

项目	脂蜡质 /%	水溶物 /%	果胶 /%	半纤维素 /%	木质素 /%	纤维素 /%	拉伸强度 /MPa
A	0.94	1.29	0.57	16.28	14.67	66.24	411.88
B	2.27	2.38	1.95	12.60	19.24	61.56	454.88

续表

项目	脂蜡质 /%	水溶物 /%	果胶 /%	半纤维素 /%	木质素 /%	纤维素 /%	拉伸强度 /MPa
C	1.70	1.47	0.46	18.98	16.47	60.93	409.65
D	1.30	1.24	2.68	17.45	16.61	60.68	490.12
E	1.19	1.97	0.65	19.91	15.82	60.46	534.38
F	0.72	0.89	0.38	15.26	16.93	65.79	443.79
G	1.07	0.81	0.69	17.88	15.94	63.60	352.55

表 2-38　初始化处理后数据

项目	$X_1^0(k)$	$X_2^0(k)$	$X_3^0(k)$	$X_4^0(k)$	$X_5^0(k)$	$X_6^0(k)$	$X_0^0(k)$
A	1	1	1	1	1	1	1
B	2.41	1.84	3.42	0.77	1.31	0.93	1.10
C	1.81	1.14	0.81	1.17	1.12	0.92	0.99
D	1.38	0.96	4.70	1.07	1.13	0.92	1.19
E	1.27	1.53	1.14	1.22	1.08	0.91	1.30
F	0.77	0.69	0.67	0.94	1.15	0.99	1.08
G	1.14	2.23	1.21	1.10	1.09	0.96	0.86

（4）累加生成数据及建立数据矩阵

数的生成是指通过对数列中数据进行处理而产生新的数列，据此寻找数的规律性方法。生成数的获得方法通常有累加生成、累减生成、均值生成。累加生成是把各数列的数据依次累加，计算式如式（2-37）所示。

$$X_i^1(k)=\sum_{i=1}^{k}X_i^0(k) \tag{2-37}$$

式中：$X_i^1(k)$ 为新生成的累加生成数列；i=0，1，2，…，7；k=1，2，3，…，7。意为每一列的第一个数据不变，第二个数据为前两个数据之和，第三个数据为前三个数据之和，以此类推，直至计算得到所有数据。主行为因素 $X_0^0(k)$ 通过一次累加后所得生成数列为 $X_0^1(k)$，由该数列产生均值生成数列 $Z^1(k)$，计算式为 $Z^1(k)=0.5X_0^1(k)+0.5X_0^1(k-1)$。累加生成数列及均值生成数列数值见表2-39。依据累加生成数列及均值生成数列建立矩阵$\boldsymbol{B}$、$\boldsymbol{Y}_N$。

表 2-39　累加生成数列值

项目	$X_1^1(k)$	$X_2^1(k)$	$X_3^1(k)$	$X_4^1(k)$	$X_5^1(k)$	$X_6^1(k)$	$X_0^1(k)$	$Z^1(k)$
A	1.00	1.00	1.00	1.00	1.00	1.00	1.00	—
B	3.41	2.84	4.42	1.77	2.31	1.93	2.10	1.55

续表

项目	$X_1^1(k)$	$X_2^1(k)$	$X_3^1(k)$	$X_4^1(k)$	$X_5^1(k)$	$X_6^1(k)$	$X_0^1(k)$	$Z^1(k)$
C	5.22	3.98	5.23	2.94	3.43	2.85	3.10	2.60
D	6.61	4.95	9.93	4.01	4.57	3.77	4.29	3.69
E	7.87	6.47	11.07	5.23	5.64	4.68	5.59	4.94
F	8.64	7.16	11.74	6.17	6.80	5.67	6.66	6.12
G	9.78	7.79	12.95	7.27	7.89	6.63	7.52	7.09

数据矩阵$\boldsymbol{B}$、$\boldsymbol{Y}_N$的建立方法如下：

$$\boldsymbol{B}=\begin{vmatrix} -\boldsymbol{Z}^1(2) & \boldsymbol{X}_1^1(2) & \boldsymbol{X}_2^1(2) & \boldsymbol{X}_3^1(2) & \boldsymbol{X}_4^1(2) & \boldsymbol{X}_5^1(2) & \boldsymbol{X}_6^1(2) \\ -\boldsymbol{Z}^1(3) & \boldsymbol{X}_1^1(3) & \boldsymbol{X}_2^1(3) & \boldsymbol{X}_3^1(3) & \boldsymbol{X}_4^1(3) & \boldsymbol{X}_5^1(3) & \boldsymbol{X}_6^1(3) \\ \cdots & \cdots & \cdots & \cdots & \cdots & \cdots & \cdots \\ -\boldsymbol{Z}^1(k) & \boldsymbol{X}_1^1(k) & \boldsymbol{X}_2^1(k) & \boldsymbol{X}_3^1(k) & \boldsymbol{X}_4^1(k) & \boldsymbol{X}_5^1(k) & \boldsymbol{X}_6^1(k) \end{vmatrix}$$

$$\boldsymbol{Y}_N=|\boldsymbol{X}_0^0(2)\quad \boldsymbol{X}_0^0(3)\quad \boldsymbol{X}_0^0(4)\quad \boldsymbol{X}_0^0(5)\quad \boldsymbol{X}_0^0(6)\quad \boldsymbol{X}_0^0(7)|^{\mathrm{T}}$$

代入数据得：

$$\boldsymbol{B}=\begin{vmatrix} -1.55 & 3.41 & 2.84 & 4.42 & 1.77 & 2.31 & 1.93 \\ -2.60 & 5.22 & 3.98 & 5.23 & 2.94 & 3.43 & 2.85 \\ 3.69 & 6.61 & 4.95 & 9.93 & 4.01 & 4.57 & 3.77 \\ -4.94 & 7.87 & 6.47 & 11.07 & 5.23 & 5.64 & 4.68 \\ -6.12 & 8.64 & 7.16 & 11.74 & 6.17 & 6.80 & 5.67 \\ -7.09 & 9.78 & 7.79 & 12.95 & 7.27 & 7.89 & 6.63 \end{vmatrix}$$

$$\boldsymbol{Y}_N=|1.10\quad 1.00\quad 1.19\quad 1.30\quad 1.08\quad 0.86|^{\mathrm{T}}$$

（5）灰色模型GM（1，7）的建立

当建立起7个原始数据列$\boldsymbol{X}_i^0(k)$时［$\boldsymbol{X}_i^0(1)$，$\boldsymbol{X}_i^0(2)$，…，$\boldsymbol{X}_i^0(k)$］，（i=0，1，2，3，…，6；k=1，2，3，…，7），对数据进行一次累加得到的生成数列为$\boldsymbol{X}_i^1(k)$［$\boldsymbol{X}_i^1(1)$，$\boldsymbol{X}_i^1(2)$，…，$\boldsymbol{X}_i^1(k)$］，（i=0，1，2，3，…，6；k=1，2，3，…，7），均值生成数列$\boldsymbol{Z}^1(k)=0.5\boldsymbol{X}_0^1(k)+0.5\boldsymbol{X}_0^1(k-1)$，则灰微分方程模型GM（1，7）如式（2–38）所示。

$$\boldsymbol{X}_0^0(k)+a\boldsymbol{Z}_1^1(k)=b_1\boldsymbol{X}_1^1(k)+b_2\boldsymbol{X}_2^1(k)+b_3\boldsymbol{X}_3^1(k)\ b_4\boldsymbol{X}_4^1(k)\ b_5\boldsymbol{X}_5^1(k)\ b_6\boldsymbol{X}_6^1(k) \tag{2–38}$$

式中：a为发展系数，b_1，b_2，…b_6为灰作用量，另有矩阵$\boldsymbol{B}$、$\boldsymbol{Y}_N$，根据最小二乘原理$\hat{a}=[a, b_1, b_2, b_3, b_4, b_5, b_6]=[\boldsymbol{B}^{\mathrm{T}}\boldsymbol{B}]^{-1}\boldsymbol{B}^{\mathrm{T}}\boldsymbol{Y}_N$，依次代入数据矩阵$\boldsymbol{B}$、$\boldsymbol{Y}_N$，依据MATLAB软件进行编程计算得到：

$$\hat{\boldsymbol{a}}=\begin{vmatrix} a \\ b_1 \\ b_2 \\ b_3 \\ b_4 \\ b_5 \\ b_6 \end{vmatrix}=\begin{vmatrix} 0.6994 \\ -0.1745 \\ 0.6953 \\ 0.0854 \\ -0.3938 \\ 0.2103 \\ 0.3322 \end{vmatrix}$$

此时，得到洋麻束纤维拉伸强度与纤维化学成分脂蜡质、水溶物、果胶、半纤维素、木质素、脂蜡质的GM（1，7）模型为：

$$\boldsymbol{X}_0^0(k)+0.6994\boldsymbol{Z}_1^1(k)=-0.1745\boldsymbol{X}_1^1(k)+0.6953\boldsymbol{X}_2^1(k)+0.0854\boldsymbol{X}_3^1(k)-0.3938\boldsymbol{X}_4^1(k)+0.2103\boldsymbol{X}_5^1(k)+0.3322\boldsymbol{X}_6^1(k)$$

式中：$\boldsymbol{X}_0^0(k)$ 由洋麻束纤维拉伸强度计算而来，$\boldsymbol{X}_1^1(k)$ 由洋麻纤维脂蜡质含量计算而来，$\boldsymbol{X}_2^1(k)$ 由洋麻纤维水溶物含量计算而来，$\boldsymbol{X}_3^1(k)$ 由洋麻纤维果胶含量计算而来，$\boldsymbol{X}_4^1(k)$ 由洋麻纤维半纤维素含量计算而来，$\boldsymbol{X}_5^1(k)$ 由洋麻纤维木质素含量计算而来，$\boldsymbol{X}_6^1(k)$ 由洋麻纤维纤维素含量计算而来。由微分方程可知，脂蜡质含量、半纤维素含量的系数为负值，对束纤维拉伸强度起到阻碍作用，水溶物、果胶、木质素、纤维素含量的系数为正值，对束纤维拉伸强度起到积极作用。

对微分方程进行模型误差分析，得此数学模型的算数平均误差为0.0025。但GM（1，N）的预测效果并不十分理想，误差常较大，其中一个原因为GM（1，N）预测包含一个行为变量和多个因子变量，在预测中需要首先对每个因子进行预测，再利用预测结果对行为变量进行预测，这使因子数列预测中的误差将一起传递给行为变量预测值，可能产生较大的误差。因此，本节将在后续内容中，运用其他数学方法实现对洋麻纤维拉伸强度的预测。

2.3.4.2 灰色模型

对灰色系统建立的预测模型称为灰色模型（grey model），简称GM模型，它揭示了系统内部事物连续发展变化的过程。灰色模型的基本思想是用原始数据组成原始序列，经累加生成法生成序列，它可以弱化原始数据的随机性，使其呈现出较为明显的特征规律。对生成变换后的序列建立微分方程型的模型即GM（1，N）模型。用来分析某一主行为因素受N个作用因素影响所呈现的变动态势，是一个一阶N个变量的方程。下述分析中，洋麻束纤维拉伸强度X_0是主行为因素，脂蜡质X_1、水溶物X_2、果胶X_3、半纤维素X_4、木质素X_5、纤维素X_6含量是行为因子因变量，因此建立GM（1，7）模型。

2.3.4.3 Back Propagation（BP）神经网络预测模型

BP神经网络由信息正向传播和误差反向传播两个过程组成，预测误差随着误差的反向传播不断修正，神经网络不断提高对所输入的系统数据模式识别的正确率，所以BP神经网络是一种误差函数按梯度下降的学习方法，图2–26为BP神经网络的基本结构图。

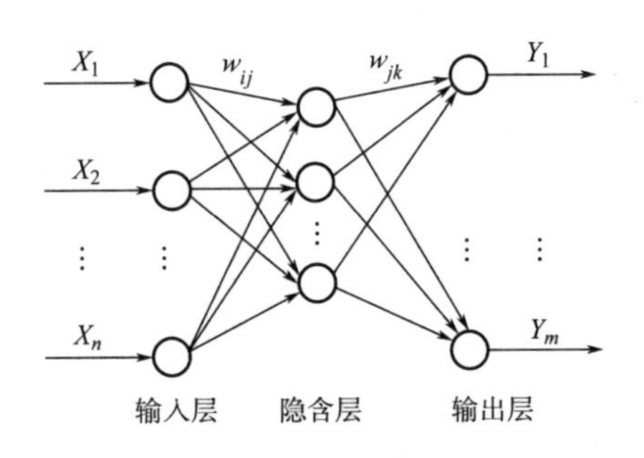

图 2–26　BP 神经网络的基本结构

BP神经网络对于解决环境信息非常复杂、知识背景不太清楚、推理规则不明确的非线性问题具有好的效果。刘晓勇等根据玻璃纤维的成分和弹性模量的试验数据建立了BP网络模型，对弹性模量预测的误差为0.33%，低于传统计算的误差（0.49%）。秦伟等利用BP神经网络建立了成型工艺参数与碳纤维复合材料界面性能的关系模型，对界面强度的预测误差仅为0.13%。高晓燕等采用BP神经网络和灰关联分析，结合BP神经网络建立了成纱性能预测模型，发现灰关联优化的BP神经网络使预测误差明显下降，控制在10%以内。

（1）BP神经网络预测模型构建的一般步骤

①网络的初始化。本章需要以洋麻纤维的结晶度、取向度和化学成分含量为基础，对洋麻纤维的力学性能进行预测，根据输入序列（结晶度、取向度和6种化学成分含量）、输出序列（洋麻纤维的力学性能）来确定网络输入层、隐含层及输出层的节点数，对输入层、隐含层、输出层神经元之间的连接权值进行初始化，对隐含层和输出层之间的阈值进行初始化，此外还需要给定学习速率和神经元激励函数。

②隐含层输出计算。根据输入向量$\boldsymbol{X}$，输入层和隐含层间连接权值、隐含层阈值，计算隐含层输出H_j，如下式所示：

$$H_j=f\left(\sum_{i=1}^{n}w_{ij}-a_j\right) \tag{2-39}$$

式中：i为隐含层节点数；f为隐含层激励函数——$Sigmoid$函数。

$$y=f(x)=\frac{1}{1+e^{-x}} \tag{2-40}$$

③输出层输出计算。根据隐含层输出H_j，连接权值和阈值，计算输出层输出O_k，根据输出层输出结果O_k和输出期望值Y_k，计算神经网络预测误差e_k：

$$e_k=Y_k-O_k \tag{2-41}$$

④权值更新。根据神经网络预测误差e_k，对神经网络连接权值w_{ik}和w_{jk}进行

更新：

$$w_{ik}=w_{ik}+\eta H_j(1-H_j)x(i)\sum_{k=1}^{n}w_{jk}e_k \tag{2-42}$$

$$w_{jk}=w_{jk}+\eta H_j e_k \tag{2-43}$$

式中：η为学习速率，$\eta\in[0,1]$。

⑤阈值更新。根据神经网络预测误差e_k更新网络节点阈值a_j和b_j：

$$a_j=a_j+\eta H_j(1-H_j)\sum_{k=1}^{n}w_{jk}e_k \tag{2-44}$$

$$b_j=b_j+e_k \tag{2-45}$$

⑥模型参数优化。神经网络预测模型建立后，对模型的最佳隐含层节点数、权值、阈值、学习速率等参数进行优化，尽量提高模型预测的精度和速度。

a．隐藏层数的选择。有研究表明，单隐层BP神经网络模型可以模拟任何非线性连续映射，一般的BP神经网络的隐藏层一般不超过2层。

b．隐藏层节点数的确定。隐层节点数与输入输出单元的多少、求解问题的要求有着直接关系。隐藏层节点数太多，不仅会加大网络的运算量，使运算时间加长，还会降低模型的泛化能力；隐藏层节点数太少，则会限制网络的学习能力，造成模型的容错性差，识别新样本的能力不足。因此，需要从多个角度出发对隐藏层的节点数进行设计和选择，一般按照下式来确定隐藏层节点数的选择范围，最后以收敛速度、预测误差为考察因素，对不同的隐藏层节点数进行对比，选出最佳的隐藏层节点数。

$$l=\sqrt{(m+n)}+a \tag{2-46}$$

式中：l为隐藏层节点数；m为输出层节点数；n为输入层节点数；a为常数，$a\in[0,10]$。

c．学习速率的选择。学习速率对每一次循环训练中产生的权值变化量有直接决定作用。如果学习速率设置过大，则会降低网络预测系统稳定性；相反，如果学习速率设置过小，则会降低收敛速度，增加网络学习时间。通常情况下，为了保证系统的稳定性，优先选择较低的学习速率，学习速率的选择范围为0.01~0.8，学习速率的最终确定同样是综合考量的结果。

（2）BP神经网络预测模型的构建

本研究选用3层BP神经网络进行洋麻纤维拉伸强度预测模型的构建，以1~16#洋麻纤维的结晶度、取向度和化学成分含量数据为模型训练样本的输入层，分别以1~16#洋麻纤维的束纤维拉伸强度为模型训练样本的输出层，即输入层的维数为8，共包括8个因素（结晶度、取向度、纤维素、半纤维素、木质素、果胶、脂蜡质、水溶物），输出层的维数为1，包含1个因素拉伸强度。隐含层节点数按照式（2-46）计算，取值为3~13之间的整数。白肃跃采用灰关联分析优化的BP神经网络对洋麻纤维的拉伸强度进行了模型的构建和预测，发现对神经网络输入层的数据按照灰关联分析的结果进行有效排序，能够显著增加神经网络预测模型的预测精度。本研究借鉴此方法，分别对拉伸强度预测模型的输入层按照各自的灰关联分析结果进行排序，作为模型训练的最终输入层数据。

根据实际训练结果，最终选定隐藏层节点数为12，此时，预测模型较稳定，且具有较快的收敛速度和预测误差，所以此处所采用的神经网络机构模型为8-12-1，神经网络训练过程中的误差不超过10^{-5}，最大训练次数定为2×10^{5}，当学习速率为0.05时，此神经网络系统有较高的学习效率和稳定性，因此选定学习速率为0.05。

对于洋麻束纤维拉伸强度预测模型，对1~16#洋麻纤维的测试数据分别按照纤维素、半纤维素、取向度、结晶度、木质素、水溶物、果胶、脂蜡质含量的多少及拉伸强度的大小进行排序，将得到的144组数据作为训练样本。BP神经网络的训练和预测的实现借助MATLAB R2012b实现。

表2-40和表2-41为拉伸强度训练样本的拟合值和预测样本的预测结果，连续完成10次模型的训练和预测，将所得预测值的平均值作为模型的最终预测值。

表 2-40　洋麻纤维拉伸强度 BP 神经网络训练结果

编号	1#	2#	3#	4#	5#	6#	7#	8#
实际值 /MPa	300.24	423.78	212.85	244.63	398.67	497.89	318.54	177.91
训练值 /MPa	300.24	423.78	212.85	244.61	398.69	496.19	318.54	178.77
相对误差 /%	6.43×10^{-4}	8.12×10^{-4}	1.48×10^{-3}	7.10×10^{-3}	5.12×10^{-3}	3.42×10^{-1}	8.16×10^{-4}	4.83×10^{-1}
编号	9#	10#	11#	12#	13#	14#	15#	16#
实际值 /MPa	406.58	391.35	398.05	364.26	382.96	347.26	203.95	314.04
训练值 /MPa	406.58	391.35	398.06	364.26	382.97	347.27	204.01	314.04
相对误差 /%	2.16×10^{-4}	2.20×10^{-4}	1.78×10^{-3}	1.32×10^{-3}	3.35×10^{-3}	1.57×10^{-3}	2.77×10^{-2}	1.23×10^{-3}

表 2-41　洋麻纤维拉伸强度 BP 神经网络预测结果

编号	实际值 /MPa	预测值 /MPa	相对误差 /%
17#	195.31	201.31	3.07
18#	191.13	196.27	2.69
19#	174.72	186.25	6.60

由所得训练结果和预测结果可知，BP神经网络预测结果相较于偏最小二乘预测结果稳定性更优，且预测精度较高，预测性误差在2%~7%，能够实现对于洋麻纤维拉伸强度的有效预测。

2.3.5 麻纤维化学成分对其增强复合材料界面性能的影响

2.3.5.1 麻纤维化学成分对其增强复合材料界面性能的灰关联分析

在麻纤维的化学成分和麻纤维增强复合材料的界面性能组成的这个系统中，麻纤维的化学成分对复合材料的界面性能会产生一定的影响，这个信息是已知的，而各个化学成分对复合材料界面性能的影响方式、影响程度是复杂的、未知的，因此，在这个系统中既有已知信息又有未知信息，也可以把这个系统看作是灰色的，可以用灰关联分析方法来分析这个系统中的因素对系统的影响程度。表2-42为本节所用20种麻纤维的化学成分含量和复合材料界面剪切力的测试数据。

灰关联分析的具体步骤如下。

①确定比较数列和参考数列。我们把影响系统行为的因素组成的数据序列称为比较数列，把反映系统行为特征的数据序列称为参考数列。

②比较数列和参考数列的规格化处理。因为本系统中各因素的物理意义和数据量纲不同，不具有可比性，因此要规格化处理数据，得到规格化矩阵$\boldsymbol{W}=w_{ki}$，w_{ki}计算式如下：

$$w_{ki}=\frac{x_{ki}-\min\limits_{i}x_{ki}}{\max\limits_{i}x_{ki}-\min\limits_{i}x_{ki}} \tag{2-47}$$

式中：第$\max x_{ki}$为第x_i列的最大值；$\min x_{ki}$为第x_i列的最小值，$w_{ik}\in$［0，1］。

③计算关联系数：

$$\zeta_i(k)=\frac{\min\limits_{i}[\Delta i(\min)]+\zeta\max\limits_{i}[\Delta i(\min)]}{|y(k)-x_i(k)|+\zeta\max\limits_{i}[\Delta i(\max)]} \tag{2-48}$$

式中：ζ为分辨系数，ζ越小则分辨率越大，$\zeta\in[0,1]$，一般取$\zeta=0.5$，本节取0.5；$\min[\Delta i(\min)]$和$\max[\Delta i(\min)]$分别是两级最小差和最大差，记为：

$$\min\limits_{i}[\Delta i(\min)]=\min\limits_{i}\min\limits_{k}|y(k)-x_i(k)| \tag{2-49}$$

$$\max\limits_{i}[\Delta i(\max)]=\max\limits_{i}\max\limits_{k}|y(k)-x_i(k)| \tag{2-50}$$

可见，关联系数$\zeta_i(k)$是比较数列与参考数列在各个时刻的关联程度值，关联系数越大，因素在该时刻的影响力就越大。

④求关联度：

$$r_i=\frac{1}{N}\sum_{k=1}^{N}\zeta_i(k) \tag{2-51}$$

r_i为x_i对y的关联度，可见，关联度r_i是关联系数$\zeta_i(k)$的平均值，关联度越大，因素对系统的影响力就越大。一般，当关联度大于0.5时，就表明此数列与参考数列的相关程度不可忽略。

表 2-42　麻纤维化学成分含量与其增强复合材料界面性能测试数据

麻纤维编号	回潮率 /%	脂蜡质 /%	水溶物 /%	果胶 /%	半纤维素 /%	木质素 /%	纤维素 /%	剪切力 /GPa
1#	7.48	0.66	1.12	0.07	14.51	10.82	72.82	2.25
2#	8.29	3.85	4.21	17.81	2.41	9.14	62.58	6.37
3#	6.68	0.46	1.54	0.11	14.77	13.06	70.06	3.81
4#	8.21	7.74	4.03	3.15	17.62	5.13	62.33	2.38
5#	8.79	4.98	3.50	1.58	15.58	14.07	60.29	2.98
6#	7.45	2.27	1.24	5.43	16.07	3.74	71.25	3.54
7#	9.54	0.49	1.62	0	14.99	15.02	67.88	4.72
8#	4.11	1.14	0	0.50	2.10	0	96.26	1.25
9#	10.21	0.71	1.81	1.34	13.94	3.79	78.41	4.30
10#	6.01	8.30	5.47	3.41	14.46	11.02	57.34	4.80
11#	4.45	1.26	0.59	0	3.68	2.45	92.02	1.57
12#	9.53	0.51	1.25	0.60	13.85	15.35	68.44	0.69
13#	7.83	0.80	3.09	1.64	14.96	14.06	65.45	3.40
14#	10.26	0.87	1.30	0.51	15.63	11.53	70.16	0.05
15#	7.15	0.78	2.02	0.84	13.95	13.96	68.45	8.67
16#	8.94	4.65	3.84	2.57	7.83	7.65	73.46	2.04
17#	10.51	0.54	0	1.89	14.25	11.99	71.33	4.36
18#	8.56	2.00	5.33	2.54	18.76	2.86	68.51	2.77
19#	4.89	0.51	1.61	0.48	13.18	12.25	71.97	4.72
20#	8.09	0.57	1.26	0.44	14.54	16.14	67.05	6.18

在这个系统中，麻纤维的回潮率、脂蜡质、水溶物、果胶、半纤维素、木质素、纤维素的含量组成的数据序列为影响系统界面剪切力的数据，称为比较数列，分别记为$X1$、$X2$、$X3$、$X4$、$X5$、$X6$、$X7$，麻纤维增强复合材料的界面剪切力组成的数据序列则可看作为是参考数列，记为$Y3$，可以得到矩阵$\boldsymbol{R}3$。

$$\boldsymbol{R}3=\begin{vmatrix} 7.48 & 0.66 & 1.12 & 0.07 & 14.51 & 10.82 & 72.82 & 2.25 \\ 8.29 & 3.85 & 4.21 & 17.81 & 2.41 & 9.14 & 62.58 & 6.37 \\ 6.68 & 0.46 & 1.54 & 0.11 & 14.77 & 13.06 & 70.06 & 3.81 \\ 8.21 & 7.74 & 4.03 & 3.15 & 17.62 & 5.13 & 62.33 & 2.38 \\ 8.79 & 4.98 & 3.50 & 1.58 & 15.58 & 14.07 & 60.29 & 2.98 \\ 7.45 & 2.27 & 1.24 & 5.43 & 16.07 & 3.74 & 71.25 & 3.54 \\ 9.54 & 0.49 & 1.62 & 0.00 & 14.99 & 15.02 & 67.88 & 4.72 \\ 4.11 & 1.14 & 0.00 & 0.50 & 2.10 & 0.00 & 96.26 & 1.25 \\ 10.21 & 0.71 & 1.81 & 1.34 & 13.94 & 3.79 & 78.41 & 4.30 \\ 6.01 & 8.30 & 5.47 & 3.41 & 14.46 & 11.02 & 57.34 & 4.80 \\ 4.45 & 1.26 & 0.59 & 0.00 & 3.68 & 2.45 & 92.02 & 1.57 \\ 9.53 & 0.51 & 1.25 & 0.60 & 13.85 & 15.35 & 68.44 & 0.69 \\ 7.83 & 0.80 & 3.09 & 1.64 & 14.96 & 14.06 & 65.45 & 3.40 \\ 10.26 & 0.87 & 1.30 & 0.51 & 15.63 & 11.53 & 70.16 & 0.05 \\ 7.15 & 0.78 & 2.02 & 0.84 & 13.95 & 13.96 & 68.45 & 8.67 \\ 8.94 & 4.65 & 3.84 & 2.57 & 7.83 & 7.65 & 73.46 & 2.04 \\ 10.51 & 0.54 & 0.00 & 1.89 & 14.25 & 11.99 & 71.33 & 4.36 \\ 8.56 & 2.00 & 5.33 & 2.54 & 18.76 & 2.86 & 68.51 & 2.77 \\ 4.89 & 0.51 & 1.61 & 0.48 & 13.18 & 12.25 & 71.97 & 4.72 \\ 8.09 & 0.57 & 1.26 & 0.44 & 14.54 & 16.14 & 67.05 & 6.18 \end{vmatrix}$$

把参考数列和比较数列规格化处理，即对矩阵$\boldsymbol{R}3$按式（2–47）进行规格化处理，得到规格化矩阵$\boldsymbol{W}3$。其中k=1，2，3，…，20。$w_{(k,\ i)}\in[0,\ 1]$，且为无量纲数。

根据式（2–48）对矩阵$\boldsymbol{W}3$计算参考数列$X1$~$X7$与比较数列$Y3$的关联系数$\zeta_i(k)$，取ζ=0.5。$X1$~$X7$对$Y3$的关联系数如下：

其中第1列到第7列分别为麻纤维回潮率$X1$、脂蜡质含量$X2$、水溶物含量$X3$、果胶含量$X4$、半纤维素含量$X5$、木质素含量$X6$、纤维素含量$X7$与纤维增强复合材料界面剪切力$Y3$在各个时刻的关联系数。

根据式（2–51）计算$X1$~$X7$对$Y3$的关联度，结果如下：伴生物含量X1~X7对纤维增强复合材料界面剪切力$Y3$的关联度：

$$
\boldsymbol{W}3=\left|w_{(k,\ i)}\right|=\begin{vmatrix}
0.5266 & 0.0255 & 0.2048 & 0.0039 & 0.7449 & 0.6704 & 0.3977 & 0.2552 \\
0.6531 & 0.4324 & 0.7697 & 1.0000 & 0.0186 & 0.5663 & 0.1346 & 0.7331 \\
0.4016 & 0.0000 & 0.2815 & 0.0062 & 0.7605 & 0.8092 & 0.3268 & 0.4364 \\
0.6406 & 0.9286 & 0.7367 & 0.1769 & 0.9316 & 0.3178 & 0.1282 & 0.2700 \\
0.7313 & 0.5765 & 0.6399 & 0.0887 & 0.8091 & 0.8717 & 0.0758 & 0.3397 \\
0.5219 & 0.2309 & 0.2267 & 0.3049 & 0.8385 & 0.2317 & 0.3574 & 0.4053 \\
0.8484 & 0.0038 & 0.2962 & 0.0000 & 0.7737 & 0.9306 & 0.2708 & 0.5419 \\
0.0000 & 0.0867 & 0.0000 & 0.0281 & 0.0000 & 0.0000 & 1.0000 & 0.1394 \\
0.9531 & 0.0319 & 0.3309 & 0.0752 & 0.7107 & 0.2348 & 0.5414 & 0.4930 \\
0.2969 & 1.0000 & 1.0000 & 0.1915 & 0.7419 & 0.6828 & 0.0000 & 0.5513 \\
0.0531 & 1.1020 & 0.1079 & 0.0000 & 0.0948 & 0.1518 & 0.8911 & 0.1758 \\
0.8469 & 0.0064 & 0.2285 & 0.0337 & 0.7053 & 0.9511 & 0.2852 & 0.0742 \\
0.5813 & 0.0434 & 0.5649 & 0.0921 & 0.7719 & 0.8711 & 0.2084 & 0.3881 \\
0.9609 & 0.0523 & 0.2377 & 0.0286 & 0.8121 & 0.7144 & 0.3294 & 0.0000 \\
0.4750 & 0.0408 & 0.3693 & 0.0472 & 0.7113 & 0.8649 & 0.2855 & 1.0001 \\
0.7547 & 0.5344 & 0.7020 & 0.1443 & 0.3439 & 0.4740 & 0.4142 & 0.0000 \\
1.0000 & 0.0102 & 0.0000 & 0.1061 & 0.7293 & 0.7429 & 0.3595 & 0.5002 \\
0.6953 & 0.1964 & 0.9744 & 0.1426 & 1.0000 & 0.1772 & 0.2870 & 0.3157 \\
0.1219 & 0.0064 & 0.2943 & 0.0270 & 0.6651 & 0.7590 & 0.3759 & 0.5413 \\
0.6219 & 0.0140 & 0.2303 & 0.0247 & 0.7467 & 1.0000 & 0.2495 & 0.7116
\end{vmatrix}
$$

$$\boldsymbol{r}_i=\begin{vmatrix}0.6519 & 0.6432 & 0.6870 & 0.6844 & 0.6321 & 0.6808 & 0.6855\end{vmatrix}$$

可以看出，7个影响因素对麻纤维增强复合材料界面剪切力的关联度都大于0.5，说明这7个影响因素对麻纤维增强复合材料的界面剪切力的贡献都不可忽略。按照影响权重大小排列训练样本的顺序，这个系统中对复合材料界面剪切力影响比较大的因素从大到小分别为水溶物、纤维素、果胶、木质素、回潮率、脂蜡质、半纤维素，关联度分别为0.6870、0.6855、0.6844、0.6808、0.6519、0.6432、0.6321。

2.3.5.2　基于灰关联分析的麻纤维增强复合材料界面性能预测模型

在对麻纤维增强复合材料界面剪切力进行预测时，选取表2-43中的20组数据作为样本，其中前17组数据作为训练样本用于训练网络以建立预测模型，后3组数据作为检验样本用于校验。对麻纤维增强复合材料界面的剪切力预测采用3层BP网络结构建模，输入层维数为7，输出层维数为1。当隐层的神经元数目为12时，训练的稳定性、收敛速度和敛误差较为理想，因此麻纤维增强复合材料界面的剪切力的BP网络结构模型可确定为7-12-1。隐层计算函数tansig，输出层计算函数purelin，反算时的计算函数traingd。神

$$\zeta_{i(k)}=\begin{vmatrix}
0.6710 & 0.7103 & 0.9501 & 0.6894 & 0.5200 & 0.5633 & 0.8098 \\
0.9002 & 0.6458 & 0.9756 & 0.6749 & 0.4222 & 0.7794 & 0.4676 \\
0.9790 & 0.5502 & 0.7940 & 0.5539 & 0.6270 & 0.5912 & 0.8550 \\
0.5927 & 0.4429 & 0.5326 & 0.8795 & 0.4417 & 0.9549 & 0.8107 \\
0.5785 & 0.7033 & 0.6463 & 0.6896 & 0.5311 & 0.4982 & 0.6777 \\
0.8449 & 0.7703 & 0.7655 & 0.8685 & 0.5521 & 0.7713 & 0.9548 \\
0.6410 & 0.4953 & 0.6946 & 0.4934 & 0.7083 & 0.5804 & 0.6712 \\
0.8138 & 0.9462 & 0.8138 & 0.8524 & 0.8138 & 0.8138 & 0.3762 \\
0.5363 & 0.5358 & 0.7851 & 0.5616 & 0.7225 & 0.6830 & 0.9539 \\
0.6865 & 0.5429 & 0.5429 & 0.6004 & 0.7517 & 0.8243 & 0.4889 \\
0.8364 & 0.9102 & 0.9199 & 0.7687 & 0.8985 & 1.0000 & 0.4219 \\
0.4026 & 0.9201 & 0.7947 & 0.9683 & 0.4538 & 0.3717 & 0.7296 \\
0.7489 & 0.6113 & 0.7675 & 0.6497 & 0.5837 & 0.5236 & 0.7642 \\
0.3500 & 0.9469 & 0.7025 & 0.9909 & 0.3903 & 0.4222 & 0.6229 \\
0.5017 & 0.3504 & 0.4540 & 0.3519 & 0.6558 & 0.8195 & 0.4221 \\
0.4084 & 0.4970 & 0.4266 & 0.8074 & 0.6119 & 0.5285 & 0.5639 \\
0.5146 & 0.5198 & 0.5144 & 0.5768 & 0.7110 & 0.6976 & 0.8121 \\
0.5865 & 0.8412 & 0.4428 & 0.7719 & 0.4331 & 0.8150 & 0.9908 \\
0.5606 & 0.4968 & 0.6935 & 0.5071 & 0.8349 & 0.7226 & 0.7810 \\
0.8847 & 0.4282 & 0.5245 & 0.4321 & 0.9785 & 0.6561 & 0.5352
\end{vmatrix}$$

经网络训练的目标误差为1×10^{-5}；最大训练次数为50000次；学习速率设定为0.05。

表 2-43 麻纤维化学成分含量与其增强复合材料界面性能测试数据

纤维编号	剪切力实际值 /MPa	未用灰关联预测值 /MPa	未用灰关联时误差	利用灰关联预测值 /MPa	利用灰关联时误差
1#	2.2502	2.2497	0.0205%	2.2495	0.0294%
2#	6.3690	6.3701	−0.0177%	6.3700	−0.0161%
3#	1.2520	1.2498	0.1760%	1.2501	0.1520%
4#	4.2995	4.3000	−0.0124%	4.3000	−0.0124%
5#	0.0450	0.0734	−62.9838%	0.0547	−21.4607%
6#	4.8018	4.7997	0.0437%	4.7999	0.0395%
7#	1.5655	1.5702	−0.3017%	1.5700	−0.2889%
8#	3.3951	3.4001	−0.1460%	3.4000	−0.1431%

续表

纤维编号	剪切力实际值 /MPa	未用灰关联预测值 /MPa	未用灰关联时误差	利用灰关联预测值 /MPa	利用灰关联时误差
9#	2.0379	2.0408	–0.1441%	2.0406	–0.1343%
10#	4.3618	4.3601	0.0388%	4.3600	0.0411%
11#	8.6705	8.6119	0.6757%	8.6140	0.6515%
12#	2.3775	2.3801	–0.1105%	2.3799	–0.1021%
13#	2.9785	2.9796	–0.0363%	2.9802	–0.0565%
14#	3.8116	3.8111	0.0137%	3.8112	0.0111%
15#	3.5433	3.5400	0.0942%	3.5400	0.0942%
16#	4.7215	4.7205	0.0203%	4.7200	0.0309%
17#	2.0510	2.0499	0.0517%	2.0503	0.0322%
18#	2.7711	4.3695	–57.6811%	2.5038	9.6460%
19#	4.7161	5.6971	–20.8009%	4.2306	10.2947%
20#	6.1840	7.8077	–26.2568%	5.8043	6.1398%

根据Sigmoid型变化函数值的输出范围，应先对样本数据进行归一化处理到［–1，1］。将输入值和输出值按下式进行归一化处理，得到神经网络的样本数据。

$$x_i=2\times\left(\frac{x_i-x_{i_{\min}}}{x_{i_{\max}}-x_{i_{\min}}}\right) \tag{2-52}$$

BP神经网络运行49047次后，样本误差达到1×10^{-5}，其收敛情况如图2–27所示。

将训练样本（1~17#）的拟合值和实际试验值，以及检验样本（18~20#）的预测结果和实际试验值列于表2–43。

由图2–27和表2–43可见，学习结束后模型的输出比较接近实测值，说明BP神经网络具有很强的学习能力，同时也证明了将BP神经网络用于麻纤维增强复合材料界面的剪切力预测的可行性。相较直接用BP神经网络预测，利用灰关联分析重新排序后，收敛效果好，预测效果得到显著改善，预测的绝对误差最大为10.29%，最小为6.14%。预测结果表明：运用BP神经网络模型预测麻纤维化学成分含量对纤维增强复合材料界面的剪切力的影响，具有较好的准确性，不仅学习样本的拟合程度较高，而且检验样本的预测结果与试验值也非常接近。

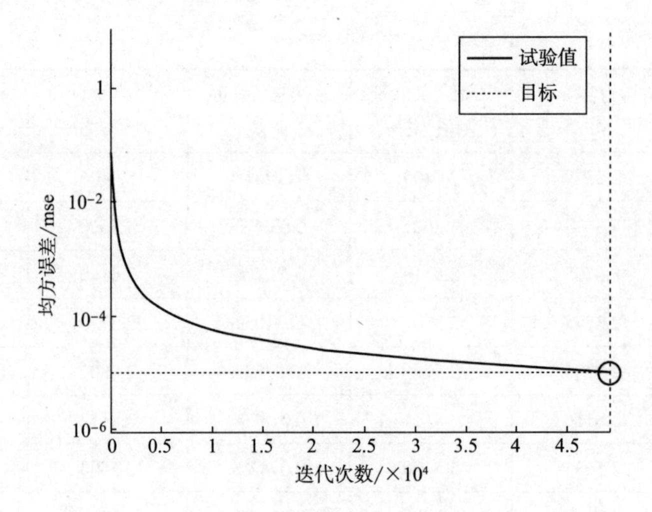

图 2-27 BP 神经网络训练结果

参考文献

[1] SURYANTO H, MARSYAHYO E, IRAWAN Y S, et al. Morphology, structure, and mechanical properties of natural cellulose fiber from mendong grass (fimbristylis globulosa) [J]. Journal of Natural Fibers, 2014, 11 (4): 333-351.

[2] BOHN A, FINK H P, GANSTER J, et al. X-ray texture investigations of bacterial cellulose [J]. Macromolecular Chemistry and Physics, 2000, 201 (15): 1913-1921.

[3] SHAO S L, WEN G F, JIN Z F. Changes in chemical characteristics of bamboo (Phyllostachys pubescens) components during steam explosion [J]. Wood Science & Technology, 2008.

[4] OKUBO K, FUJII T, YAMAMOTO Y. Development of bamboo-based polymer composites and their mechanical properties [J]. Composites Part A Applied ence & Manufacturing, 2004, 35 (3): 377-383.

[5] PHONG N T, FUJII Toru, CHUONG B, et al. Study on how to effectively extract bamboo fibers from raw bamboo and wastewater treatment [J]. J Mater Sci Res 2011 (1): 144-155.

[6] ASHIMORI M, KATAYAMA T, AOYAMA E, et al. Study on splitting of bamboo fibers due to freezing and tensile strength of FRTP using bamboo fibers [J]. JSME Int J Ser A 2004, 47: 566-569.

[7] THWE M M, LIAO K. Effects of environmental aging on the mechanical properties of bamboo-glass fiber reinforced polymer matrix hybrid composites [J]. Composites Part A Applied ence & Manufacturing, 2002, 33 (1): 43-52.

[8] 张平安，李宁，赵秋艳，等. 响应曲面法优化豆渣可溶性膳食纤维提取工艺 [J]. 粮食加工，2011，36 (5): 44-46.

[9] 袁艳娟，金苗，赵珺，等. 响应曲面法优化绿豆皮中膳食纤维的提取工艺 [J]. 安徽农

业科学，2008，36（23）：9900-9901.
[10] 王春红，刘胜凯. 碱处理对竹纤维及竹纤维增强聚丙烯复合材料性能的影响［J］. 复合材料学报，2015（3）：683-690.
[11] 黄慧，孙丰文，王玉，等. 不同预处理对竹纤维束提取及其结构的影响［J］. 林业科技开发，2012，26（4）：60-63.
[12] 张培端 . 竹材的细观力学模型与有限元分析［D］. 南京航空航天大学，2011.
[13] LI H，SHEN S. The mechanical properties of bamboo and vascular bundles［J］. Journal of Materials Research，2011，26（21）：2749-2756.
[14] 孙柏玲，刘君良 . 慈竹竹原纤维与黄麻纤维红外及二维相关光谱分析［J］. 林业科学，2012，48（7）：114-119.
[15] 胡小霞 . 纺织用竹纤维物理力学性能的研究与评价［D］. 北京：北京林业大学，2007.
[16] 李龙，盛冠忠 . X 射线衍射法分析棉秆皮纤维结晶结构［J］. 纤维素科学与技术，2009，17（4）：37-40.
[17] 马晓娟，黄六莲，陈礼辉，等 . 纤维素结晶度的测定方法［J］. 造纸科学与技术，2012，31（2）：75-78.
[18] 杨淑蕙 . 植物纤维化学［M］. 北京：中国轻工业出版社，2001.
[19] 郭肖青 . 大麻旋辊式物理机械脱胶机理的研究［D］. 青岛：青岛大学，2004.
[20] 盛冠忠，蒋少军，钟少锋，等 . 棉秆皮机械生物酶联合脱胶工艺［J］. 纺织学报，2013，34（2）：95-100.
[21] 英贤 . 罗布麻超声波脱胶工艺研究［D］. 青岛：青岛大学，2006.
[22] YU H，YU C. Study on microbe retting of kenaf fiber［J］. Enzyme & Microbial Technology，2007，40（7）：1806-1809.
[23] SONG K H，OBENDORF S K. Chemical and biological retting of kenaf fibers［J］. Textile Research Journal，2006，76（10）：751-756.
[24] RAMASWAMY G N，RUFF C G，BOYD C R . Effect of bacterial and chemical retting on kenaf fiber quality［J］. Textile Res J，1994，67（5）：305-308.
[25] 张毅，金关秀，郁崇文 . 红麻纤维的化学脱胶工艺［J］. 纺织学报，2013，34（1）：62-66.
[26] YOUSIF B F，SHALWAN A，CHIN C W，et al. Flexural properties of treated and untreated kenaf/epoxy composites［J］. Materials & Design，2012，40（SEP.）：378-385.
[27] 王维明，蔡再生 . 黄麻纤维化学脱胶工艺的研究［J］. 印染助剂，2008，25（9）：21-23.
[28] 徐蓓蕾 . 黄麻纤维精细化改性和可纺性能研究［D］. 上海：东华大学，2007.
[29] 魏效玲，薛冰军，赵强 . 基于正交实验设计的多指标优化方法研究［J］. 河北工程大学学报：自然科学版，2012，27（3）：95-99.
[30] 潘刚伟，侯秀良，朱澍，等 . 用于复合材料的小麦秸秆纤维性能及制备工艺［J］. 农业工程学报，2012，28（9）：287-292.
[31] 曲丽君，朱士凤，管云玲，等 . 大麻碱氧一浴一步法短流程脱胶漂白工艺参数的优化［J］. 东华大学学报：自然科学版，2005，31（6）：90.
[32] KARIMI S，TAHIR P M，KARIMI A，et al. Kenaf bast cellulosic fibers hierarchy：A

comprehensive approach from micro to nano [J] . Carbohydrate Polymers, 2014, 101: 878–885.

[33] NURUDDIN M, HOSUR M, JAMAL U M, et al. A novel approach for extracting cellulose nanofibers from lignocellulosci biomass by ball milling combined with chemical treatment [J] . Journal of Applied Polymer Science, 2016, 133: 1–10.

[34] MARSYAHYO E, ROCHARDJO H S B . Identification of ramie single fiber surface topography influenced by solvent–based treatment [J] . Journal of Industrial Textiles, 2008, 38 (2): 127–137.

[35] MAHATO D N, PRASAD R N , MATHUR B K . Surface morphological, band and lattice structural studies of cellulosic fiber coir under mercerization by ESCA, IR and XRD techniques [J] . Indian Journal of Pure & Applied Physics, 2009, 47 (9) .

[36] S é bastien Migneault, Ahmed Koubaa, Patrick Perr é , et al. Effects of wood fiber surface chemistry on strength of wood – plastic composites [J] . Applied Surface Science, 2015, 343: 11–18.

[37] JOHANSSON L S, CAMPBELL J M. Reproducible XPS on biopolymers: cellulose studies [J] . Surface and Interface Analysis, 2004, 36 (8): 1018–1022.

[38] JOHANSSON L S, CAMPBELL J, KOLJONEN K, et al. Evaluation of surface lignin on cellulose fibers with XPS [J] . Applied surface science, 1999, 144–145: 92–95.

[39] JOHANSSON L S. Monitoring fiber surfaces with XPS in papermaking processes [J] . Microchimica Acta, 2002, 138 (3): 217–223.

[40] STENSTAD P, ANDRESEN M, TANEM B S, et al. Chemical surface modifications of microfibrillated cellulose [J] . Cellulose, 2007, 15 (1): 35–45.

[41] ROWELL R M. Handbook of wood chemistry and wood composites [M] . Handbook of Wood Chemistry and Wood Composites. 2005.

[42] DORRIS G M, GRAY D G. The surface analysis of paper and wood fibers by Esca–electron spectroscopy for chemical analysis I [J] . Cellulose Chemistry and Technology, 1978, 12: 9–23.

[43] BOUAFIF H, KOUBAA A, PERRÉ P, et al. Analysis of among–species variability in wood fiber surface using DRIFTS and XPS : Effects on esterification efficiency [J] . Journal of Wood Chemistry Technology, 2008, 28: 296–315.

[44] CARLBORN K, MATUANA L M. Functionalization of wood particles through a reactive extrusion process [J] . Journal of Applied Polymer Science, 2006, 101: 3131–3142.

[45] BROWNING B L. Methods of wood chemistry and wood composites [M] . CRC Press, Boca Raton, 2005.

[46] PICKERING KL, ARUAN E M G, LE TM. A review of recent developments in natural fibre composites and their mechanical performance [J] . Composites : Part A, 2016, 83: 98–112.

[47] BLEDZKI A K, FARUK O, SPERBER V E. Cars from Bio–Fibres [J] . Macromolecular Materials and Engineering, 2006, 291: 449–457.

[48] ISHIKAWA A, OKANO T, SUGIYAMA J. Fine structure and tensile properties of ramie fibres in the crystalline form of cellulose Ⅰ, Ⅱ, $Ⅲ_1$, $Ⅳ_1$ [J] . Polymer, 1997, 38 (2): 463–468.

[49] 杨之礼，蒋听培编．纤维素与黏胶纤维［M］．上册．北京：北京高等教育出版社，1983.
[50] 刘瑞刚，胡学超．棉纤维素在 NMMO 中溶解前后结晶结构的变化［J］．中国纺织大学学报，1984（4）：7–10.
[51] 王英华．X 光衍射技术基础［M］．北京：原子能出版社，1987.
[52] 闻荻江．复合材料原理［M］．武汉：武汉理工大学出版社，1998.
[53] 邓聚龙．灰色控制系统［M］．武汉：华中工学院出版社，1985.
[54] 戎佳琦，劳继红，何平．亚麻打成麻物理性能、伴生物含量与细纱强力的灰关联分析［J］．齐齐哈尔大学学报，2013，29（6）：17–22.
[55] 李晓峰．苎麻纤维原料品质与成纱品质指标的灰关联分析［J］．纺织学报，2006，27（1）：20–22.
[56] 陈东生，赵书经．织物风格的灰色评价［J］．纺织学报，1998（2）：12–14.
[57] KABIR M M，WANG H，LAU K T，et al. Tensile properties of chemically treated hemp fibres as reinforcement for composites［J］. Composites：Part B，2013（53）：362–368.
[58] KABIR M M，WANG H，LAU K T，et al. Chemical treatments on plant–based natural fibre reinforced polymer composites：An overview［J］. Composites：Part B，2012，（43）：2883–2892.
[59] 裴继诚．植物纤维化学［M］．北京：中国轻工业出版社，2014.
[60] BOURMAUD A，MORVAN C，BOUALI A，et al. Relationships between micro–fibrillar angle，mechanical properties and biochemical composition of flax fibers［J］. Industrial Crops & Products，2013，44：343–351.
[61] DUCHESNE I，HULT E L，MOLIN U，et al. The influence of hemicelluloses on fibril aggregation of kraft pulp fibers as revealed by FE–SEM and CP/MAS 13C–NMR［J］. Cellulose，2001，8：103–111.
[62] AHN J，GRÜN I，FERNANDO L. Antioxidant properties of natural plant extracts containing polyphenolic compounds in cooked ground beef［J］. Journal of Food Science，2006，67（4）：1364–1369.
[63] KABIR M M，WANG H，LAU K T，et al. Effects of chemical treatments on hemp fibre structure［J］. Applied Surface ence，2013，276（jul.1）：13–23.
[64] GASSAN J，CHATE A，BLEDZKI A K. Calculation of elastic properties of natural fibers［J］. Journal of Materials ence，2001，36（15）：3715–3720.
[65] 孙小寅，温桂清，马丽娜．大麻纤维的理化性能分析［J］．四川纺织科技，2000（5）：4–6.
[66] ROWELL R M，HAN J S，ROWELL J S. Characterization and factors effecting fiber properties［J］. Natural Polymers and Agrofibers Bases Composites. Embrapa Instrumentacao Agropecuaria，P. O. Box 741，Sao Carlos，13560–970 SP，Brazil，2000，2000：115–134.
[67] YU W D. Textile Material Science［M］. China Textile Apparel Press，Beijing，2012.
[68] 李忠正，孙润仓，金永灿．植物纤维资源化学［M］．北京：中国轻工业出版社，2012：405–410.
[69] 路洋，郭阳，杜再江，等．植物释放 VOCs 的研究［J］．化工科技，2013，21（1）：75–79.

[70] 刘春波，曾晓鹰，王昆淼，等. 热分析—傅里叶红外光谱—气相色谱—质谱联用技术分析果胶的热分解产物 [J]. 应用化学，2012，29 (10): 1218–1220.
[71] RAUHA J P, REMES S, HEINONEN M, et al. Antimicrobial effects of Finnish plant extracts containing flavonoids and other phenolic compounds [J]. International Journal of Food Microbiology, 2000, 56 (1): 3–12.
[72] 李向丽，董晓龙，冯彦洪，等. 热处理剑麻 /PLA 复合材料的制备与力学性能研究 [J]. 塑料科技，2012，40 (8): 72–75.
[73] BALEY C, DUIGOU A L, BOURMAUD A, et al. Influence of drying on the mechanical behaviour of flax fibres and their unidirectional composites [J]. Composites Part A, 2012, 43 (8): 1226–1233.
[74] KHALIL H P S A, YUSRA A F I, BHAT A H, et al. Cell wall ultrastructure, anatomy, lignin distribution, and chemical composition of Malaysian cultivated kenaf fiber [J]. Industrial Crops and Products, 2010, 31 (1): 113–121.

[75] 叶莺，陈崇帼，林熙. 偏最小二乘回归的原理及应用 [J]. 海峡预防医学杂志，2005 (3): 3–6.
[76] 陆洪涛. 偏最小二乘回归数学模型及其算法研究 [D]. 保定：华北电力大学，2014.
[77] 刘晓勇，孟庆红，谢春来，等. 人工神经网络在玻璃纤维弹性模量预测中的应用 [J]. 硅酸盐通报，2009，28 (4): 824–828.
[78] 秦伟，张志谦，吴晓宏，等. 运用神经网络设计碳纤维织物 / 环氧复合材料界面性能 [J]. 功能材料，2003，3: 334–335.
[79] 高晓燕，郁崇文. 苎麻纤维性能与成纱质量的人工神经网络分析 [J]. 中国麻业科学，2012，34 (4): 184–189.
[80] 白肃跃. 洋麻纤维化学成分对其力学性能的调控机理探究 [D]. 天津：天津工业大学，2017.
[81] 赵玲. 改进 BP 神经网络预测麻纤维及其增强复合材料的力学性能 [D]. 天津工业大学，2015.
[82] 张青菊. 竹原纤维及其单向连续增强复合材料的制备与性能研究 [D]. 天津工业大学，2016.
[83] 贾瑞婷. 洋麻 / 棉混纺织物增强环氧树脂复合材料的制备及性能研究 [D]. 天津工业大学，2016.
[84] 鹿超. 复合材料增强用麻纤维物理化学性能相关性探究 [D]. 天津工业大学，2018.
[85] 林天扬. 竹纤维提取及其增强聚丙烯复合材料 VOC 性能研究 [D]. 天津工业大学，2018.

第3章　汽车内饰用绿色复合材料

近几十年来，随着汽车工业的快速发展，汽车数量迅速增加，这消耗了大量的石化燃料，加重了环境的污染程度，也增加了汽车的使用成本。当前，低能耗、轻量化、低污染和高安全已成为汽车行业发展的主流趋势。为了节约能源、减小排量和遵循世界各国的环境保护律例，同时也为了增强在汽车市场上的竞争力，以满足人们对汽车性能越来越高的需求，世界各国的汽车行业都在摸索各种有效的途径，据此，汽车轻量化已成为世界汽车工业发展的重要趋向之一。

对于汽车产品，节能减排是非常重要的。统计显示，汽车自身重量每减少10%，就可减少6%~8%的燃油消耗，对于汽车产品的设计和制造工艺，使用塑胶产品替代金属制品可以有效减轻汽车产品的重量，因此越来越多的汽车部件开始采用塑胶制品，如图3-1所示，汽车外饰使用塑料制品可实现减重效果。表3-1和表3-2展示了目前塑胶制品在汽车内饰以及外饰部件中的应用情况。

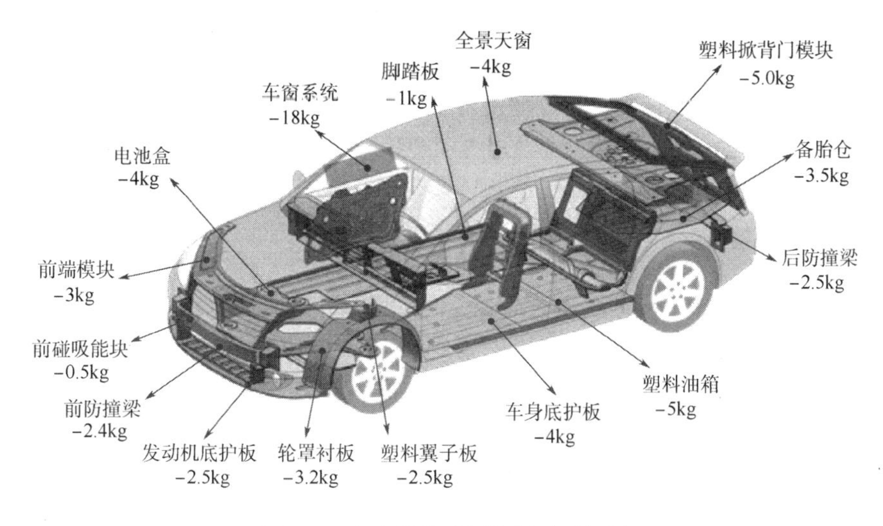

图3-1　汽车外饰采用塑料减重效果

表3-1　塑胶制品在汽车内饰部件中的应用情况

应用范围	使用材料	性能、特性
仪表板总成	ABS、ABS/PC复合、PCS、PP、PPE和苯乙烯顺丁烯酐（SMA）树脂	实现个性化形状和曲面，制造结构单件，成本和重量减少，降低车辆振动噪声指数

续表

应用范围	使用材料	性能、特性
座椅坐垫及靠背	玻璃纤维增强尼龙 66 结构合成物	在座椅靠背及其附属装置方面大概节约 1/3 的成本
门内装饰护板	ABS 聚合物 Lustran2443 材料	经济性较好，该材料具有高碰撞强度，能在侧碰时有效保护乘员安全
车内顶棚及 A 柱和 C 柱	聚亚氨酯泡沫塑料填料	碰撞变形时的能量扩散比较均匀，有效吸收碰撞能量
座椅装饰件	聚亚氨酯成型的泡沫塑料	提高座椅的舒适性和驾驶的安全性

表 3-2　塑胶制品在汽车外饰部件中的应用情况

应用范围	使用材料	性能对比
车用电话和电视辅助天线	聚酰胺混合物	与传统天线相比，接收范围和接收效果更好
塑料 / 金属合成格栅的开口加强件	聚酰胺、异型钢板	比传统金属材料轻 40%，具有更好的完整性和强化指标
引擎盖着色	矿物质填充的 PP 和具有玻璃填充的 PP 结构做外层	提高了材料的热稳定性，尺寸变形更小
客货两用车辆三门关闭式系统	增强注射成型材料云母填充的聚脲薄片成型合成	减少车厢重量 22.7kg，后挡板比钢制材料轻 6.8kg，比金属件轻 15%，减少加工费用 25%
车身钣金件颜色	聚碳酸酯对苯二酸酯（PBT）和 PC 树脂的热塑合金混合物	较好的碰撞强度，车身外形变形小，重量减轻 50%，提供多种颜色选择

我国塑胶制品在汽车上的使用量只达到发达国家20世纪的水平，如表3-3所示，发达国家2020年每辆汽车内塑料的用量可达到500kg，占整车比重的30%。由表3-4可知，据测算，我国经济型轿车每辆塑料用量为50~60kg，重型载货车可达 80kg，中高级轿车塑料用量每辆为100~130kg，远落后于发达国家每辆汽车平均塑料用量。按照我国汽车年产量2500万辆、300kg/台汽车改性塑料保守使用量，我国汽车改塑料需求量为750万吨。如果按照世界平均使用量计算，则还将翻一倍。由此可见我国汽车用塑胶制品在汽车上用量潜力巨大。

表 3-3　发达国家汽车平均塑料用量分析

	20 世纪 90 年代	2002 年	2020 年
汽车内塑料用量	100~130kg/ 辆	300kg/ 辆以上	预计达到 500kg/ 辆
占整车比重	7%~10%	20%	30% 左右

表3-4　预算2019年我国汽车平均塑料用量分析

汽车类型	经济性汽车	重型载货车	中、高级轿车
汽车内塑料用量	50~60kg/辆	≥ 80kg/辆	100~130kg/辆

塑胶制品在汽车上的占比越来越大，相应的关于报废汽车回收的相关法律法规和标准也越来越严格，对车用塑胶产品的环保性和生态性的要求也逐渐引起人们的重视。玻璃纤维作为树脂基复合材料的增强纤维被广泛使用，但是汽车报废时对含有玻璃纤维的废旧塑料制品进行完全焚烧、回收利用都非常不方便而且对环境污染严重。环境恶化、资源缺乏以及能源危机等诸多问题使得人类意识到保护环境和有效利用资源对实现社会和经济持续发展的重要性和紧迫性，人们已经越来越重视使用可再生生物资源来生产新材料。典型的生态塑胶材料主要分为两类：完全由植物衍生的材料以及由植物和石油衍生物组成的复合材料，由于植物在两种形式的材料中均能发挥作用，故生态塑胶制品在产品循环周期内（从制造到处理），与仅由石油制造的塑胶制品相比，排放更少的CO_2，同时也有助于减少石油使用量，极大地提高了塑胶制品的环保性。同时，塑胶通过各种混合技术的使用，可以充分满足汽车内饰件对材料的耐热和抗冲击要求。由此可见，植物纤维在汽车领域中的应用会随着发展占据越来越多的比重。植物纤维与合成纤维相比存在诸多优势，比如比强度和比模量高、质轻价廉、易加工、密度低以及可回收等。作为聚合物材料的增强材料的植物纤维大多是韧皮纤维，如汉麻、黄麻、亚麻、剑麻、苎麻等纤维。

3.1　汽车内饰用天然纤维增强聚丙烯复合材料的制备工艺

3.1.1　汉麻纤维增强聚丙烯复合材料的制备工艺

首先汉麻纤维与聚丙烯分别经过开松再混合开松两遍，然后经过梳理、针刺、铺层工艺制成单向预制件纤维毡，然后采用热压工艺在高温高压下制成汉麻纤维/聚丙烯复合材料。热压工艺如下。

①汉麻纤维/聚丙烯预成型件在90℃下干燥1h，去除汉麻纤维中的水分，避免高温条件下水蒸发造成材料缺陷。

②模具升温至150℃，预成型件预热4min，保证模具和预成型件受热均匀。

③液压机在150℃、3MPa时，麻纤维/聚丙烯预成型件保压4min，再卸去压力1min，如此循环2次，以排除预成型件空气，避免残留气泡造成材料缺陷。

④液压机的压力为15MPa时，升温至185℃，并保持高温高压20min。

⑤20min后关闭电源，保压冷却8h后取出。

制成板材的密度为1g/cm^3，汉麻纤维与聚丙烯的比例为50∶50。

3.1.2 竹原纤维增强聚丙烯复合材料的制备工艺

3.1.2.1 竹原纤维/聚丙烯非织造布的制备

将竹原纤维和聚丙烯纤维在小和毛机上单独开松，其中竹原纤维开松两遍，使得纤维与纤维之间分离，聚丙烯纤维开松一遍，再将竹原纤维和聚丙烯混合开松，竹原纤维质量占混合纤维的质量分数分别为0、40%、50%、60%、70%，将混合均匀的竹原纤维和聚丙烯纤维喂入梳理机进行梳理以得到竹原纤维与聚丙烯纤维混杂毡平铺复合材料网，然后使用针刺机制备成非织造布，非织造布克重为300g/m^2。

3.1.2.2 竹原纤维增强聚丙烯复合材料的制备

将纤维网裁剪成一定尺寸，然后将横向试样和纵向试样进行交叉铺层，得到预成型件。将竹原纤维/聚丙烯非织造布在80℃下烘箱中烘1h以去除水分，然后调节液压机的温度为80℃，将非织造布放入模具中，调节压力为5MPa，升温至190℃，190℃时调节压力为20MPa，保持20min，关闭机器，保持压力冷却至常温，最后取出。

3.2 汽车内饰用天然纤维增强聚丙烯复合材料性能测试方法

3.2.1 力学性能

3.2.1.1 拉伸性能

拉伸性能参照ASTM D3039/D3039M—2017聚合物基复合材料拉伸性能标准试验方法，试样尺寸为160mm×12.5mm×3mm，其两端分别粘贴尺寸为35mm×20mm×2mm铝片，拉伸速度为2mm/min，夹头隔距为80mm，有效测试试样为5个。

拉伸强度按下式计算：

$$\sigma_{f}=\frac{P}{bd} \tag{3-1}$$

式中：σ_f为拉伸强度（MPa）；P为拉伸最大载荷（N）；b为试样宽度（mm）；d为试样厚度（mm）。

拉伸弹性模量按下式计算：

$$E_{t}=\frac{L_0\Delta P}{bh\Delta L} \tag{3-2}$$

式中：E_t为拉伸弹性模量（MPa）；L_0为测量的标距（mm）；P为载荷—变形曲线上初始直线段的载荷增量（N）；L为与载荷增量相对应的标距L_0内的

变形增量（mm）。

3.2.1.2　弯曲性能

弯曲性能参照ASTM D790-30《聚合物基复合材料弯曲性能的标准试验 方法》，试样尺寸为60mm × 12.5mm × 3mm，跨距为48mm，加载速度为2mm/min，有效测试试样为5个。

弯曲强度按下式计算：

$$\sigma_f=\frac{3PL}{2bd^2} \tag{3-3}$$

式中：σ_f为弯曲强度（MPa）；P为弯曲最大载荷（N）；L为支座跨距（mm）；b为试样宽度（mm）；d为试样厚度（mm）。

弯曲模量按下式计算：

$$E_B=\frac{L^3m}{4bd^3} \tag{3-4}$$

式中：E_B为弯曲模量（MPa）；L为支座跨距（mm）；b为试样宽度（mm）；d为试样厚度（mm）；m为弯曲时切线与负载—弯曲曲线初始直线部分的倾斜度（N/mm）。

3.2.1.3　剪切性能

剪切性能参照JC/T 773—2010纤维增强塑料短梁法测定层间剪切强度，试样尺寸为30mm × 15mm × 3mm，跨距为16mm，加载速度为1mm/min，有效测试试样为5个。

剪切强度按下式计算：

$$\tau_M=\frac{3}{4}\times\frac{F}{bh} \tag{3-5}$$

式中：τ_M为剪切强度（MPa）；F为破坏载荷（N）；b为试样宽度（mm）；h为试样厚度（mm）。

3.2.2　VOC 释放及热学性能

3.2.2.1　汉麻纤维及聚丙烯热解行为分析

热分析是一种建立在物质的热性质和温度测量与控制等基础上的技术。国际热分析协会（ICTA）给出的定义是：热分析是在程序控制温度下测量物质的物理性质与温度关系的一类技术。在热分析方法中，应用较为常见的技术包括热重法（TG）、差热分析（DTA）及差热扫描量热法（DSC）。热重法是采用程序来控制温度，测量物质的质量与温度的关系并且实时记录物质质量与温度的关系曲线，即热失重曲线。然而在很多情况下，仅仅通过热分析手段测量材料的质量和热焓变化，并不能充分地对物质进行鉴别。

质谱（MS）是常见的用于气体分析的一种方法，其基本原理是以电子轰击或其他的方式使被测物质离子化，形成各种质荷比（m/e）的离子，然后利用电磁学原理使离子按不同的质荷比分离并测量各种离子的强度，从而确定被测物质的分子量和结构，具有检测速率快、分辨率和灵敏度高的优点，可检测低至ppm/ppb级别的含量。采用质谱仪测出离子准确质量即可确定离子的化合物组成。这是由于核素的准确质量是一多位小数，绝不会有两个核素的质量是一样的，而且绝不会有一种核素的质量恰好是另一核素质量的整数倍。分析这些离子可获得化合物的分子量、化学结构、裂解规律和由单分子分解形成的某些离子间存在的某种相互关系等信息。采用德国NETZSCH公司的Aeolos四极质谱仪，Aeolos四极质谱仪使用新型毛细管联用技术。在程控温度处理下，样品的挥发性物质直接通过毛细管传送到质谱仪的电子碰撞离子源，毛细管可以加热到300℃，可以有效地防止冷凝，同时改善了气流条件的新型毛细管联用方式，极大地提高了传统毛细管联用技术的性能表现。热分析仪和质谱仪的软件和硬件都为同步操作进行了最优化设计，质谱仪配有的触发开关可以使两台仪器同时开始同时结束，并且可与热分析仪同时记录温度信号；此外，该质谱仪可连续追踪64个预先选定质量数的MID数据，可追踪的物质分子量最高可达300amu，也可在2~300amu范围内扫描，记录并追踪挥发出的物质。

本节采用的热重质谱联用仪（TG–MS）如图3–2所示，该仪器可以精确记录汉麻纤维及聚丙烯热解过程中各物质的释放曲线，分析两种材料在热解过程中的VOC释放，从而探究其复合材料中VOC的来源。

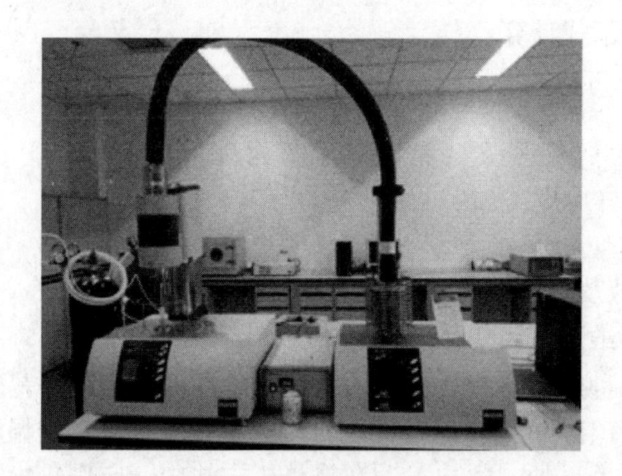

图 3–2　热重质谱联用仪

3.2.2.2　汉麻纤维热解行为以及有机挥发物（VOC）测试

采用热重—质谱联用仪测试了汉麻纤维、聚丙烯纤维的热解行为以及热解过程中VOC释放行为，并且使用MID模式对13种挥发物进行追踪，13种追踪物质信息见表3–5。

汉麻纤维以及聚丙烯热解分析测试条件为：取20mg左右汉麻纤维样品，放入坩埚中，在空气气氛下以10℃/min速率从常温升至700℃；聚丙烯热解分析测试条件为：取20mg左右聚丙烯纤维样品，放入坩埚中，在空气气氛下以10℃/min速率从常温升至800℃。

表 3-5　TG-MS 追踪物质信息

物质	分子式	分子量
甲醛	CH_2O	30
乙醛	C_2H_4O	44
二氧化碳	CO_2	44
丙烯醛	C_3H_4O	56
正丁烷	C_4H_{10}	58
苯	C_6H_6	78
甲苯	C_7H_8	92
乙苯	C_8H_{10}	106
二甲苯	C_8H_{10}	106
苯乙烯	C_8H_8	104
对氯苯	$C_6H_4Cl_2$	147
十四烷	$C_{14}H_3O$	198

3.2.3　导热性能

竹原纤维增强聚丙烯复合材料的导热性能采用TPS2500S热常数分析仪测试，加热功率调为10mW，测量时间为20s，探头类型为7577，有效测试试样为5个。

3.2.4　吸湿性能

竹原纤维增强聚丙烯复合材料吸湿性能的测试方法参照ASTM D5229/D5229M—2017聚合物基质复合材料吸湿性和平衡调节的试验方法，试样尺寸为50mm×50mm×2mm，每组试样为5个，测试时间为2h。

吸湿按下式计算：

$$M_t=\frac{W_t-W_0}{W_0} \tag{3-6}$$

式中：W_t为试样在t时刻的质量（g）；W_0为试样在起始时刻的质量（g）。

3.3 汉麻纤维增强聚丙烯复合材料性能研究

3.3.1 汉麻纤维及聚丙烯热解行为分析

3.3.1.1 汉麻纤维热解行为分析

热解过程中汉麻纤维的TG以及DTG曲线如图3-3所示，汉麻的热解行为以及VOC释放情况可以通过TG-MS分析得出。图3-4展示了汉麻纤维在10℃/min升温速率下从40℃升温至700℃时热解过程中追踪物质浓度的变化。

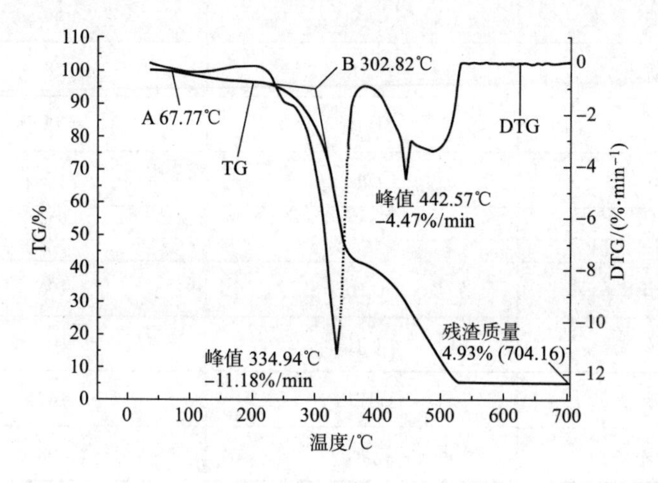

图 3-3 汉麻纤维 TG/DTG 曲线

A—热解起始温度 B—外延起始温度

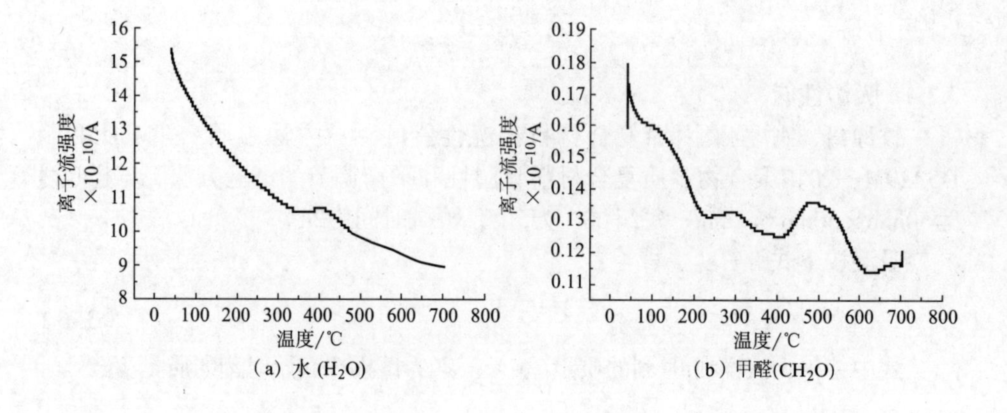

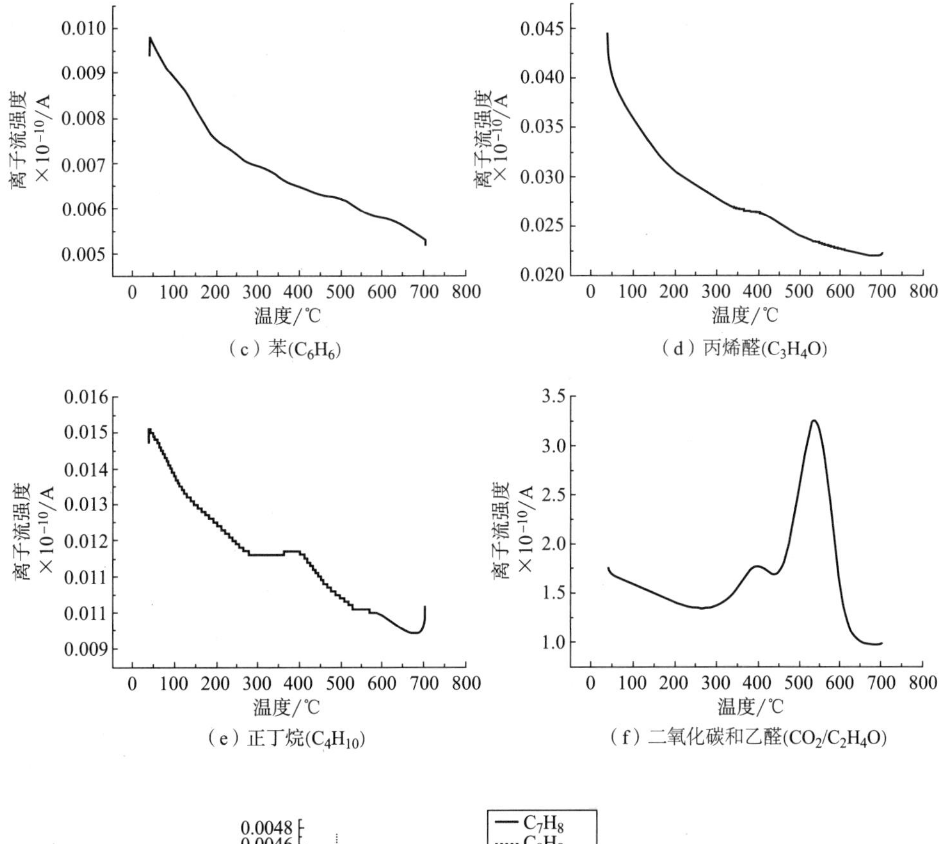

（c）苯(C_6H_6)

（d）丙烯醛(C_3H_4O)

（e）正丁烷(C_4H_{10})

（f）二氧化碳和乙醛(CO_2/C_2H_4O)

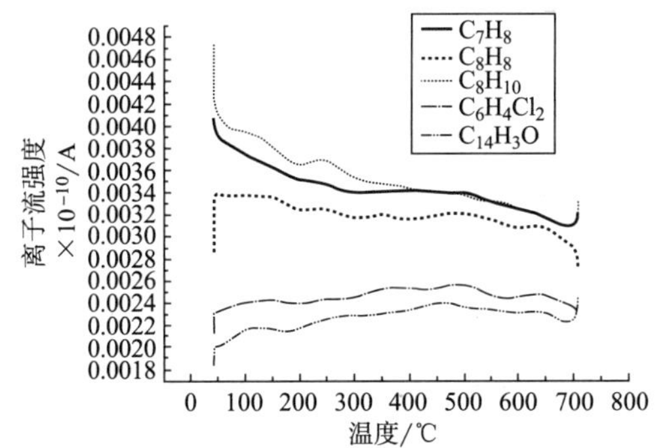

（g）甲苯(C_7H_8)、二甲苯(C_8H_{10})、苯乙烯(C_8H_8)、对氯苯($C_6H_4Cl_2$)、十四烷($C_{14}H_3O$)

图 3-4 汉麻纤维热解中各 VOC 物质浓度变化

通过图3-3可以看出，汉麻纤维的热分解主要分为三个阶段，物理吸附水的蒸发主要发生在第一阶段（40~200℃），这一阶段纤维失重率在4%~9%。通过图3-4（a）可以看出随着温度升高，逸出水的离子流强度逐渐降低。同时从图3-4可以看出，除了图3-4（g）中的苯乙烯、对氯苯等几种VOC物质外，其余几种VOC物质此阶段释放量基本随着温度的升高呈下降的趋势。通过图3-4（g）可以看出苯乙烯、对氯苯和十四烷的离子流强度在热解过程中变化不大，而且相较其他几种物质，离子流强度相差几个数量级，并且可以看出这些物质的曲线呈波浪状，可能是由于仪器的噪声影响所致，说明这几种物质在汉麻纤维热解过程中释放量很少。

第二阶段为主要热解阶段（200~500℃），这一阶段纤维失重率在80%左右。通过图3-3可以看出，纤维主要在此阶段分解，而且在整个热解过程中质量损失主要出现在此阶段，此阶段在335℃时失重率最大。第二阶段失重主要是纤维素以及半纤维素热解所致，同时也包括果胶以及木质素的热解，但在由于这两种物质的含量较少，所以表现不明显。纤维素作为汉麻纤维的主要组成成分，决定了汉麻纤维的物理性质，并对其热降解有显著的影响。纤维素的线性聚合物链在相对较低的温度（210~260℃）下开始热解，接着是主要的热解吸热反应，DTG峰出现在310~450℃。半纤维素的热降解发生在纤维素热解之前，热解最大发生在290℃时。木质素的热分解发生在一个更广泛的范围内并且开始较早，但其热解温度范围比半纤维素和纤维素降解延伸到更高的温度。第二阶段的DTG峰的出现主要是由于纤维素的热解，肩峰的出现是由于半纤维素的热解，而尾峰的出现主要是由于木质素的热解。通过图3-3可以看出，在汉麻热解的第二阶段，DTG峰出现在350℃左右，同时由于TG与MS之前存在传输管道，所以传输信号会有一定的延迟，因此二氧化碳、乙醛、正丁烷以及丙烯醛在400℃处升高的原因可能是由于纤维素的热解。水、二氧化碳、乙醛、甲醛在500℃左右释放量出现上升可能是由于纤维素、半纤维素以及木质素的热解。当温度低于500℃时，水的释放来源于脂族和芳族羟基基团，CO_2的释放来源于羧基、羰基和酯基的裂解，这些基团存在于苯丙烷单体侧链中。当温度高于500℃时，它们的释放来源于挥发物的二次裂解。甲醛的释放主要来自纤维素、半纤维素、木质素和木聚糖的热解，同时通过图3-4（b）可以看出，甲醛释放峰值出现在300℃及500℃左右。这是因为当温度超过500℃，甲醛由于自身的分解导致其释放量减少，分解产物为一氧化碳和氢气。同时，在热解第二阶段，VOC释放量随着温度的上升而逐渐降低，与水的释放行为呈现基本相同的趋势。如上所述，当温度低于500℃时，水的释放来源于脂族和芳族羟基基团，Brodzik等研究发现TVOC中的60%来源于脂肪族化合物，因此可以推测出汉麻纤维中VOC释放主要来源于脂肪族化合物。

第三阶段主要为残渣热解阶段（700℃）。此阶段失重率为5%。通过图3-3可以看出，在此阶段，汉麻纤维的热解基本已经结束，但是在图3-4中仍然可以检测到VOC的释放，这是因为TG与MS之间传输管道的延迟性，导致质谱显示结果有一定的延迟。

通过图3-3与图3-4可以看出，通过质谱仪检测的几种VOC物质的离子流强度基本随着温度的升高而逐渐降低，说明这些物质的逸出量也是随着温度升高而逐渐降低，因此，可知温度对汉麻纤维VOC释放有很大影响，并且随着温度升高，释放量逐渐减小。汉麻纤维中VOC释放主要来源于脂肪族化合物。同时通过图3-4可以看出，这些VOC物质主要在初始热分解阶段（<300℃）逸出，因此采用热处理来降低汉麻纤维VOC可能是一个很有效的方法。

3.3.1.2　聚丙烯热解行为分析

图3-5展示了聚丙烯纤维在10℃/min升温速率下从40℃升温至800℃时的TG/DTG曲线。图3-6展示了从40℃到800℃过程中聚丙烯中各追踪挥发物质浓度的变化。

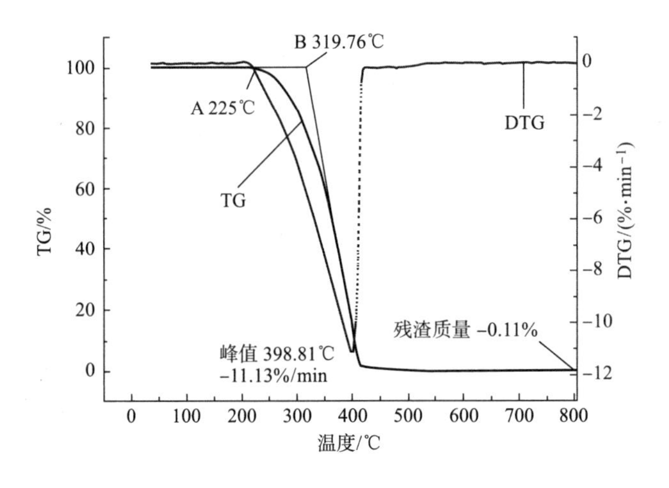

图 3-5　聚丙烯 TG/DTG 曲线

A—热解起始温度　B—外延起始温度

通过图3-5可以看出，聚丙烯分解起始温度为225℃，在200℃以下，聚丙烯基本无质量损失，说明聚丙烯在200℃以下有较好的热稳定性，其热分解主要发生在200~400℃区间内。当温度高于400℃时，通过TG图可以看出几乎无重量损失，说明聚丙烯在400℃以后基本完全热解。通过图3-6中的质谱测试结果可以看出，对氯苯和十四烷离子流强度相对其他物质变化不大，说明聚丙烯热解产物中这两者释放量很少。通过图3-6（b）可以看出，甲醛释放量在150℃左右出现肩峰，可能是聚丙烯中残余物所致，其余几种物质在200℃以下浓度基本无明显变化，离子流强度增大主要出现在250℃以后。由图3-5可知，聚丙烯在225℃开始分解，而根据质谱图观测发现几乎所有追踪物质的离子流强度都是在250℃左右开始逐渐增大，这是由于传输管道的延迟性，质谱显示结果有一定的延迟，因此说明这些挥发物浓度上升的原因是聚丙烯的热解所导致。

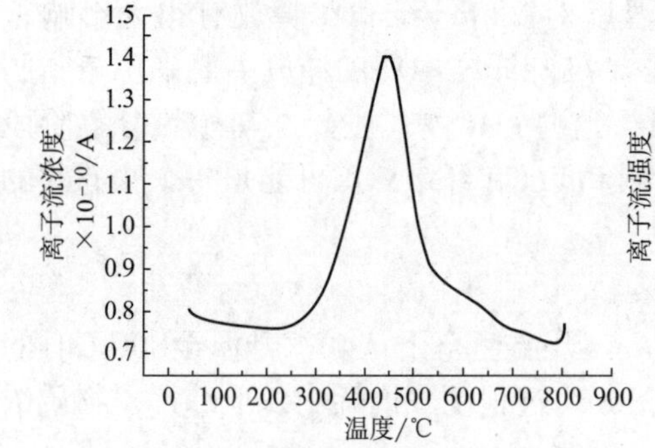

（a）二氧化炭和乙醛(CO_2/C_2H_4O)

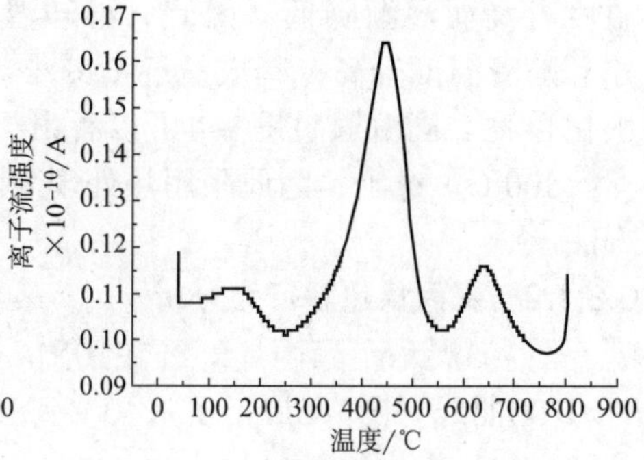

（b）甲醛(CH_2O)

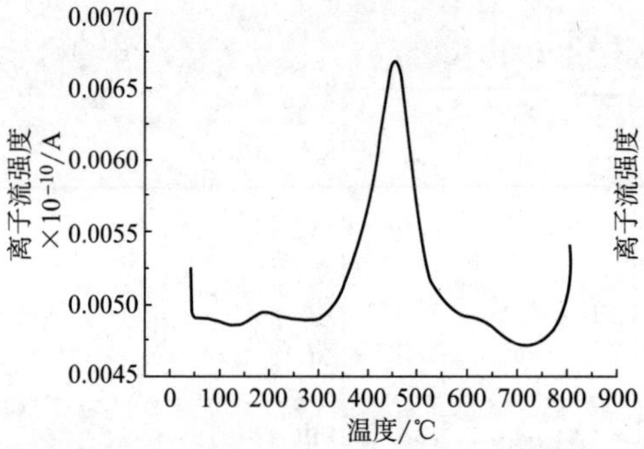

（c）苯(C_6H_6)

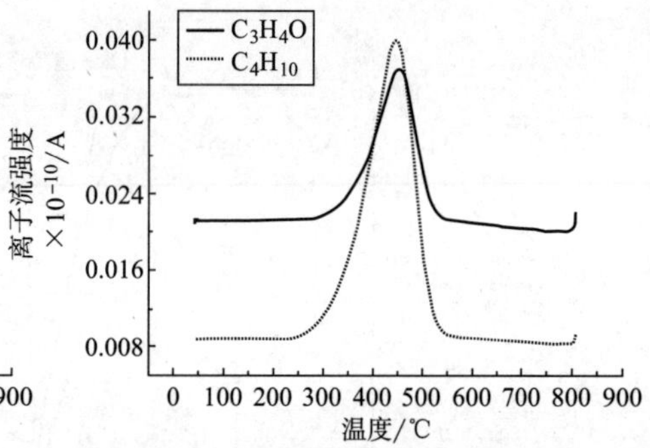

（d）丙烯醛和正丁烷(C_3H_4O/C_4H_{10})

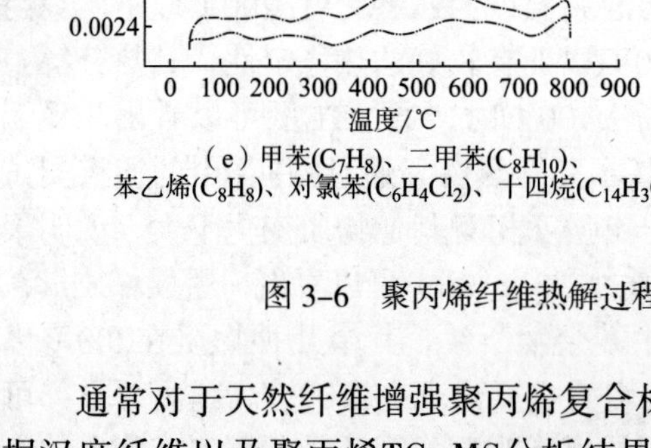

（e）甲苯(C_7H_8)、二甲苯(C_8H_{10})、苯乙烯(C_8H_8)、对氯苯($C_6H_4Cl_2$)、十四烷($C_{14}H_3O$)

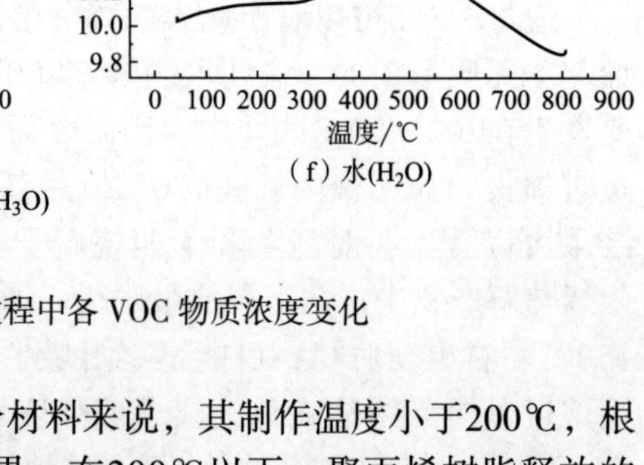

（f）水(H_2O)

图 3-6　聚丙烯纤维热解过程中各 VOC 物质浓度变化

通常对于天然纤维增强聚丙烯复合材料来说，其制作温度小于200℃，根据汉麻纤维以及聚丙烯TG-MS分析结果，在200℃以下，聚丙烯树脂释放的VOC很少，因此可以得出，汉麻纤维增强聚丙烯复合材料释放的VOC主要来自汉麻纤维中VOC的释放。He等通过研究木头复合纤维板的甲醛与VOC释放行为也得到了类似的结论。

3.3.2　汉麻纤维增强聚丙烯复合材料改性工艺优化及其对复合材料力学性能的影响

3.3.2.1　改性工艺对汉麻 / 聚丙烯复合材料性能的影响

（1）偶联剂改性工艺

偶联剂是具有多官能团的有机化合物，可将无机材料和高分子有机材料通过物理和化学作用结合，从而提高复合材料的综合性能。根据化学结构，偶联剂可分为硅烷偶联剂、钛酸酯偶联剂、铝酸酯偶联剂、锆铝酸酯系等，其中硅烷偶联剂是应用最广泛的偶联剂之一。预实验时，选用了KH550、KH450、KH601以及KH803四种偶联剂，以复合材料甲醛释放为评价标准，结果如图3–7所示。

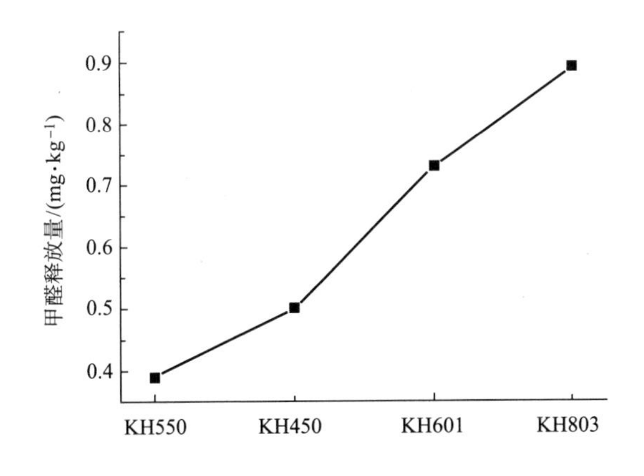

图 3–7　不同偶联剂对复合材料甲醛释放的影响

通过图3–7可以看出，KH550的效果最好，因此选用KH550为偶联剂。偶联剂与纤维及基体作用机理如下。

①与硅相连的3个Si—X基水解成Si—OH。

②Si—OH之间脱水缩合成含Si—OH的低聚硅氧烷。

③低聚物中的Si—OH与材料表面上的OH形成氢键。

④加热固化过程中伴随脱水反应而与基材形成共价键连接。

由此可知，采用偶联剂可以降低麻纤维表面的极性，增强纤维与树脂之间的界面相容性，同时为麻纤维与聚丙烯树脂之间增加化学键作用，以此可改善复合材料的界面性能，从而提高复合材料的热稳定性，有效提升复合材料热解温度，进而起到抑制VOC释放的作用。

（2）尿素及PVA改性工艺

甲醛捕捉剂是指能和复合材料中游离甲醛起化学反应的助剂，其选择标准是：与甲醛的作用力强；对复合材料物理力学性能没有太大负面影响；使用方便，价格便宜。最基本的甲醛捕捉剂是尿素，同时PVA也可以作为甲醛捕捉剂。PVA和尿素一方面可以作为甲醛捕捉剂降低复合材料的甲醛释放量，另一方面尿素水解可以生成氨并溶于水，可以使部分纤维素Ⅰ转化成纤维素Ⅲ，使纤维素分子链片里的氢键断裂，改善麻纤维与聚丙烯纤维之间的界面结合情况，提升复合材料热稳定性，从而降低VOC释放；PVA分子中含有疏水性的分子链和亲水性的羟基，能自发地从水相溶液中吸附到疏水性聚丙烯表面，另一方面亲水性羟基可以和亲水性的麻纤维形成较好的结合，从而增加麻纤维与聚丙烯复合材料界面黏合，降低复合材料VOC释放量。

（3）热处理改性工艺

热处理后，随着热处理时间的增加，纤维中首先失去自由水，然后脱去结合水，各种易挥发性抽提物迁移至纤维表面；另外，半纤维素发生了脱乙酰反应，生成了乙酸，乙酸催化半纤维素中木聚糖的降解，生成了戊糖、己糖等游离糖，而它们又脱水生成各种醛，且纤维中的—CH_2OH基团氧化成羧基；另外产生的羧酸又可与纤维中各种羟基发生酯化反应，纤维中吸水性的—OH基减少，降低纤维表面的极性，改善其与非极性表面的聚丙烯之间的界面结合情况（图3–8）。

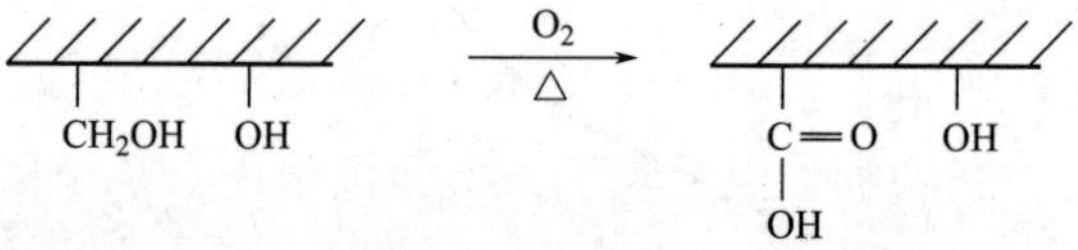

$$CH_2OH \quad OH \xrightarrow[\triangle]{O_2} C(=O)OH \quad OH$$

图 3–8　植物纤维热处理降解反应示意图

通过对汉麻纤维热解行为分析可以得知，汉麻增强聚丙烯复合材料的VOC释放主要来源于麻纤维，温度对汉麻VOC释放有很大影响，并且随着温度升高，麻纤维的VOC释放量逐渐降低。同时也有研究表明，加热对降低复合材料VOC有很显著的效果，并且降低复合材料制作过程中的热压温度，可以显著减少复合材料的分子量较高的VOC物质的释放。因此，对汉麻纤维进行热处理可以使其中的VOC在制备前挥发出一部分，降低麻纤维中的VOC含量，从而降低复合材料的VOC释放。同时通过加热，植物纤维中的羟基含量减少，极性降低，能增加其与非极性树脂之间的相容性，从而使两者的界面处形成更强的黏结，复合材料获得更好的热稳定性，进而通过降低材料的热解程度来达到降低复合材料VOC的目的。

3.3.2.2 PVA 及尿素改性工艺多指标优化设计

PVA及尿素改性过程中，最优工艺的优化方法是采用基于正交实验设计的多指标优化方法。该实验方法采用矩阵分析法对多指标正交试验设计进行优化，解决了多指标正交试验方法计算工作量大、权重确定不够合理等的问题；通过建立正交实验的三层结构模型和层结构矩阵，将各层矩阵相乘得出试验指标值的权矩阵，并计算得出影响实验结果的各因素以及各水平的权重，根据权重的大小，确定最优工艺以及各个因素对正交实验的指标值影响的主次顺序，解决了多指标正交实验设计中最优改性工艺的选择问题。

（1）PVA改性工艺多指标优化设计

PVA改性采用PVA的浓度（PVA质量占汉麻以及聚丙烯纤维总质量的百分比）、添加量（溶液质量占汉麻以及聚丙烯纤维总质量的百分比）以及密封时间三个因素，PVA改性多指标正交设计优化表见表3-6。

表 3-6　PVA 改性多指标正交设计优化表

水平数	影响因素			评价指标				
	因素 A	因素 B	因素 C	指标 1	指标 2	指标 3	指标 4	指标 5
	浓度 /%	添加量 /%	时间 /min	拉伸强度 /MPa	拉伸模量 /GPa	弯曲强度 /MPa	弯曲模量 /GPa	剪切强度 /MPa
1	5	20	30					
2	10	40	60					
3	15	60	90					

表3-7所示为所得数据以及处理结果，可以看出，基于正交试验设计的多指标改性方法对汉麻/聚丙烯复合材料的弯曲强度、弯曲模量、拉伸强度、拉伸模量、剪切强度5个单指标有较大的影响。对正交试验的指标层、因素层与水平层结构建立矩阵，将三层矩阵相乘得出实验指标的权矩阵，并计算得出影响实验结果的各因素各水平的权重，从而得出最优PVA改性工艺。

表 3-7　PVA 改性正交试验结果分析

实验号	因素 A	因素 B	因素 C	指标 1	指标 2	指标 3	指标 4	指标 5
	浓度 /%	添加量 /%	时间 /min	拉伸强度 /MPa	拉伸模量 /GPa	弯曲强度 /MPa	弯曲模量 /GPa	剪切强度 /MPa
1	5	20	30	38.25	5.00	62.47	4.40	6.29
2	5	40	60	30.33	4.71	44.79	3.13	4.79
3	5	60	90	34.45	5.47	60.48	4.35	7.10
4	10	20	60	33.80	5.35	64.56	4.63	7.01
5	10	40	90	25.98	4.22	43.66	3.51	5.45
6	10	60	30	32.76	5.51	61.36	5.18	7.20
7	15	20	90	38.77	5.88	64.39	5.12	7.46
8	15	40	30	33.25	5.58	63.11	4.67	7.10
9	15	60	60	36.25	4.83	64.70	4.13	7.06

续表

实验号	因素 A 浓度 /%	因素 B 添加量 /%	因素 C 时间 /min	指标 1 拉伸强度 /MPa	指标 2 拉伸模量 /GPa	指标 3 弯曲强度 /MPa	指标 4 弯曲模量 /GPa	指标 5 剪切强度 /MPa
K1	34.34	36.94	34.75	拉伸强度分析				
K2	30.85	29.85	33.46					
K3	36.09	34.49	33.07					
R	5.24	7.09	1.69					
优工艺	A3	B1	C1					
K1	5.06	5.41	5.36	拉伸模量分析				
K2	5.03	4.84	4.96					
K3	5.43	5.27	5.19					
R	0.40	0.57	0.40					
优工艺	A3	B1	C1					
K1	55.91	63.81	62.31	弯曲强度分析				
K2	56.53	50.52	58.02					
K3	64.07	62.18	56.18					
R	8.15	13.29	6.14					
优工艺	A3	B1	C1					
K1	3.96	4.72	4.75	弯曲模量分析				
K2	4.44	3.77	3.96					
K3	4.64	4.55	4.33					
R	0.68	0.95	0.79					
优工艺	A3	B1	C1					
K1	6.06	6.92	6.86	剪切强度分析				
K2	6.55	5.78	6.29					
K3	7.21	7.12	6.67					
R	1.15	1.34	0.58					
优工艺	A3	B3	C1					

由表3-8中不同因素的平均权重可知，PVA改性各个因素对拉伸强度、拉伸模量、弯曲强度、弯曲模量和剪切强度5个指标影响的主次顺序为B>A>C，

因素A3B1C1的权重最大，即正交试验的最优PVA改性工艺为：PVA溶液浓度为15%，溶液占纤维总质量的20%，密封时间为30min。

表3-8　PVA改性多指标各因素及权重计算结果

因素	水平	权重
A 浓度	5	0.1032
	10	0.1048
	15	0.1156
B 添加量	20	0.1596
	40	0.1314
	60	0.1554
C 时间	30	0.0810
	60	0.0730
	90	0.0760

（2）尿素改性工艺多指标优化设计

尿素改性工艺优化了尿素的浓度（尿素质量占汉麻以及聚丙烯纤维总质量的百分比）、添加量（溶液质量占汉麻以及聚丙烯纤维总质量的百分比）以及密封时间三个参数，尿素改性多指标正交设计优化表见表3-9。

表3-9　尿素改性多指标正交设计优化表

水平数	影响因素			评价指标				
	因素A	因素B	因素C	指标1	指标2	指标3	指标4	指标5
	浓度/%	添加量/%	时间/min	拉伸强度/MPa	拉伸模量/GPa	弯曲强度/MPa	弯曲模量/GPa	剪切强度/MPa
1	20	10	30					
2	30	15	60					
3	40	20	90					

表3-10所示为所得数据以及处理结果，通过表可看出，基于正交试验设计的多指标改性方法对汉麻/聚丙烯复合材料的弯曲强度、弯曲模量、拉伸强度、拉伸模量、剪切强度5个单指标评价的改性结果。对正交试验的指标层、因素层与水平层结构建立矩阵，将三层矩阵相乘得出实验指标的权矩阵，并计算得出影响实验结果的各因素各水平的权重，从而得出尿素最优改性工艺。

表 3-10　尿素改性正交试验结果分析

实验号	因素 A	因素 B	因素 C	指标 1	指标 2	指标 3	指标 4	指标 5
	浓度 /%	添加量 /%	时间 /min	拉伸强度 /MPa	拉伸模量 /GPa	弯曲强度 /MPa	弯曲模量 /GPa	剪切强度 /MPa
1	20	10	30	34.55	5.01	64.09	4.51	6.88
2	20	15	90	39.25	5.60	64.23	5.31	6.56
3	20	20	60	38.72	5.61	67.18	5.30	6.58
4	30	10	90	38.80	5.52	63.52	4.81	7.01
5	30	15	60	42.35	5.44	67.72	5.03	6.79
6	30	20	30	37.93	5.03	63.53	4.56	5.98
7	40	10	60	35.62	4.90	61.78	3.22	5.74
8	40	15	30	37.67	5.13	64.92	4.84	5.90
9	40	20	90	36.55	5.42	69.37	5.13	6.81
K1	37.51	36.32	36.72					
K2	39.69	39.76	38.20					
K3	36.61	37.73	38.90	拉伸强度分析				
R	3.08	3.43	2.18					
优工艺	A2	B2	C3					
K1	5.41	5.14	5.06					
K2	5.33	5.39	5.51					
K3	5.15	5.35	5.32	拉伸模量分析				
R	0.25	0.25	0.46					
优工艺	A1	B2	C2					
K1	65.17	63.13	64.18					
K2	64.92	65.62	65.71					
K3	65.36	66.69	65.56	弯曲强度分析				
R	0.43	3.56	1.53					
优工艺	A3	B3	C2					
K1	5.04	4.18	4.64					
K2	4.80	5.06	5.08					
K3	4.40	5.00	4.52	弯曲模量分析				
R	0.64	0.88	0.57					
优工艺	A1	B2	C2					

续表

实验号	因素 A	因素 B	因素 C	指标 1	指标 2	指标 3	指标 4	指标 5
	浓度 /%	添加量 /%	时间 /min	拉伸强度 /MPa	拉伸模量 /GPa	弯曲强度 /MPa	弯曲模量 /GPa	剪切强度 /MPa
K1	6.68	6.54	6.25	剪切强度分析				
K2	6.59	6.42	6.79					
K3	6.15	6.46	6.37					
R	0.53	0.13	0.54					
优工艺	A1	B1	C2					

由表3-11中不同因素的平均权重可知，尿素改性各个因素对拉伸强度、拉伸模量、弯曲强度、弯曲模量和剪切强度5个指标的影响程度主次顺序为C>B>A，因素A1B3C2的权重最大，即尿素改性的最优工艺为：尿素溶液浓度为20%，溶液占纤维总质量的20%，密封时间为90min。

表 3-11　尿素改性多指标各因素及权重计算结果

因素	水平	权重
A 添加量	20	0.0812
	30	0.0796
	40	0.0751
B 浓度	10	0.1134
	15	0.1225
	20	0.1229
C 时间	30	0.1194
	90	0.1286
	60	0.1219

3.3.2.3　优化改性工艺对汉麻 / 聚丙烯复合材料性能的影响

（1）优化改性对复合材料力学性能及界面性能的影响

优化改性工艺以及未改性的复合材料力学性能如图3-9所示。通过图3-9可以看出，无论是弯曲、拉伸还是剪切性能，改性后的复合材料都较未改性时得到了较为明显的提升。尿素改性后复合材料的弯曲强度和拉伸强度达到最大值，弯曲强度相较未改性时提升68.02%，弯曲模量提升47.92%，剪切强度提升42.09%，拉伸强度和模量分别提升19.32%和8.86%；PVA改性后复合材料的弯曲模量、拉伸模量和剪切强度达到最大值，相较未改性复合材料，弯曲强度提升61.98%，弯曲模量提升56.60%，剪切强度提升50.56%，拉伸强度和模量分别提升17.69%和17.72%。通过图3-9（c）可以看出，经改性后，复合材料剪切性能都得到了提升，其中PVA改性后复合材料剪切性能最优。根据以往研究，图3-9（c）的数据也反映了复合材料的界面结合情况，即改性后复合材料的界面性能比未改性时都得到了提升，相似的结果可以从图3-10不同复合材料断面中得出。同时从图3-9可以看出，复合材料的拉伸强度和弯曲强度都是在尿素改性时得到最大值，而当采用PVA改性时下降，但是拉伸模量和弯曲模量都在PVA改性处得到提升，这是因为PVA改性后复合材料界面性能最优，使复合材料具有较高的模量。

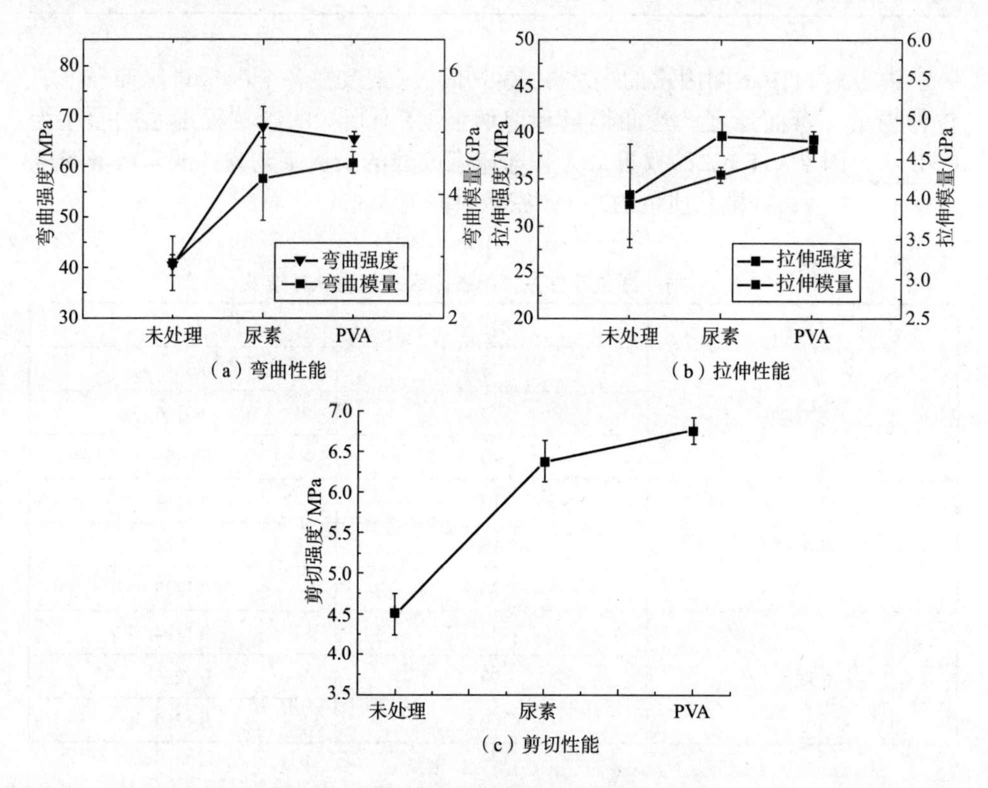

（a）弯曲性能

（b）拉伸性能

（c）剪切性能

图 3-9 改性对复合材料的力学性能的影响

通过图3-10（a）可以看出，未改性复合材料的断裂主要由纤维抽拔、基体断裂以及纤维断裂组成，并且在复合材料中存在孔洞。图3-10（b）为尿素改性后的复合材料拉伸断面，可以看出树脂基体较好地黏结在了汉麻纤维上，复合材料断面也较为整齐，并且复合材料断裂主要是纤维与树脂基体断裂，并没有出现纤维的抽拔，说明了尿素改性后复合材料的界面性能得到了提升。图3-10（c）为PVA改性后复合材料的断面，可以看出PVA改性后的复合材料断裂主要由纤维断裂与基体断裂组成，并没有发现明显的纤维与树脂脱黏的情

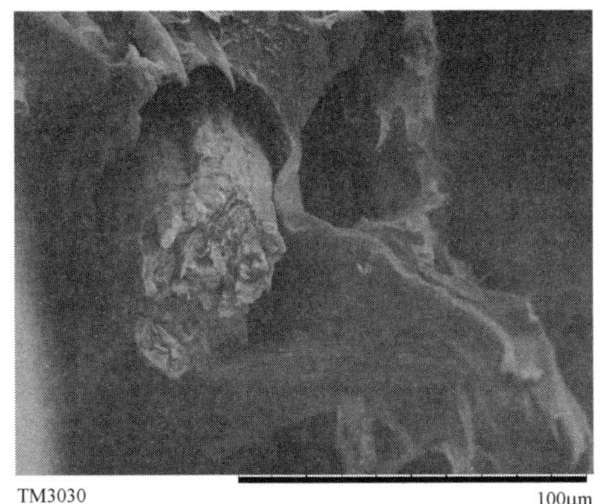

（a）未改性

（b）尿素改性

（c）PVA改性

图 3-10　改性前后复合材料断面

况，这说明PVA改性后的复合材料界面比未改性时得到了提升。

尿素改性后复合材料性能提升的原因是尿素在水中水解可以生成氨与异氰酸，异氰酸与纤维素表面羟基发生反应，使植物纤维表面羟基数量减少，从而降低纤维表面的极性，改善其与非极性表面的聚丙烯之间的界面结合情况，反应式如图3-11所示。PVA分子中含有疏水性的分子链和亲水性的羟基，它能自发地从水相溶液中吸附到疏水性表面。在复合材料成型过程中，汉麻纤维的裂解以及聚丙烯的裂解会挥发出甲醛，PVA与甲醛以及纤维和甲醛发生半缩醛反应，然后发生分子间缩醛反应，从而使PVA固着在汉麻纤维表面，反应方程式如图3-12~图3-14所示。此外，PVA分子中含有疏水性的分子链，它能自发地吸附到疏水性表面，使亲水性汉麻纤维与疏水性聚丙烯形成良好界面结合，提升其复合材料力学性能。

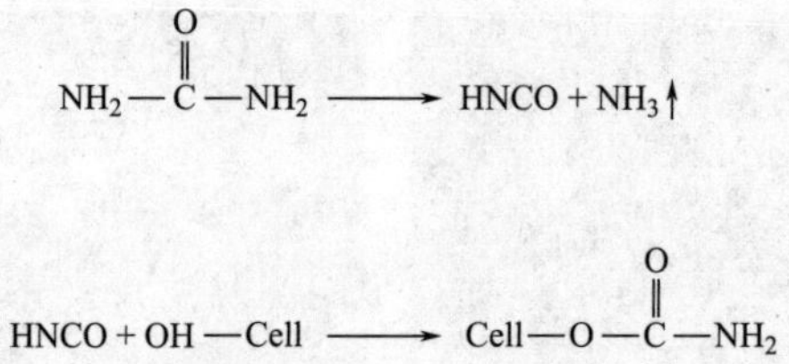

$$NH_2-\overset{\overset{\displaystyle O}{\|}}{C}-NH_2 \longrightarrow HNCO + NH_3\uparrow$$

$$HNCO + OH-Cell \longrightarrow Cell-O-\overset{\overset{\displaystyle O}{\|}}{C}-NH_2$$

图 3-11　尿素与纤维素反应式

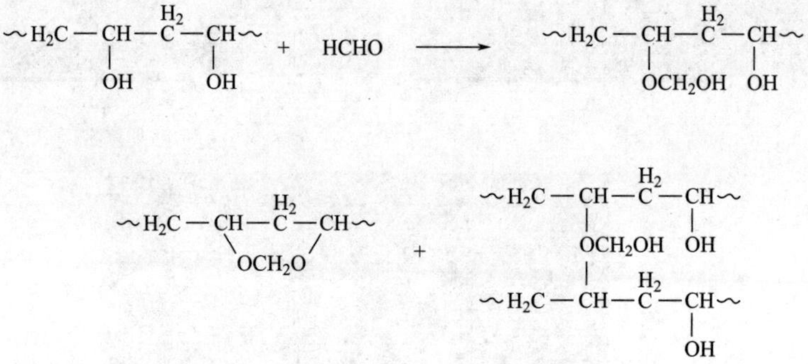

$$\sim H_2C-\underset{\displaystyle OH}{\underset{|}{CH}}-\overset{H_2}{C}-\underset{\displaystyle OH}{\underset{|}{CH}}\sim \; + \; HCHO \longrightarrow \sim H_2C-\underset{\displaystyle OCH_2OH}{\underset{|}{CH}}-\overset{H_2}{C}-\underset{\displaystyle OH}{\underset{|}{CH}}\sim$$

$$\sim H_2C-CH-\overset{H_2}{C}-CH\sim \;(\text{两个 CH 经 } OCH_2O \text{ 相连}) \; + \; \begin{array}{l}\sim H_2C-CH-\overset{H_2}{C}-\underset{\displaystyle OH}{\underset{|}{CH}}\sim \\ \qquad\quad | \\ \qquad OCH_2OH \\ \qquad\quad | \\ \sim H_2C-CH-\overset{H_2}{C}-\underset{\displaystyle OH}{\underset{|}{CH}}\sim\end{array}$$

图 3-12　PVA 与甲醛半缩醛反应方程式

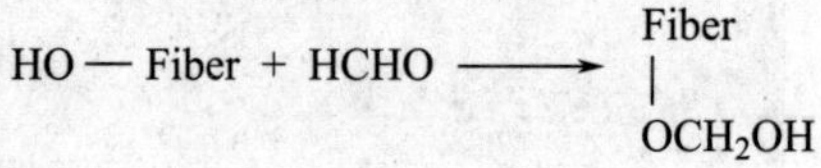

$$HO-Fiber + HCHO \longrightarrow \begin{array}{c}Fiber\\ |\\ OCH_2OH\end{array}$$

图 3-13　纤维素与甲醛半缩醛反应

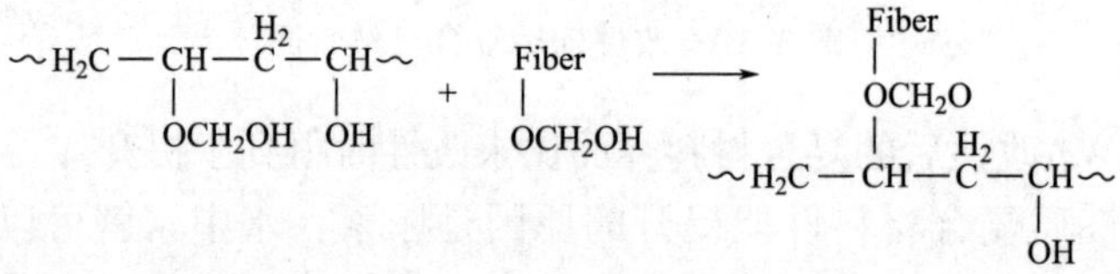

$$\sim H_2C-\underset{\displaystyle OCH_2OH}{\underset{|}{CH}}-\overset{H_2}{C}-\underset{\displaystyle OH}{\underset{|}{CH}}\sim \; + \; \begin{array}{c}Fiber\\ |\\ OCH_2OH\end{array} \longrightarrow \begin{array}{l}\qquad Fiber\\ \qquad\quad |\\ \qquad OCH_2O\\ \qquad\quad |\\ \sim H_2C-CH-\overset{H_2}{C}-\underset{\displaystyle OH}{\underset{|}{CH}}\sim\end{array}$$

图 3-14　缩醛反应

3.3.3　汉麻纤维增强聚丙烯复合材料改性对热稳定性能的影响

动力学方程中的速率常数K与温度有密切的关系。19世纪末研究者们提出了许多关系式，其中Arrhenius通过模拟平衡常数与温度关系式的形式所提出的速率常数—温度关系式最为常用：

$$K=Ae^{(-E/RT)} \tag{3-7}$$

式中：K为反应速度常数；A为频率因子，一般视为常数；E为活化能；R为气体常数，R=8.314J/K · mol，T为热力学温度。

$$-\frac{dx}{dt}=A\exp\left(-\frac{E}{RT}\right)(1-x) \tag{3-8}$$

式中，x为质量损失，可以通过下式计算：

$$x=\frac{W_o-W_t}{W_o-W_f}\times 100\% \tag{3-9}$$

式中：W_o为试样初始质量；W_t为时间为t或温度为T时的质量；W_f为热解结束时的最终质量。

热解过程中对于恒定的加热速度H，H=dT/dt，可以通过Coats-Redfern方法完整成下式：

当$n\neq 1$时，$$\ln\left[\frac{-\ln(1-x)^{1-n}}{T^2(1-n)}\right]=\ln\left[\frac{AR}{HE}\left(1-\frac{2RT}{R}\right)\right]-\frac{E}{RT} \tag{3-10}$$

当n=1时，$$\ln\left[\frac{-\ln(1-x)}{T^2}\right]=\ln\left[\frac{AR}{HE}\left(1-\frac{2RT}{R}\right)\right]-\frac{E}{RT} \tag{3-11}$$

由于对一般的反应温区和大部分的E值而言，$\frac{E}{RT}\geqslant 1$，$\left(1-2\frac{RT}{R}\right)\approx 1$，上式右端第一项几乎都是常数。因此，当$n$=1时，$\ln\left[\frac{-\ln(1-x)}{T^2}\right]$对1/$T$作图能得到一条直线，其斜率为$\frac{-E}{R}$，其截距近似为$\ln\left[\frac{AR}{\beta E}\right]$，于是可求$E$和$A$。

天然纤维增强复合材料的热解行为通常以一级反应为基础进行计算，所以$\ln\left[\frac{-\ln(1-x)}{T^2}\right]$是1/$T$的一次线性函数，由直线斜率$\frac{-E}{R}$可确定反应活化能$E$。

取可反映三种麻纤维增强聚丙烯热解特性主要的数据范围，即失重率x=10%～90%范围内数据，$\ln\left[\frac{-\ln(1-x)}{T^2}\right]$对1/$T$作图得到图3-15所示的曲线。

通过图3-15可以看出，在不同温度区间内，$\ln\left[\frac{-\ln(1-x)}{T^2}\right]$对1/$T$作图得到的曲线有三种不同的斜率，说明三种复合材料的热解行为不能简单地描述为一个一级反应过程，在不同的温度范围内，有三个独立的一级反应过程。

因此，将复合材料的热解过程分为三个独立的阶段，重新计算每一阶段的失重率x，得到图3-16所示的曲线。从图中可看出，三个独立的一级反应可以较好地描述三种复合材料的热解行为。对三个阶段的独立反应进行曲线拟合，并采用Coats-Redfern法计算反应活化能，结果见表3-12。

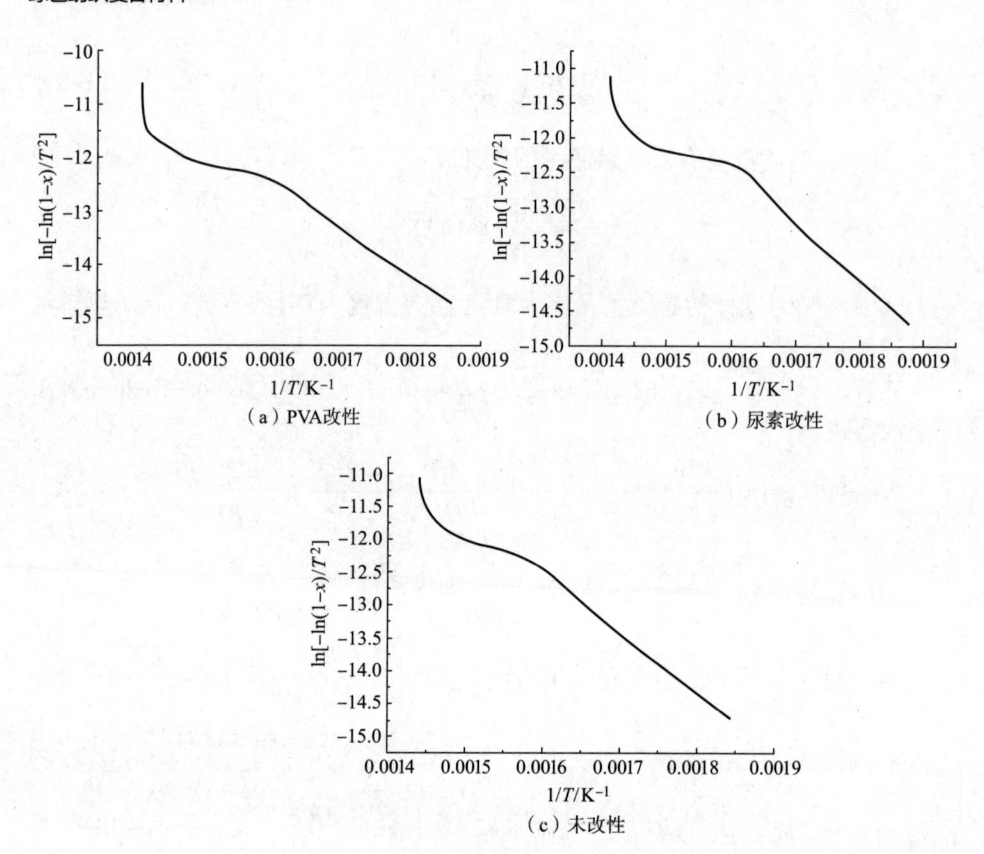

（a）PVA改性　（b）尿素改性　（c）未改性

图 3-15　改性前后复合材料一级反应曲线

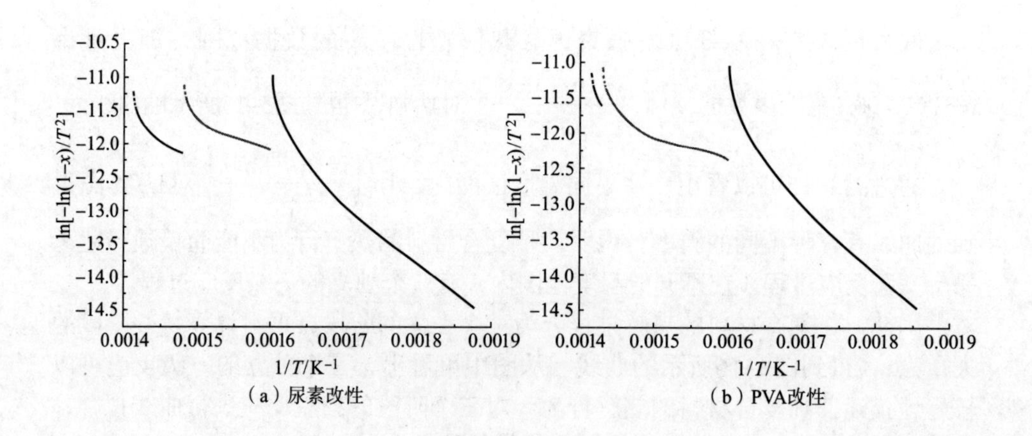

（a）尿素改性　（b）PVA改性

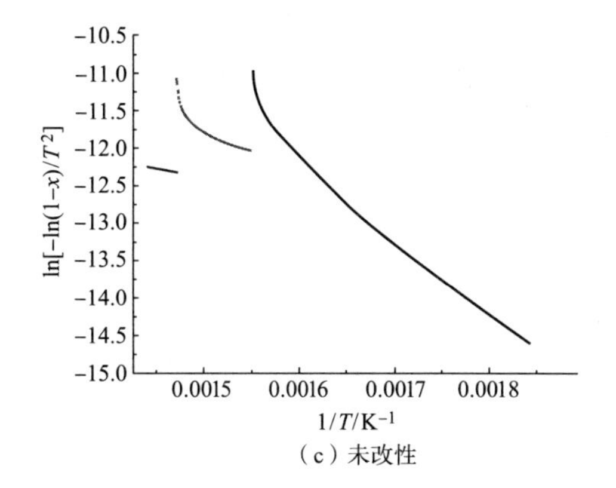

（c）未改性

图 3-16　不同复合材料三个独立一级反应

表 3-12　不同复合材料各个阶段活化能

复合材料	阶段	活化能 /（$kJ \cdot mol^{-1}$）	相关系数
未改性	1	19.79	0.9998
	2	66.88	0.9111
	3	90.16	0.9932
PVA 改性	1	257.78	0.9428
	2	42.49	0.9158
	3	92.29	0.98667
尿素改性	1	90.48	0.9432
	2	47.09	0.9271
	3	87.03	0.9845

Arrhenius定义了活化能的概念：把一个普通反应物分子变成活化分子的过程中吸收的能量。活化能越大，则材料分子达到活化分子所需吸收的能量也越大，即材料的热稳定性越好。通过表3-12可以得出，三种复合材料（未改性、PVA改性和尿素改性复合材料）三个阶段总活化能分别为176.84kJ/mol、392.56kJ/mol和224.60kJ/mol，所以三种复合材料的热稳定性为：PVA改性＞尿素改性＞未改性，说明改性后复合材料的热稳定性得到提升。同时通过图3-9（c）也可以看出，复合材料的界面强度PVA改性＞尿素改性＞未改性，所以可以得知复合材料的热稳定性与其界面强度密切相关，并且呈正相关的关系。

3.3.4　汉麻纤维增强聚丙烯复合材料改性对 VOC 释放的影响

采用热重—质谱仪来评价汉麻纤维增强复合材料VOC释放行为时，为了评价改性的效果，同样参照Senneca等的方法对MS结果进行定量分析，结果见表3-13。从表中可以看出，尿素及PVA改性后复合材料的甲醛和乙醛释放量比未改性时都出现了明显的下降，其余几种物质比未改性时出现了小幅上升的情况，但是总释放量比未改性时都出现了降低，其中尿素改性后效果最优。PVA处理后VOC释放降低的原因为：PVA可以通过醛与纤维素大分子发生反应，使其与纤维形成良好的结合，从而减少复合材料制作过程中醛的释放。Teramoto等的研究也得到了类似的结果，汉麻纤维和PVA可以通过醛交联从而增加汉麻纤维与PVA的相容性，使汉麻纤维与PVA结合强度得到显著提升。此外，通过分析力学性能以及热解动力学可以看出，经过PVA改性后的复合材料的界面性能以及热稳定性相较未改性复合材料都得到了提升，复合材料耐热性提升，在加热时VOC释放减少。对于尿素改性，一方面尿素可以作为甲醛清除剂，与甲醛通过物理或化学的方式结合；另一方面，经过尿素改性后，复合材料耐热性以及界面性能得到了提升，从而减少了复合材料在加热过程中的VOC释放。

表 3-13 改性对复合材料 VOC 释放的影响

复合材料	VOC 累积释放 / ($10^{-11} \cdot g^{-1} \cdot A^{-1}$)										
	甲醛	乙醛	丙烯醛	正丁烷	苯	甲苯	苯乙烯	乙苯二甲苯	对氯苯	十四烷	总和
未改性	251.19	1074.98	65.23	59.62	60.05	58.11	58.66	58.12	58.30	58.66	1802.91
尿素改性	208.19	761.68	65.23	64.67	64.71	63.43	64.13	63.73	63.76	64.05	1483.59
PVA改性	231.35	832.27	70.12	68.46	68.01	67.10	67.68	67.40	67.02	67.46	1606.88

3.4 竹原纤维增强聚丙烯复合材料性能分析

3.4.1 竹原纤维含量对竹原纤维增强聚丙烯复合材料性能的影响

3.4.1.1 拉伸性能

图3-17为不同竹原纤维质量分数的竹原纤维/聚丙烯复合材料拉伸强度曲线，由图可知，初始阶段，随着竹原纤维质量分数的增加，使得竹原纤维/聚丙烯复合材料的拉伸强度逐渐增加，当竹纤维质量分数为60%时，竹原纤维/聚丙烯复合材料的拉伸性能达到最大值，拉伸强度和拉伸模量分别为40.26MPa和3.74GPa，但当竹原纤维质量分数超过60%时，拉伸强度逐渐下降。一方面，在复合材料中，竹原纤维含量低时，聚丙烯树脂能够充分地包覆竹原纤维，介于

竹原纤维/聚丙烯界面的内部应力可以得到有效传递，因而可以提高复合材料的拉伸强度。随着复合材料中竹原纤维含量的增加，其力学性能得到提高，承受的载荷也随之增大。继续增加复合材料中的竹原纤维后，聚丙烯对竹原纤维的浸润、包覆的程度和效果下降，二者界面产生缺陷，存在不同程度的缝隙和孔洞，导致增强纤维间的相互作用力减弱，进而导致复合材料力学性能下降。另一方面，竹原纤维含量过低，无法发挥其增强纤维的作用，竹原纤维与基体的浸润阻力较小，而竹原纤维含量过高却又无法形成一定厚度的过渡层。所以，复合材料的拉伸强度随着竹原纤维含量增加呈现先增加后减少的趋势。

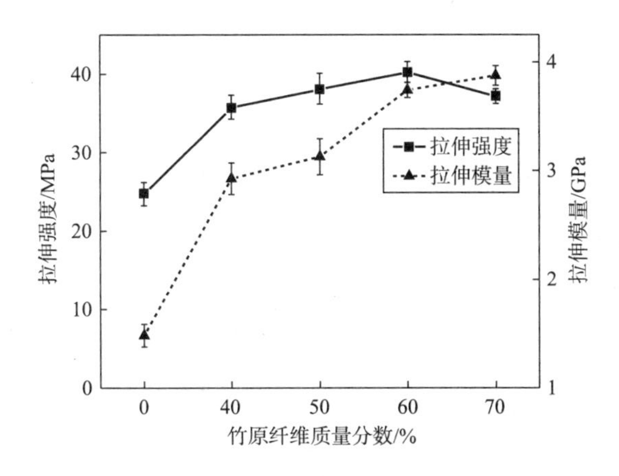

图 3-17　竹原纤维 / 聚丙烯复合材料拉伸强度

3.4.1.2　弯曲性能

图3-18为不同竹原纤维质量分数的竹原纤维/聚丙烯复合材料的弯曲性能曲线，可以发现，竹原纤维复合材料的弯曲强度和弯曲模量都与竹原纤维的含量有关，随着竹原纤维质量分数的增加，竹原纤维/聚丙烯复合材料的弯曲性能都出现增加的现象，当竹原纤维质量分数为50%时，弯曲强度达到最大值，为66.25MPa；当竹原纤维质量分数为70%时，弯曲模量达到最大值为5.38GPa。这可能是因为在复合材料中当竹原纤维含量较低时，聚丙烯对竹原纤维的浸覆效果虽然好，却无法发挥纤维增强体的作用，因此复合材料的弯曲强度不高；随着竹原纤维含量的增加，二者黏结部分增加，界面性能也随之提高，复合材料的弯曲性能因此提高。

3.4.1.3　剪切性能

图3-19为不同竹原纤维质量分数的竹原纤维/聚丙烯复合材料的剪切强度曲线，由图可知，随着竹原纤维含量的增加，竹原纤维/聚丙烯复合材料的剪切性能逐渐增加，当竹原纤维质量分数为70%时，剪切性能达到最大值，

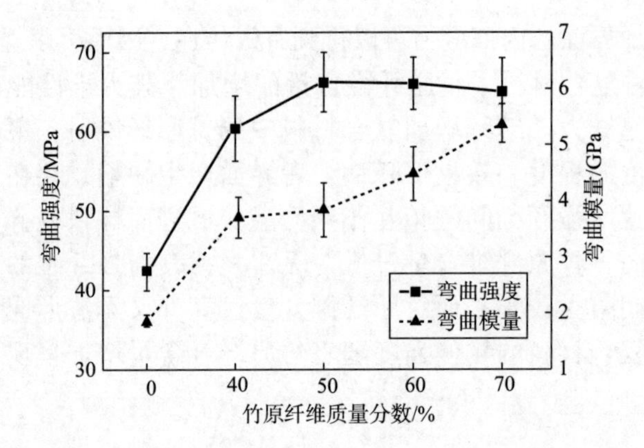

图 3-18 竹原纤维 / 聚丙烯复合材料弯曲性能

为9.21MPa。当竹原纤维含量较低时，主要起承力作用的是树脂，而纤维的刚性高于树脂；随着竹原纤维含量增加，截面处纤维含量增大，抗剪切能力提高。

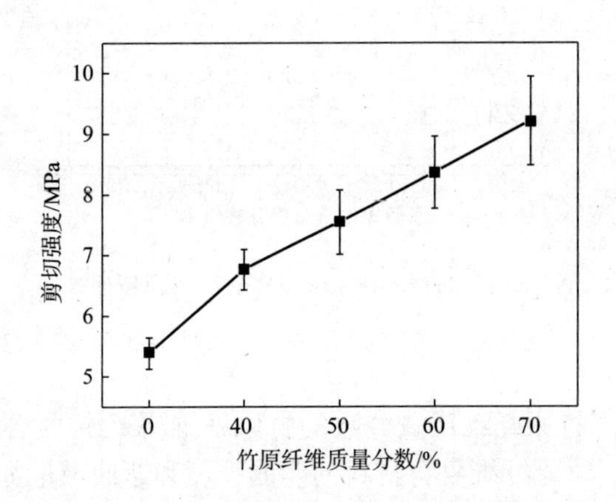

图 3-19 竹原纤维 / 聚丙烯复合材料剪切性能

3.4.1.4 导热性能

图3-20所示为不同竹原纤维质量分数的竹原纤维/聚丙烯复合材料的热导率曲线，由图可知，随着竹原纤维质量分数的增加，竹原纤维/聚丙烯复合材料的热导率逐渐提高，在竹原纤维质量分数为70%时达到最大，为0.3539W/（m·K）。这是因为天然纤原维增强复合材料的热导率与竹原纤维的中结晶区有关，随着竹原纤维含量的增加，由于复合材料中纤维网是交叉铺层，因此各向的结晶区增加，使复合材料的热导率有所提高。单向铺层会使纤维素微纤丝沿纤维束方向具有比横向更高的导热系数，所以交叉铺层使得纤维各向的导热系数均增加，并且各向导热系数较一致。

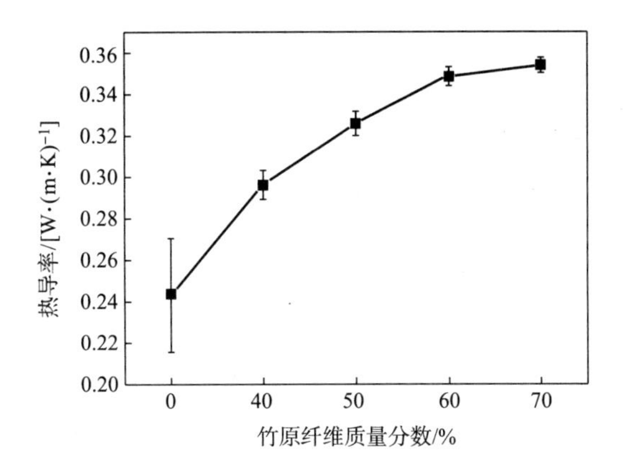

图 3-20　竹原纤维 / 聚丙烯复合材料热导率

图3-21为不同竹原纤维质量分数的竹原纤维/聚丙烯复合材料与热导率之间的关系，随着竹原纤维含量增加，复合材料热扩散系数逐渐增大，在70%时达到最大，为0.3503mm^2/s。当竹原纤维含量增加时，热扩散系数增加速率较快，然后随着竹原纤维含量的继续增加，热扩散系数增加速率缓慢。这是因为竹原纤维的尺寸和长径比较大，故而竹原纤维的比表面积较大，容易与聚丙烯形成网络结构，形成更多的导热路径。

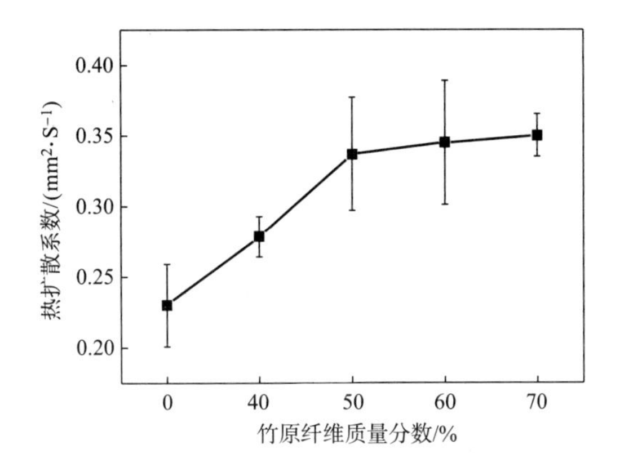

图 3-21　竹原纤维 / 聚丙烯复合材料热扩散系数

3.4.2　界面改性对竹原纤维增强聚丙烯复合材料性能的影响

3.4.2.1　改性对竹原纤维增强聚丙烯复合材料 VOC 释放的影响

BF/PP复合材料经过尿素改性、尿素+抗氧化剂改性后，通过TG-MS测得的VOC释放情况如表3-14所示。从表中可知，未改性的竹纤维/PP复合材料甲醛、乙醛的释放量明显高于其他物质释放量数个等级，同时本文也是主要针对目前市场上突出的甲醛、乙醛问题进行改性优化。

尿素改性后，甲醛和乙醛释放总量相对未改性的复合材料分别减少50.84%和91.45%，为$1.17\times10^{-7}g^{-1}/A$和$1.95\times10^{-8}g^{-1}/A$，这主要是因为尿素可以与醛类发生不可逆反应，常作为一种醛类捕捉剂使用，同时尿素水解后可以生成氨并溶于水，可以使部分纤维素Ⅰ转化成纤维素Ⅲ，使纤维素分子链片里的氢键断裂，改善竹原纤维与聚丙烯树脂之间的界面结合情况。

尿素+0.7%抗氧化剂改性后，复合材料中各个VOC物质的释放量都出现一定程度的降低，其中甲醛和乙醛的释放量减少得较为明显，较未改性复合材料分别降低53.36%和92.15%，分别为$1.11\times10^{-7}g^{-1}/A$和$1.79\times10^{-8}g^{-1}/A$。抗氧化剂1010可以在制备过程中减少聚丙烯在高温环境下发生热氧化而降解生成醛类物质，从而在源头上加以控制，减少醛类物质释放。

表 3-14　不同改性方法的竹原纤维 / 聚丙烯复合材料 VOC 释放

复合材料	VOC 累积释放 / ($g^{-1}\cdot A^{-1}$)										
	甲醛	乙醛	丙烯醛	正丁烷	苯	甲苯	苯乙烯	苯二甲苯	对氯苯	十四烷	总和
未改性	2.38×10^{-7}	2.28×10^{-7}	3.69×10^{-10}	2.62×10^{-10}	2.04×10^{-10}	1.93×10^{-10}	1.71×10^{-10}	1.67×10^{-10}	1.57×10^{-10}	2.54×10^{-10}	4.67×10^{-7}
尿素	1.17×10^{-7}	1.95×10^{-8}	1.90×10^{-10}	1.62×10^{-10}	1.54×10^{-10}	1.62×10^{-10}	1.47×10^{-10}	1.45×10^{-10}	1.45×10^{-10}	2.25×10^{-10}	1.38×10^{-7}
尿素 + 抗氧化剂	1.11×10^{-7}	1.79×10^{-8}	2.02×10^{-10}	1.74×10^{-10}	1.65×10^{-10}	1.74×10^{-10}	1.58×10^{-10}	1.58×10^{-10}	1.63×10^{-10}	2.35×10^{-10}	1.30×10^{-7}

3.4.2.2　改性对竹原纤维增强聚丙烯复合材料力学性能的影响

在尿素和抗氧化剂改性复合材料后，竹原纤维/聚丙烯复合材料弯曲强度也呈现增加趋势，抗氧化剂浓度为0.3%时，复合材料的弯曲强度为84.34MPa，而弯曲模量为7.50GPa，对比未进行改性处理的竹原纤维复合材料的弯曲强度和弯曲模量分别提高29.71%和39.41%。剪切强度为8.36MPa，较未改性时降低9.23%。随着抗氧化剂浓度的增加，复合材料的弯曲强度、弯曲模量、剪切强度呈现下降趋势，当抗氧化剂浓度为0.9%时，达到最低值，分别为6.85MPa、6.04GPa、7.62MPa。相较未改性时的弯曲强度和弯曲模量分别提高5.37%、12.32%，剪切强度降低17.26%。

参考文献

[1] 陈亚柯 . 热成形工艺在汽车轻量化中的应用研究 [D] . 长沙：湖南大学，2012.

[2] 万国民. 塑胶产品在汽车节能减排中的应用及趋势[J]. 西南农业大学学报(社会科学版), 2012, 01: 20–24.

[3] 冀杰, 李云伍. 塑胶产品在汽车中的应用现状及发展趋势[A]. 西南汽车信息: 2010年下半年合刊[C]. 2010: 8.

[4] 张卓, 任忠海, 叶湖水. 麻纤维在汽车工业中的开发应用与展望[J]. 广东农业科学, 2010, 10: 250–252.

[5] 胡瑞华, 胡魁华, 宋帮才. 天然纤维加强复合材料及其在汽车工业中的应用[J]. 汽车工艺与材料, 2007, 03: 61–63.

[6] HEBEL D E, JAVADIAN A, HEISEL F, et al. Process–controlled optimization of the tensile strength of bamboo fiber composites for structural applications [J]. Composites Part B Engineering, 2014, 67: 125–131.

[7] LU T, LIU S, JIANG M, et al. Effects of modifications of bamboo cellulose fibers on the improved mechanical properties of cellulose reinforced poly (lactic acid) composites [J]. Composites Part B Engineering, 2014, 62 (3): 191–197.

[8] RASSIAH K, AHMAD M M H M, ALI A. Mechanical properties of laminated bamboo strips from Gigantochloa Scortechinii/polyester composites [J]. Materials and Design, 2014, 57 (5): 551–559.

[9] 邓红云. 麻纤维化学脱胶前后结构和性能的研究[D] 上海: 东华大学, 2014.

[10] 鲁博, 张林文, 曾竟成. 天然纤维复合材料[M]. 北京: 化学工业出版社, 2005.

[11] 田永. 汽车内饰用麻纤维增强聚丙烯复合材料的力学性能研究[D]. 长沙: 湖南大学, 2008.

[12] BLEDZKI A K, FARUK O, SPERBER V E. Cars from bio–fibres [J]. Macromolecular Materials & Engineering, 2006, 291 (5): 449–457.

[13] DHAKAL H N, ZHANG Z Y, RICHARDSON M O W. Effect of water absorption on the mechanical properties of hemp fiber reinforced unsaturated polyester composites [J]. Composites Science and Technology, 2007, 67 (7): 1674–1683.

[14] KARUS M, KAUP M. Natural fibers in the European automotive industry [J]. Journal of Industrial Hemp, 2002, 7 (1): 119–131.

[15] 宗原. 热塑性复合材料制备过程中的流变与流动[D]. 上海: 华东理工大学, 2011.

[16] 张晨夕. 苘麻纤维/PE复合材料热压成型及性能研究[D]. 黑龙江: 东北林业大学, 2012.

[17] PHUONG N T, SOLLOGOUB C, GUINAULT A. Relationship between fiber chemical treatment and properties of recycled pp/bamboo fiber composites [J]. Journal of Reinforced Plastics & Composites, 2010, 29 (21): 3244–3256.

[18] 张建鑫. 玄武岩纤维对黄麻/聚丙烯复合材料性能的影响[D]. 吉林: 吉林大学, 2012.

[19] 王鑫鑫. 黄麻纤维的复合处理及其聚丙烯基复合材料研究[D]. 南京: 南京航空航天大学, 2011.

[20] 罗琦. 黄麻纤维增强聚丙烯基复合材料的制备与力学性能的研究[D]. 上海: 东华大学, 2010.

[21] 卢珣, 章明秋, 容敏智, 等. 剑麻纤维增强聚合物基复合材料[J]. 复合材料学报, 2004, 19 (5): 1–6.

[22] 李小林. 环境友好型纤维增强外墙装饰板的研究[D]. 武汉: 武汉理工大学, 2008.

[23] 周兴平，解孝林，RKY. PP/PMMA. 接枝剑麻纤维复合材料（Ⅱ）SF 表面处理对 PP/SF 复合材料结构和性能的影响［J］. 高分子材料科学与工程，2004，20（4）: 138-141.
[24] 张丽. 植物纤维表面改性及聚丙烯复合材料的研究［D］. 青岛：青岛科技大学，2007.
[25] 刘晓烨，戴干策. 黄麻纤维毡的表面处理及其增强聚丙烯复合材料的力学性能［J］. 复合材料学报，2006，23（5）: 63-69.
[26] 王娟，李敏，王绍凯，等. 剑麻纤维表面特性及其浸润行为［J］. 复合材料学报，2012，29（4）: 69-74.
[27] ASUMANI O M L, REID R G, PASKARAMOORTHY R. The effects of alkali - silane treatment on the tensile and flexural properties of short fibre non-woven kenaf reinforced polypropylene composites［J］. Composites Part A Applied Science and Manufacturing, 2012, 43（9）: 1431-1440.
[28] BLEDZKI A K, MAMUN A A, VOLK J. Barley husk and coconut shell reinforced polypropylene composites: The effect of fibre physical, chemical and surface properties［J］. Composites Science & Technology, 2010, 70（5）: 840-846.
[29] VAEISAENEN T, HAAPALA A, LAPPALAINEN R, et al. Utilization of agricultural and forest industry waste and residues in natural fiber-polymer composites: A review［J］. Waste Management, 2016, 54（aug.）: 62-73.
[30] 杜善义. 先进复合材料与航空航天［J］. 复合材料学报，2007，24（1）: 12.
[31] 吴义强，卿彦，李新功，等. 竹纤维增强可生物降解复合材料研究进展［J］. 高分子通报，2012（1）: 71-75.

[32] 叶晓丹，于辉，杨慧敏，等. 竹纤维塑料复合材料的研究现状及进展［J］. 竹子研究汇刊，2014，33（1）: 12-15，30.
[33] MONTEIRO S N, CALADO V, RODRIGUEZ R J S, et al. Thermogravimetric behavior of natural fibers reinforced polymer composites: An overview［J］. Materials Science and Engineering: A, 2012, 557: 17-28.
[34] MÉSZÁROS E, JAKAB E, VÁRHEGYI G. TG/MS, Py-GC/MS and THM-GC/MS study of the composition and thermal behavior of extractive components of Robinia pseudoacacia［J］. Journal of Analytical and Applied Pyrolysis, 2007, 79（1）: 61-70.
[35] FAIX O, JAKAB E, TILL F, et al. Study on low mass thermal degradation products of milled wood lignins by thermogravimetry-mass-spectrometry［J］. Wood science and technology, 1988, 22（4）: 323-334.
[36] BENÍTEZ-GUERRERO M, LÓPEZ-BECEIRO J, SÁNCHEZ-JIMÉNEZ P E, et al. Comparison of thermal behavior of natural and hot-washed sisal fibers based on their main components: Cellulose, xylan and lignin. TG-FTIR analysis of volatile products［J］. Thermochimica Acta, 2014, 581: 70-86.
[37] BRODZIK K, FABER J, ŁOMANKIEWICZ D, et al. In-vehicle VOCs composition of unconditioned, newly produced cars［J］. Journal of Environmental Sciences, 2014, 26（5）: 1052-1061.
[38] HE Z, ZHANG Y, WEI W. Formaldehyde and VOC emissions at different manufacturing stages of wood-based panels［J］. Building and Environment, 2012, 47: 197-204.

[39] KALIA S, KAITH B S, KAUR I. Pretreatments of natural fibers and their application as reinforcing material in polymer composites : A review [J]. Polymer Engineering & Science, 2009, 49 (7): 1253-1272.
[40] 赵贞，张文龙，陈宇. 偶联剂的研究进展和应用 [J]. 塑料助剂, 2007 (3): 4-10.
[41] 高红云，张招贵. 硅烷偶联剂的偶联机理及研究 [J]. 江西化工, 2003 (2): 30-34.
[42] 陆仁书. 降低人造板甲醛释放量的措施 [J]. 中国人造板, 2002, 06: 12-14.
[43] 倪守领，刘诚，花军. 人造板甲醛释放的原因分析及降低甲醛措施的探讨 [C]. 第十一届全国人造板工业发展研讨会, 2012.
[44] 沈寒知. 热处理植物纤维/聚乳酸复合材料的制备与性能研究 [D]. 广州：华南理工大学, 2011.
[45] GARDNER D J. Volatile organic compound emissions during hot-pressing of southern pine particleboard : panel size effects and trade-off between press time and temperature [J]. 2002.
[46] 汪艳，胡惠敏. 聚乙烯醇改性聚丙烯微孔膜的性能 [J]. 武汉工程大学学报, 2014, 36 (5): 38-41+73.
[47] 钟国鸣. 聚乙烯醇基高吸水海绵材料工艺改良的研究 [D]. 广州：华南理工大学, 2013.
[48] 朱超. SPEEK/PVA 改性棉织物的制备及其污染物消除性能研究 [D]. 杭州：浙江理工大学, 2014.
[49] 左金琼. 热分析中活化能的求解与分析 [D]. 南京：南京理工大学, 2006.
[50] 邵瑞华. 泥质活性炭的制备及污泥热解动力学研究 [D]. 西安：西安建筑科技大学, 2011.
[51] 王春红，白肃跃，岳鑫敏. 乌拉草纤维热解及其产物挥发性有机物特性分析 [J]. 农业工程学报, 2015, 10: 249-253.
[52] SENNECA O, CIARAVOLO S, NUNZIATA A. Composition of the gaseous products of pyrolysis of tobacco under inert and oxidative conditions [J]. Journal of analytical and applied pyrolysis, 2007, 79 (1): 234-243.
[53] TERAMOTO N, SAITOH M, KUROIWA J, et al. Morphology and mechanical properties of pullulan/poly (vinyl alcohol) blends crosslinked with glyoxal [J]. Journal of Applied Polymer Science, 2001, 82 (9): 2273-2280.
[54] DUAN H, QIU T, GUO L, et al. The microcapsule-type formaldehyde scavenger : The preparation and the application in urea-formaldehyde adhesives [J]. Journal of hazardous materials, 2015, 293: 46-53.
[55] RAWAL A. Structural analysis of pore size distribution of nonwovens [J]. Journal of the Textile Institute Proceedings & Abstracts, 2010, 101 (4): 350-359.
[56] RAWAL A, SARASWAT H. Pore size distribution of hybrid nonwoven geotextiles [J]. Geotextiles & Geomembranes, 2011, 29 (3): 363-367.
[57] LIU K, YANG Z, TAKAGI H. Anisotropic thermal conductivity of unidirectional natural abaca fiber composites as a function of lumen and cell wall structure [J]. Composite Structures, 2014, 108 (1): 987-991.
[58] 刘胜凯. 汉麻纤维增强聚丙烯复合材料 VOC 释放及性能研究 [D]. 天津工业大学, 2016.
[59] 林天扬. 竹纤维提取及其增强聚丙烯复合材料 VOC 性能研究 [D]. 天津工业大学, 2018.

第4章 轨道交通用绿色复合材料

轨道交通在带动国民经济发展中发挥着非常重要的作用，党的十九大报告明确提出要建设交通强国。“十三五”期间，我国持续完善和优化区域间以及城市群的轨道交通网络系统，加速400万以上人口的特大城市的轨道交通发展，目前轨道交通用复合材料每年需求超过4000亿元，未来将以每年3%~4%的速度增长，在未来几年我国轨道交通将进入全面建设时代，预计在今后的20年，轨道交通建设将超过2万千米。由此可见，轨道交通发展前景广阔（表4-1），并将进入快速全面发展的新时期，因此复合材料在轨道交通领域将会得到越来越广泛的应用。

表 4-1 轨道交通市场发展

项目	增长速度 /（辆 · 年 $^{-1}$）
城市轨道交通	2500~3000
动车组	300~400
机车（动力车头）	700~1000
货车	70000~80000
客车	7000

最初，复合材料在轨道交通上主要用在非承力或次承力结构件上，其中在内饰件上应用最广泛。高速轨道交通的快速发展以及复合材料的广泛应用，对轨道交通车辆的轻量化提出了更高的要求，目前复合材料在车头和导流部件等应用领域已有研究和应用。

最近几年，在国内，轨道交通车辆的运行速度逐渐加快，如何将复合材料应用在高速列车上成为业内外的研究重点，并且取得了一定成果。例如，CRRC青岛四方机车车辆股份有限公司使用单面模具真空导入工艺制成碳纤维复合材料车头罩，并将碳纤维复合材料应用于高速列车设备舱中，相对于铝合金结构减重35%，其他各项指标也均满足要求。2015年，无锡威盛新材料科技有限公司成功生产碳纤维工字型主承力结构件应用于高铁车辆中。国内采用手糊成型工艺制作两侧为玻璃纤维复合材料、中间为泡沫夹芯材料、厚度为4.5mm的车辆头罩，增强材料包括玻璃纤维表面毡、纤维布和纤维毡，由多层复合制备，随纤维铺放角度的不同，力学性能呈现各向同性。中材科技膜材料公司采用FRP制备了具有优异性能的接触轨防护罩。山东烟台民士达特种纸业股份有限公司、上海圣欧集团有限公司等都推出芳纶复合材料产品，主要用于高速列车电动机、车身、变压器等部件。

在国外，因拥有成熟的技术，复合材料在轨道交通领域发展较快，主要集中于轨道车辆的内部装饰材料等非承力部件和机车车顶、机车转向架等次承力部件以及列车其他辅助部件。例如，法国国家铁路公司采用碳纤维复合材料研究出双层高速列车挂车。2010年韩国铁道科学院研制倾斜摆式列车，运营速度达到180km/h，车身均采用碳纤维三明治复合材料构件铝蜂窝夹芯结构，通过此工艺，车体总质量减至原来的60%，其他各项性能也都满足列车运行标准需求。日本铁道综合技术研究院与东日本客运铁道公司采用碳纤维增强树脂基复合材料制备车顶，使车辆重心降低，实现了车辆的平稳运行，其车体质量是铝合金车体的70%。法国的TGV高速列车采用玻璃纤维增强复合材料制作卫生间地板，既解决了腐蚀问题，又减轻了重量。瑞士辛德勒公司采用丝法缠绕技术制造出玻璃纤维增强塑料整体客车车厢，与钢铁材料相比，总质量降低10%。还有一些采用玻璃纤维和阻燃聚酯树脂制造的配件，通常应用在轨道列车的内饰件、小便池、水箱、车前头盖板等。美国Acela Express高速列车应用了Nomex绝缘系统变压器，体积约是传统变压器的80%，不仅轻便化，而且减轻了相关人员的工作量，增加了使用的安全性和便捷性。

总而言之，目前复合材料在轨道交通中的应用中，增强材料分为玻璃纤维、碳纤维和芳纶等纤维类型（各自所占比例如图4-1所示），也就是说复合材料中的增强体均属于合成纤维；树脂基体主要有不饱和聚酯树脂（UP）、环氧树脂、酚醛树脂、乙烯酸酯和其他，各自所占比例如图4-2所示。

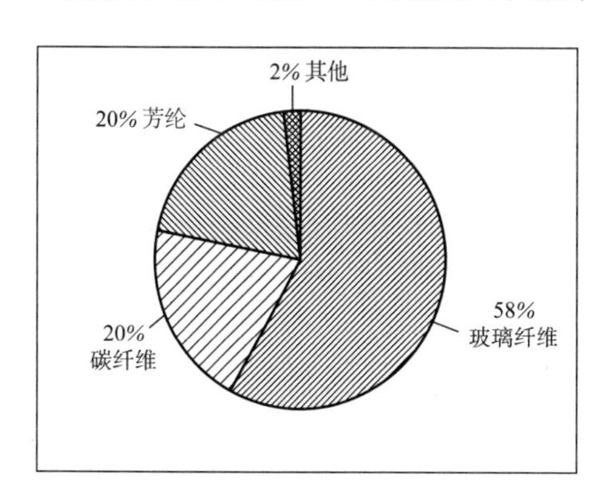

图 4-1　合成纤维所占比例

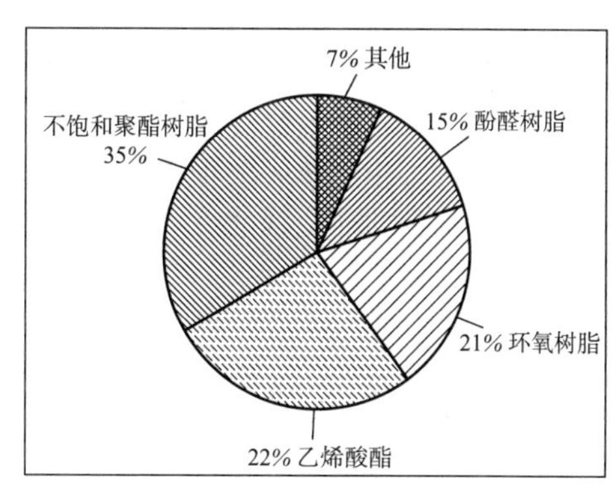

图 4-2　常用树脂所占比例

由此可见，玻璃纤维增强复合材料在轨道交通领域占据大量比重，然而其存在很大缺陷，具体如下。

①玻璃纤维能耗高，生产1吨玻璃纤维耗电量近3000kW · h，生产玻璃纤维消耗的不可再生能源是天然纤维的5~10倍。

②玻璃纤维对人体危害大，化学性能十分稳定，而且玻璃纤维毛无法被人体分解或吸收，对人体具有刺激作用，一旦进入人体，长时间容易引起肺部疾病甚至癌变。

③严重污染环境，被废弃的玻璃纤维增强复合材料制品，会产生玻璃纤维毛，玻璃纤维毛对空气造成污染，且正是因为有玻璃纤维毛，此类材料不能应用于食品与包装行业，应用领域受到限制；并且回收困难，使用后不可降解，大量使用必定会给人类赖以生存的环境带来沉重的负担。

显然，这与轨道交通用复合材料需更大程度地满足轻量化、环保性、安全性及美观性的需求相违背，因此，寻找一种天然纤维，研制环境友好的绿色复合材料替代玻璃纤维增强复合材料能带来明显的社会与经济效益。

麻纤维微观结构呈现多层次多尺度，主要由纤维素、半纤维素、木质素、果胶和脂蜡质等高分子有机化学成分组成；其中70%以上的成分是纤维素，它是D-葡萄糖以β-1，4-糖苷键组成的大分子多糖，聚合度约为10000。作为一种在天然纤维中备受关注的纤维素纤维，与合成纤维，特别是玻璃纤维相比，具有以下优势。

①来源广，资源丰富，种类多样。

②成本价格低，麻纤维的成本是玻璃纤维的0.25倍。

③质轻，麻纤维的相对密度为1.5g/cm^3，玻璃纤维的相对密度为2.6g/cm^3，麻纤维的相对密度约为玻璃纤维的一半。

④绿色无污染，可循环利用，吸入后对人体健康无害。

⑤天然纤维的最大优势是可分解和可循环利用，是任何合成纤维尤其玻璃纤维都无法比拟的。

⑥生产时耗能低，与玻璃纤维相比，生产相同制品时，麻纤维增强复合材料消耗的能源更少。

其中，苎麻在麻类纤维中性能最好，不仅纤维含量高，而且比强度和比模量与玻璃纤维接近。因此，研究麻纤维增强复合材料代替玻璃纤维增强复合材料具有重要的意义。

4.1 轨道交通用绿色复合材料的制备工艺

4.1.1 苎麻 / 不饱和聚酯树脂复合材料的制备工艺

4.1.1.1 促进剂、引发剂的选择

促进剂是指不饱和聚酯树脂在固化过程中，能降低引发剂引发温度，

促使有机过氧化物在室温下产生游离基的一类物质。环烷酸钴（俗称“萘酸钴”）、异辛酸钴和无色促进剂（含环烷酸钴及含环烷酸钾、含环烷酸铜等）是不饱和聚酯树脂常用的3种促进剂。其中，环烷酸是从石油中分馏出来的脂肪酸，由于原油性质及馏分的不同，所得分子质量参差不齐，同时无法准确估量产生的钴盐含量；无色促进剂多用于生产人造石；异辛酸钴不仅性能稳定，用量已超过促进剂销量的60%。考虑到环烷酸和无色促进剂的弊端和适用性，本节选用异辛酸钴作为不饱和聚酯树脂的促进剂。

引发剂是指在常温或加热条件下，使不饱和聚酯树脂分子链中的不饱和双键与交联单体的双键发生交联聚合反应，进而使其由线型长链分子形成三维立体网络结构的一类物质。在生产过程中，工厂普遍用的引发剂有过氧化甲乙酮（MEKP）、过氧化环己酮（HCH）、过氧化苯甲酰（BPO）、过氧化苯甲酸叔丁酯（TBPB）等有机过氧化物。本文使用HR-802不饱和聚酯树脂的公司的固化系统，选用产量最大的过氧化甲乙酮作为固化剂。

4.1.1.2 促进剂、固化剂用量的确定

参照已有固化系统的配方，促进剂异辛酸钴用量为0.5%~1%，固化剂过氧化甲乙酮的用量为2%。通过准备实验得知，当促进剂含量分别为0.5%和1%时，所用固化时间相差不大，所以考虑到节省成本等原因，促进剂的使用量确定为0.5%。

4.1.1.3 复合材料的制备

首先，将苎麻布放在80℃的烘箱中烘干2h后取出，置于干燥皿中冷却待用。参照目前轨道交通用复合材料制品增强体和树脂基体的配比，本文中苎麻机织物和不饱和聚酯树脂的体积分数比确定为30：70。

然后，依次按所需比例将促进剂、固化剂加入提前准备好的不饱和聚酯树脂中，搅拌均匀，为了除去树脂因搅拌产生的小气泡，需要将其在真空烘箱中进行3min左右的抽真空，然后将树脂均匀涂抹到苎麻平纹织物上，即预浸料制备完成。

接着，在模具上下均匀涂抹脱模剂，等待其干燥后，将预浸料平铺于下模具中间，然后合上上模具开始进行压制。通过铺层角度的设计，分别制备不同铺层角度的苎麻/不饱和聚酯树脂复合材料，包括：1—0°铺层、2—90°铺层、3—0°/90°铺层、4—0°/+45°/—45°/90°铺层，分别指的是以织物的经向铺层、纬向铺层、经纬交叉铺层、米字型铺层，各方向如图4-3所示。

模压成型工艺：在常温、压力为5MPa条件下，为充分除去多余的气泡和树脂浸润完全，前10min时每隔5min卸压一次；待压制2h后，拆模取出制品，然后置于80℃烘箱中进行后固化2h。

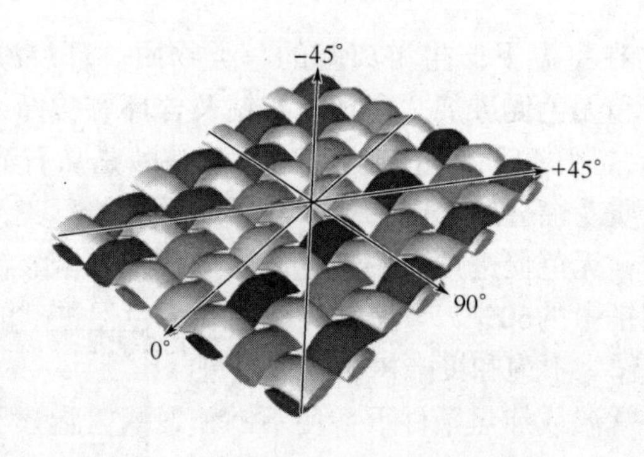

图 4-3　苎麻织物的角度方向示意图

4.1.2　洋麻 /棉织物增强环氧树脂复合材料的制备工艺

4.1.2.1　纺纱前洋麻精细化处理

本实验根据洋麻纤维中各成分对化学试剂的敏感程度不同，使用碱氧浴法和柔软剂对其进行精细化处理，通过测试处理前后洋麻纤维各项性能的变化，研究精细化处理对纤维可纺性能的影响，为洋麻纤维在纺织和复合材料上的应用奠定基础。

（1）洋麻的初步整理

将初步沤麻的洋麻原料初步整理，使其尽量平行顺直，以便后续处理。

（2）洋麻的水浴处理

洋麻精细化最优工艺，即采用了1℃/min的升温速度由室温升到95℃，升温时加入氢氧化钠和其他辅助试剂，此时氢氧化钠的浓度为0.8%，当温度达到95℃后，把剩余氢氧化钠加入溶液中，此时溶液中碱的浓度为4%。然后纤维在95℃条件下水浴120min后用清水冲洗至中性。

（3）洋麻的柔软剂处理

称量洋麻干重3%的TDSL-2005A柔软剂，浴比为1：10，50℃下恒温放置30min，取出后拧干。把拧干后的纤维放在烘箱中，在135℃条件下交联4min后，使其在90℃的烘箱中烘干。

（4）纤维剪短

洋麻纤维，均剪短至40cm。

（5）纺前处理

为使洋麻纤维便于纺纱，纺纱前需喷梳理剂。称取洋麻纤维干重的5%的梳理剂和8%的水配制成溶液。将油剂装入喷壶，均匀地将油剂喷洒到纤维上，然后包裹起来，至少放置12h，以备后道开松。

4.1.2.2　洋麻 / 棉纱线的制备

洋麻纤维较粗硬，在棉纺设备上纺纱时，洋麻纤维不易成网，因此，选用棉纤维和洋麻纤维混纺，提高混纺纤维成网能力，使纺纱能够顺利进行。

（1）开松

为使纤维混合均匀，需要开松三次，首先将洋麻和棉纤维分别开松一次。第二次按混纺比混合开松洋麻和棉纤维，共两次。总共需开松五种混纺比纤维，洋麻/棉分别为0/100、30/70、40/60、50/50、60/40。图4–4为罗拉式梳理机，图4–5为盖板式梳理机。

图 4–4　罗拉式梳理机

图 4–5　盖板式梳理机

（2）梳理

设定生条定量20g/5m，考虑到梳理时麻纤维的落率，因此，梳理时纤维每次喂入22g/次，共喂入8次，得到8个棉网；梳理机包括罗拉式梳理机和盖板式梳理机。

（3）并条

并条时罗拉隔距依据纤维长度设定。为使纱线条干均匀，并条时采用二道并条，熟条定量设为20g/5m。表4–2为并条参数。

表 4–2　并条参数

熟条	隔距 /mm				牵伸倍数		
参数选定五种混纺比	前区	中区	后区	工艺道数 / 并合数	前区	中区	后区
	45	40	52	二道（8 并）	8	1.1	1.5

（4）粗纱

为降低洋麻纤维的落率并使其能够顺利纺纱，需要在根据纺制棉纱工艺参数的基础上使粗纱定量及捻系数偏大些。表4–3为粗纱参数。

表 4–3　粗纱参数

粗纱	捻系数	粗纱定量 /tex	锭速 /（$r \cdot min^{-1}$）
五种混纺比洋麻 / 棉粗纱参数选定	95	600	500

（5）细纱

细纱采用环锭纺、赛络纺、转杯纺纺纱方法进行纺纱，研究纺纱方法对纱线基本性能的影响，得到最优纺纱方法。环锭纺是一根粗纱喂入，经牵伸成纱线。赛络纺细纱机是两根粗纱分别喂入两个喇叭口，平行进入同一个细纱牵伸区，粗纱被牵伸后由前罗拉输出，并形成初步加捻，汇聚并进一步加捻形成纱线。转杯纺是纤维条直接被喂入后，回转分梳辊把纤维条分解成单纤维，单纤维随气流被输送到转杯内壁，在凝聚槽内形成纱尾，同时被加捻成纱引出，直接绕成筒子。经前预实验研究，洋麻含量为40%时，较细的纱线可以纺制，但为了使含有高含量的洋麻的混纺纱线能够在后续织造中顺利进行，以及考虑到线密度对复合材料的影响，因此，纱线线密度设定50tex。表4–4为细纱参数。

表 4–4　细纱参数

纱线	线密度 /tex	捻系数	锭速 /（$r \cdot min^{-1}$）
五种混纺比洋麻 / 棉纱线参数选定	50	300~460	6000

4.1.2.3　洋麻 / 棉织物的制备

（1）上浆工艺

先配制浆液，浆纱工艺中浆液浓度为3%的“50%PVA+47.2%+2.8%润滑剂”混合液，浆液制备流程为，先将PVA和润滑剂加入到加热容器内，倒入45%的水分加热搅拌至沸腾，取下容器，等待PVA浆液降至50℃后，加入淀粉，然后升温煮沸5~10min。浆液制备完后，需要把浆液倒入浆槽内，然后启动单纱浆纱机设备，开始浆纱。

（2）织造工艺

经查阅文献可知，纺织结构复合材料所用织物面密度一般为120~160g/m^2，依据文献及原料特性，设计织物面密度为150g/m^2，经过理论分析及小样试验，选择筘号65（筘/10cm），设定纬密为150根/10cm，织物组织为斜纹。选择斜纹的原因是，平纹织物虽然具有较好的稳定性，但纤维屈曲大，流道面积小，不利于树脂的流动；缎纹织物具有较小的纤维屈曲，可以增大树脂渗透率，较小的纤维屈曲有利于复合材料性能的提高。而斜纹织物结合了平纹织物和缎纹织物两者的优势，因此在织造中选择三上一下右斜纹。图4–6为织物组织图、穿筘图、穿综图和纹板图，图4–7为成型织物。

4.1.2.4　洋麻 / 棉织物增强环氧树脂预浸料的制备

预浸料是制备复合材料的中间体，把纤维或布浸渍形成预浸料的过程受到严格的控制。预浸料质量直接对复合材料的性能产生影响，因此，制备出性能优良的预浸料具有重要意义。

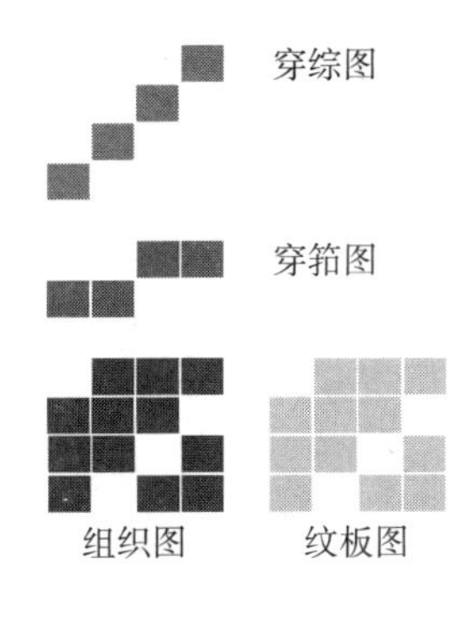

图 4-6　织物上机图

图 4-7　成型织物

预浸料的制备常用的两种方法是干法和湿法。湿法（溶液法）是多年来一直被使用的传统的制备预浸料的方法，其原理是织物经过一定的设备浸渍树脂，形成预浸料，其投入成本较低。干法是将树脂先熔融成平整均匀的胶膜，然后再与纤维或布复合浸渍，制得预浸料，其投入成本较高。湿法制备预浸料的优势为：其增强材料易于被树脂浸透；可以制备厚薄不一的多种预浸料；较低的工艺技术；设备造价较低，对工作人员要求也不高。

本次试验选用的是湿法（溶液法）来制备预浸料，以丙酮为溶剂，将环氧树脂溶于其中形成树脂胶液，用于制备预浸料。

（1）织物前处理

首先将织物退浆处理，之后使用电熨斗将退完浆的洋麻/棉织物熨平，放在80℃的干燥箱中烘40min。然后将织物卷绕到送布辊上，放在干燥处待用。

（2）预浸料的制备

实验原理：将树脂按照既定的比例（即30%、40%和50%）配好，依次按照设计的实验顺序倒入胶槽中，然后启动设备将送布辊上的布通过胶槽里的树脂胶液，之后经过上下压浆辊，其所施加的压力可使纤维与树脂充分浸润，然后再经过一段长长的烘道，使其充分地将丙酮等低沸点小分子物质挥发掉，最后输出烘道，在上下两侧PE膜的保护下卷绕到卷辊上，制备洋麻/棉织物增强环氧树脂预浸料（图4-8、图4-9）。在整个过程中能够对预浸料性能产生影响的因素分别有：速度、隔距、烘道温度以及树脂胶液中树脂的浓度。所述预浸料制备工艺参数调试，是指对树脂胶液浓度、浸胶机压辊隔距、烘箱温度及走步速度四个参数进行调试，树脂胶液为丙酮稀释环氧树脂得到，浓度为30%~50%，压辊间距最大为织物厚度的80%（0.3~0.52mm），烘箱温度为30~70℃，走步速度为20~40Hz。

4.1.2.5　洋麻 / 棉混纺织物增强环氧树脂复合材料的制备

第一步，在温度为125℃、压强为3MPa的条件下，下压3min，卸压1min，将上述过程重复一次；第二步，在温度为135℃、恒定压力为10MPa的条件下，固

图 4–8　经过压辊的预浸料

图 4–9　下机后的预浸料

化2h；第三步，将板材放置在温度为150℃的真空烘箱内，固化0.5h。

4.1.3　洋麻 / 芳纶织物增强环氧树脂复合材料的制备工艺

4.1.3.1　纺纱工序

经过精细化处理的洋麻纤维与对位芳纶在以棉纺系统为主的设备上进行混纺，其纺纱加工流程如下。

（1）开清

开清是纺纱工艺的起始点，其目的是充分混合和开松原料，并最大限度地去除杂质。

（2）梳理

使纤维伸直，梳理成网。梳理在整个纺纱工程中占有重要的地位，同时梳理的分梳作用能够使洋麻工艺纤维进一步劈裂，提高洋麻纤维线密度，并改善纤维间的相互结构关系，继续清除杂质、疵点，并进行较细致的均匀混合，对后道工序及成纱的强力和条干均匀度等有着重要影响。

（3）并条

并条工序通过纤维之间的并合作用，降低纤维条的重量不匀率，同时，利用牵伸作用，改善条子的内在结构，提高纤维的伸直平行度及排列的均匀性。通过合理的并条工艺有助于提高最终纱线的强力、条干均匀度等质量指标。

（4）粗纱

由于并条的定量较大，在细纱之前进行粗纱工艺，将条子拉细，并加上适当的捻度使其具有一定的强力，能够保证纺细纱时退绕对强力的要求，适应细纱的加工需求。

（5）细纱

细纱工艺通过将粗纱条均匀地抽长拉细到所需要的线密度，加上所需的捻度，使之具有一定的强力。由于纺纱技术的不同，所得到的纱线强度、结构等都有所差别。

（6）合股

通过对两根或者两根以上的纱线合并加捻，使纱线达到设计的线密度，同时改善纱线强度和条干不匀，提高纱线品质。

4.1.3.2　纺纱基本参数设置

纺纱工艺参数的选定原则是尽量减小设备对洋麻纤维的损伤，因此，在保证正常生产的情况下，调低设备运行速度，具体参数选择如下。

（1）称取纤维

根据洋麻与芳纶的混纺比，按照洋麻25%的落率和芳纶6%的落率称取纤维。

（2）开松混合

将称取的可纺洋麻短纤和芳纶短纤先分别开松1~2遍，然后再混合开松2遍，该工艺采用比常规棉纤维开松低5%~10%的转速开松，以减小打手对洋麻和芳纶的损伤。

（3）梳理

盖板梳理机为实验室用小型梳理机，采用16~18g的定量喂入，锡林转速为870r/min；为利于纤维成网和减小洋麻纤维在梳理过程中的损伤，罗拉梳理机大锡林的转速偏小掌握，为95~105r/min。

（4）并条

采用三道并条工艺，各道工序均采用8根喂入，以使两种混合纤维充分混合，降低条子不匀率，头并的后区牵伸1.7~2.0倍，利于前弯钩伸直，二三并的后区牵伸1.06~1.1倍，利于后弯钩伸直；

并条机为四上四下压力棒牵伸，其罗拉隔距选择如下：

前区隔距：纤维主体长度+（4~8mm）；

中区隔距：纤维主体长度+（3~5mm）；

后区隔距：纤维主体长度+（9~14mm）。

（5）粗纱

根据所纺纱线线密度和纺纱方法不同，粗纱线密度有所差别。当采用传统环锭纺制备短纤混纺纱线时，粗纱线密度为600~800tex，当短纤长丝混纺时，由于粗纱牵伸的限制，粗纱线密度为400~600tex。

（6）细纱

捻系数为290~360，出条速度为10~15m/min。

（7）合股

根据细纱捻系数确定股线捻系数，其捻系数为细纱的$\sqrt{2}$倍，出条速度为15~20m/min。

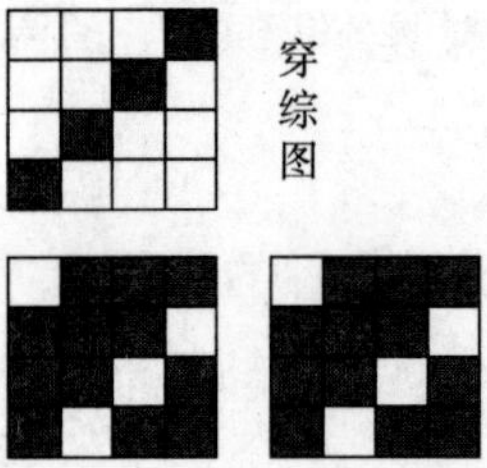

4.1.3.3 织造工艺

由于采用织物增强复合材料，平纹织物稳定性较好，而斜纹和缎纹织物的纤维屈曲较小且流道面积较大，树脂渗透率大，较小的纤维屈曲使其增强的复合材料拉伸性能较优。斜纹组织结合了平纹和缎纹两者的优势，因此在织造中优选斜纹作为织造的织物组织。

为了便于控制纬密，本次织造采用实验室用小样剑杆织机，织物的经密设定为90根/10cm，纬密设定为110根/10cm。图4-10为右斜纹组织图。

穿综图

组织图　　上机图

图 4-10　$\frac{3}{1}$右斜纹组织图

4.1.3.4 复合材料制备工艺

复合材料的制备包括预浸料的制备和成型工艺的确定，由于所用环氧树脂中已经添加固化剂和交联剂，简化了复合材料的制备流程。

（1）预浸料的制备

预浸料采用湿法制备，即使用丙酮将环氧树脂溶解成树脂胶液，将胶液刷涂到混纺织物上。在制备复合材料的过程中，如果树脂用量较少，则树脂与织物的浸润不完全，影响复合材料成型；如果树脂用量较多，容易造成树脂外流而产生浪费，造成最终纤维与树脂的体积比达不到设定值。通过查阅文献和实验论证，本文所用混纺织物与环氧树脂的体积比确定为40∶60。通常情况下，当复合材料密度大于1g/cm^{3}时，才能够作为结构用材料，因此本文将复合材料密度定为1g/cm^3。已知对位芳纶密度为1.44g/cm^3，洋麻纤维密度为1.3g/cm^3，环氧树脂密度为1.2g/cm^3，根据混纺比和织物尺寸几何得到所需树脂质量。具体方法如下。

①裁取所需的混纺织物，平铺在脱模纸上。

②根据混纺织物的混纺比和织物面积计算得到所需的树脂重量，采用丙酮作为溶剂，配制浓度为30%（质量分数）的树脂胶液。

③在通风环境下，手工用毛刷将胶液全部刷涂在混纺织物上。为了确保刷涂均匀，采用两遍刷胶。

④晾置24h以上，待溶剂挥发，不黏手可操作后方可使用。

（2）成型工艺

本文采用模压成型工艺压制洋麻/芳纶混纺织物增强环氧树脂复合材料板，模压成型是复合材料成型工艺中较为简便的工艺之一，其基本过程是将制备好的预浸料叠层到设计的厚度后放入预热的金属模具中，在预设压力下使预浸料中的树脂与纤维充分浸润，同时在设定的温度下维持一定的时间，使树脂充分固化。本文采用的热压温度为130℃，压力为5MPa，热压时间为2h。具体成型工艺如下：

①在高锰钢板上涂抹脱模剂，防止制成的复合材料粘连在模具上，将3mm垫片放到高锰钢板上，制成热压模具。

②将预浸料放到模具内，然后把模具放置到热压机上，然后设定热压温度和压力。

③当温度升温到设定值后开始计时，2h后取下模具，即可得到制备好的复合材料。

4.2 轨道交通用绿色复合材料性能测试方法

4.2.1 纤维性能测试

4.2.1.1 纤维直径测试

测试标准：SN/T 2672—2010《纺织原料细度试验方法：显微投影仪法》。测试要点：测试设备为光学显微镜，测试试样数量为20个。

4.2.1.2 纤维拉伸测试

测试标准：ASTM D3822—2014《单根纺织品纤维拉伸性能的试验方法》。测试要点：测试设备为万能强力机，夹持距离为10mm，拉伸速度为1mm/min，测试试样数量为20个。

4.2.1.3 纤维表面形貌

用扫描电镜观察处理前洋麻、处理后洋麻和棉纤维的表面形貌，对纤维表面形貌进行观察并对比分析。

4.2.1.4 纤维柔软度测试

测试标准：GB/T 12411.4—2016《黄、洋（红）麻纤维柔软度试验方法：捻度计试验法》。测试要点：每个样品重量为0.1g，束纤维长度为250mm，固定的夹持距离为200mm。

4.2.1.5 纤维红外光谱

测试条件：光谱范围为4000~400cm^{-1}，光谱分辨率为4cm^{-1}，扫描次数为32次。

4.2.1.6 纤维热重分析

热重分析实验采用美国TA公司生产的SDT Q600热重分析仪，本实验可得到纤维热解过程（空气环境）的热失重曲线，实验条件为：样品量为10mg，升温速率为10℃/min，温度范围为50~800℃。

4.2.2 纱线性能测试

4.2.2.1 纱线线密度测试

测试标准：GB/T 4743—2009《纱线线密度的测定：绞纱法》。测试原理：使用缕纱测长仪，测试次数为10次，每次100mm。

4.2.2.2 纱线的拉伸性能测试

测试标准：ASTM D2256—2010《单线法测定纱线拉伸性能的试验方法》。测试要点：测试设备为万能强力机，夹持距离为250mm，拉伸速度为250mm/min，测试试样数量为20个。

4.2.2.3 纱线的毛羽测试

测试标准：FZ/T 01086—2000《纺织品纱线毛羽测定方法：投影计数法》。测试要点：测试设备为纱线毛羽测试仪，测试速度为30m/min，每个试样测试5个片段，每片段长度为10m。

4.2.2.4 纱线条干测试

测试标准：GB/T 3292.1—2008《纺织品纱条条干不匀试验方法：电容法》。测试要点：测试设备为乌斯特条干仪，按纱线线密度选好喂纱槽，测试速度为200m/min，测试时间为2min。

4.2.3 织物性能测试

4.2.3.1 织物经纬密度测试

测试标准：GB/T 4668—1995《机织物密度的测定》。测试要点：在织物经纬向不同位置测试5次，求出平均值。

4.2.3.2 织物面密度测试

测试标准：GB/T 4668—1995《机织物密度的测定》。测试要点：机织物的面密度即单位面积机织物的重量；按规定裁取试样称重。

4.2.3.3 织物厚度测试

测试标准：GB/T 3820—1997《纺织品和纺织制品厚度的测定》。测试要点：压脚的面积为2000mm^2，选用的重锤为200g，每种织物测试10次，记录数值，然后计算得出平均值。

4.2.3.4 织物拉伸性能测试

测试标准：GB/T 3923.1—2013《纺织品 织物拉伸性能第1部分：断裂强力和断裂伸长率的测定：条样法》。测试要点：织物制样长度为300mm，宽度为35mm，有效宽度为25mm（两侧各扯去5mm）；拉伸速度为100mm/min；隔距长度为200mm。

4.2.4 预浸料性能测试

4.2.4.1 树脂含量的测试

树脂含量是评价预浸料的最直接的性能指标，可以最直观地体现预浸料是否符合要求。测试标准：HB 7736.5—2004，试样尺寸为100mm × 100mm，每种工艺制备的预浸料至少裁取3块。预浸料湿树脂含量计算式如下：

$$V=\frac{(m_1-m_0)\rho_0}{m_0\rho_1} \tag{4-1}$$

式中：V为树脂与纤维体积比；m_1为树脂质量（g）；m_0为纤维质量（g）；ρ_1为环氧树脂密度（g/cm^3）；ρ_0为纤维密度（g/cm^3）；

4.2.4.2　挥发分含量测试

挥发分含量的大小会直接影响复合材料的孔隙率大小以及质量的好坏，因此，挥发分是评价预浸料非常重要且需要严格控制的一项技术指标。

测试标准：HB 7736.4—2004，试样尺寸为100mm × 100mm的试样，每种工艺制备的预浸料至少裁取3块。将试样挂在材料成型温度下的恒温鼓风干燥箱中，并将已知质量的铝箔放在每个试样底部，接可能流淌下来的树脂。恒温15min后，取出样品，立即放入干燥器，冷却到室温，快速称量，精确到0.001g。预浸料挥发分含量计算式如下：

$$V_c=\frac{w_1-w_2}{w_1} \tag{4-2}$$

式中：V_c为挥发分含量（%）；W_1为试验前试样的质量（g）；W_2为试验后试样的质量（g）；

4.2.4.3　树脂流动度测试

在预浸料中，树脂体系流动性的大小通常是指在规定的温度、时间以及压力下，预浸料中流出的树脂的量占预浸料总质量的百分比。

测试标准：HB 7736.6—2004，试样尺寸为50mm × 50mm，试样数量为6个。在试样上下两侧各自垫上1块平纹玻璃布和1块铝箔纸（铝箔纸在最外侧），形成1个组合件，称取组合件的重量。将试样组合件放入已预热到试验温度的热压板之间，压至试验压力，试验温度为材料的成型温度135℃，试验压力采用材料的成型压力10MPa，时间为15min。然后在干燥器中冷却至室温，称量质量。预浸料树脂流动度计算式如下：

$$R_{F1}=\frac{w_1-w_4}{w_1} \tag{4-3}$$

式中：R_{F1}为树脂流动度（%）；W_1为试验前试样的质量（g）；W_4为试验后试样的质量（g）；

4.2.4.4　树脂黏性测试

根据标准：HB 7736.8—2004，三个试样放在不锈钢抛光板上，呈垂直交叉铺贴状，使预浸料中经向纤维方向与抛光板成45°，然后用橡胶滚轮压紧。1h后，观察并记录预浸料与不锈钢抛光板是否分离。试验至少重复三次。

根据标准中判定原则确定预浸料的黏性级别。

4.2.4.5　凝胶时间测试

测试标准：HB 7736.7—2004，预浸料试样尺寸为6mm × 6mm，试样数量不少于3个。将试样用铝箔纸包住，放在模压机板上，模压机温度为凝胶温度，施加适当压力，以便挤出树脂，观察树脂成丝的倾向，直至树脂不能成丝为止，记录实验时间，即为凝胶时间。

4.2.5 复合材料性能测试

4.2.5.1 拉伸性能测试

复合材料的拉伸性能测试参照标准ASTM D638—2014进行，具体测试参数为：试样尺寸为长×宽×厚=160mm×12.5mm×d；拉伸速度为5mm/min；拉伸试样跨距为90mm；每组测试5个试样（图4-11），取其平均值作为最后结果。

试样的拉伸强度按照式（4-4）计算，拉伸弹性模量按照式（4-5）计算。

$$\sigma_t=\frac{P}{b \cdot h} \tag{4-4}$$

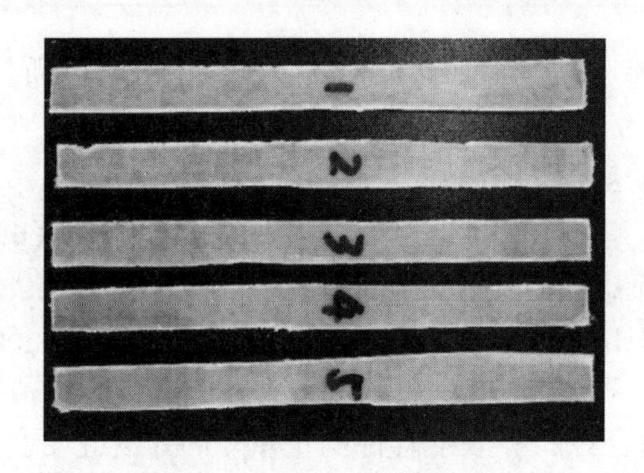

图 4-11 拉伸性能测试试样

式中：σ_t为拉伸强度（MPa）；P为试样拉伸破坏时的最大载荷（GPa）；b为试样的宽度（mm）；h为试样的厚度（mm）。

$$E_t=\frac{L_0 \cdot \Delta P}{b \cdot h \cdot \Delta L} \tag{4-5}$$

式中：E_t为拉伸弹性模量（GPa）；L_0为测量跨距（mm）；ΔP为载荷—位移曲线上初始直线段的载荷增量（N）；ΔL为与载荷增量ΔP对应的跨距L_0内的变形增量（mm）；b、h同式（4-4）。

4.2.5.2 弯曲性能测试

复合材料的弯曲性能测试参照标准ASTM D790—2017进行，具体测试参数为：试样尺寸为长×宽×厚=60mm×12.5mm×d；加载速度为2mm/min；弯曲试样跨距为48mm；每组测试5个试样（图4-12），取其平均值作为最后结果。

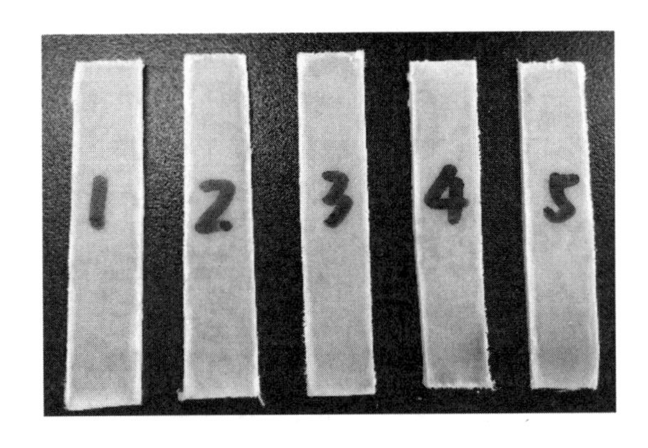

图 4-12　弯曲性能测试试样

试样的弯曲强度按照式（4-6）计算，弯曲模量按照式（4-7）计算。

$$\sigma_t=\frac{3p\cdot L}{2b\cdot h^2} \tag{4-6}$$

式中：σ_t为弯曲强度或弯曲应力（MPa）；P为试样破坏时的最大载荷（N）；L为试样跨距（mm）；b、h同式（4-4）。

$$E_f=\frac{L^3\cdot k}{4\cdot b\cdot h^3} \tag{4-7}$$

式中：E_f为弯曲弹性模量（GPa）；L为试样跨距（mm）；k为弯曲测试时载荷—位移曲线初始部分切线的斜率；b、h同式（4-4）。

4.2.5.3　剪切性能测试

复合材料的剪切强度测试参考标准JC/T 773—2010进行，具体测试参数为：试样尺寸为长 × 宽 × 厚=30mm × 15mm × d；加载速度为1mm/min；剪切试样跨距为15mm；每组测试5个试样（图4-13），取其平均值作为最后结果。

图 4-13　剪切性能测试试样

试样的剪切强度按下式计算：

$$\tau_M=\frac{3\times F}{4\times bh} \tag{4-8}$$

式中：τ_M为剪切强度（MPa）；F为试样破坏时的最大载荷（N）；b、h同式（4-4）。

4.2.5.4 苎麻/不饱和聚酯树脂复合材料吸水性能测试及表征

复合材料的吸水性能测试参考标准GB/T 1462—2005进行，试样尺寸为15mm × 15mm × d；具体测试过程为：将试样置于80℃的烘箱中2h，然后取出放在密封袋中冷却至室温；称重后浸泡在蒸馏水中，每隔24h取出用吸水纸擦干试样并称重，共测试4天。为了保证测试的准确性，每组试样测试3个（图4-14），取平均值作为最后测试结果。

图 4-14 吸水性能测试试样

试样的吸水率按照下式计算：

$$P=\frac{m_i-m_0}{m_0}\times 100\% \tag{4-9}$$

式中：P为复合材料的吸水率（%）；m_0为试样的初始质量（g）；m_i为试样吸水后的质量（g）。

4.3 苎麻织物增强不饱和聚酯树脂复合材料性能研究

4.3.1 铺层角度对苎麻/不饱和聚酯树脂复合材料性能的影响

4.3.1.1 拉伸性能

图4-15显示了不同铺层角度对复合材料拉伸性能的影响，从图中可以看出，当苎麻平纹织物呈纬向铺层（2—90°）时，复合材料的拉伸性能最好，拉伸强度和拉伸模量分别为56.52MPa、5.62GPa；当苎麻平纹织物呈米字形铺层（4—0°/+45°/-45°/90°）时，复合材料的拉伸性能最差，此时拉伸强度仅有36.41MPa，拉伸模量为5.21GP；与纬向铺层相比，拉伸强度变化较大，降低了35.6%；拉伸模量变化较小，但也降低了7.3%。当织物呈经向铺层（1—0°）或经纬交叉铺层（3—0°/90°）时，复合材料的拉伸性能较接近，都介于纬向和米字型这两种铺层方式之间。

纬向铺层的苎麻/不饱和聚酯树脂复合材料的拉伸性能大于经纬交叉铺层和经向铺层时的拉伸性能，这与苎麻平纹织物的纬向拉伸断裂强力大于经向拉伸断裂强力是一致的，在复合材料的拉伸测试过程中，施加的载荷主要作用在织物增强体上，沿拉伸方向的增强体织物断裂强力越大，复合材料的拉伸性能越好。织物呈米字型铺层时，复合材料中有50%的增强体拉伸应力不能直接作用在纤维上，而是靠经纬纱线交织点的摩擦力和经纬方向上的分力，因此其拉伸性能最差。

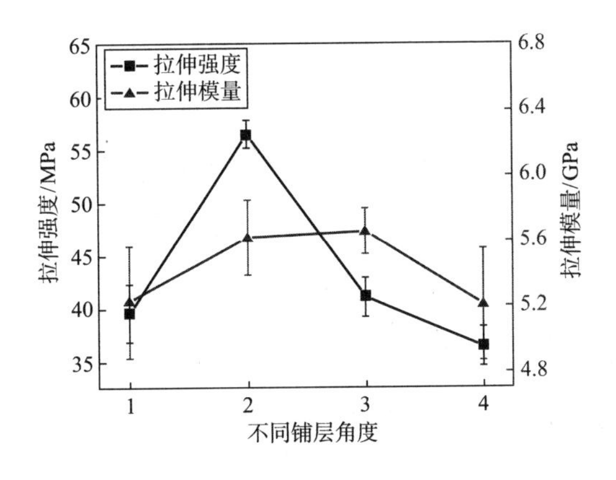

图 4–15　不同铺层角度对复合材料拉伸性能的影响

1—0°铺层　2—90°铺层　3—0°/90°交叉铺层　4—0°/+45°/–45°/90°交叉铺层

4.3.1.2　弯曲性能

图4–16显示了不同铺层角度对复合材料弯曲性能的影响，从图中可看出，当苎麻平纹织物呈纬向铺层（2—90°）时，复合材料的弯曲性能明显高于其他三种铺层方式，最大弯曲强度为81.28MPa，弯曲模量为5.31GPa；其次分别是经纬交叉铺层、米字形铺层；当苎麻平纹织物经向铺层时，复合材料的弯曲性能最低，弯曲强度和弯曲模量分别为60.50MPa、4.28GPa；相比纬向铺层，弯曲强度降低了24.6%；弯曲模量与苎麻平纹织物米字形铺层时的弯曲模量接近，与纬向铺层相比同样呈现降低趋势，降低了19.3%。

复合材料进行弯曲测试时，受到的载荷是拉伸应力、压缩应力、剪切应力和局部挤压应力的综合，应力状态比较复杂；上夹头垂直于试样的长度方向（90°方向），与宽度方向平行（0°方向）。在达到最大载荷前，复合材料板处于弹性状态；随着施加载荷的增加，树脂基体开始出现局部破坏；当载荷达到最大值后，复合材料内的增强体即苎麻纤维才开始断裂，导致复合材料内的应力降低，但下降过程并不是突然的。在层合复合材料中，90%的载荷由纤维承担，树脂基体主要起支撑和固定纤维、传递载荷的作用。当苎麻平纹织物呈现纬向铺层时，此时强力较大的纤维方向与试样的长度方向一致，即纬向所有的纤维都参与抵抗载荷，因此纬向铺层的弯曲性能最大。复合材料的经向和纬向弯曲性能有显著差异，经纱和纬纱性能区别很大，根本原因是纤维的分布具有差异性。当苎麻平纹织物呈现经纬向交叉和米字形铺层时，经纬方向的交替，提高了纤维分布的不均匀性，减少了复合材料的各向异性，因此其弯曲性能高于经向铺层的。

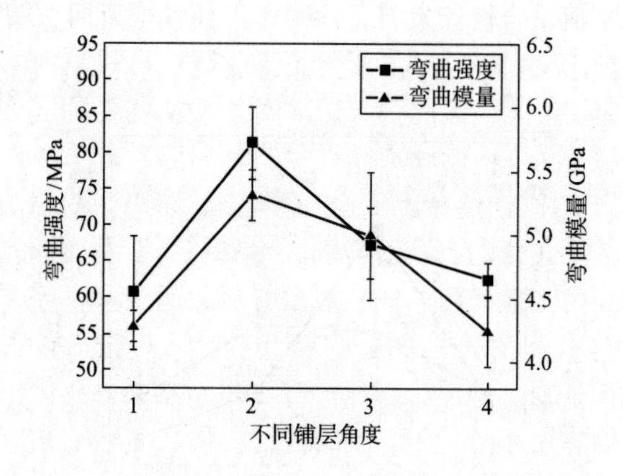

图 4-16　不同铺层角度对复合材料弯曲性能的影响

1—0°铺层　2—90°铺层　3—0°/90°交叉铺层　4—0°/+45°/-45°/90°交叉铺层

4.3.1.3　剪切性能

复合材料的层间剪切性能是指不同纤维增强复合材料制品在叠层复合后相邻之间产生相对位移时，作为抵抗阻力而在材料内部产生的应力大小，即层合板在层间剪切应力作用下的极限应力。

图4-17显示了不同铺层角度对复合材料剪切强度的影响，从图中可以看出，当苎麻平纹织物呈纬向铺层（2—90°）时，复合材料的剪切强度最大，为7.09MPa；其次分别是米字型铺层、经纬交叉铺层和经向铺层；经向铺层时，剪切强度最低，为5.58MPa，与纬向铺层相比降低了21.3%。经纬交叉铺层和米字形铺层时，复合材料的剪切强度较接近。

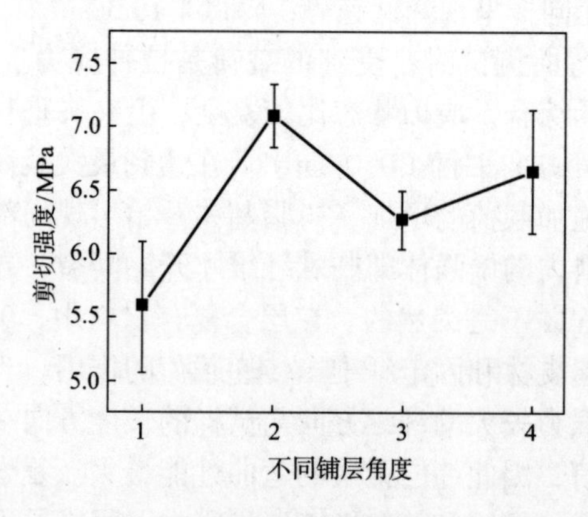

图 4-17　不同铺层角度对复合材料剪切强度的影响

1—0°铺层　2—90°铺层　3—0°/90°交叉铺层　4—0°/+45°/-45°/90°交叉铺层

层间剪切性能可反映复合材料内部层与层的黏结效果。当苎麻平纹织物为纬向铺层时，复合材料的剪切强度大于其他三种方式的，其根本原因是苎麻纤维与树脂基体的界面结合性能良好，同时由于纬向的纤维强力较大形成的。当苎麻平纹织物为经纬交叉铺层或者米字形铺层时，可提高内部纤维的分布均匀性，并降低层间剪切应力，因此其剪切强度大于经向铺层的。

4.3.1.4　吸水性能

图4-18显示了不同铺层角度复合材料的吸水率，从图中可以看出，在相同时间下，不同铺层角度的复合材料的吸水率基本上是接近的，图像的曲线趋于吻合，可以判断出铺层角度的改变对复合材料的吸水率并无影响；但随着时间的增加，复合材料的吸水率整体呈现上升趋势，当达到96h后，时间继续增加，曲线几乎趋于平稳，即复合材料的吸水率基本不再变化，此时吸水率达到6.23%，与24h时的吸水率（5.61%）相比提高了11.1%，这主要是由于苎麻纤维的亲水性引起的；随着时间的增加，亲水基团达到饱和，因此复合材料的吸水性能趋于平稳。

不饱和聚酯树脂拉伸强度和拉伸模量分别为16.3MPa和5.0GPa；弯曲强度和弯曲模量分别为20.7MPa和2.42GPa；较其他通用的树脂测试性能偏低，这可能与试样在制备时存在气泡有关。

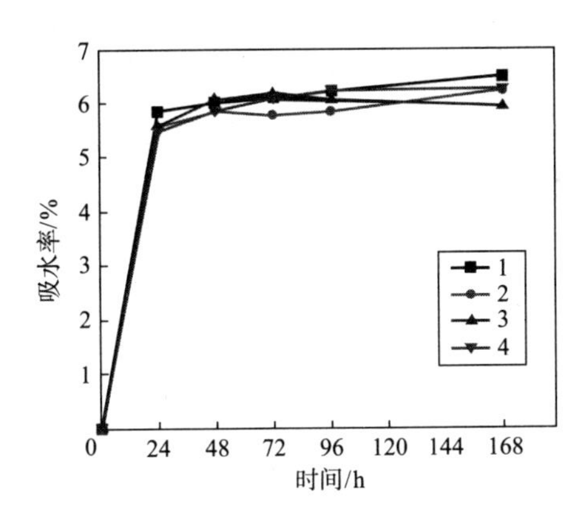

图 4-18　不同铺层角度复合材料吸水率比较

1—0°铺层　2—90°铺层　3—0°/90°交叉铺层　4—0°/+45°/-45°/90°交叉铺层

4.3.2　苎麻 / 不饱和聚酯树脂复合材料的界面改性研究

4.3.2.1　改性前后苎麻纤维性能表征

（1）表面微观形貌

改性前后苎麻纤维的表面微观形貌如图4-19所示。图4-19（a）为未处理的苎麻纤维表面微观形貌，可以看出，纤维表面较粗糙且凹凸不平，存在很多胶质和杂质等非纤维素物质，空洞应该为天然纤维被微生物腐蚀后产生的缺陷。经碱处理的苎麻纤维表面微观形貌如图4–19（b）所示，与未处理的苎麻纤维相比，表面比较干净，纤维表面大部分的非纤维素物质被去除，同时纤维表面出现沟槽和裂纹，这是碱处理刻蚀作用的结果，说明经过碱液改性是成功的。图4–19（c）为经硅烷偶联剂KH550处理的苎麻纤维的表面微观形貌，与未处理的相比，纤维的表面形貌没有太大变化。

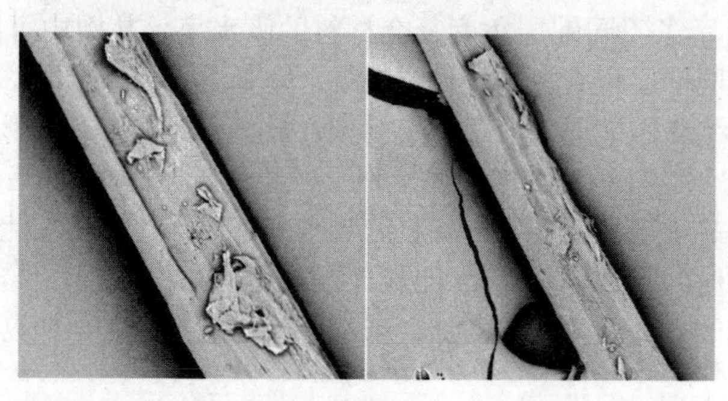

（a）未处理

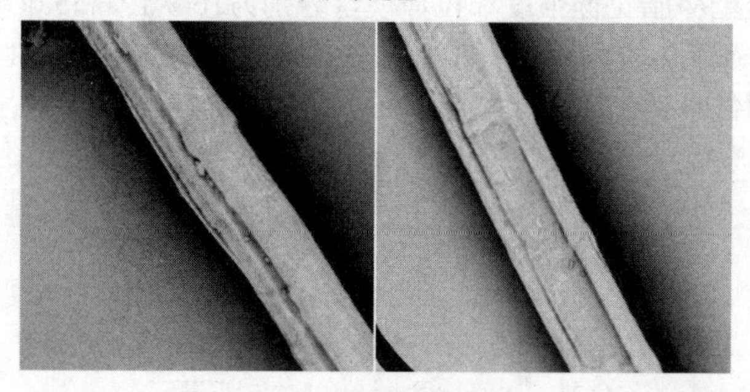

（b）1%碱处理

（c）3%偶联剂处理

图 4–19　改性前后苎麻纤维纵向结构图

（2）苎麻纤维直径和强度分析

图4–20所示为改性前后苎麻纤维强度比较图，从图中可以看出，经碱处理和偶联剂处理后苎麻纤维的强度都有不同程度的提高，分别提高为18.29%和

28.03%，这是由于通过改性后纤维表面的一些非纤维素物质被去除，使得苎麻纤维的直径变小，长径比变大，进而强度增加。

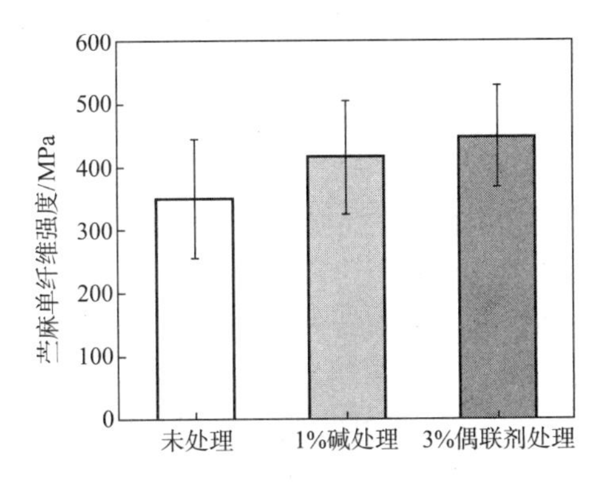

图 4-20　改性前后苎麻纤维强度大小比较

改性前后苎麻纤维的强度—直径分布图如图4-21所示，无论是未处理还是碱处理或偶联剂处理的苎麻纤维直径分布极其不均匀，这与天然纤维在

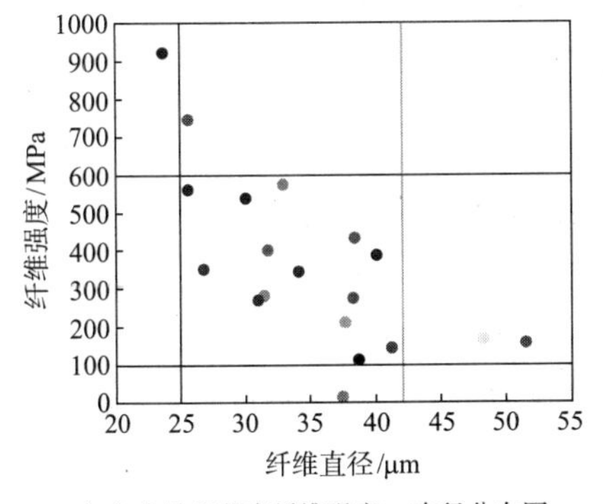

（a）未处理苎麻纤维强度—直径分布图

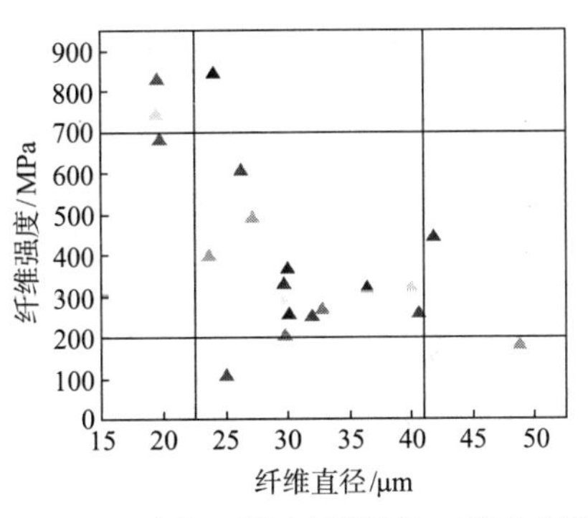

（b）1%碱处理后苎麻纤维强度—直径分布图

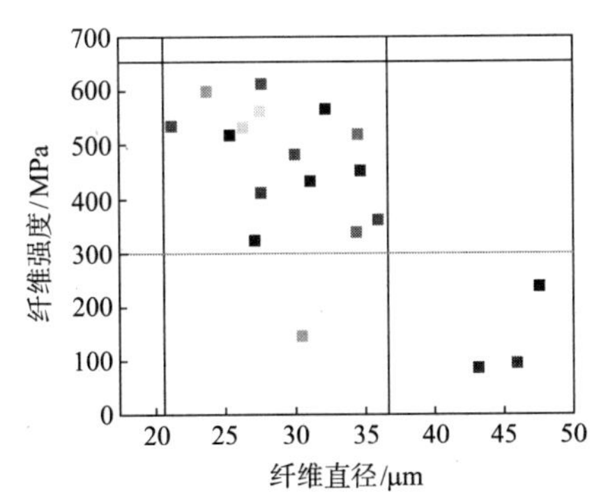

（c）3%偶联剂处理后苎麻纤维强度—直径分布图

图 4-21　改性前后苎麻纤维强度—直径分布图

生长过程中粗细不一、损伤程度不同有关；从图4-21（a）、（b）和（c）分别可看出，未处理的苎麻纤维直径主要分布在25~41μm之间，强度分布在100~600MPa之间；经碱处理后的纤维直径主要分布在23~40.5μm之间，强度分布在200~700MPa之间；经偶联剂处理的纤维直径主要分布在21~36μm之间，强度分布在300~650MPa之间；与未处理时相比，经碱处理或偶联剂处理的纤维直径都变细，同时偶联剂处理后的纤维直径变化更大。

（3）苎麻纤维红外光谱分析

通过碱处理和偶联剂处理后苎麻纤维的红外光谱图如图4-22所示，其中图4-22（a）为碱处理后苎麻纤维与未处理苎麻纤维的红外光谱图。$1239cm^{-1}$处是C—O的伸缩振动吸收峰，属于木质素的特征吸收峰；$1530cm^{-1}$处是C═O的伸缩振动吸收峰，属于半纤维素的特征吸收峰。从图中可以看出，经过碱处理后苎麻纤维的变化很小，仅在$1239cm^{-1}$和$1530cm^{-1}$处苎麻纤维的红外光透过率提高，此处特征峰的强度减弱，说明通过碱处理苎麻纤维表面的半纤维素、木质素和胶质等非纤维素物质被去除，同时也说明碱处理只对苎麻纤维表面进行物理性处理。

图4-22（b）显示了偶联剂处理后与未处理苎麻纤维的红外光谱图。从图中可以看出，经过偶联剂处理后的苎麻纤维红外光谱图上出现两个新的特征吸收峰，分别为$812cm^{-1}$和$1510cm^{-1}$；其中$812cm^{-1}$与—Si—C—的伸缩振动吸收峰相对应，$1510cm^{-1}$与—Si—O—C—的伸缩振动吸收峰相对应；由此可见，经过偶联剂处理，苎麻纤维与偶联剂溶液发生化学反应，新基团的出现使得苎麻纤维与不饱和聚酯树脂在界面区域通过化学键进行有效的连接。具体反应机理为：本文使用的偶联剂为硅烷偶联剂KH550，化学名称为γ-氨丙基三乙氧基硅烷，结构式为$NH_2(CH_2)_3Si(OC_2H_5)_3$，简写为$RSiX_3$，苎麻纤维与不饱和聚酯树脂间的作用机理如下：

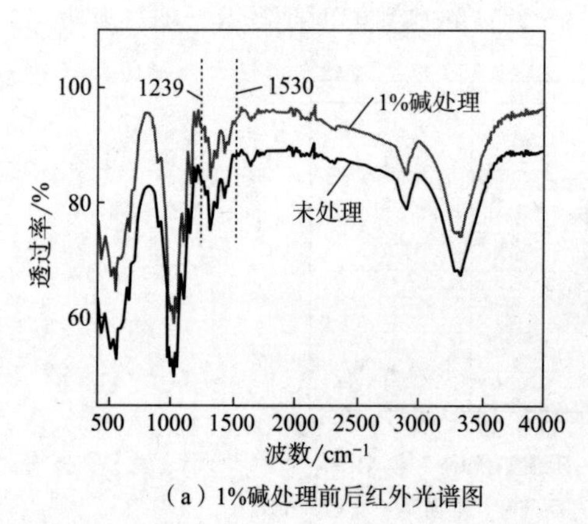

（a）1%碱处理前后红外光谱图

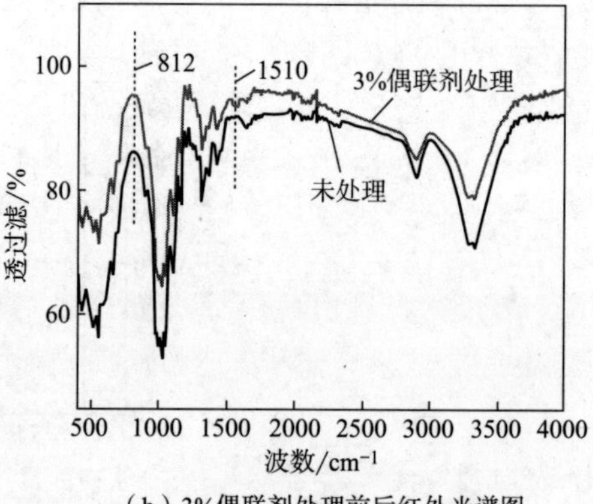

（b）3%偶联剂处理前后红外光谱图

图 4-22 不同改性方法的红外光谱图

首先，X基团水解成硅醇：

$$R-Si(OC_2H_5)_3 + 3H_2O \longrightarrow R-Si(OH)_3 + 3C_2H_5OH$$

其次，硅醇中的硅羟基之间以及硅醇硅羟基与苎麻纤维表面的羟基反应，形成氢键：

$$R-Si(OH)_3 + HO-Fiber \longrightarrow$$

苎麻纤维

硅羟基之间脱水，形成化学键：

$$-Si(R)(O-)-O-Si(R)(O-)-$$

苎麻纤维

因此，硅烷偶联剂和苎麻纤维的表面以化学键的形式进行结合，同时偶联剂在纤维的表面缩聚成膜，形成有机R基团朝向外面的形态结构。

有机基团R中含有氨基（$-NH_2$）、环氧基、乙烯基（—C═C—）等基团，这些基团能够在树脂基体固化时参与反应，如—C═C—可与UPR发生反应。通过有机基团R中的活性官能团和UPR间的反应，偶联剂与UPR以化学键的形式结合起来。

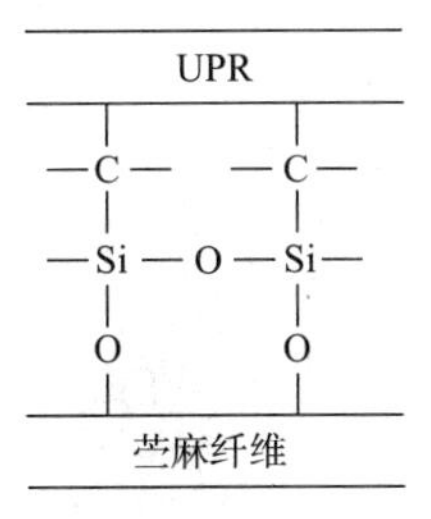

通过上述反应，偶联剂KH550将苎麻纤维与UPR进行有效连接，改善了两者之间的界面相容性，进而提高了复合材料的性能。

4.3.2.2 苎麻纤维接触角测试

采用蒸馏水作为探测液体，测试碱处理和偶联剂处理前后苎麻纤维的接触角，具体结果如表4-5和图4-23所示。

从表4-5可以看出，未处理的苎麻纤维，与蒸馏水的接触角为56°，接触角都小于90°，由此可见，苎麻纤维属于亲水性物质，这与苎麻纤维本身含有大量的羟基基团有关；当经过碱处理或偶联剂处理后，苎麻纤维的接触角增大，即疏水性能增强，这是由于碱处理不仅去除苎麻纤维表面的一些半纤维素、木质素和果胶等杂质，主要是羟基数目减少，导致纤维的亲水能力降低；而经过偶联剂处理的苎麻纤维与蒸馏水的接触角变大，产生此现象的原因是偶联剂分子一端与纤维素的羟基发生反应，产生了疏水性基团，封闭了苎麻纤维表面的大部分亲水性区，因此，纤维的自由表面能降低，从而苎麻纤维与不饱和聚酯树脂间的极性降低，提高了二者之间的黏附功，进而苎麻/不饱和聚酯树脂复合材料的性能得到加强。

表 4-5 改性前后苎麻纤维与蒸馏水的接触角结果

纤维类别	接触角 / (°)
未处理苎麻纤维	56
1% 碱处理苎麻纤维	61
3% 偶联剂处理苎麻纤维	99

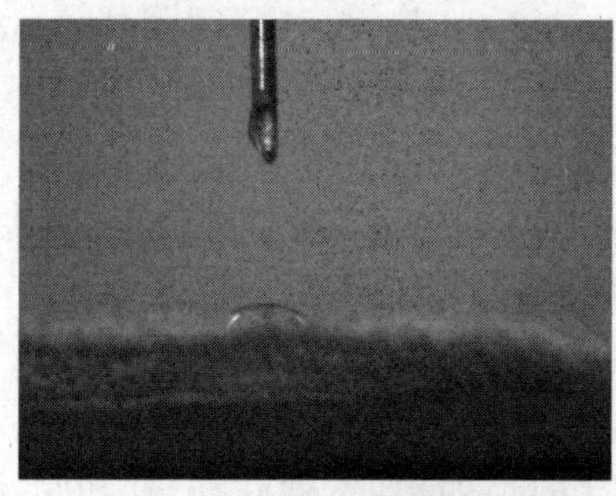

(a) 未处理时蒸馏水接触角

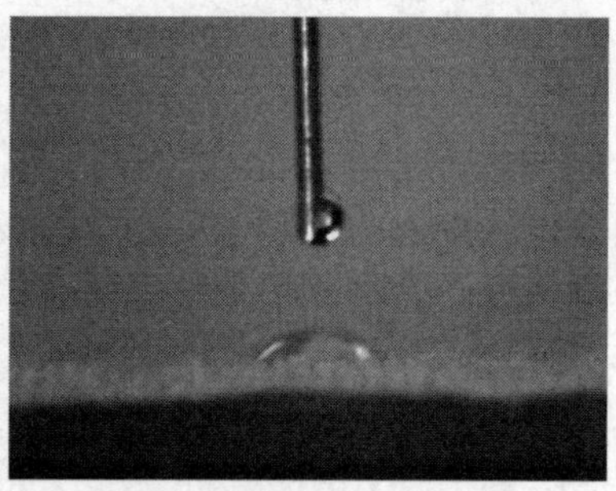

(b) 1%碱处理后蒸馏水接触角

(c) 3%偶联剂处理后蒸馏水接触角

图 4-23 改性前后苎麻纤维在蒸馏水中的接触角

4.3.2.3　改性对苎麻 / 不饱和聚酯树脂复合材料性能的影响

（1）碱处理对苎麻/不饱和聚酯树脂复合材料性能的影响

①碱处理对苎麻/不饱和聚酯树脂复合材料拉伸性能的影响。不同碱浓度处理对复合材料拉伸性能的影响如图4–24所示，从图中可以看出，与未处理相比，碱处理后复合材料的拉伸强度在误差允许的范围内变化不是很明显，但复合材料的拉伸模量得到很大的提高。综合考虑，经碱处理后复合材料的拉伸性能得到提升。随着碱浓度的增加，复合材料的拉伸性能呈现先增加后降低的趋势，当采用1%的碱液浓度时，拉伸强度和拉伸模量最大，分别为53.01MPa和6.35GPa；与未处理相比，复合材料的拉伸强度变化不明显，但拉伸模量提高13%。经过碱处理后，复合材料的拉伸模量有不同程度的提高，主要原因是：一方面，碱处理使得苎麻纤维表面的一些低分子物质（如半纤维素、木质素和果胶等）被去除，并使得微纤丝角减小，分子的取向度提高，纤维表面变得粗糙，同时出现沟槽和裂纹，这使得纤维与树脂基体之间的黏合力增强；另一方面，碱处理会导致纤维内部发生原纤化，使纤维束分裂成更小的纤维，使得纤维的直径降低，从而长径比增加，增大了纤维与树脂基体的有效接触面积。但是碱浓度过高会损伤到苎麻纤维中的纤维素成分，使得纤维素分解，进而对苎麻/不饱和聚酯树脂复合材料的性能产生负面影响。

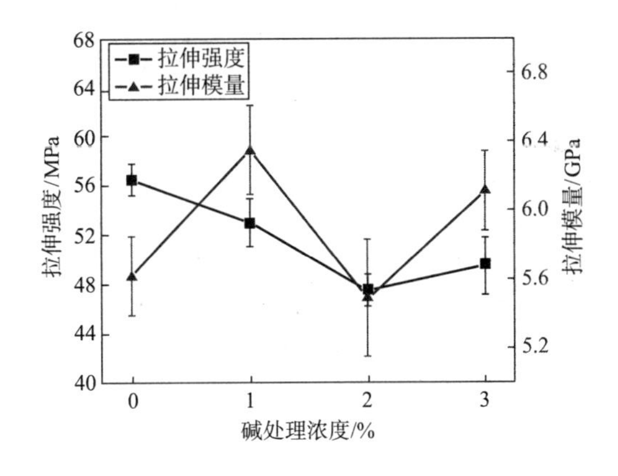

图 4–24　不同碱浓度对拉伸性能的影响

②碱处理对苎麻/不饱和聚酯树脂复合材料弯曲性能的影响。图4–25显示了碱处理对苎麻纤维/不饱和聚酯树脂复合材料的弯曲性能的影响，从图中可以看出，与未处理相比，经过碱处理的苎麻/不饱和聚酯树脂复合材料的弯曲强度和弯曲模量在不同程度上都得到增加，且增加幅度比拉伸性能大。随着碱浓度的不断增加，复合材料的弯曲性能整体呈现先增加后降低的趋势，这与拉伸性能的变化趋势是一致的。同样当碱液浓度为1%时，复合材料的弯曲性能达到最大，此时弯曲强度和弯曲模量分别为87.11MPa和6.36GPa。出现此现象的

原因：一是通过碱处理溶解了苎麻纤维表面的一些非纤维素等杂质；二是碱处理使纤维强度增加，直径变小，长径比变大，进而增大了与树脂基体的接触面积；三是碱处理使苎麻纤维的接触角变大，增加了苎麻纤维与树脂基体的界面结合性能，因此，碱处理后复合材料的弯曲性能增加。但是，当碱浓度逐渐增大时，复合材料的弯曲性能反而下降，这主要是由于碱浓度过高会破坏苎麻纤维表面纤维素的成分，增强体不能有效地承担载荷。

③碱处理对苎麻/不饱和聚酯树脂复合材料剪切性能的影响。不同碱浓度处理对复合材料剪切性能的影响如图4–26所示，从图中可以看出，随着碱浓度的增加，复合材料的剪切强度逐渐降低，当碱浓度为1%时，此时剪切强度与未处理时基本接近，出现此现象可能是碱处理不均匀导致的。

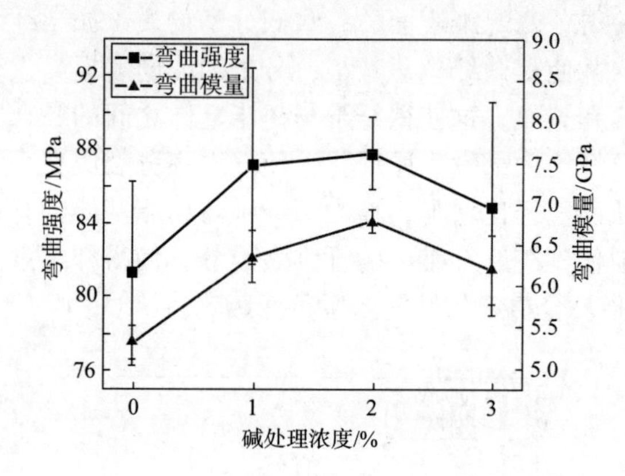

图 4–25　不同碱浓度对弯曲性能的影响

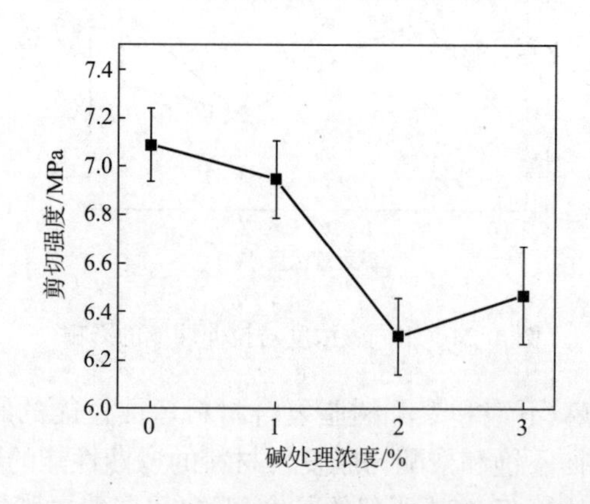

图 4–26　不同碱浓度对剪切性能的影响

④碱处理对苎麻/不饱和聚酯树脂复合材料吸水性能的影响。复合材料的吸水性能与界面结合性能有着很大的关系，它的大小可间接反映界面结合性能的好坏。因为在潮湿的环境下，水分子主要是通过纤维与树脂基体的界面由外

向内渗透。如果复合材料的界面结合良好，可阻止水分子因扩散作用进入，从而降低吸水率。

图4-27为不同碱浓度处理对苎麻/不饱和聚酯树脂复合材料的吸水性能的影响，从图中可以看出，随着浸泡时间延长，经过不同碱浓度处理的苎麻/不饱和聚酯树脂复合材料的吸水率先增大后趋于稳定，在浸泡时间为72h后，吸水率不再随浸泡时间而变化。同时可明显看出，经过碱处理后，复合材料的吸水率下降。在72h时，未处理、1%、2%和3%碱处理复合材料的吸水率分别为5.77%、5.49%、4.83%和5.06%；当碱浓度为2%时吸水率最低，与未处理时相比降低20.7%。在初始阶段，未处理试样的吸水速度要比经碱处理后的高，主要是因为未处理的苎麻纤维存在半纤维素和其他吸水性较强的物质，同时苎麻纤维与树脂基体之间的界面结合较差，水分子很容易扩散进入。而经过碱处理后，苎麻纤维表面的大部分半纤维素、木质素和果胶等杂质被溶解，增大了纤维的长径比，进一步提高了不饱和聚酯树脂与苎麻纤维的接触面积，使得复合材料的界面更为紧密，所以吸水率会降低。

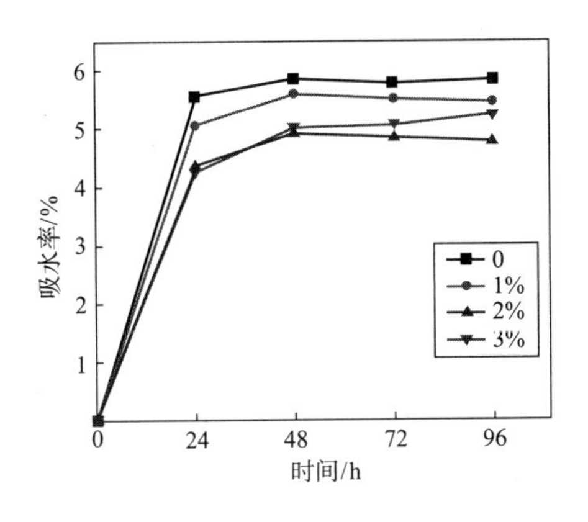

图 4-27　不同碱浓度对吸水性能的影响

（2）偶联剂处理对苎麻/不饱和聚酯树脂复合材料性能的影响

①偶联剂处理对苎麻/不饱和聚酯树脂复合材料拉伸性能的影响。图4-28为不同偶联剂浓度处理对复合材料拉伸性能的影响，由图可见，与未处理相比，偶联剂处理后的复合材料拉伸强度和拉伸模量在不同程度上都得到提升；同时，随着偶联剂浓度的增加，复合材料的拉伸性能都呈现先增加后降低的趋势，当偶联剂浓度为3%时，拉伸强度和拉伸模量都达到最大，分别为61.01MPa和6.56GPa。与未处理相比，复合材料的拉伸强度增加8%，拉伸模量增加16.7%；与碱处理相比，通过偶联剂处理后复合材料的拉伸性能变化幅度更大。产生此变化的原因主要是：一方面，偶联剂的加入，会与苎麻纤维产生化学反应；硅烷水解生成的硅烷醇与苎麻纤维的羟基发生反应，导致纤

维表面的羟基数量减少，使得纤维的吸水率减少，有利于提高苎麻纤维与不饱和树脂基体的稳定性；另一方面，偶联剂处理使得苎麻纤维和树脂基体之间以化学键或氢键的形式形成交联网络结构，减少了纤维的溶胀作用，进而使纤维与树脂基体之间的界面结合性能提升，所以复合材料的拉伸强度和拉伸模量都得到提升。

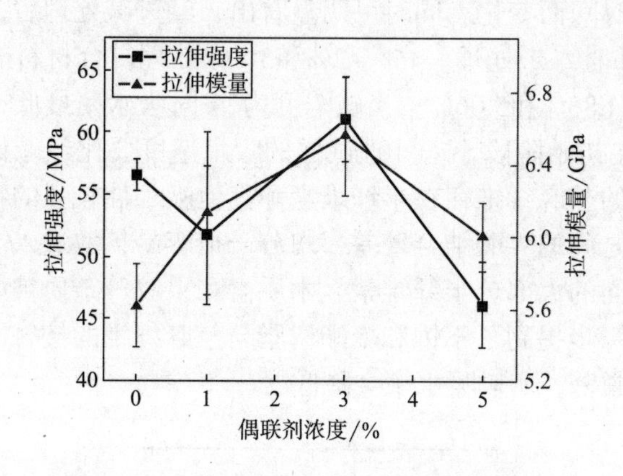

图 4-28　不同偶联剂浓度对拉伸性能的影响

综上所述，通过碱处理和偶联剂改性，苎麻/不饱和聚酯树脂复合材料的拉伸性能都得到增强，表明改性在不同程度上都改善了苎麻纤维和树脂基体的界面结合性能，当有拉伸应力作用时，应力从树脂基体经界面有效地传递至苎麻纤维上，从而充分发挥纤维的增强作用。

②偶联剂处理对苎麻/不饱和聚酯树脂复合材料弯曲性能的影响。图4-29显示了偶联剂浓度处理后苎麻纤维/不饱和聚酯树脂复合材料的弯曲性能变化。从图中可以看出，与未处理相比，经过偶联剂处理的苎麻/不饱和聚酯树脂复合材料的弯曲强度和弯曲模量都增大，且大于碱处理后复合材料的弯曲性能。随着偶联剂浓度的增加，复合材料的弯曲性能整体呈现先上升后下降的趋势，与碱处理后的变化趋势是一致的；当偶联剂浓度为1%时，复合材料的弯曲强度达到最大，为103.39MPa，与未处理相比提高27.2%，与碱处理相比提高18.7%；当偶联剂浓度为3%时，复合材料的弯曲模量最大，达到8.51GPa，与未处理时相比提升60.3%，与碱处理时相比，弯曲模量提高33.8%；由此可见，通过偶联剂处理后复合材料的弯曲强度和弯曲模量比碱处理后效果更明显。这主要是因为偶联剂处理后的苎麻纤维强度大于碱处理后的，同时偶联剂处理增大了苎麻纤维的接触角，使得纤维与树脂基体的界面结合性能得到进一步改善。当偶联剂浓度为3%，此时弯曲强度为99.39MPa，与偶联剂浓度为1%时的弯曲强度基本接近。综上所述，当偶联剂浓度为3%时，复合材料的弯曲性能最优。

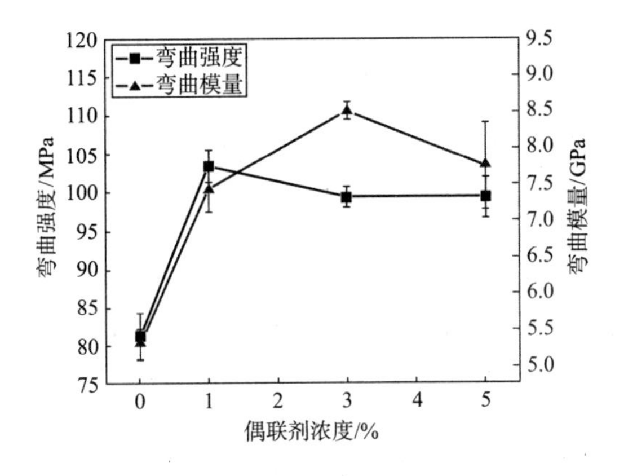

图 4-29　不同偶联剂浓度对弯曲性能的影响

③偶联剂处理对苎麻/不饱和聚酯树脂复合材料剪切性能的影响。图4-30显示了不同偶联剂浓度处理对复合材料剪切性能的影响，由图可见：与未处理相比，经过偶联剂处理的苎麻/不饱和聚酯树脂复合材料的剪切强度在不同程度上都得到了提高；而且，随着偶联剂浓度的增加，复合材料的剪切强度呈现先上升后下降的趋势，这与拉伸、弯曲性能的变化趋势一致，当偶联剂浓度为3%时，剪切强度达到最大，为7.91MPa；与未处理复合材料的剪切强度相比增大11.7%。偶联剂处理后引入新基团，通过“桥梁”的作用连接增强体和树脂基体，改善了苎麻纤维和树脂基体之间的界面结合性能，因此复合材料的剪切强度会提高。偶联剂浓度太高时，偶联剂会发生自凝聚结现象，从而不能有效且均匀地分散在溶液里，进而影响其水解，此外，偶联剂的自凝聚结作用使得它覆盖在纤维表面，阻碍偶联剂水解产生的硅烷醇与苎麻纤维的反应，反而对苎麻纤维与偶联剂的界面结合产生不利影响，因此当偶联剂浓度太高时复合材料的剪切强度会下降。

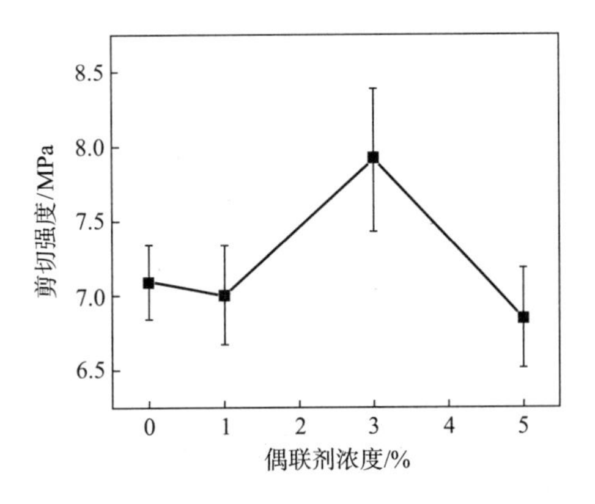

图 4-30　不同偶联剂浓度对剪切性能的影响

④偶联剂处理对苎麻/不饱和聚酯树脂复合材料吸水性能的影响。不同偶联剂浓度对苎麻/不饱和聚酯树脂复合材料的吸水性能的影响如图4–31所示，由图可见，随着浸泡时间延长，经过不同偶联剂浓度处理的苎麻/不饱和聚酯树脂复合材料的吸水率呈现先增大后趋于稳定的趋势，基本在浸泡时间为72h后，吸水率不再随浸泡时间而变化。从图中可以看出，经过偶联剂处理后，复合材料的吸水率变小。在72h时，未处理、1%、3%和5%偶联剂处理的复合材料的吸水率分别为5.77%、5.62%、5.07%和5.34%；当偶联剂浓度为3%时，复合材料的吸水率最低，与未处理时相比降低12.2%；这是由于偶联剂的加入，使得苎麻纤维纤维素中的羟基大大减少，纤维的极性较低，进一步提高了苎麻纤维与不饱和聚酯树脂之间的界面结合性能，因此复合材料的吸水率会降低。

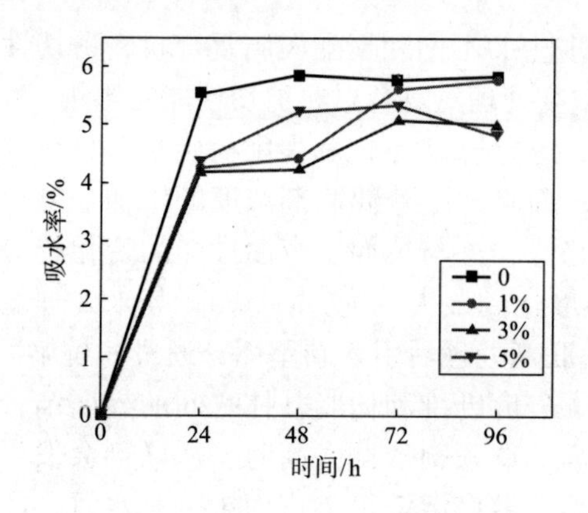

图 4–31　不同偶联剂浓度对吸水性能的影响

（3）联合改性对苎麻/不饱和聚酯树脂复合材料力学性能的影响

通过分析以上碱和偶联剂单独处理对苎麻/不饱和聚酯树脂复合材料力学性能的影响可知，碱和偶联剂都可以提高复合材料的性能，为进一步提高材料性能，对苎麻平纹织物进行先碱液后偶联剂的联合处理，具体改性结果如图4–32所示。

图4–32（a）、（b）和（c）分别给出了经过联合改性后苎麻/不饱和聚酯树脂复合材料的拉伸、弯曲和剪切性能。可以看出，经联合处理后材料的力学性能得到进一步提升，其中拉伸性能变化较小，拉伸强度和拉伸模量分别为55.26MPa、6.49GPa；弯曲和剪切性能变化较大，弯曲强度、弯曲模量和剪切强度分别达到108.99MPa、10.38GPa和8.76MPa，相比未处理时提高34.1%、95.5%和23.6%。从图4–33苎麻/不饱和聚酯树脂复合材料拉伸断裂截面图也可以看出，经过1%碱+3%偶联剂联合改性后，苎麻纤维和树脂基体间的结合性能得到改善，树脂基体均匀包覆在苎麻纤维周围且较光滑，材料有脆性断裂的部分。

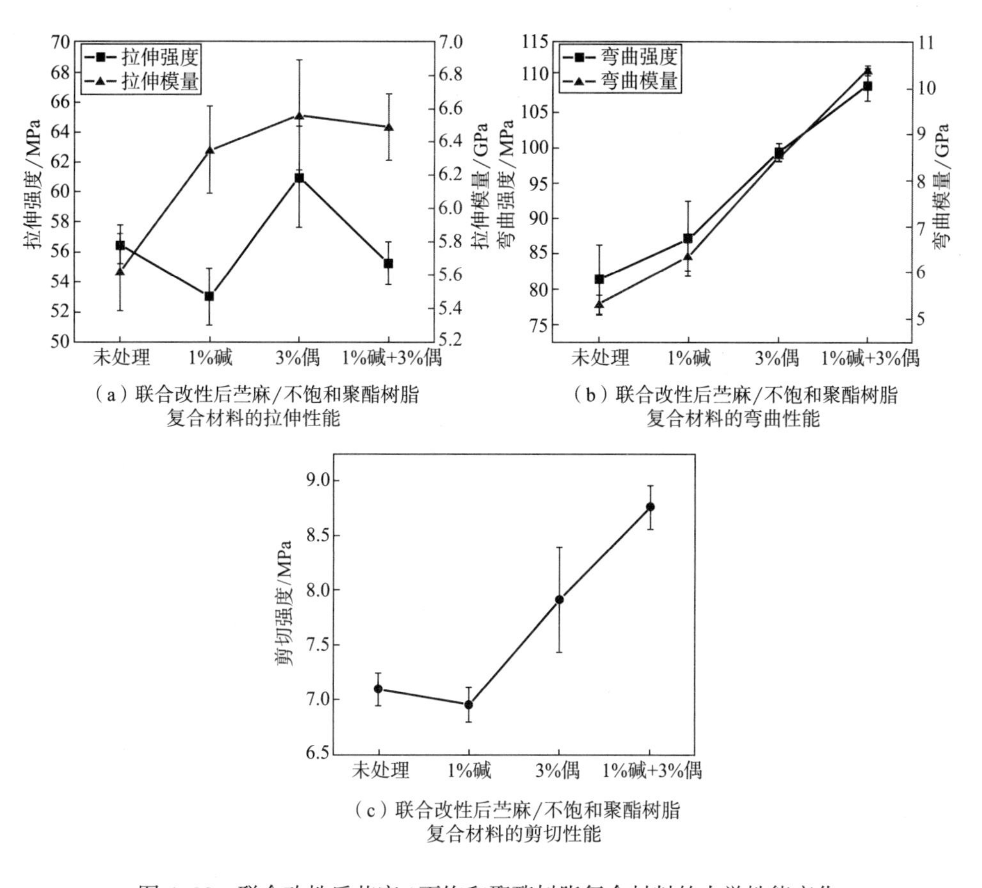

（a）联合改性后苎麻/不饱和聚酯树脂复合材料的拉伸性能

（b）联合改性后苎麻/不饱和聚酯树脂复合材料的弯曲性能

（c）联合改性后苎麻/不饱和聚酯树脂复合材料的剪切性能

图 4–32　联合改性后苎麻 / 不饱和聚酯树脂复合材料的力学性能变化

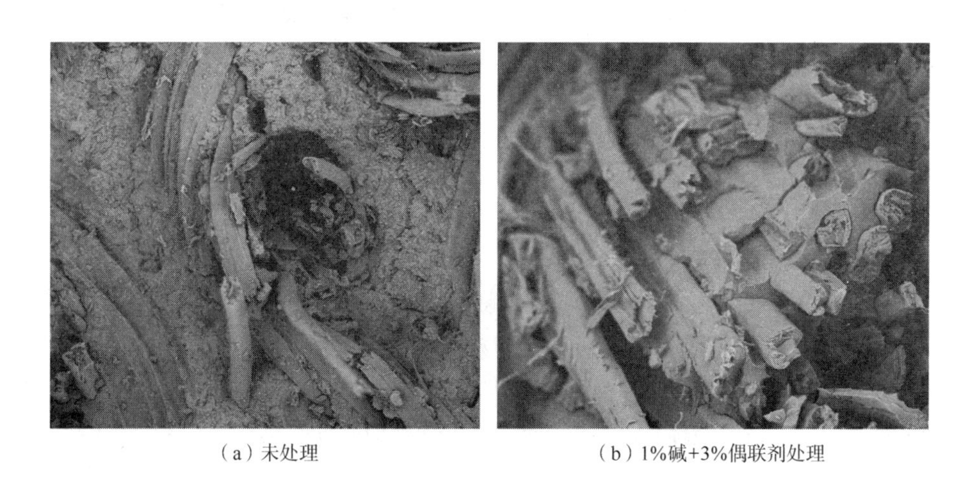

（a）未处理　　（b）1%碱+3%偶联剂处理

图 4–33　苎麻 / 不饱和聚酯树脂复合材料拉伸断裂截面图

4.3.3 基于HyperWorks苎麻/不饱和聚酯树脂复合材料的力学性能分析

影响天然纤维增强复合材料的因素有很多，如铺层角度的设计、界面改性工艺的选择等对苎麻/不饱和聚酯树脂复合材料的性能都有着重要的影响。弯曲性能是苎麻纤维增强不饱和聚酯树脂复合材料力学性能的重要指标之一。利用计算机辅助软件HyperWorks分析并优化苎麻/不饱和聚酯树脂复合材料层合板的弯曲过程，有助于直观且清晰地模拟试样的受力变形情况，分析试样受力的薄弱环节并计算出各个节点的应力值，进一步对苎麻/不饱和聚酯树脂复合材料的力学性能进行优化，并拓展天然纤维增强复合材料在轨道交通领域的应用。

4.3.3.1 HyperWorks简介

HyperWorks软件是由美国Altair公司研发的一款集分析和优化于一体的软件，具有速度快、灵活性高和适应性强等优点，目前为航空航天、汽车工业、机械和桥梁建筑等领域提供了便利。同时它也是一个极具包容性、开放性和创新性的企业级有限元分析和优化平台，集成了有限元前处理阶段、分析阶段以及后处理查看阶段等所需要的各种工具，因此得到了社会各界的认可。

HyperWorks软件采用的是严格建立在数学理论分析基础上的一种数值分析方法，可用来进行简单的线性静态计算和分析，同时也可以用来进行复杂的非线性动态分析，还包括多学科优化分析、多物理场耦合分析以及高性能计算等诸多方面。HyperWorks有限元分析方法的基本思想是离散化模型，将要求解的目标离散成有限个单元，并在每个单元指定有限个节点，单元通过节点相连构成整个有限元模型，用该模型代替实际结构进行结构分析。

4.3.3.2 HyperWorks复合材料有限元分析

复合材料具有可设计性强的特点，研究复合材料时如果只依靠积累的经验、总结的实验规律等来确定复合材料组分的比例，靠改性工艺或成型工艺来制备需要性能的复合材料，不仅研究投入资金多、耗费时间长、需要投入大量的人力物力，又增加研究的成本。HyperWorks有限元分析软件具有强大的计算和分析功能，能为复合材料的设计、性能分析提供计算机模拟，从而与实验获得的结论进行对比分析，不仅缩短了研究周期，同时也大量节约了研究成本。

HyperWorks模拟分析过程主要包括：有限元模型的建立、网格划分、定义材料属性、铺层设计、施加载荷并分析结果。

4.3.3.3 复合材料板材的计算机模拟

（1）苎麻/不饱和聚酯树脂复合材料层合板的HyperWorks有限元模拟验证

①几何模型创建。为提高有限元建模的效率，缩短分析和计算的时间，复杂模型一般情况下要进行简化。本节中主要以苎麻/不饱和聚酯树脂复合材料层合板为研究对象，结构相对比较简单，所以无须进行简化，直接在HyperWorks软件的创建模型窗口进行建模即可，设置矩形大小为复合材料弯曲性能测试试样的大小，长和宽分别为60mm和12.5mm，如图4–34所示。

图 4-34　几何模型创建

②网格划分。HyperWorks的网格类型包括三角形、直角三角形、四边形和三角形四边形的混合模式；定义网格的尺寸包括定义网格的最小尺寸、最大尺寸和最大角。有限元网格的合理划分对分析模型结构有一定的影响。对于规则图形，用自动网格划分即可实现对网格的划分，四边形网格比三角形网格在分析时更精确，并且网格越多得到的优化结果越清晰，计算效率越高。因为苎麻/不饱和聚酯树脂复合材料弯曲试验模型属于规则形状，因此采用四边形即六面体网格来划分。图4-35为对创建的几何模型网格划分的结果，网格数目共3000个。

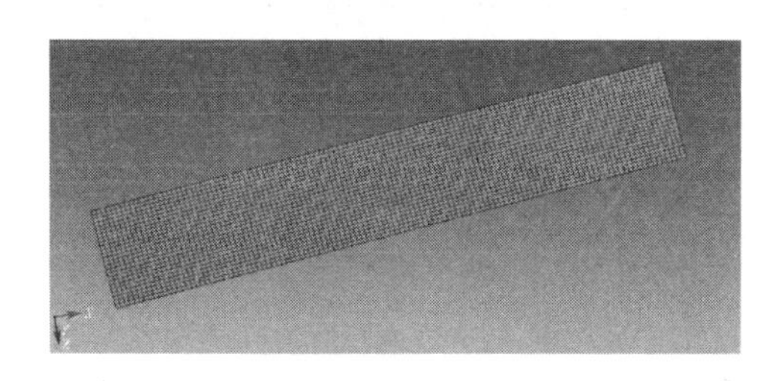

图 4-35　网格自动划分

③定义模型材料和属性。首先创建模型材料：通过Material功能，建立苎麻预浸料的各项性能，如图4-36所示，在Name后输入Ramie，定义材料的颜色，选择材料的类型，主要是在卡片设置选项中选择MAT8，点击编辑按钮对卡片MAT8进行设置，纵向拉伸模量为E_1=6490MPa，横向拉伸模量为E_2=5230MPa，泊松比为0.16，密度为1.0，层间剪切模量为G_{12}=3990MPa。

然后，创建模型属性，定义属性的颜色，在卡片选项中选择PCOMPP，如图4-37所示。

④铺层。通过4.3.1节中测试不同铺层角度对复合材料性能的影响，得出纬向铺层时性能最好。如图4-38所示，采用纬向铺层，设置铺层层数为7层，铺层结果如图4-39所示。

⑤边界约束和载荷的施加。如图4-40所示，两个约束位置间的距离是弯曲试样的跨距，为48mm。边界约束是分别对弯曲测试时的两个支撑位置的X轴、Y轴和Z轴进行约束，使其处于固定不动的状态，然后在中点位置（图4-41）的Y轴方向上施加大小为65.80N的载荷。

Name	Value
Solver Keyword	MAT8
Name	ramie
ID	1
Color	
Include File	[Master Model]
Defined	
Card Image	MAT8
User Comments	Do Not Export
E1	6490.0
E2	5230.0
NU12	0.16
G12	3990.0
G1Z	
G2Z	
RHO	1.0

图 4-36　创建模型材料

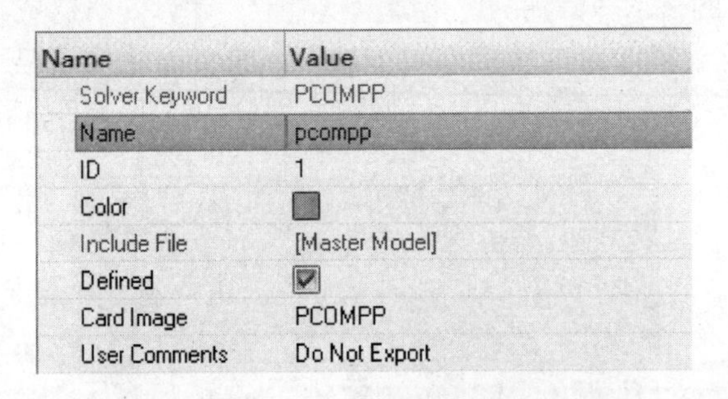

Name	Value
Solver Keyword	PCOMPP
Name	pcompp
ID	1
Color	
Include File	[Master Model]
Defined	
Card Image	PCOMPP
User Comments	Do Not Export

图 4-37　创建模型属性

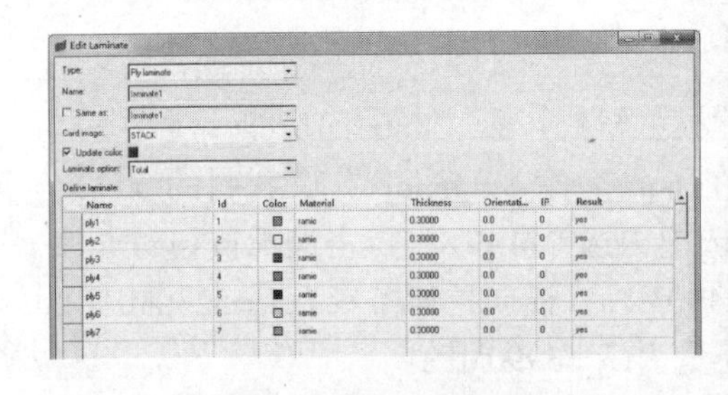

图 4-38　铺层设计

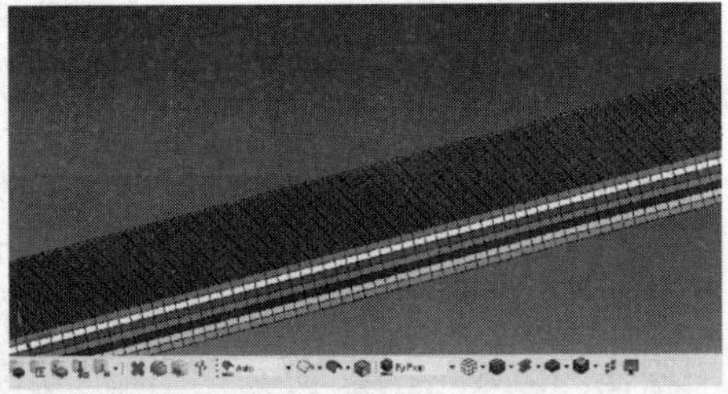

图 4-39　铺层后结果

图 4-40　创建约束

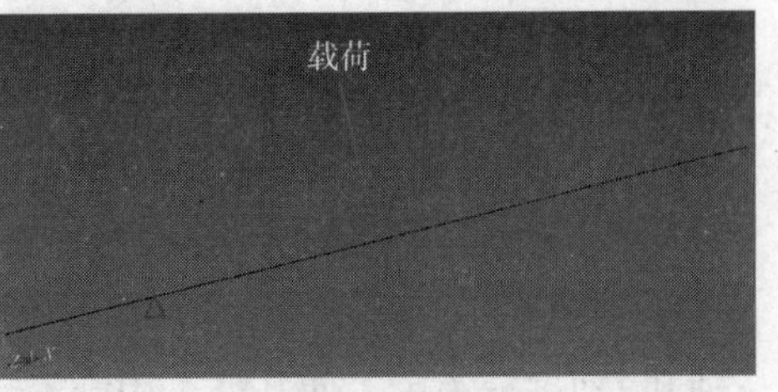

图 4-41　施加载荷

（2）运行结果分析

试样在实际的弯曲测试过程中，只能得到整体的一个断裂状态，不能测试出每个受力点的状态。通过计算机HyperWorks模拟计算分析，可分析出整个试样的受力状态。

位移和应力模拟结果与弯曲测试结果如图4–42和图4–43所示，位移最大值为6.592mm，实际测试时的最大位移为7.249mm；应力最大值为90.46MPa，实际测试弯曲强度（即最大应力值）为108.90MPa，可知，模拟结果与实际测试结果仍存在一定的误差，但基本上是相吻合的，这可能是成型时树脂分布不均匀、存在气泡而引起的。因此，HyperWorks可用于对复合材料层合板力学性能进行模拟分析。

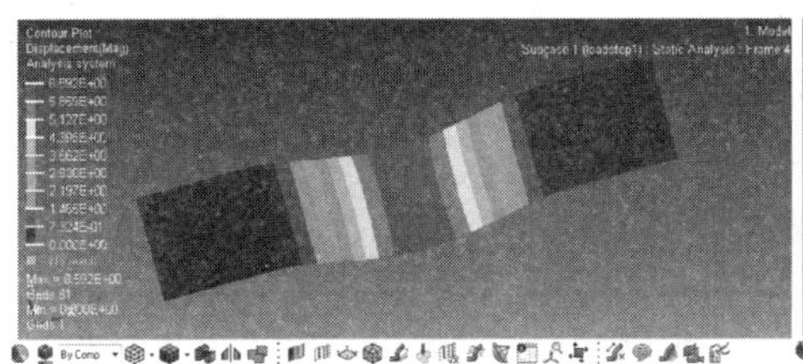

（a）7层位移变化模拟结果　　（b）7层应力模拟结果

图 4–42　7 层位移和应力模拟结果

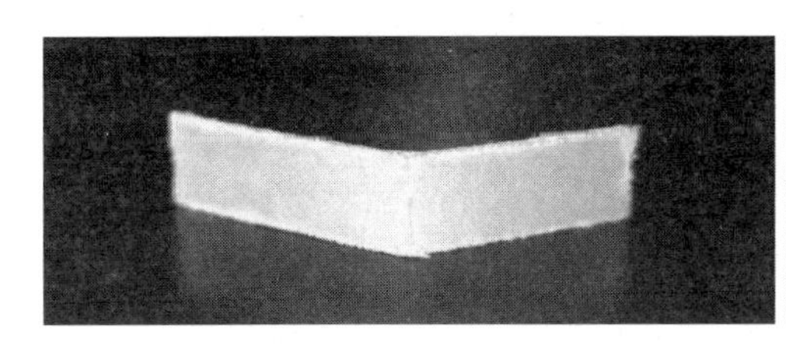

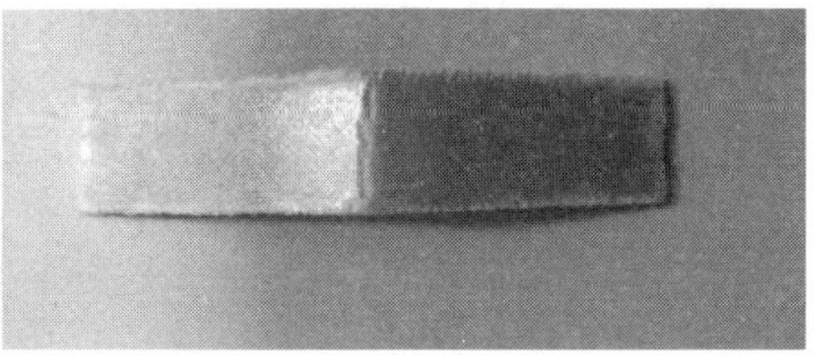

图 4–43　弯曲测试结果

继续模拟铺设9层后的结果，如图4–44所示，所得位移最大值为8.866mm，应力最大值为162.60MPa，此时达到了轨道交通用复合材料的力学性能要求。

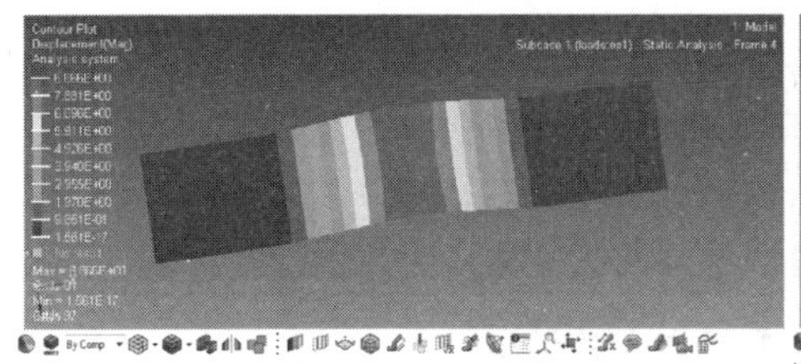

（a）9层位移变化模拟结果

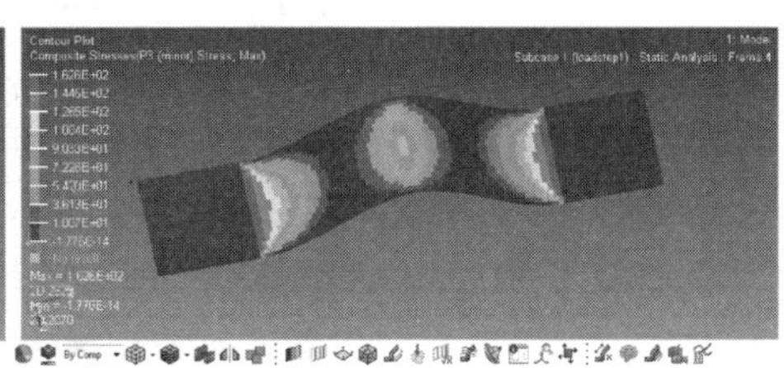

（b）9层应力模拟结果

图 4–44　9 层应力模拟结果

4.4 洋麻/棉织物增强环氧树脂复合材料性能研究

4.4.1 洋麻纤维的精细化处理

4.4.1.1 纤维表面形貌

图4–45分别为未处理、处理后的洋麻纤维和棉纤维在扫描电镜下的表面形貌图。对比图4–45（a）、（b）可知，经过处理后的洋麻纤维非纤维素类等杂质明显减少，使单纤维分裂，纤维表面的纵向沟槽显著增加及纤维孔洞增加，提高了纤维表面粗糙度。此外，虽然杂质减少，但纤维中仍存在少量木质素及胶质，使得纤维呈工艺纤维状态，这有利于纺纱的顺利进行。对比图4–45（b）、（c）可知，处理后的洋麻纤维杂质减少、单纤维分裂和纤维粗糙度提高，其性能进一步与棉纤维接近，如此可以提高洋麻纤维与棉纤维间的接触面积和滑动阻力，增加纤维抱合力，有利于纤维可纺性的提高。

（a）未处理洋麻纤维

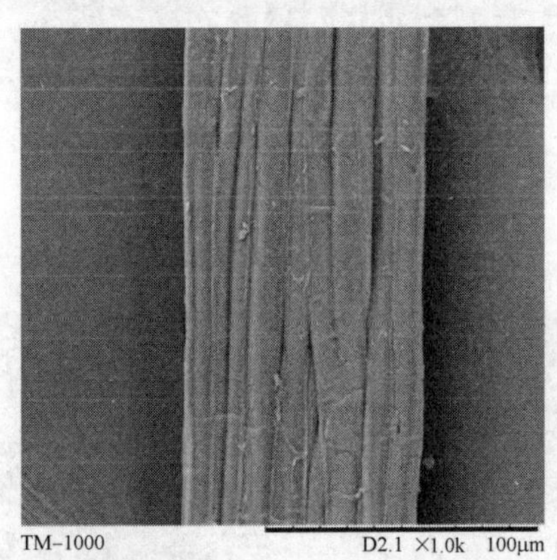

（b）处理后洋麻纤维

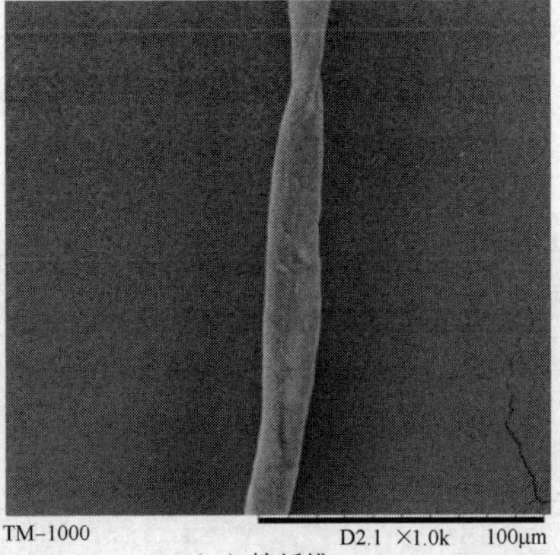

（c）棉纤维

图4–45 纤维表面形貌图

4.4.1.2　纤维直径

表4–6为处理前、处理后的洋麻纤维和棉纤维的直径数据。由表可得，洋麻纤维经精细化处理后，纤维直径变细了30.66%，其主要原因是洋麻纤维经过碱氧浴处理后，半纤维素、木质素及表面杂质被去除，使得单纤维发生劈裂，纤维直径减小。此外，由于纤维中胶质含量的减少，在开松和梳理过程中，束纤维易于分裂变细，使得处理后洋麻纤维的线密度更趋近于棉纤维，提高了可纺性。因此，采用棉与麻纤维混纺，有利于纺纱的顺利进行。

表 4–6　纤维直径数据

纤维	未处理洋麻 / μm	处理后洋麻 / μm	棉纤维 / μm
纤维直径	71.07（18.47%）	49.28（23.00%）	16.99（9.50%）

注　括号内为纤维直径变异系数 *CV*。

4.4.1.3　纤维拉伸性能

表4–7为处理前、处理后的洋麻纤维和棉纤维的拉伸性能测试数据。由表可知，与处理前洋麻纤维相比，处理后的洋麻纤维断裂伸长率及断裂强度有所提高，但相差不大，而拉伸模量提高了31.24%。主要原因是洋麻纤维经过处理后，杂质被去除，提高了纤维的结晶度，使纤维中分子排列规整，纤维中缝隙小，分子结合力强，因此纤维拉伸模量得到提高。棉纤维较细，在拉伸过程中，纤维承受拉伸力的基原纤和大分子根数较少，其强度较低，初始模量较小，当纤维拉伸至断裂时，大分子滑移量较大，即伸展量较大，所以断裂伸长较大。

表 4–7　纤维的拉伸性能

纤维	断裂伸长率 /%	断裂强度 /MPa	拉伸模量 /GPa
未处理洋麻	2.42（22.97%）	447.68（37.30%）	36.46（37.44%）
处理后洋麻	2.51（28.90%）	466.93（37.96%）	47.85（ 30.26%）
棉纤维	6.90（29.81%）	214.47（44.42%）	23.93（18.47%）

注　括号内为纤维的拉伸性能变异系数 *CV*。

4.4.1.4　纤维柔软度

表4–8为处理前、处理后的洋麻纤维的断裂捻回数。由表可得，与处理前洋麻纤维相比，处理后的洋麻纤维的断裂捻回数增加了13.20%；纤维的断裂捻回*CV*值下降了31.83%，纤维的柔软度不匀率明显降低。根据标准GB/T 12411.4—1990可知，纤维的断裂捻回数越大，纤维柔软度越好。因此，洋麻纤维的捻回数增加，纤维柔软度得到明显改善，提高了洋麻纤维的可纺性能。

表 4-8　纤维的断裂捻回数

纤维	断裂捻回 / [捻 ·（10cm）$^{-1}$]
未处理洋麻	15.15（17.81%）
处理后洋麻	19.65（12.14%）

注　括号内为纤维断裂捻回数变异系数 *CV*。

4.4.1.5　纤维红外光谱

图4-46为处理前、处理后的洋麻纤维红外光谱图。由图可得，处理后的洋麻纤维在1721cm^{-1}处的峰消失，在3340cm^{-1}、1228cm^{-1}和1018cm^{-1}附近的峰振动强度减弱。1721cm^{-1}处的峰是羰基C═O的振动峰，其峰消失表明羰基含量减少，而羰基是半纤维素的特征官能团，由此可说明半纤维素几乎被去除；1228cm^{-1}处的峰是酰胺基CO—O的振动峰，其峰振动强度减弱表明酰胺基含量减少，而酰胺基是木质素的特征官能团，由此可说明木质素部分被去除；3340cm^{-1}和1018cm^{-1}处的峰是羟基—OH的振动峰，其峰振动强度减弱表明羟基含量减少，而果胶中含有羟基官能团，由此可说明果胶部分被去除。半纤维素、木质素、果胶等杂质的有效去除，可提高纤维的可纺性能。此外，纤维表面极性分量降低，提高了纤维与树脂的结合力，为后续研究复合材料性能提供了理论基础。

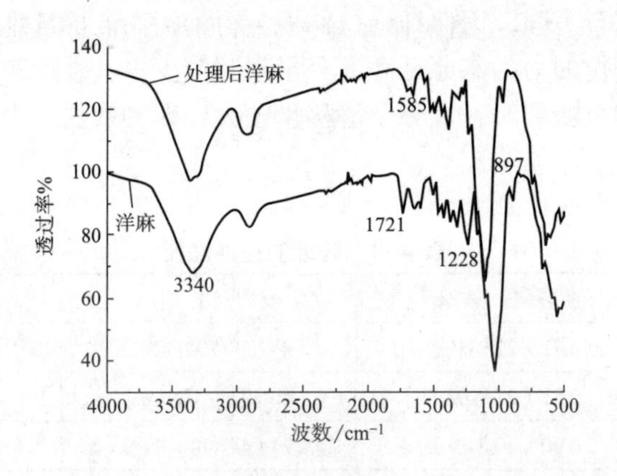

图 4-46　洋麻纤维红外光谱

4.4.1.6　纤维热重分析

图4-47分别为处理前、处理后的洋麻纤维和棉纤维的热重与失重变化速率曲线图。由图4-47（a）可知，三种纤维在0~100℃区间都出现一个小的失重峰，且处理前的洋麻失重较大；在100~250℃区间曲线变化逐渐平缓；在250~350℃出现一个较大的失重峰，且处理前的洋麻纤维失重较大；在350~500℃区间曲线急剧变化；在500℃之后曲线变化再次趋于平缓。

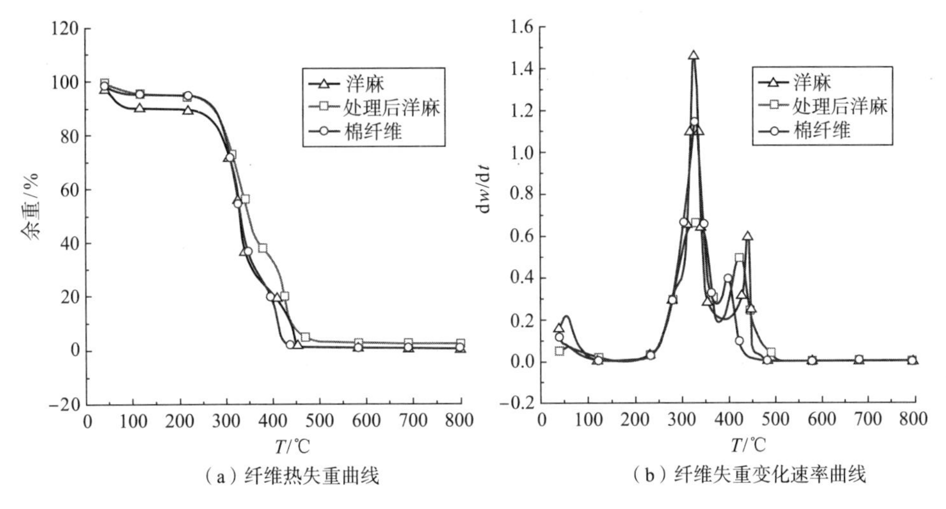

（a）纤维热失重曲线　　（b）纤维失重变化速率曲线

图 4-47　纤维热重分析

经分析可知，在0~100℃区间为水分析出阶段，处理前的洋麻失重较大的原因是，其除了含有纤维素之外，还含有半纤维素、木质素和果胶等杂质，这些杂质中也含有羟基，会吸收水分，在加热时，失水较严重；在100~250℃区间仍为脱水阶段；结合图4-47（b）分析可知，在250~350℃区间纤维开始热解，因此出现较大失重峰，处理前的洋麻纤维失重最大，降解速率最快，处理后的洋麻纤维失重较小，降解速率较慢，表明半纤维素得到有效去除；结合图4-47（b）分析可知，在350~500℃区间为纤维素和半纤维素降解阶段，纤维降解速率又出现峰值，主要是由于纤维在空气中进行测试，发生了氧化反应；结合图4-47（b）分析可知，在500℃之后为木质素及纤维素残余结构的分解阶段，处理后的洋麻纤维初始降解温度低于未处理的洋麻纤维，表明处理后洋麻纤维中木质素得到部分去除。综上可知，从250℃开始，纤维开始降解，纤维的结构遭到破坏，影响纤维的性能。

因此，植物纤维复合材料一般工作温度最好不超过250℃，这可为复合材料加工温度的设定及复合材料使用的工作环境提供参考。

4.4.2　洋麻 / 棉纱线性能

以线密度为50tex，捻系数为380的洋麻/棉（40/60）纱线为基础，研究梳理方式、纺纱方法、捻系数对纱线性能的影响。然后由所得最佳纺纱工艺制备不同混纺比的洋麻/棉纱线。

4.4.2.1　梳理方式对洋麻 / 棉纱线性能的影响

使用罗拉梳理和盖板梳理两种梳理方式分别对洋麻/棉（40/60）纤维进行梳理，然后采用赛络纺纺纱方法纺制捻系数为380的洋麻/棉（40/60）纱线，从而探索最佳梳理方式。

由表4–9可得，罗拉梳理时洋麻纤维落率比盖板式梳理时低45.83%，纱线拉伸强度提高7.48%，纱线毛羽指数提高19.34%，纱线条干不匀率降低14.38%。其主要原因是罗拉式梳理机采用弹性针布，而且针齿分布较稀疏，对纤维的损伤较小，使洋麻纤维落率小。而洋麻纤维经过盖板式梳理机时，刺辊、锡林、盖板针齿较密，洋麻纤维比棉纤维粗硬，使洋麻纤维在刺辊的抓取、锡林与盖板的分梳作用下，其工艺纤维中单纤维和胶质的黏结被破坏，损伤了洋麻纤维的机械强力，因此，纱线中含有较多短麻纤维，使纱线强度下降，毛羽降低，条干变差。

表 4–9　梳理方式的选择

类型	洋麻纤维落率 /%	拉伸强度 /（$cN \cdot tex^{-1}$）	毛羽指数 /%	纱线条干不匀率 /%
罗拉梳理	24	11.35（8.57%）	208.16	20.36
盖板梳理	35	10.56（9.56%）	174.42	23.78

注　括号内为纱线拉伸强度变异系数 *CV*。

4.4.2.2　纺纱方法对洋麻 / 棉纱线性能的影响

由表4–10可得，罗拉梳理纤维时，所纺制的纱线性能较好。因此，采用罗拉梳理方式对纤维进行梳理，分别使用不同纺纱方法纺制捻系数为380的洋麻/棉（40/60）纱线，研究纺纱方法对纱线性能的影响。

图4–48为不同纺纱方法对纱线性能的影响。由图4–48可知，三种纺纱方法中，赛络纺纱线拉伸强度较高，且纤维落率较小，纱线条干较好，虽然赛络纺纱线毛羽较多，但是适当的毛羽有利于提高复合材料界面性能，因此，综合总体纱线性能考虑，纺纱方式选择赛络纺。

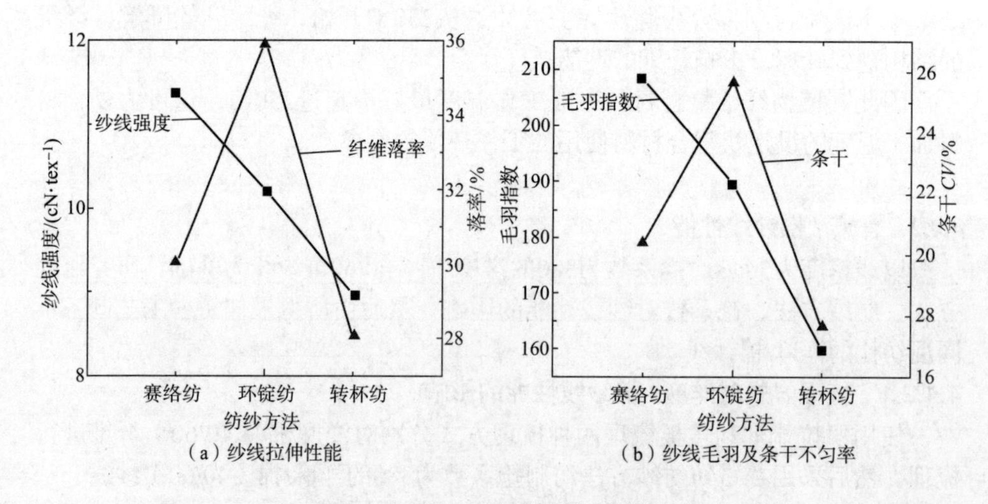

（a）纱线拉伸性能　　（b）纱线毛羽及条干不匀率

图 4–48　纺纱方法对纱线性能影响

4.4.2.3　捻系数对洋麻 / 棉纱线性能的影响

采用罗拉梳理方式和赛络纺纺纱方法，制备捻系数分别为300、340、380、420、460的洋麻/棉（40/60）纱线，探究最佳捻系数。

图4–49为不同捻系数对纱线性能的影响。由图4–49（a）可得，捻系数与纱线强度回归方程为y=0.323x_2–54.921，相关系数R=0.985，统计量F的值为32.19，大于F0.05（2，2），因此相关性显著。由图4–49可知，随着捻系数的增加，纱线强度先增大，当捻系数大于380时，纱线强度有所下降，而纱线毛羽指数及纱线条干不匀率逐渐增大。经分析得知，随着捻系数的增大，纱线中纤维与纤维之间的摩擦阻力增加，纤维之间抱合力增大，纱线强度增大，而当捻系数大于380时，捻系数超过临界捻系数值，纤维倾斜角度增大，使纤维在纱线轴向的力减小，纤维在纱条内外应力分布不匀增加，加剧了纤维的断裂不同时性，使纱线强力降低，同时因加捻程度增大，纤维在纱线中易倾斜，使纤维末端较容易伸出纱线表面，形成毛羽，条干也恶化。因此，捻系数选择380。

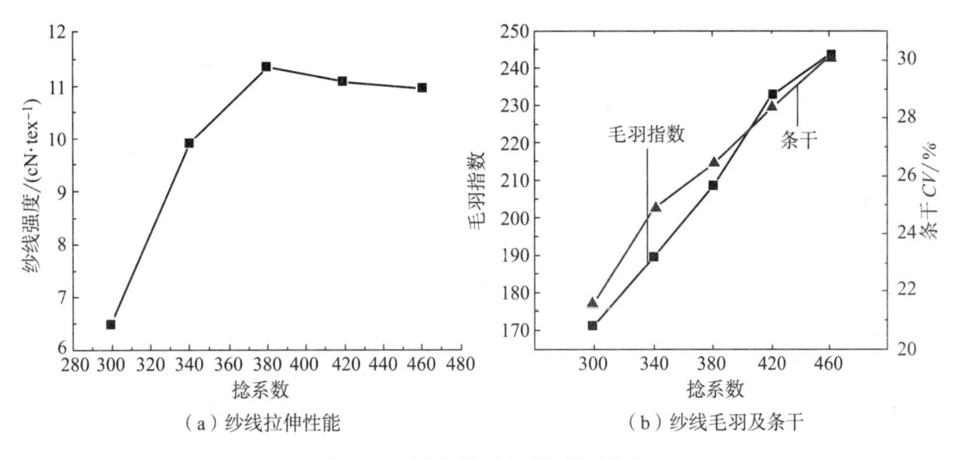

（a）纱线拉伸性能　（b）纱线毛羽及条干

图 4–49　捻系数对纱线性能影响

4.4.2.4　不同混纺比对洋麻 / 棉纱线性能的影响

（1）纱线拉伸测试

不同混纺比的洋麻/棉纱线性能见表4–10。

表 4–10　纱线拉伸性能

纱线	线密度 /tex	断裂强度 /（cN · tex^{-1}）	断裂伸长率 /%
洋麻 / 棉（0/100）	52	21.36（4.32%）	4.99（5.73%）
洋麻 / 棉（30/70）	48	13.94（10.93%）	3.63（5.64%）
洋麻 / 棉（40/60）	52	11.35（8.57%）	3.28（9.98%）
洋麻 / 棉（50/50）	49	6.09（10.51%）	2.70（12.74%）
洋麻 / 棉（60/40）	53	5.66（15.99%）	2.85（14.90%）

注　括号内为纱线拉伸性能变异系数 CV。

由表4-10可得，麻纤维含量与纱线强度回归方程为y=-0.274x+21.545，相关系数R=0.976。随着洋麻纤维比例的增加，洋麻/棉混纺纱线的断裂强度及断裂伸长率逐渐递减。主要原因是棉纤维较细，纱线单位截面的纤维根数多，而且纤维较柔软，使得纤维之间的抱合力好，虽然洋麻纤维断裂强度高于棉纤维，但随着洋麻纤维含量的增加、棉纤维含量减少，使得纤维之间抱合力逐渐降低，因此纱线强度降低。

（2）纱线毛羽及条干

不同混纺比的洋麻/棉纱线毛羽指数及条干不匀率见表4-11。

表 4-11　纱线毛羽指数及条干性能

纱线	毛羽指数（毛羽长度≥ 1mm）	条干 CV/%
洋麻 / 棉（0/100）	100.00（7.38%）	10.18
洋麻 / 棉（30/70）	188.82（4.57%）	25.74
洋麻 / 棉（40/60）	208.16（6.39%）	26.36
洋麻 / 棉（50/50）	265.50（3.35%）	31.93
洋麻 / 棉（60/40）	258.68（11.24%）	37.63

注　括号内纱线毛羽指数变异系数 CV。

由表4-11可得，随洋麻纤维比例的增加，纱线毛羽逐渐增加，条干不匀率也增大。当洋麻纤维增多时，单位纱线截面内纤维的根数就减少，纱线不匀率提高，条干越差。洋麻纤维在开松和梳理时，容易分裂成短纤维，纤维的长度整齐度降低，而且洋麻纤维卷曲率低，纤维间抱合力小，在纺纱过程中容易产生毛羽。

（3）纱线微观形貌

不同混纺比洋麻/棉纱线微观形貌如图4-50所示。

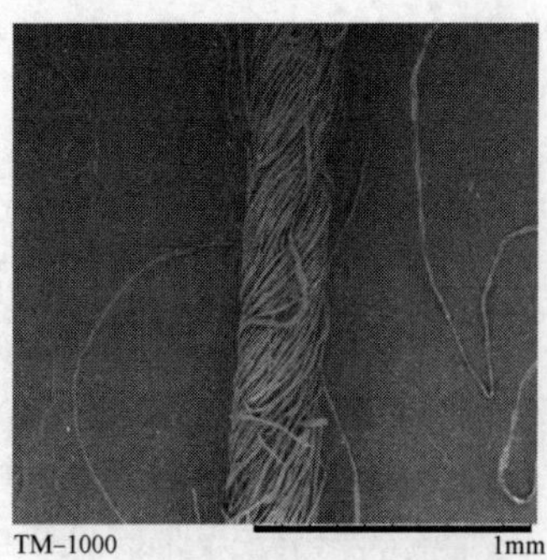

（a）洋麻/棉(0/100)纱线微观形貌

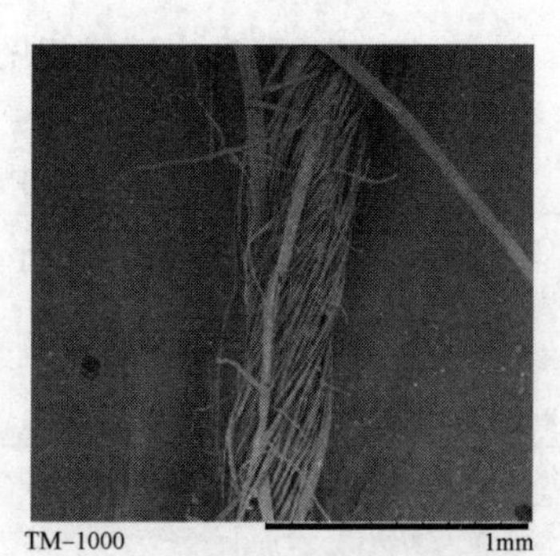

（b）洋麻/棉(30/70)纱线微观形貌

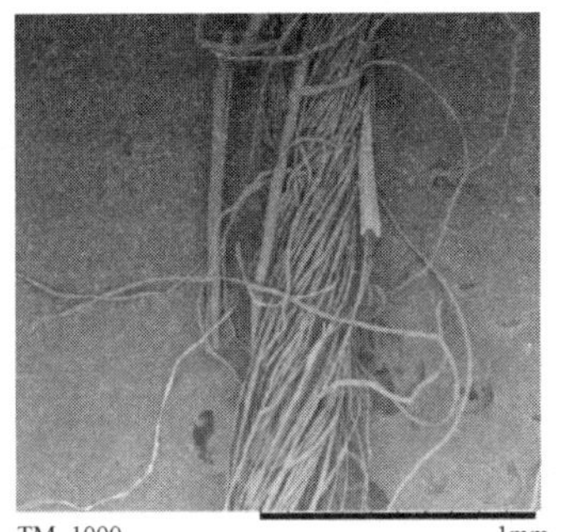

（c）洋麻/棉(40/60)纱线微观形貌

（d）洋麻/棉(50/50)纱线微观形貌

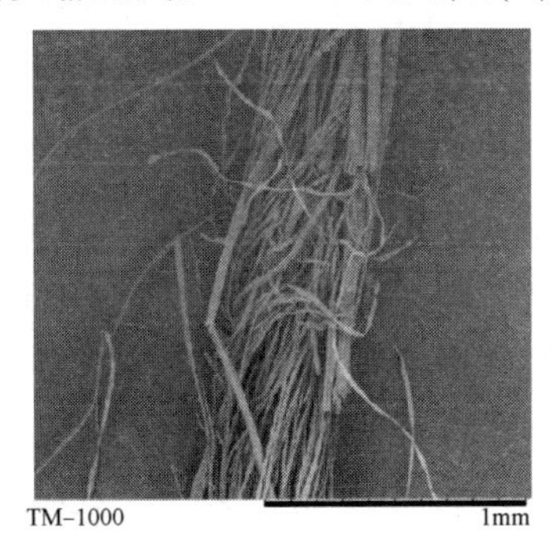

（e）洋麻/棉(60/40)纱线微观形貌

图 4-50　不同混纺比的洋麻 / 棉纱线微观形貌

由图4-50可得，随着洋麻纤维含量的增加，纱线毛羽增加，纱线中纤维排列越稀疏，纤维排列整齐度越差，使得纤维间的抱合力越小。因此也可间接认证表4-11及表4-12的结果。因为麻纤维较粗硬，纱线加捻过程中不易加捻，使得纤维末端成为毛羽，而且，麻纤维直径较大，单位纱线截面内纤维根数较少，使得纱线中纤维排列较疏松。

4.4.3　洋麻 / 棉织物增强环氧树脂预浸料的制备及性能研究

4.4.3.1　预浸料的制备

预浸料的制备参见4.1.2.4，因此，对树脂胶液浓度、烘箱温度、浸胶机压辊隔距和走步速度指数四个因素分别设定3个水平，建立了4因素3水平正交试验，借以分析各因素对实验结果的影响（表4-12）。

表 4-12　预浸料制备正交试验表

编号	浓度 /%	温度 /℃	隔距 /mm	速度指数 /Hz
1	30	35	0.3	20
2	30	50	0.4	40

续表

编号	浓度 /%	温度 /℃	隔距 /mm	速度指数 /Hz
3	30	65	0.5	30
4	40	35	0.4	30
5	40	50	0.5	20
6	40	65	0.3	40
7	50	35	0.5	40
8	50	50	0.4	30
9	50	65	0.3	20

4.4.3.2 洋麻 / 棉织物增强环氧树脂预浸料的性能

表4-13为经极差分析所得正交试验结果。由表可得，各因素对树脂含量的影响程度为：速度指数<隔距<温度<浓度，胶液浓度对树脂体积含量影响显著；挥发分<2%，各因素对挥发分的影响程度为：速度指数<隔距<浓度<温度，各因素对挥发分影响不显著。由预试验可知，树脂体积含量为40%时复合材料力学性能较好，因此，为获得树脂体积含量为40%的复合材料，需要选择树脂体积含量为40%左右的预浸料，树脂胶液浓度为30%时所制备的预浸料可满足要求；挥发分低有利于制备性能优良的复合材料，烘箱温度越高，挥发分越低，因此，温度选择65℃。温度高，有利于树脂胶液中低沸点溶剂的挥发，同时又能提高预浸程度。因在模压过程中，树脂将会流出5%左右，然而当树脂胶液浓度为30%时，所制备的预浸料中树脂体积含量低于45%，因此，可加大压辊隔距，减缓速度，使预浸料树脂含量提高。综合各因素，制备预浸料工艺为：胶液浓度为30%，温度为65℃，隔距为0.5mm，速度指数为20Hz。

表 4-13 预浸料正交试验结果

所在列	1	2	3	4	考察指标 1	考察指标 2
因素	浓度 /%	温度 /℃	隔距 /mm	速度指数 /Hz	树脂体积含量 /%	挥发分 /%
1	30	35	0.3	20	38.82	1.852
2	30	50	0.4	40	41.24	1.478
3	30	65	0.5	30	42.3	1.209
4	40	35	0.4	30	48.28	1.876
5	40	50	0.5	20	51.72	1.934
6	40	65	0.3	40	50.77	1.626

续表

所在列	1	2	3	4	考察指标 1	考察指标 2
因素	浓度 /%	温度 /℃	隔距 /mm	速度指数 /Hz	树脂体积含量 /%	挥发分 /%
7	50	35	0.5	40	63.43	1.829
8	50	50	0.3	30	62.72	2.054
9	50	65	0.4	20	61.23	1.61
极差 1	65.02	11.13	6.7	3.67		
极差 2	0.954	1.021	0.56	0.463		

预浸料作为复合材料的重要中间材料，其质量将影响复合材料的性能，因此控制预浸料的质量非常重要。预浸料的物理性能主要是树脂含量、挥发分含量、树脂流动性、凝胶时间和黏性。纤维含量高，复合材料容易造成贫胶；纤维含量低，容易造成富胶，贫胶或富胶都会影响复合材料性能。挥发分含量高，复合材料孔隙率较高，影响复合材料的性能；流动度可以使纤维与树脂分布均匀；凝胶时间为复合材料的制备工艺提供参考。因此，本文选择上述所得最优工艺制备洋麻/棉（40/60）织物增强环氧树脂预浸料，并对预浸料物理性能进行测试分析。

通过对预浸料制备工艺进行一系列试验研究，所得预浸料外观均匀，延展性好，无明显富树脂区和贫树脂区，无褶皱。由表4–14可得，预浸料树脂含量满足要求，复合材料制备过程中，预浸料受到模压时，树脂会流出5%，其所制备复合材料的纤维与树脂体积比为60：40；挥发分含量小于1.5%，满足性能要求；流动度稍高于指标值，因此，后续制备复合材料时，可适当减小模压压力；预浸料可自身相互粘贴，又无损分离，黏性适中；凝胶时间是复合材料成型工艺中的一个重要参数，对树脂固化工艺的制订有重要的参考价值；综合分析可得，所制备的预浸料基本可满足工业化复合材料用预浸料BMS8–79的要求，为后续制备性能优良的复合材料提供有利条件。该制备方法生产效率高，工艺简单，实现了麻织物预浸料的机械化生产，解决了麻织物预浸料手工制作耗时、加工困难、成本高等问题；可直接使用该麻织物预浸料制备复合材料，进而制备出成本低、降解性能好、环保型的麻织物增强复合材料。

表 4–14　预浸料物理性能指标

项目	树脂含量 /%	挥发分 /%	流动度 /%	黏性	凝胶时间 /min
预浸料	45.82（4.8）	1.32（1.91）	28.85（4.67）	3 级	5~8
预浸料技术指标	38~40	<1.5	8–20	适中	2~6

注　括号内为预浸料性能变异系数 *CV%*。

4.4.4 洋麻 / 棉织物增强环氧树脂复合材料的性能研究

4.4.4.1 洋麻 / 棉织物增强环氧树脂复合材料的拉伸性能

图4-51为洋麻/棉织物增强环氧树脂复合材料的拉伸性能随混纺比的变化图。由图4-51可得，随着洋麻纤维含量的增加，复合材料的拉伸性能先增大后减小，当洋麻/棉混纺比为40/60时，复合材料的拉伸强度最高，当洋麻/棉比为30/70时，复合材料的拉伸模量最好，且洋麻/棉（40/60）织物增强环氧树脂复合材料的拉伸模量与洋麻/棉（30/70）织物增强复合材料接近。洋麻/棉（40/60）织物增强环氧树脂复合材料拉伸强度为101.90MPa，与洋麻/棉（0/100）织物增强复合材料相比，提高了36%；洋麻/棉（30/70）织物增强环氧树脂复合材料拉伸模量为6.67GPa，洋麻/棉（40/60）拉伸模量为6.16GPa，相差不大。与洋麻/棉（0/100）织物增强复合材料相比，提高了17%。

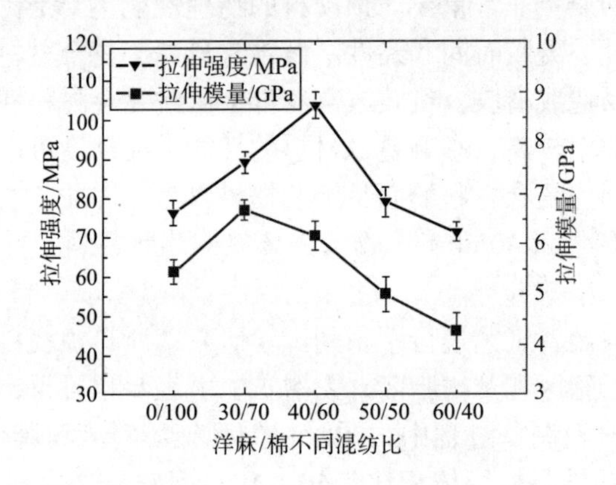

图 4-51 洋麻 / 棉织物增强环氧树脂复合材料的拉伸性能

影响复合材料力学性能的因素包括增强体本身的性能、界面性能、纤维性能、纤维与树脂的浸润性能、树脂在织物中的流动性以及织物毛羽等。

对于洋麻/棉织物增强环氧树脂复合材料来说，在原料及制备工艺相同的情况下，复合材料的拉伸性能取决于增强体性能及界面黏结性能，增强体的性能主要受织物性能影响。因洋麻纤维比棉纤维粗，随着洋麻纤维含量的增加，所制备的洋麻/棉纱线抱合力减小，使纱线中纤维排列较稀疏，因此，树脂容易进入纱体内，使纤维与树脂充分浸润，无形中提高了增强体的性能；且随着洋麻纤维含量的增加，纱线的毛羽也随之增加，毛羽的存在可以使纤维与基体之间的相互作用力更牢固，从而使得复合材料的拉伸性能提高。由图4-51可以看出，当洋麻/棉混纺比超过40/60时，织物的拉伸强度和拉伸模量都下降，主要是因为此时纤维与树脂的浸润已达到饱和，而洋麻/棉织物自身的力学性能缺陷表现得较为明显，因此，随着洋麻纤维含量的继续增加，复合材料的力学性能下降。综合分析，洋麻/棉（40/60）织物增强复合材料拉伸性能最好。

4.4.4.2　洋麻 / 棉织物增强环氧树脂复合材料的弯曲性能

图4-52为洋麻/棉织物增强环氧树脂复合材料的弯曲性能随混纺比的变化图。由图4-52可得，弯曲性能的变化趋势与拉伸性能相仿，因为复合材料在受到弯曲时，复合材料的上半部受压，下半部受拉，而材料的破坏主要在抗拉破坏。洋麻/棉（40/60）织物增强环氧树脂复合材料弯曲强度和弯曲模量最大，弯曲强度为189.64MPa，弯曲模量为12.14GPa，与纯棉织物增强复合材料相比，分别提高23%和66%。

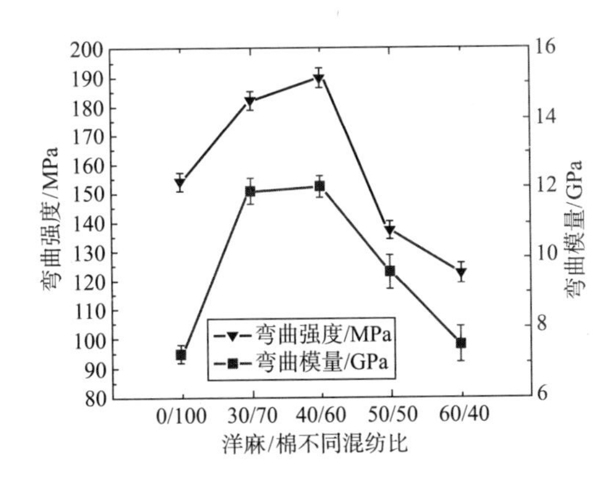

图 4-52　洋麻 / 棉织物增强环氧树脂复合材料的弯曲性能

影响复合材料的因素包括增强体、基体、界面性能、纤维的性能、纤维与树脂的浸润性、树脂在织物中的流动性、织物毛羽对界面的影响。

洋麻纤维断裂强度大于棉纤维断裂强度，棉纤维表面较光滑，而精细化处理后洋麻纤维表面较粗糙，纤维表面出现明显的沟槽，为环氧树脂的浸润制造了锚固点，经固化后，产生锚固效应，因此，随着洋麻纤维含量的增加，界面结合力提高；洋麻纤维比棉纤维粗，随着洋麻纤维含量的增加，纱线逐渐变得松软，纱线中纤维排列较松散，使纱线刚度降低，而且树脂更容易进入纱体内，使纤维与树脂充分浸润，提高了增强体的性能；当材料受到压缩时，纱线表面的毛羽多为洋麻纤维，洋麻纤维与树脂结合性较好，而且纱线毛羽使经纬向纱线之间的孔隙变得不明显，分布更均匀，有利于应力及时向周围扩展，阻止裂纹的产生，提高层间性能，因此复合材料的弯曲强度与弯曲模量提高。当洋麻纤维含量超过40%时，复合材料的弯曲性能降低，因此时材料的破坏主要是因为抗拉性能不足，而此时为主导作用的是织物增强体的性能，故织物的力学性能呈现降低的趋势，因此复合材料弯曲性能下降。

4.4.4.3　洋麻 / 棉混纺织物增强环氧树脂复合材料的剪切性能

图4-53为洋麻/棉织物增强环氧树脂复合材料的剪切强度随混纺比的变化图。由图4-53可得，随着洋麻纤维含量的增加，剪切强度先增大后逐渐减小。

洋麻/棉（30/70）织物增强环氧树脂复合材料剪切强度最高，为18.15MPa，洋麻/棉（40/60）织物增强环氧树脂复合材料剪切强度为17.47MPa，两者相差不大。洋麻纤维含量增加，可提高复合材料的界面性能，洋麻/棉（30/70）织物增强环氧树脂复合材料的剪切强度比洋麻/棉（40/60）提高3.89%。

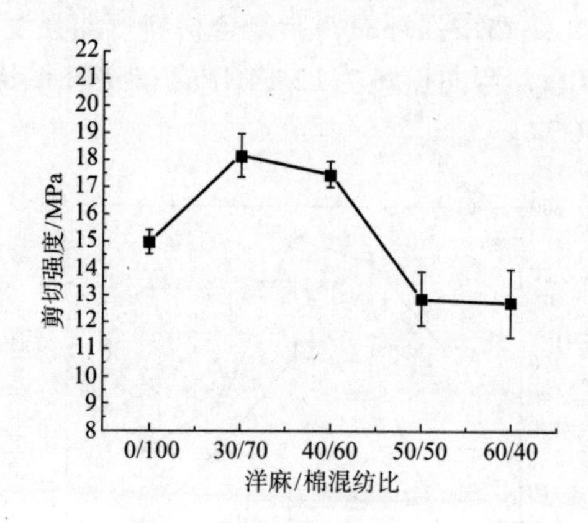

图 4-53 洋麻 / 棉织物增强环氧树脂复合材料的剪切性能

4.4.4.4 洋麻 / 棉织物增强环氧树脂复合材料的吸水性能

图4-54为洋麻/棉织物增强环氧树脂复合材料的吸水性能随时间的变化图。由图4-54可得，随着时间的延长，复合材料的吸水率逐渐增加，当时间为10d时，吸水率逐渐达到平衡。随着洋麻纤维含量的增加，纯棉织物增强复合材料的吸水率为最低，为8%；洋麻/棉（40/60）织物增强环氧树脂复合材料的吸水率次之，为9%，低于洋麻/棉（30/70）织物增强环氧树脂复合材料的吸水率。主要原因是，洋麻/棉（40/60）织物中纤维与树脂结合性较好，材料孔隙率低，吸水率低。洋麻/棉（40/60）织物增强环氧树脂复合材料吸水率高于纯棉织物增强复合材料。主要原因是，棉纤维具有天然转曲，分子排列规整，

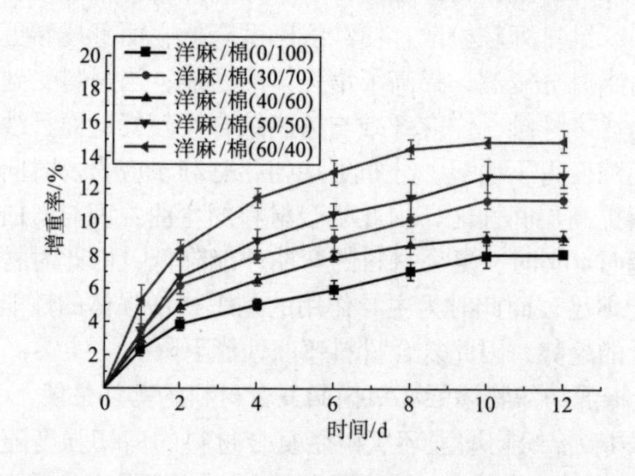

图 4-54 洋麻 / 棉织物增强环氧树脂复合材料的吸水性能

结晶度较高，无定形区少，而麻纤维纵向有横节，纤维间有微孔隙，结晶度较低，使麻纤维吸水率高；麻纤维中存在的少部分含有羟基的胶质及木质素，也提高了麻纤维吸水率；而且，棉纤维较细，纱线中纤维排列紧密，水分不宜浸入，因此，纯棉织物增强复合材料吸水性低。

综合分析以上测试结果可知，当织物中洋麻比例在30%~40%之间时，洋麻/棉混纺织物增强环氧树脂复合材料的力学性能最优，吸水性能较低，考虑到洋麻原料广泛、价格低廉等原因，可以确定制备洋麻/棉比为40/60的织物增强环氧树脂复合材料最为经济，且性能最优。

4.4.4.5　洋麻 / 棉织物增强环氧树脂复合材料的拉伸断面形貌

纤维与树脂间的结合性能影响复合材料性能，因此，为研究复合材料中纤维与树脂间的结合性能，在扫描电子显微镜下观察复合材料拉伸断面形貌。

图4–55为不同混纺比的洋麻/棉织物增强环氧树脂复合材料拉伸至断裂时的断面微观形貌图。由图4–55（b）可知，洋麻/棉（40/60）织物增强复合材料拉伸断面断裂整齐，说明层间结合性能好；由图4–55（a）可知，洋麻/棉（0/100）织物复合材料树脂有堆积，树脂流动性不好，而且纤维有抽出。两者相比，洋麻/棉（40/60）织物增强环氧树脂复合材料层间性能较好。因此，适当地增加洋麻纤维含量，有利于复合材料性能的提高。

（a）洋麻/棉混纺比为0/100

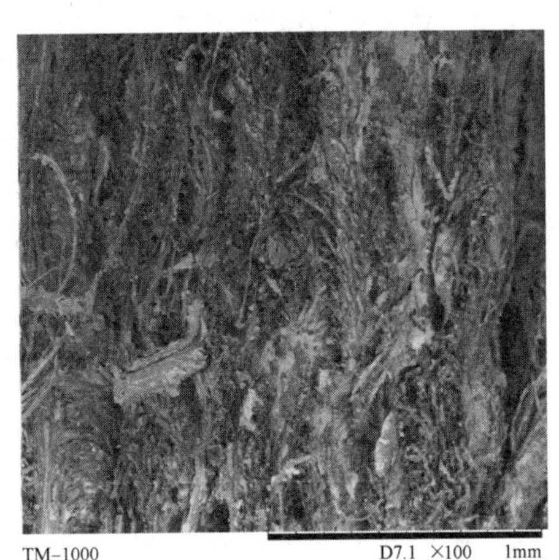

（b）洋麻/棉混纺比为40/60

图 4–55　洋麻 / 棉织物增强环氧树脂复合材料的拉伸断面形貌

4.4.5　洋麻 / 棉织物增强环氧树脂复合材料的应用研究

4.4.5.1　复合材料阻燃测试

图4–56为复合材料燃烧后试样外观，由图可得，图4–56（a）左侧为未阻燃处理的模压复合材料，右侧为阻燃处理的复合材料，未阻燃处理模压复合材

料自熄时间为27s，炭化长度为10cm，经阻燃处理的层压复合材料自熄时间为0，炭化长度为4cm，图4-56（b）三明治复合材料自熄时间为1s，炭化长度为3cm，根据标准DIN4102-1德国建筑材料防火性能要求和测试分类等级，评级为B1级，基本满足建筑材料性能要求。

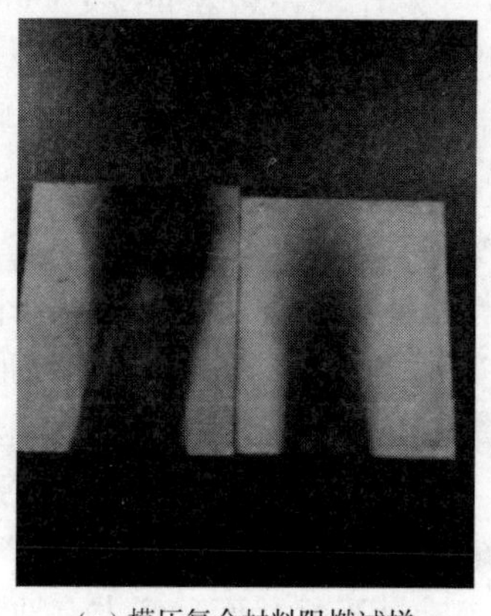

（a）模压复合材料阻燃试样

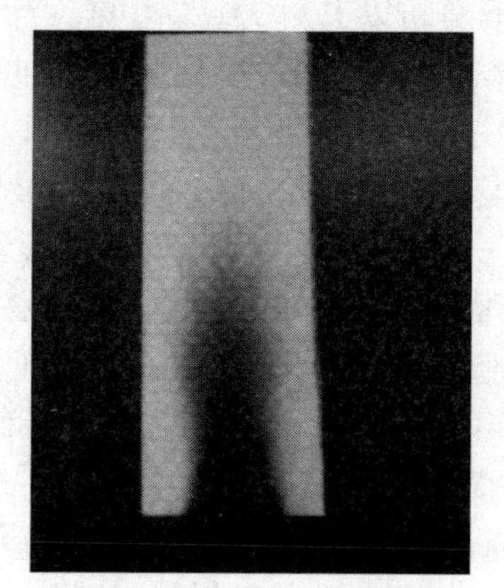

（b）三明治复合材料阻燃试样

图 4-56　复合材料燃烧后试样外观

4.4.5.2　复合材料性能测试

（1）模压复合材料的性能

由表4-15可得，模压复合材料基本满足欧洲标准EN 300—2006《定向刨花板——定义、分类及要求》标准值，该复合材料可以用于建筑屋面覆面板、地板等材料中，因此，复合材料的研究有一定的实际应用性。

表 4-15　模压复合材料性能

性能	拉伸强度 /MPa	弯曲强度 /MPa	弯曲模量 /GPa	剪切强度 /MPa
测试值	67.85（2.59%）	126.02（3.04%）	8.96（2.4%）	13.62（3.34%）
标准值	2.6	67.5	12	6.5

注　括号内为复合材料性能变异系数 *CV*。

（2）三明治复合材料的性能

表4-16为三明治复合材料力学性能，其基本力学性能基本满足《建筑普通装饰用铝蜂窝板》的性能要求，所制备复合材料可以用于建筑幕墙材料。因此，三明治复合材料的制备具有一定的实际应用性能。

表 4-16 三明治复合材料性能

性能	剪切强度 /MPa	平压强度 /MPa	平压弹性模量 /MPa
测试值	0.51（5.90%）	1.63（5.60%）	47.57（5.60%）
指标值	0.5	0.8	30

注 括号内为复合材料性能变异系数 *CV*。

4.4.5.3 模压复合材料老化性研究

（1）湿热环境对复合材料老化性能影响

①复合材料的吸水性能。由图4-57可得，随着时间的延长，复合材料的增重率先增大后减小；随着温度的升高，复合材料吸水速率及增重率逐渐增大。吸水机理是，复合材料浸没在水中时，复合材料表面吸收水分，随着时间的增加，水分子通过复合材料纤维与基体逐渐渗入到复合材料内部，纤维与基体的膨胀性，使界面逐渐脱黏，水分更容易受到毛细作用进入复合材料，因此，时间增加，复合材料增重率增加；当达到平衡吸水率后，时间继续增加，复合材料增重率降低，这是因为纤维与树脂基体界面脱黏，树脂基体表面脱落，纤维与树脂基体发生降解，溶解物质析出，使增重率下降；当温度升高时，水分加剧了树脂基体链段松弛，水与基体中酰胺基、醚键、氨基等亲水基团发生水解反应，减弱了链段交联分子间作用力，而且加速形成的分子空隙使水向基体扩散能力加大，再者由于高温水汽形成的渗透压，加快了材料对水分的吸收，使材料吸湿率与饱和吸湿量均增大。

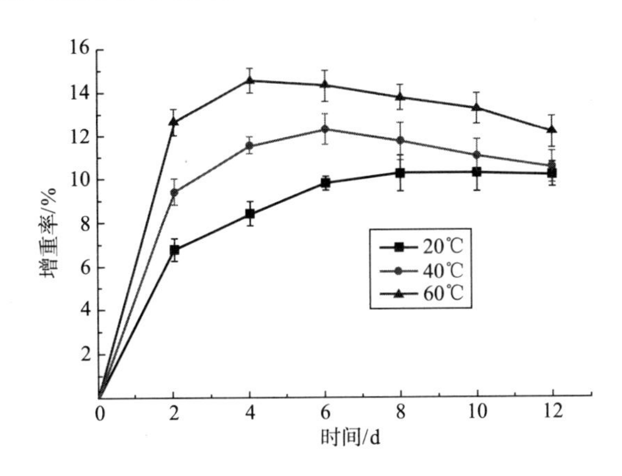

图 4-57 湿热环境下复合材料增重率的变化

②复合材料的玻璃化转变温度T_g。由图4-58可得，随着时间的延长，T_g降低；随着温度的升高，T_g也降低。影响复合材料耐热性能的原因主要有两个，一是化学变化（温度引起的后固化），二是物理变化（复合材料增塑作用），树脂后固化作用虽然使复合材料交联密度增加，使T_g升高，但样品模拟环境最

高温度为60℃，低于固化温度（135℃），因此，后固化作用不明显，增塑是主要作用。随着时间的延长及温度的升高，复合材料的增重率增加，越来越多的水分子进入材料内部，导致水分子会与环氧树脂发生反应，破坏了基体内部的交联点；而且，水分子体积小，容易渗透扩散，使基体发生增塑作用，从而导致T_g下降。研究表明，随着老化时间的延长和环境温度的升高，水分子含量增加，因此，基体大分子链间结合交联点破坏程度增加，T_g下降明显。T_g下降意味着在工程中实际使用的温度降低。

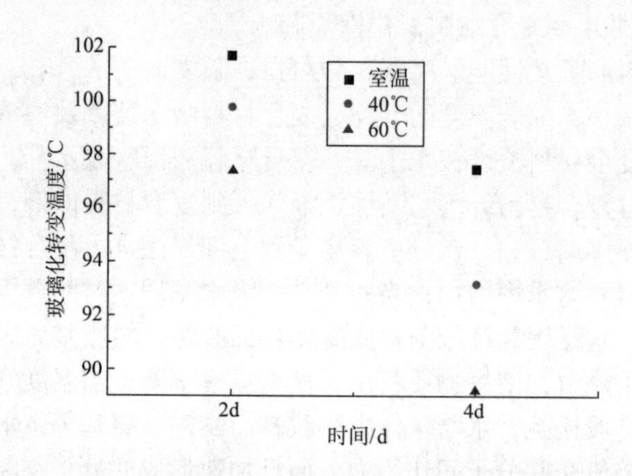

图 4-58 湿热环境下复合材料的玻璃化转变温度

（2）化学环境对复合材料老化性能影响

①复合材料的吸水性能。由图4-59可得，随着时间的延长，水溶液和盐溶液中的复合材料增重率逐渐增大，当时间为10d左右时，增重率缓慢，而碱溶液下的复合材料在吸水初期增重率最大，当时间超过4d时，复合材料的增重率逐渐降低；碱溶液下复合材料的增重率最大，盐溶液次之。主要原因是，在碱性溶液中，氢氧化钠易与纤维素发生化学反应，产生纤维素钠盐（Fiber—OH+NaOH=Fiber—O—Na+H_2O），而钠离子的水合能力极强，使大量水分子进入纤维内部，同时，强碱溶液腐蚀材料，使材料中的小分子和基体水解产生释放物，因此，碱溶液下的复合材料增重率较大。吸水初期，盐水环境下的增重率低于室温下水溶液，主要是盐溶液中存在较大体积或较大质量的离子，这些离子的存在会影响吸水速率，因为化学物质进入聚合物中的能力是与其重量或离子大小成反比的；而且氯离子具有特殊的吸附性，在复合材料表面产生特性吸附，阻碍了水分子向复合材料内部扩散，但随着时间的延长，由于试样内外产生的渗透压，使盐溶液中一些小离子逐渐进入聚合物，因此，增重率增加。Joannie等对浸泡在盐溶液和碱溶液中的乙烯基酯试样进行分析，结果表明，浸泡在碱溶液中的试样有离子进入试样内，而浸泡在盐溶液中的试样则没有离子的存在，因此，碱溶液中的增重率最大。

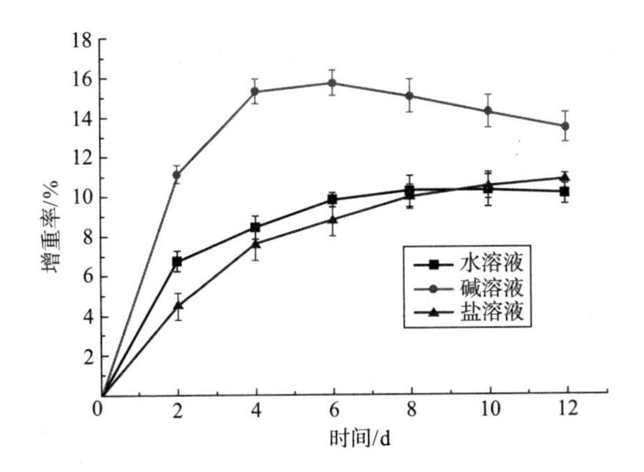

图 4-59　化学环境下复合材料的增重率随时间的变化曲线

②复合材料的T_g。图4-60为复合材料在化学环境下的T_g。由图4-60可知，随老化时间的延长，复合材料T_g下降。其中，碱溶液中的复合材料T_g下降幅度最大，盐溶液次之。因为随着时间的延长，水分逐渐进入复合材料内部，使复合材料交联密度降低，因此，T_g降低。复合材料在碱溶液中时，碱溶液对材料内部的腐蚀增大了材料的吸水率，使复合材料内部分子链的运动能力也随之增大，发生塑化作用，同时，氢氧化钠与纤维素发生反应形成的纤维素钠盐中钠离子吸收水分进入纤维内部，使纤维结晶度及取向度下降，从而使复合材料T_g降低更多。

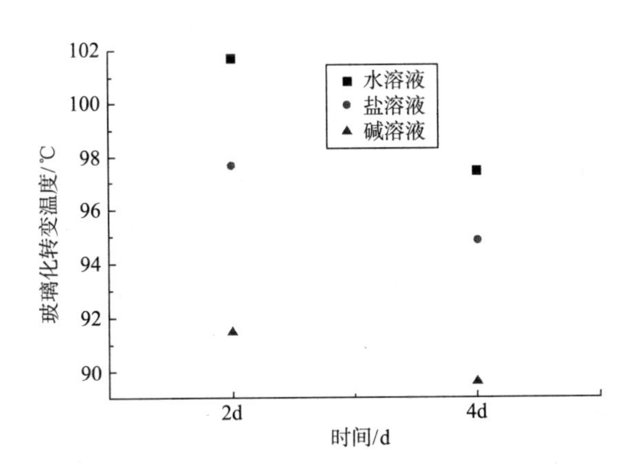

图 4-60　化学环境下复合材料的玻璃化转变温度

4.5 洋麻/芳纶织物增强环氧树脂复合材料性能研究

4.5.1 洋麻/芳纶纺纱方法与工艺探究

4.5.1.1 工艺参数对纱线性能的影响

（1）纺纱方法

近年来，许多新技术、新方法极大地丰富了纺纱加工手段，显著提高了纱线的质量。例如，赛络纺、赛络菲尔纺、嵌入式复合纺等，它们都是在环锭纺设备上对纺纱部件和工艺参数进行调整或改变，使成纱具有某种明显的结构和性能特征。本文利用多种新型纺纱工艺纺制洋麻/芳纶混纺纱线，通过对比纱线在不同间距和捻度条件下的拉伸、毛羽性能，探寻最佳洋麻/芳纶混纺方法。

传统环锭纺为短纤维纺纱，芳纶强度利用率较低，混纺纱线强度较低；此外，由于洋麻粗硬，采用传统环锭纺得到的纱线毛羽较多，影响纱线的后续应用。通过查阅文献资料可知，赛络纺、赛络菲尔纺以及嵌入式复合纺等纺纱方法能够解决以上问题，因此，为了更好地探寻最佳洋麻/芳纶混纺方法，本课题设计了4种新型纺纱方法，具体如图4–61所示。

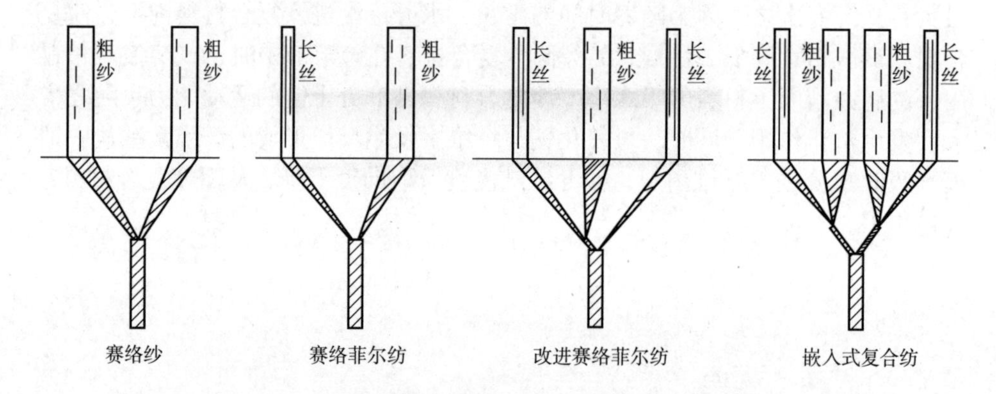

图4–61　纺纱方法示意图

赛络纺是由两根粗纱平行牵伸后加捻卷绕成纱，与传统环锭纺相比，提高了成纱强度，降低了纱线毛羽数量，改善了成纱质量。赛络菲尔纺是在赛络纺基础上发展起来的，通过在传统环锭细纱机上加装一个长丝喂入装置控制长丝张力及与粗纱间距，使长丝与经正常牵伸的须条加捻成纱，长丝的加入使纱线强度和条干均匀度显著提高。改进赛络菲尔纺是在赛络菲尔纺基础上添加一根长丝，粗纱位于两根长丝之间，该纺纱工艺不仅能够解决赛络菲尔纺“脱丝”问题，而且能够降低纱线毛羽数量，提高成纱强度。嵌入式复合纺通过合理配置两根长丝与两束短纤维须条在前钳口的位置，使纺纱过程中长丝不仅对成纱有增强作用，而且加强对短纤的控制，从而提高纱线强度，减少成纱毛羽。

前期研究发现，在传统环锭纺细纱机上，洋麻/芳纶混纺比为30：70时综合性能较优，在优选纺纱工艺的实验中，均采用此混纺比。由于洋麻纤维较为粗硬，纯纺时获得粗纱较为困难，在长丝、短纤混纺的纱线中，使用洋麻/芳纶混纺比为70：30的粗纱替代纯洋麻粗纱与芳纶长丝混纺。

（2）设备改造

新型纺纱方法需要通过对设备进行简单的改造才能顺利纺纱。改进赛络菲尔纺和嵌入式复合纺需要同时喂入两根长丝，因此，需要两个导丝轮，实现两根长丝的喂入，如图4–62所示。

由文献可知，长丝的间距对纱线质量有显著影响，因此，需要对长丝间距进行控制以及寻找本实验纺纱最佳间距，最佳间距一般为8~14mm，因此，制作了导丝轮间距控制器，如图4–63所示。

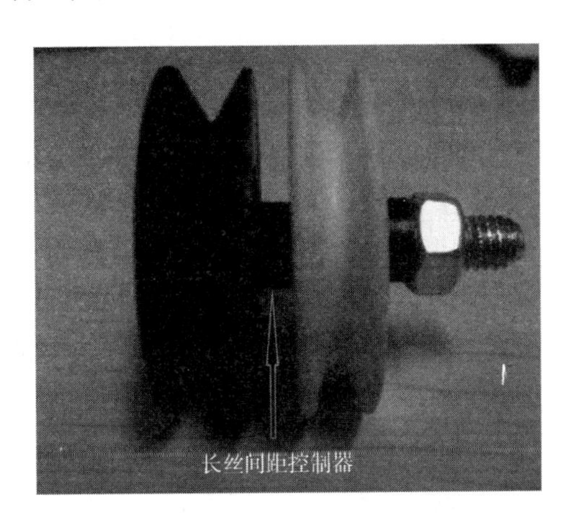

图 4–62　双导丝轮

图 4–63　导丝轮间距控制器

（3）工艺参数对纱线性能的影响

①间距对纱线性能的影响。通过调整粗纱牵伸倍数，控制混纺比为30：70，纱线捻系数设定为330。由图4–61可知，赛络纺由两根粗纱牵伸加捻成纱，受双喇叭口间距限制，间距不能随意调节，因此间距保持4mm不变。赛络菲尔纺是在赛络纺基础上将一根粗纱换成长丝，为了与赛络纺保持一致，间距也设定为4mm不变。改进赛络菲尔纺和嵌入式复合纺两根长丝间距分别设定

为8mm、10mm及12mm，探索纺纱间距对纱线强度和毛羽性能的影响。

②间距对纱线强度的影响。由图4-64可知，赛络纺短纤纱强度为47.50cN/tex，而在混纺比例相同的情况下，嵌入式复合纺（10mm）纱线强度达94.07cN/tex。混纺纱线中纤维的存在形式以及纱线结构是造成性能差异的重要原因。当混纺纱线中的芳纶由短纤维变成长丝后，纱线的强度提高69.6%~98.03%，由此可见，芳纶长丝对纱线有明显的增强作用。

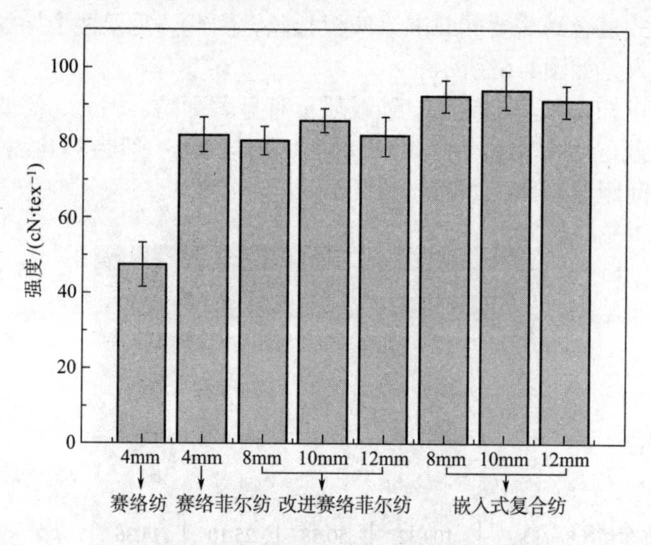

图 4-64　间距对纱线强度影响

同样为长丝短纤混纺，由于纺纱方法不同，所得纱线性能也有较大的差别。嵌入式复合纺的纱线强度要明显高于赛络菲尔纺及改进赛络菲尔纺纱线。由于长丝和短纤维的性能差异，导致它们的张力差异较大，嵌入式复合纱是一种对称的结构，加捻的过程中纱线处于一种基本平衡的状态，而赛络菲尔纺纱线和改进赛络菲尔纺纱线的处于一种非平衡的状态，所纺纱线的均匀性有所降低，导致其断裂强度比嵌入式复合纱低。同时，赛络菲尔纺和改进赛络菲尔纺纱线中只有一根粗纱，为了保证相同的混纺比，其粗纱须条的线密度为嵌入式复合纺纱线的2倍，纱线中芳纶长丝缠绕半径更大，轴向分力减小，降低了纱线强度。

由图4-64可知，间距为10mm时，改进赛络菲尔纺和嵌入式复合纺纱线强度最高。改进赛络菲尔纺中，成纱方式为短纤须条先与一根长丝结合，再与另一根长丝包缠，间距较小，长丝对短纤维的控制较差，影响纱线的力学性能，而间距较大，长丝扭矩较大，使轴向分力减小。嵌入式复合纺类似两个赛络菲尔纺合股成纱，成纱过程中的3个加捻三角区能够有效控制须条中的浮游纤维，形成稳定、牢固的整体，纱线强力得到增强，间距增加，纤维内外转移充分，纱线受力时强力利用系数高，间距过大，长丝缠绕须条的螺旋角增大，长丝轴向分力减小，从而纱线强度降低。

③间距对纱线毛羽指数的影响。由表4-17可知，对比3mm及以上毛羽指数，改进赛络菲尔纺纱线毛羽（10mm）最少，与赛络菲尔纺和嵌入式复合纺（10mm）相比，毛羽指数分别减小21.8%和46.1%。赛络纺是短纤混纺纱，由于两种纤维物理性能差异较大，纤维间抱合不够紧密，导致粗硬的洋麻纤维容易形成毛羽，影响纱线的风格和手感。赛络菲尔纺纱线中，芳纶长丝能够对洋麻短纤进行有效控制，但由于长丝和须条张力差异较大，致使成纱毛羽指数依然较大。改进赛络菲尔纺纱线毛羽是在赛络菲尔纺基础上添加一根长丝，不仅能够平衡成纱过程中长丝与须条张力不匀现象，而且长丝包缠能够覆盖部分纱线毛羽，从而大大减小成纱毛羽指数。嵌入式复合纺中粗纱牵伸倍数为赛络菲尔纺和改进赛络菲尔纺的2倍，过大的牵伸倍数使短纤维意外牵伸情况增加，须条中粗硬的洋麻纤维容易裸露在表面，不易捻入纱线内部，因此嵌入式复合纺毛羽最多。

表 4-17　不同间距下纱线毛羽指数

纺纱方法	1mm	2mm	3mm	4mm	5mm	6mm 及以上
赛络纺	198.46	83.98	36.42	17.84	8.16	7.52
赛络菲尔纺	129.82	62.08	31.46	17.94	9.04	10.52
改进赛络菲尔纺（8mm）	109.32	50.58	25.10	14.36	7.00	8.26
改进赛络菲尔纺（10mm）	106.18	48.04	24.92	13.64	7.44	7.94
改进赛络菲尔纺（12mm）	111.34	51.82	26.56	15.46	8.42	9.76
嵌入式复合纺（8mm）	156.68	79.12	43.92	25.92	14.22	16.4
嵌入式复合纺（10mm）	153.14	79.70	43.84	25.28	13.76	17.14
嵌入式复合纺（12mm）	160.2	86.34	48.94	29.28	16.00	20.04

由上可知，当间距为10mm时，混纺纱线强度最高，毛羽指数最低，因此最佳间距为10mm。

④捻系数对纱线性能影响。捻系数是影响纱线性能的重要因素之一，通常纱线捻系数选择范围为290~400，本实验通过比较捻系数为300、330以及360时纱线的强度和毛羽指数，了解捻系数对纱线性能的影响。赛络纺和赛络菲尔纺间距设定为4mm，改进赛络菲尔纺和嵌入式复合纺间距设定为10mm。

⑤捻系数对纱线强度的影响。由图4-65可知，当捻系数为300时，纱线的强度最好，随着捻系数的增加，纱线的强度逐渐下降，对比四种纱线在不同捻系数下的强度，嵌入式复合纺的强度最好，改进赛络菲尔纺和赛络菲尔纺次

之，短纤赛络纺纱线最差。由于芳纶的连续性受到破坏，短纤纱强度与同捻度长丝混纺纱相差40.1%以上，因此短纤维不适合纺制高性能纱线。对于芳纶长丝混纺纱而言，纱线强度随着捻度的增加而减小。首先，随着捻度的增加，长丝绕须条屈曲程度增加，使其轴向分力减小；其次，捻系数的增大使长丝自身捻度增加，芳纶长丝有效分力减小，断裂不同时性增加，同样也会导致混纺纱线强度较小。

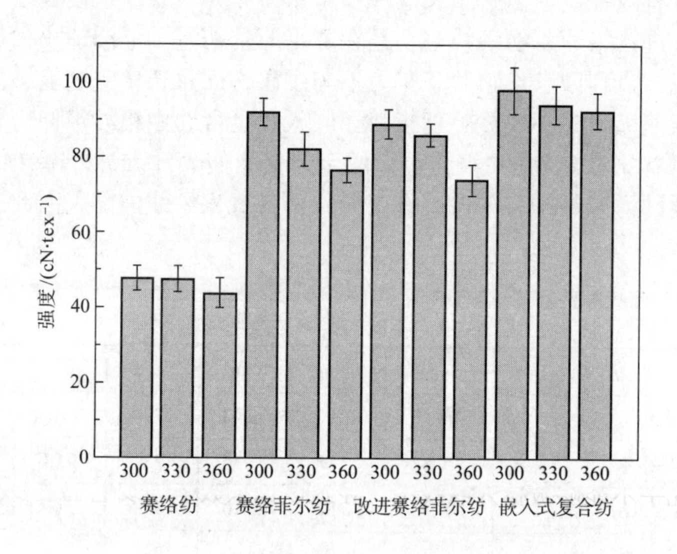

图 4-65　捻系数与纱线强度关系图

当捻系数为300时，嵌入式复合纺纱线强度达到97.85cN/tex，但是在该捻系数条件下，长丝对短纤维控制较差，大量的洋麻短纤维成为飞花落下，严重影响了生产环境及生产的连续性，浪费大量原料，随着捻系数的增大，飞花情况得到有效的改善。因此，捻系数对纱线强度和工业化生产有较大的影响。

⑥捻系数对纱线毛羽指数的影响。由表4-18可知，当捻系数为330时，纱线毛羽指数最小，对比四种纺纱方式，改进赛络菲尔纺纱线毛羽指数最小，嵌入式复合纺纱线毛羽指数最大。当捻系数较小时，须条不能够将粗硬的洋麻包裹在纱线内部，从而导致毛羽量增加，而当捻系数过大时，较大的力矩使长丝的包缠能力减弱，因此，在三种捻系数条件下，当捻系数为330时，纱线毛羽性能最好。对比纱线3mm及以上毛羽指数可知，改进赛络菲尔纺纱线毛羽指数最小，为嵌入式复合纺的46.25%，赛络纺和赛络菲尔纺介于两者之间。改进赛络菲尔纺能够改善长丝与须条张力差异较大的缺点，且另一根长丝的包缠作用使纱线毛羽得到有效的控制。

表 4–18　捻系数对纱线毛指数的影响

纺纱方法	捻系数	毛羽指数 /（根 · m^{-1}）					
		1mm	2mm	3mm	4mm	5mm	6mm 及以上
赛络纺	300	199.74	87.28	38.80	18.38	9.22	9.22
	330	198.46	83.98	36.42	17.84	8.16	7.52
	360	237.86	115.26	51.78	25.00	10.84	10.44
赛络菲尔纺	300	134.22	67.28	35.76	20.86	11.50	16.12
	330	129.82	62.08	31.46	17.94	9.04	10.52
	360	149.36	75.88	41.04	24.28	12.98	17.64
改进赛络菲尔纺	300	111.20	51.74	27.16	15.90	8.82	9.80
	330	106.18	48.04	24.92	13.64	7.44	7.94
	360	129.18	62.78	33.46	19.56	10.36	12.88
嵌入式复合纺	300	171.30	98.08	58.36	36.24	21.64	29.40
	330	153.14	79.70	43.84	25.28	13.76	17.14
	360	159.22	83.24	46.28	28.00	15.88	21.16

在嵌入式复合纺中，当捻系数为300时，长丝控制短纤维能力很差，牵伸后的须条几乎不能够被捻入纱线中，导致该捻系数下纱线毛羽最多，随着捻系数的增大，情况有所改善，但由于粗纱较大的牵伸倍数使得粗硬的洋麻纤维很难被捻入到纱线内部，导致纱线毛羽指数偏大，影响纱线性能。

综上可知，改进赛络菲尔纺能够明显降低混纺纱线的毛羽性能，为洋麻/芳纶最佳的混纺方法，最佳纺纱工艺为：长丝间距10mm，捻系数330，考虑到所纺纱线制备的织物要应用到复合材料领域，为了增加树脂与纤维的浸润性，捻系数偏小掌握，纱线最终捻系数确定为300。

4.5.1.2　混纺比对纱线性能的影响

（1）纱线强度

已知混纺纱线的设计捻度为80tex，实际测试发现，纱线线密度在设计线密度周围浮动，浮动区间小于5%，符合预先设定浮动范围。纱线线密度浮动的原因主要是粗纱不匀率较大，而纺纱过程中粗纱牵伸倍数不变，从而使纱线线密度产生浮动。

纱线强度随着芳纶含量的增加而增大，芳纶含量的差别主要为芳纶短纤，而纱线的受力主体为两根芳纶长丝，与纯芳纶纱线相比，虽然洋麻/芳纶40/60、洋麻/芳纶30/70及洋麻/芳纶20/80中粗纱中芳纶短纤分别相差90%、67.5%和45%，但是纱线强度仅相差12.56%、7.26%和3.21%。与芳纶长丝相比，洋麻/芳纶（40/60）强度减小32.99%，洋麻/芳纶30/70强度减小28.93%，洋麻/芳纶（20/80）强度减小25.82%，纯芳纶纱线强度减小23.36%，从洋麻使用量与强度减少量比例考量，洋麻/芳纶（40/60）和洋麻/芳纶（30/70）两种纱线更为有利。

（2）纱线毛羽

毛羽指数为每米纱线中的毛羽根数，大于3mm的毛羽会影响纱线的后续使用，因此主要比较大于3mm的纱线毛羽指数。由表4-19可知，随着芳纶含量的增加，纱线的毛羽指数减小，与洋麻/芳纶（40/60）相比，洋麻/芳纶（30/70）、洋麻/芳纶（20/80）和纯芳纶纱线毛羽指数分别减小20.85%、26.46%和65.56%。由此可知，洋麻纤维的加入会大大增加纱线的毛羽数量，降低纱线的品质。

表 4-19 纱线毛羽指数对比

纱线种类	1mm	2mm	3mm	大于 3mm
洋麻 / 芳纶（40/60）	138.58	62.66	30.52	33.48
洋麻 / 芳纶（30/70）	139.98	59.6	28.54	26.58
洋麻 / 芳纶（20/80）	126.36	50.7	23.92	24.62
纯芳纶	113.2	39.7	14	12.2

综合比较纱线强度和毛羽性能，洋麻/芳纶（30/70）纱线较优，洋麻/芳纶（40/60）纱线毛羽较多，而洋麻/芳纶（20/80）纱线芳纶强度利用率不够高。

4.5.2 洋麻 / 芳纶织物的性能研究

4.5.2.1 织物经纬密

由表4-20可知，织物经密与设定的90根/10cm基本相同，由于有钢筘的控制，织物的经密达到预定值。比较纬密可知，与设定的110根/10cm有一定的波动，这主要是由于小样剑杆织机不能够按照设定值向前送经，织造时需要手动辅助送经，因此造成织物经密差别较大。

表 4-20 织物经纬密

纱线种类	经向	纬向
	经密 / [根 ·（10cm）$^{-1}$]	纬密 / [根 ·（10cm）$^{-1}$]
洋麻 / 芳纶（40/60）	91.6	112.8
洋麻 / 芳纶（30/70）	92	114.4
洋麻 / 芳纶（20/80）	90.8	100.8
纯芳纶	91.2	116

4.5.2.2　织物厚度与面密度

由表4–21可知，随着织物中芳纶含量的增加，织物的厚度减小，这主要是由于芳纶密度比洋麻大，在相同线密度条件下，芳纶含量越高，纱线直径越小，因此织物的厚度随着芳纶含量的增加而减小。织物的面密度与织物经纬密直接相关，单位面积内纱线根数越多，则织物面密度越大。

表 4–21　织物厚度与面密度

纱线种类	厚度 /mm	面密度 /（$g \cdot m^{-2}$）
洋麻 / 芳纶（40/60）	1.342	321.46
洋麻 / 芳纶（30/70）	1.314	392.33
洋麻 / 芳纶（20/80）	1.096	295.55
纯芳纶	1.078	384.57

4.5.2.3　织物拉伸性能

洋麻/芳纶（40/60）纱线的单纱强力为85.02N，25mm宽的测试试样中，经纱根数为22.9根，纬纱根数为28.2根。因此，按照单纱强力推算织物拉伸强力，经向拉伸强力为1947N，纬向拉伸强力为2397.56N。比较实际得到的拉伸强力，经向为理论的93.92%，纬向为理论的87.21%（表4–22）。

洋麻/芳纶30/70纱线的单纱强力为90.17N，25mm宽的测试试样中，经纱根数为23根，纬纱根数为28.6根。因此，按照单纱强力推算织物拉伸强力，经向拉伸强力为2073.9N，纬向拉伸强力为2578.86N。比较实际得到的拉伸强力，经向为理论的87.99%，纬向为理论的105.3%。

表 4–22　经纬向织物性能对比

织物种类	经向			纬向		
	强力 /N	拉伸强度 /MPa	*CV*/%	强力 /N	拉伸强度 /MPa	*CV*/%
洋麻 / 芳纶（40/60）	1828.58	54.5	10.41	2090.82	62.32	12.10
洋麻 / 芳纶（30/70）	1824.85	55.55	5.08	2715.58	82.67	2.57
洋麻 / 芳纶（20/80）	1614.73	58.93	2.28	2366.35	86.36	12.41
纯芳纶	1963.81	72.87	3.16	2384.48	88.48	11.65

洋麻/芳纶（20/80）纱线的单纱强力为94.11N，25mm宽的测试试样中，经纱根数为22.7根，纬纱根数为25.2根。因此，按照单纱强力推算织物拉伸强力，经向拉伸强力为2136.3N，纬向拉伸强力为2371.57N。比较实际得到的拉伸强力，经向为理论的75.59%，纬向为理论的99.78%。

芳纶100%纱线的单纱强力为97.23N，25mm宽的测试试样中，经纱根数为22.8根，纬纱根数为29根。因此，按照单纱强力推算织物拉伸强力，经向拉伸强力为2216.8N，纬向拉伸强力为2819.67N。比较实际得到的拉伸强力，经向为理论的88.59%，纬向为理论的84.57%。

观察纱线强度利用率，发现强度利用率与织物经纬密和织物克重有关，织物经纬密越大，织物克重越高，织物强度利用率相对越高。

纱线强力利用率总体偏低，纱线之间没能够起到较好的协同作用，其主要原因如下。

①受力方向的纱线协同作用不强。强度利用率较小的织物，织物紧度较小，织物较为疏松，纱线之间的接触不紧密，在受力时纱线间不能起到协同作用。同时，由于经纬向织物密度较小，在受拉过程中，如果有一根纱线没有起到作用就会对结果产生较大的影响。

②在受力方向的纱线强力不匀。织造所用的洋麻/芳纶混纺纱线有一定的不匀率，因此织物中容易存在强度差异较大的纱线。在织物受力过程中，如果强力较弱的纱线首先断裂，其承受的力转移到其他纱线上，出现应力集中现象，从而使织物断裂，降低织物整体承受强力的能力。

③织物拉伸方向没有与受力方向完全平行。因为夹头夹持织物中的纱线松紧程度不同，导致拉伸时纱线之间不同时受力，由于织物紧度较小，纱线间的空隙较大，导致织物倾斜而引起织物强力下降。

④织物中纱线屈曲较大。纱线在经纬向交织，由于纱线线密度较大，交织过程中纱线屈曲幅度较大，织物受拉后受力点与受力方向不在同一直线上，也会导致纱线强度利用率下降。

4.5.2.4 织物阻燃性能

在织物当中，洋麻作为天然纤维素纤维，没有阻燃性，而芳纶不燃烧也不支持燃烧。由表4-23可知，洋麻/芳纶（40/60）和洋麻/芳纶（30/70）两种织物完全燃烧。观察续燃时间可知，随着芳纶含量的增加，续燃时间延长，说明芳纶可以起到阻隔作用，减缓燃烧的推进。观察燃烧后的织物，燃烧后的洋麻灰烬附着在织物表面，移去灰烬后仍能看出芳纶的颜色，体现了芳纶良好的阻燃性能（图4-66）。测试织物燃烧后的损毁长度时，织物悬挂226.8g的重锤后，燃烧后的织物都没有被撕毁，可见燃烧只是表面洋麻的燃烧，作为织物主体的芳纶依然能够承受一定的强力。

洋麻/芳纶（20/80）织物阻燃性较好，纱线续燃时间基本为零，由此可知，在混纺比例适当的情况下，混纺织物依靠不同纤维之间的协同作用能够起到很好的阻燃效果。比较纯芳纶织物与洋麻/芳纶（20/80）织物的燃烧情况发现，纯芳纶纱线没有续燃时间，但阴燃时间相对较长，这是由于纱线在加热12s后，积存大量的热能，洋麻/芳纶（20/80）纱线通过洋麻的燃烧很快将能量散发出去，而纯芳纶不燃烧，热量散失较慢，因此阴燃时间较长。

表 4–23　织物阻燃性能

纱线种类	经向			纬向		
	续燃时间 /s	阴燃时间 /s	损毁长度 /mm	续燃时间 /s	阴燃时间 /s	损毁长度 /mm
洋麻 / 芳纶（40/60）	31.1	0	0	30.2	0	0
洋麻 / 芳纶（30/70）	45.5	0	0	46.6	0	0
洋麻 / 芳纶（20/80）	3.8	5.6	0	0	11	0
纯芳纶	0	12.4	0	0	9.7	0

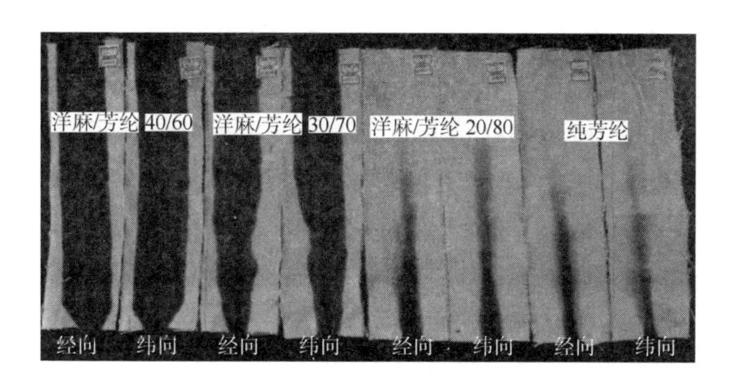

图 4–66　垂直燃烧测试后样品

4.5.3　洋麻 / 芳纶织物增强环氧树脂复合材料的性能研究

4.5.3.1　拉伸性能

由图4–67可知，采用相同加工工艺得到的不同混纺比的洋麻/芳纶增强环氧树脂复合材料的拉伸性能有较大的差别，强度最高的为洋麻/芳纶20/80混纺织物增强复合材料，达240.65MPa。由于洋麻含量较多且织物毛羽较多，洋麻/芳纶（40/60）拉伸强度较小，随着洋麻含量的减小，混纺织物增强复合材料的拉伸强度分别提升15.84%和18.77%。同时可以发现，纯芳纶织物增强复合材料与洋麻/芳纶（20/80）织物增强复合材料的强度相差0.82%，这主要是由于芳纶表面光滑，与树脂的黏合性不够好，而洋麻纤维经过精细化处理后，纤维表面粗糙度增加，少量的洋麻纤维与芳纶混纺后，能够改善增强体与树脂的黏合性，提升复合材料的拉伸性能。由此可知，在混纺比适当的情况下，混纺织物增强复合材料可以综合利用不同纤维的优点，使复合材料性能比单一纤维织物

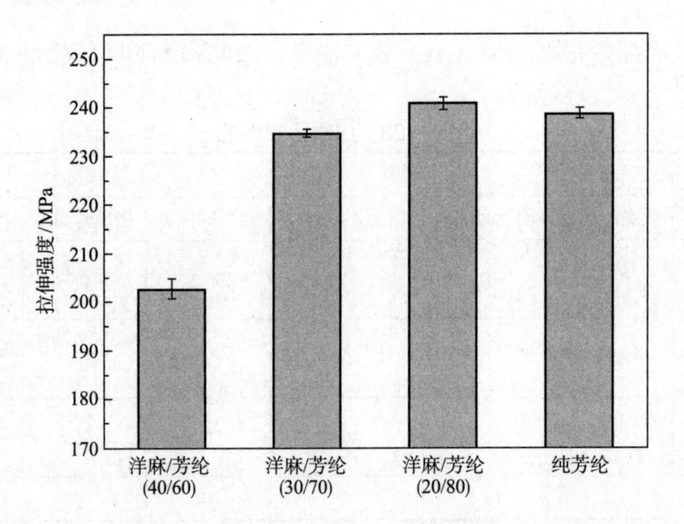

图 4-67　复合材料拉伸强度

增强复合材料性能更优异。

4.5.3.2　弯曲性能

复合材料弯曲强度也叫抗弯强度，是指材料在弯曲载荷作用下破裂或达到规定挠度时能承受的最大应力，即抵抗弯曲变形的能力，是表征材料刚度的重要指标。由图4-68可知，洋麻/芳纶（30/70）织物增强复合材料弯曲性能最好。复合材料弯曲性能与增强体、树脂以及界面性能有关，洋麻/芳纶（40/60）织物由于芳纶含量较少，织物整体性能相对较差，导致复合材料的弯曲性能较低，洋麻/芳纶（20/80）和纯芳纶增强复合材料虽然拉伸性能较好，但是织物表面光滑，使得层间黏合较差，导致复合材料弯曲性能相对较差。

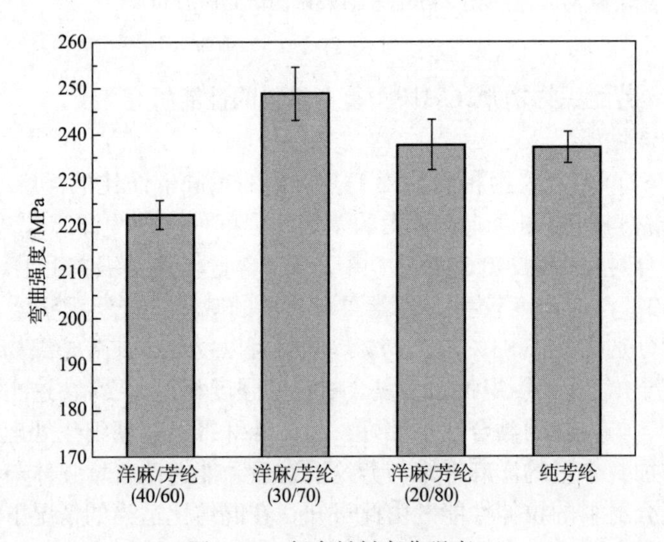

图 4-68　复合材料弯曲强度

洋麻纤维由于表面粗糙，与环氧树脂结合较好，洋麻/芳纶（30/70）织物与树脂结合更为紧密，同时洋麻/芳纶（30/70）织物表面毛羽适中，在预浸料成型中，毛羽的存在增强了层间的联系，提升了复合材料的抗弯性能。

4.5.3.3　抗剪切性能

织物增强复合材料由多层预浸料压制而成，因此，复合材料的层间性能是复合材料的重要指标之一，抗剪切性能是检验复合材料层间结合性能的重要手段之一。由图4-69可知，纯芳纶织物增强复合材料抗剪切性能最差，这主要是由于芳纶表面光滑，其与树脂界面结合性能较差，同时层间织物没有纤维穿插，致使芳纶增强复合材料的层间结合性能较差。由于复合材料的抗剪切性能与增强体的性能有直接关系，观察图4-69可知，在洋麻/芳纶织物中，随着芳纶含量的增加，复合材料抗剪切性能增强，与纯芳纶织物相比，洋麻纤维的加入使其与树脂界面性能增加，而且洋麻纤维形成的毛羽有利于层间性能的提升，使其抗剪切性能较好。

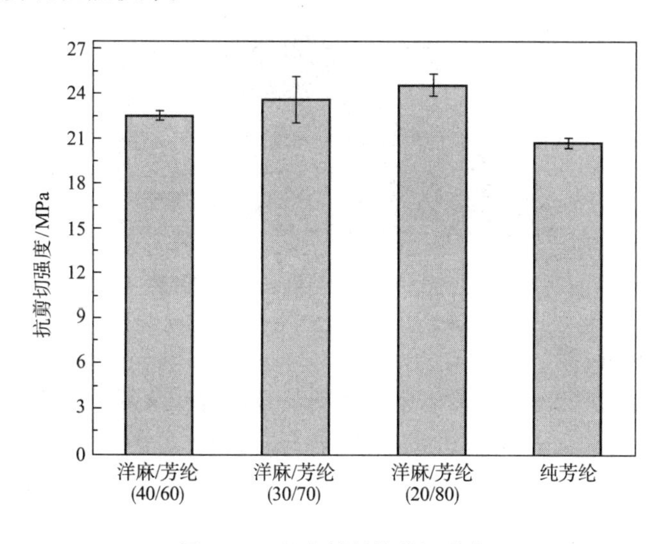

图 4-69　复合材料抗剪切强度

4.5.3.4　阻燃性能

由表4-24可知，对四种织物增强复合材料进行垂直燃烧测试，发现复合材料的阻燃性能良好，在60s测试的过程中，没有液滴滴落，在撤去点火源后，复合材料没有出现续燃现象，观察图4-70可知，复合材料在长时间点火源灼烧下的损毁长度几乎为零，由此可知，洋麻纤维的加入不影响复合材料的阻燃性能。由于表面毛羽的存在，洋麻/芳纶（40/60）和洋麻/芳纶（30/70）完全燃烧，没有体现出芳纶的阻燃性能。在制成复合材料的过程中，表面的毛羽被树脂包裹，在模压成型过程中，使其贴服在织物内，使得芳纶能够发挥其良好的阻燃性能，使得复合材料阻燃性能优异。

表 4–24 复合材料阻燃性能

纱线种类	点火时间 /s	续燃时间 /s	液滴燃烧时间 /s	损毁长度 /mm
洋麻 / 芳纶（40/60）	60	0	0	0
洋麻 / 芳纶（30/70）	60	0	0	0
洋麻 / 芳纶（20/80）	60	0	0	0
纯芳纶	60	0	0	0

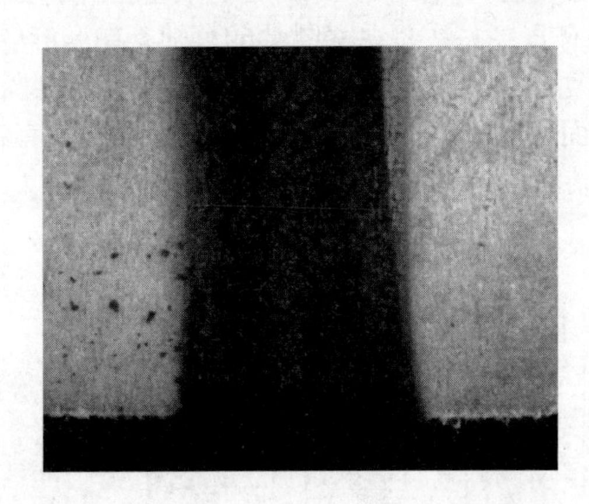

图 4–70 洋麻 / 芳纶（40/60）复合材料阻燃测试后试样

4.5.3.5 抗冲击性能

在复合材料板低速冲击测试中，体现了芳纶短纤及芳纶长丝良好的抗冲击性能。由表4–25可知，在芳纶含量相同的情况下，以芳纶长丝为受力主体的改进型洋麻/芳纶30/70复合材料的抗冲击强度比芳纶短纤复合材料高43.73%，同时，随着芳纶含量的增加，复合材料板的抗冲击强度不断提高，最高达到55.617MPa。与改进型纯芳纶增强复合材料相比，混纺织物增强复合材料与其分别相差37.35%、23.61%和8.68%，按照洋麻纤维减小比例来讲，混纺织物增强复合材料的抗冲击性能较优，其中洋麻/芳纶（20/80）织物增强环氧树脂的抗冲击性能最好，在减小芳纶用量20%的情况下，其抗冲击性能只减小8.68%。比较达到最大载荷时所用的时间可知，随着芳纶含量的增加，所用的时间越少，这主要是由于芳纶由两个苯环通过酰胺键链接，分子结构具有高度规整性，使得芳纶具有较高的刚度，随着芳纶含量的增加，复合材料中芳纶的分布越广泛，在受到冲击后，芳纶由于刚度较大，在较短的时间内就能够达到最大载荷，因此，随着芳纶含量的增加，复合材料达到最大冲击载荷的时间越短。

表 4-25　复合材料抗冲击测试

纱线种类	最大冲击强度 / MPa	达到最大载荷时间 /ms	冲击速度 / (m · s^{-1})	冲击能量 / J
短纤 (30/70)	23.909	2.573	2.172	14.646
改进型 (40/60)	34.845	2.997	2.176	14.697
改进型 (30/70)	42.488	2.893	2.188	14.861
改进型 (20/80)	50.790	2.097	2.171	14.635
改进型 100%	55.617	2.048	2.185	14.824

参考文献

[1] 北京交通大学召开建设城市轨道交通强国座谈会，光明网，2017 年 11 月 21 日，http : // politics.gmw.cn/2017-11/21/content_26854047.htm.

[2] 蒋鞠慧，陈敬菊. 复合材料在轨道交通上的应用与发展 [J]. 玻璃钢 / 复合材料，2009 (6): 81–85.

[3] 李岩，李倩. 植物纤维增强复合材料力学高性能化与多功能化研究 [J]. 固体力学学报，2017，38 (3): 215–243.

[4] 田旭鹏. 新材料在轨道交通车辆内饰中的应用 [J]. 沿海企业与科技，2013 (1): 31–33.

[5] 单勇，谭艳. 复合材料在轨道交通领域的应用 [J]. 电力机车与城轨车辆，2011，34 (2): 9–12.

[6] 江洪，张晓丹，刘义鹤. 纤维复合材料在轨道交通中的应用概况 [J]. 新材料产业，2017 (2): 22–25.

[7] 王德鹏，余黎明. 轨道交通车辆新材料应用前景分析 [J]. 新材料产业，2017 (2): 17–21.

[8] 上官倩芡，蔡泖华. 天然纤维及其复合材料应用研究 [J]. 材料工程，2010 (s1): –.

[9] MANTIA F P L, MORREALE M. Green composites : A brief review [J] . Composites Part A : Applied ence and Manufacturing, 2011, 42 (6): 579–588.

[10] DICKER M P M, DUCKWORTH P F, BAKER A B, et al. Green composites : A review of material attributes and complementary applications [J] . Composites Part A : Applied Science and Manufacturing, 2014, 56: 280–289.

[11] BOGOEVA-GACEVA G, AVELLA M, MALINCONICO M, et al. Natural fiber eco-composites [J] . Polymer Composites, 2007, 28 (1): 98–107.

[12] JOHN M J, THOMAS S. Biofibres and biocomposites [J] . Carbohydrate Polymers, 2008, 71 (3): 343–364.

[13] 方征平. 麻纤维增强树脂基复合材料 [C] . 新材料学术论坛学术. 2014.

[14] 周明，陈瑞英. 我国植物纤维复合材料的发展现状及展望 [J]. 亚热带农业研究，

2013，9（4）：276-279.

[15] 侯秀英，黄祖泰，杨文斌，等. 植物纤维在复合材料中的应用与发展 [J]. 纤维素科学与技术，2005，13（4）：55-59.

[16] 鲁博，张林文，曾竟成. 天然纤维复合材料 [M]. 北京：化学工业出版社，2005：451-463.

[17] LI Y, HU Y. Interfacial studies of sisal fiber reinforced high density polyethylene (HDPE) composites [J]. Composites Part A: Applied Science and Manufacturing, 2008, 39 (4): 570-578.

[18] LI Y, XUE B. Hydrothermal ageing mechanisms of unidirectional flax fabric reinforced epoxy composites [J]. Polymer Degradation and Stability, 2016，126：144-158.

[19] 刘小峯，邹林. 2015—2016 年国内外不饱和聚酯树脂工业进展 [J]. 热固性树脂，2017（3）：61-70.

[20] 王慧，刘小峯. 2016—2017 年国内外不饱和聚酯树脂工业进展 [J]. 热固性树脂，2018（3）.

[21] 张永励，李岩，孙震. 织物形式对苎麻纤维渗透率及其复合材料的力学性能影响 [J]. 复合材料学报，2013，30（2）：195-200.

[22] 张凤翻. 复合材料用预浸料 [J]. 高科技纤维与应用，1999（5）：28-32.

[23] 徐燕，李炜. 国内外预浸料制备方法 [J]. 玻璃钢 / 复合材料，2013（9）：3-7.

[24] 乌云其其格. 模压成型工艺对复合材料性能影响 [J]. 玻璃钢 / 复合材料，2001：41-43.

[25] 杨卿，武书彬. 麦草的热失重特性及动力学 [J]. 农业工程学报，2009，25（3）：193-196.

[26] 高黎，王正，常亮. 建筑结构用竹质复合材料的性能及应用研究 [J]. 世界竹藤通讯，2008，6（5）：1-5.

[27] 张晖，阳建红，李海斌. 湿热老化环境对环氧树脂性能影响研究 [J]. 兵器材料科学与工程，2010，33（3）：42-45.

[28] American Society for Testing Materials International. ASTM D638 Standard Test Method for Tensile Properties of Plastics [S]. New York: ASTM International, 2003.

[29] American Society for Testing and Materials International. Standard test methods for flexural properties of unreinforced and reinforced plastics and electrical insulating materials: ASTM D790—2010 [S]. West Conshohocken: ASTM International, 2010.

[30] 全国纤维增强塑料标准化技术委员. 纤维增强塑料短梁法测定层间剪切强度：JC/T 773—2010 [S]. 北京：北京建材工业出版社，2011.

[31] 中国国家标准化委员管理会. GB/T 1462—2005 纤维增强塑料吸水性试验方法 [S]. 北京：中国标准出版社，2005.

[32] 张汝光. 复合材料层合板的弯曲性能和试验 [J]. 玻璃钢，2009（3）：1-5.

[33] 路利萍. 纤维横截面形状对复合材料性能的影响 [D]. 北京：北京服装学院，2010.

[34] 周磊，黎大胜，侯锐钢. 铺层结构对树脂基复合材料层间剪切强度影响的研究 [J]. 玻璃钢 / 复合材料，2016（9）：44-48.

[35] 孙向玲. 天然纤维素纤维对油液介质的吸附性能研究 [D]. 上海：东华大学，2010.

[36] 彭丹，孙义明，杨力行. 苎麻纤维复合材料及其应用 [J]. 化工新型材料，2011，39 (2)：26-28.
[37] 朱挺，赵磊. 麻纤维的改性及其增强复合材料的研究现状 [J]. 纺织科技进展，2011 (4)：18-20.
[38] 王春红. 植物纤维增强可降解复合材料的制备及力学、降解性能研究 [D]. 天津：天津工业大学，2008.
[39] 王鹏. 基于 HyperWorks 的汽车摆臂拓扑优化设计 [D]. 邯郸：河北工程大学，2012.
[40] 洪恺. 基于 Hyperworks 和 Ansys 的汽车车架有限元分析 [D]. 长沙：湖南大学，2011.
[41] 王钰栋. HyperWorks 复合材料 CAE 仿真建模、分析与优化 [J]. 航空制造技术，2013 (15)：103-106.
[42] 吴中博，李书. 基于 Optistruct 的结构静动力拓扑优化设计 [J]. 航空计算技术，2006，36 (6)：9-12.
[43] 王伟，左小彪，李杰. 阻燃增韧环氧树脂及其复合材料性能研究 [J]. 宇航材料科技，2011 (1)：42-45.
[44] 俞巧珍. 体积含量对织物 / 水泥复合材料弯曲性能的影响 [J]. 纺织学报，2006，27(1)：6-10.
[45] 乌云其其格，益小苏，刘燕峰. 一种中温固化绿色固化剂树脂预浸料研究 [J]. 高科技纤维与应用，2013，38 (2)：26-30.
[46] 李岩，罗业. 天然纤维增强复合材料力学性能及其应用 [J]. 固体力学学报，2010，31 (6)：614-630.
[47] PAIVA JUNIOR C Z, CARVALHO L H D, FONSECA V M. Analysis of the tensile strength of polyester-hybrid fabric composites [J]. Material Properties, 2004 (23)：131-135.
[48] 刘玉军，蒋荃，胡云林. 铝蜂窝复合板的发展及标准制定 [J]. 标准研讨，2010：20-24.
[49] 过梅丽. 高聚物与复合材料的动态力学热分析 [M]. 北京：化学工业出版社，2002：35-41.
[50] 黄再满. 水环境对复合材料耐水性能的研究 [D]. 武汉：武汉理工大学，2001.
[51] 徐巧林，陈军，徐卫林. 嵌入式复合纱与 Sirofil 复合纱的对比分析 [J]. 棉纺织技术，2010，38 (9)：569-572.
[52] 于伟东. 纺织材料学 [M]. 北京：中国纺织出版社，2006.
[53] 钱鸿彬. 棉纺织工厂设计 [M]. 2 版. 北京：中国纺织出版社，2007.
[54] 汪黎明，李立. 平纹织物拉伸断裂强力的理论分析 [J]. 青岛大学学报，1999，14 (2)：42-45.
[55] 曾金芳，乔生儒，丘哲明，等. 芳纶、碳纤维混杂工艺对环氧复合材料拉伸性能的影响 [J]. 工程塑料应用，2003，31 (9)：30-34.
[56] 李姗. 苎麻增强生物基复合材料的制备及其性能研究 [D]. 天津工业大学，2014.
[57] 何顺辉. 洋麻 / 芳纶混纺纱及复合材料的制备与性能研究 [D]. 天津工业大学，2014.
[58] 贾瑞婷. 洋麻 / 棉混纺织物增强环氧树脂复合材料的制备及性能研究 [D]. 天津工业大学，2016.
[59] 张红霞. 轨道交通用苎麻 /UP 复合材料的制备及性能研究 [D]. 天津工业大学，2019.

第5章　航空用绿色复合材料

现今新一代飞机的发展目标是“轻质化、长寿命、高可靠、高效能、高隐身、低成本”。而复合材料正具备了上述几个条件，成为实现新一代飞机发展目标的重要途径。尤其是碳纤维复合材料的发展，不久前，碳纤维复合材料只能在军用飞机中用作主结构，但是，由于技术发展和进步，先进复合材料已开始在民航客机中用作主结构，如机身、机翼等。以空客为例，空中客车公司是首家在大型民用飞机上广泛采用复合材料的飞机制造商。A310是率先采用复合材料垂尾盒的民用飞机；A320是率先采用全复合材料尾翼的飞机；A340-500/600 是率先采用碳纤维增强型复合材料（CFRP）大梁和后压力隔框的机型；A380的中央翼盒主要由碳纤维增强型复合材料制造，比先进的铝合金重量减轻 1.5吨， A380也采用了迄今世界上最大的复合材料后机身段。

复合材料是除铝之外最重要的航空和航天材料。复合材料在飞机上的用量和应用部位已成为衡量飞机结构先进性的重要指标之一。由于它们具有轻质的优点，在直升机和战斗机结构重量中所占的份额超过50%，在民用飞机结构重量中所占的份额超过15%。近年来，除了飞机内饰及次承力材料之外，在飞机最主要受力部件机翼、机身上也正式开始使用复合材料，如波音B787是第一种大量采用碳纤维复合材料（CFRP）作为机身和机翼主要结构件的机型，复合材料重量约占整机重量50%。

根据国际航空运输协会发布的市场评估报告，2018年，全球航空公司共运送旅客43亿人次，到2037年，这一数字将增长至82亿人次。为了满足航空运输快速发展的需求，未来20年，飞机制造商至少需要交付36700架新飞机。由此可见，飞机的发展前景和需求量巨大。虽然碳纤维和玻璃纤维复合材料的使用很大地提高了飞机的性能，但是玻璃纤维、碳纤维等增强复合材料属于不可降解材料，废弃后很难再次回收利用，造成了资源浪费和环境污染。因此，航空航天企业也正致力于减少飞机制造过程中产生的难以回收的复合材料对环境造成的负面影响。

在全世界倡导“绿色、环保、可持续发展”的发展理念下，越来越多的学者将目光投向天然纤维增强复合材料。在欧盟针对欧洲航空业设计的“洁净天空”研究计划指导下，2016年由中国政府和欧洲政府共同资助设立ECO-COMPASS项目，开始研发生物质及多功能的绿色复合材料，并应用于航空领域。

天然纤维，尤其是麻纤维等植物纤维正成为替代玻璃纤维等高性能纤维的首选绿色环保材料。麻纤维具有比强度高、比刚度高、价廉质轻等特性。目前，麻纤维增强复合材料已经广泛应用于汽车内饰、建筑装饰、包装材料等领域，如汽车的仪表面板、内饰件、座位靠背等零部件，建筑物的保温、吸声、艺术装饰等板材。但是麻纤维增强复合材料在航空航天领域的研究和应用还是处于起步阶段，主要受限于产品力学性能和阻燃性能的高标准。

在航空航天领域，复合材料的阻燃性能是考核其应用性的重要指标之一。然而大量的研究表明，通过常规的阻燃工艺对天然纤维进行阻燃处理，所制备的复合材料性能出现大幅下降，天然纤维增强复合材料阻燃性能达标是以力学性能的降低为代价的。因此，研究航空用环境友好型天然纤维增强树脂基阻燃复合材料需要同时提高力学性能和阻燃性能。为了实现天然纤维复合材料“高性能化”，需要克服天然纤维力学性能较弱的特点以及克服天然纤维增强体兼容性的问题。其一是对天然纤维进行一系列的物理化学改性，提高天然纤维与基体的界面结合与负载传递效率；其二是对天然纤维增强体（包括低单向纱线、机织物、铺层布等）的结构进行设计，增强体的增强效果将直接影响复合材料的力学性能。

接下来，基于DOT/FAA/AR航空材料手册的要求以及飞机内饰材料的标准要求，对麻纤维增强树脂复合材料的力学性能和阻燃性能进行讲解和分析。

5.1 航空用绿色复合材料的制备工艺

5.1.1 苎麻/聚乳酸复合材料的制备工艺

苎麻/聚乳酸（PLA）的制备过程包括：PLA固化配方的配制、预浸料的制备和苎麻/PLA模压成型三部分。由于本文所用PLA是未加交联剂的，并且PLA使用前需要加入引发剂（固化剂），因此，在制备预浸料之前，首先需要对PLA的固化配方进行研究。

5.1.1.1 PLA 固化配方的配制

（1）交联剂的选择及用量

PLA是从玉米中提取出来的，从其分子式分析可知，PLA是一种乳酸基的不饱和聚酯，其固化过程与不饱和聚酯树脂基本相同。

在一定条件下，PLA从黏流态树脂发生交联反应到转变为不溶不熔的具有体型结构的固态树脂，此过程称为PLA的固化。固化前的PLA是一种具有不饱和双键结构的聚合物，而交联剂的结构中也是有一个或者两个不饱和双键，在促进剂和引发剂的作用下，产生的自由基引发两种物质的双键发生交联聚合反应，得到体型网状结构的热固性塑料，有关过程可用图5-1来表示。图5-1表

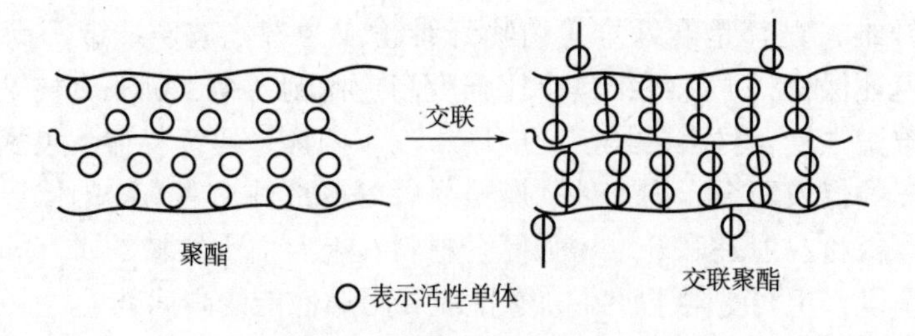

图 5-1　交联反应示意图

明：分子量不高的室温下为黏性液体的聚酯，通过与乙烯基类交联剂共聚发生交联反应，进而形成坚硬的立体网状结构的分子，理论上此共聚物的分子量趋于无穷大，可以作为一种具有一定力学性能的高分子材料来使用。交联剂又叫“架桥剂”，其很形象地表达了交联剂的功效，苯乙烯（$C_6H_5CH{=}CH_2$）也称乙烯基苯，其含有加成聚合所需要的双键，它与聚酯的共聚合性好，树脂的黏度可以调节，性能好（刚性好、耐久、颜色浅等），固化速度快，便于施工，而且成本低，固化后共聚物的电学性能和力学性能都比较优良，而且共聚物还具有良好的耐老化性。苯乙烯是目前最常用的交联剂。

本节中选用的交联剂为苯乙烯，其在PLA中的用量是树脂配方设计中要仔细考虑的因素。苯乙烯用量主要影响的是PLA的硬度和强度。苯乙烯含量过高时，会导致PLA黏度太低，收缩率过大，影响PLA的强度和其他性能；苯乙烯含量太低时，就等于缺少了“桥”，导致PLA黏度过大，不易成型或者成型困难，并且PLA不能充分固化。苯乙烯的用量一般在25%~35%。O' Donnell等利用生物豆油基树脂（AESO）和苯乙烯制备豆油树脂，发现AESO和苯乙烯的含量比为2：1或苯乙烯含量为33.3%时，苯乙烯用量最少，树脂性质最高。

综上，本节中用的交联剂为苯乙烯，其与PLA的质量比为33：67。

（2）引发剂、促进剂的选择及用量

①引发剂、促进剂的选择。在常温或者加热条件下，能够使热固性树脂（不饱和聚酯树脂、环氧、酚醛等）变成体型结构不溶不熔的高聚物的物质，称为引发剂。PLA的固化就是通过PLA分子链中的不饱和双键与苯乙烯的双键发生共聚反应，然后再进行交联作用而实现的。在此反应中，引发剂在受热或者在促进剂的作用下裂解产生自由基。此自由基就是交联共聚反应中的引发剂。

促进剂是一种能够加速引发剂和树脂的反应速度或者降低引发剂的分解温度的一类物质。生产上，常用的引发剂是各类有机过氧化物，为了增强引发剂的引发作用，加速树脂的固化，将能够使有机过氧化物在低温条件下快速分解产生自由基的物质作为促进剂。

目前，国内通常采用的引发—促进体系主要为有机过氧化甲乙酮—变价金属离子或者有机过氧化苯甲酰—芳叔胺体系，过氧化甲乙酮是一种高效引发剂，但是其对撞击、热十分敏感，闪点高，而且对人的眼睛、皮肤和呼吸道等有刺激作用，使用时有潜在危险，因此本文采用过氧化苯甲酰（BPO）/二甲基苯胺（DMA）引发体系对PLA进行固化。其固化反应过程如下。

a.过氧化苯甲酰加热分解为自由基：

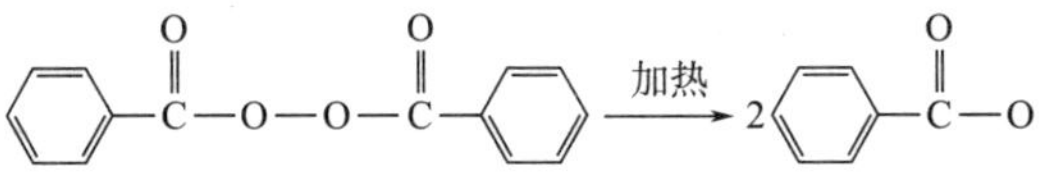

$$C_6H_5-\overset{O}{\overset{\|}{C}}-O-O-\overset{O}{\overset{\|}{C}}-C_6H_5 \xrightarrow{\text{加热}} 2\,C_6H_5-\overset{O}{\overset{\|}{C}}-O\cdot$$

b.自由基将攻击苯乙烯和PLA单体分子，使反应启动，苯乙烯链分子与含有不饱和双键的PLA链分子交联，成为网状大分子：

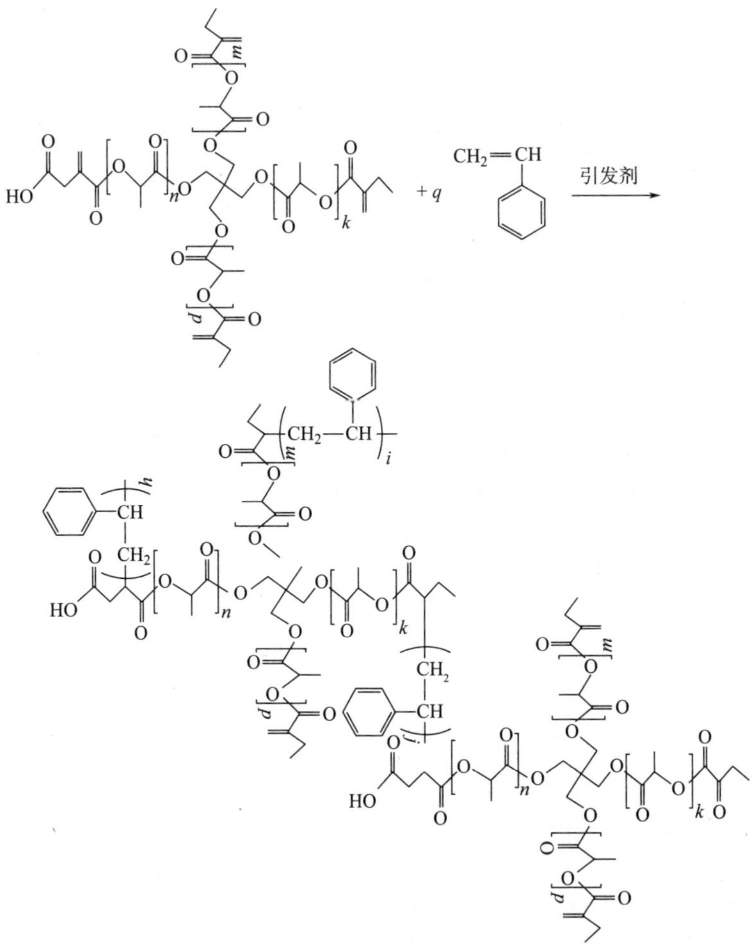

$$\text{PLA} + q\,CH_2{=}CH-C_6H_5 \xrightarrow{\text{引发剂}} \text{交联网状大分子}$$

②引发剂、促进剂的用量。不饱和聚酯树脂最早采用的引发剂是过氧化苯甲酰，其至今仍然是应用最广泛的引发剂之一，其用量一般在1%~4%，过氧化

苯甲酰在用于常温固化时需要添加促进剂以促使其产生自由基，引发树脂交联固化；在中温固化或者热固化系统中可以不用促进剂。过氧化苯甲酰的基本参数见表5-1。

表 5-1　过氧化苯甲酰的基本参数

引发剂	结构式	成型温度 /℃	半衰期 /℃	
			1min	10h
过氧化苯甲酰	$C_6H_5-\overset{\overset{O}{\|}}{C}-O-O-\overset{\overset{O}{\|}}{C}-C_6H_5$	90~130	133	75

由于复合材料增强体与基体间的浸润性是影响复合材料最终性能的重要因素，因此，为了使PLA和苎麻布的浸润性得到提高，适当延长PLA的固化时间是很有必要的。因此，本节中固化剂的用量为1%，不加促进剂。

5.1.1.2　预浸料的制备

本节所用苎麻布与PLA的体积比为60：40，这是由于PLA用量过少时，PLA与苎麻布浸润不完全，影响材料成型；PLA用量过多时，又会造成PLA外流，造成浪费，影响材料最终的性能。因此，通过实验和查阅相关资料，本文将苎麻布与PLA的体积比确定为60：40。根据苎麻的密度为1.5g/cm^3，PLA的密度为1.1g/cm^3，再依据复合材料的尺寸就可以得出所需PLA的量和苎麻布的量。将苎麻布裁剪成所需的尺寸，根据所需苎麻布的质量，可得出所需苎麻布的块数，大约20块，将配置好的PLA均匀地涂抹到苎麻布上，制成预浸料，然后在模具上均匀地涂抹上脱模剂，待其晾干后，在模具的四周放上所需厚度的垫片来控制最终复合材料的厚度，最后合模进行压制。

5.1.1.3　苎麻 /PLA 模压成型工艺

本节采用模压成型对苎麻/PLA进行压制成型，其模压成型流程如图5-2所示。模压成型是复合材料成型工艺中较简便的方法之一，其基本过程是：将所需的经预处理的复合材料预浸料放入预热的金属压模内，利用带热源的模压机，在设定的温度下施加一定的压力，使预浸料中树脂在模腔内受压流动，进而使树脂和纤维进行充分浸润，然后受热固化，最后成型后将制品从压模中取出即可，根据需要也可以对材料进行必要的辅助加工。模压成型方法具备生产效率高、制品表面光洁、制品尺寸准确、操作简单等优点，适于大批量生产；对于结构较复杂的制品可一次成型，无须进行有损于制品性能的辅助加工（车、铣、刨、磨、钳）。其主要缺点是初次投资成本较高，易受设备的限制，模具的设计及制造较复杂，因此只限于中小型制品的生产。近年来，以长、短纤维为增强体，以热固性、热塑性树脂为基体的复合材料的模压成型工艺发展较快，制品的性价比较高，生产率较高，对环境污染少，非常适应通信、汽车、航空航天等工业化的需求。

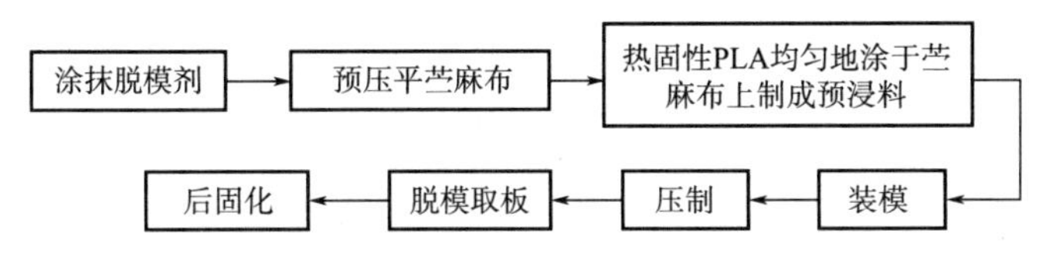

图 5-2　复合材料模压成型工艺流程图

模压成型所用工艺对最终复合材料的性能有着很重要的影响，用同样的树脂和纤维，按照不同的模压工艺制得的复合材料性能会相差较大。其主要影响因素包括：固化温度与固化时间，保温温度与保温时间；加压时间与压力大小；纤维与树脂的含量百分比等。据此，本节对苎麻/PLA的模压成型工艺进行研究。

（1）压力大小的确定

施加压力可以排除外界引入的水、残留溶剂以及固化反应放出的低分子物等，也可以排除气泡，使制品更加密实，控制制品的含胶量，并改善和加速树脂与纤维之间的浸渍。一般情况下，在树脂凝胶前加压比较理想，这可以利用少量流胶驱走气泡，压实材料。压力大小对于复合材料的赋形和材料的性能有着很重要的影响。压力过大，容易使树脂外流，不能保证树脂与纤维含量比，造成浪费；压力过小，无法保证树脂分布于制品的整个表面，同时气泡也容易滞留在树脂中，影响复合材料的力学性能。

通过前期试验和查阅相关资料得出，对于聚合度较高的PLA，低压时材料性能不如高压时好，同时综合考虑到材料成型后表面浸润情况，本节选用的模压压力为20MPa。

（2）固化温度和时间的确定

由于PLA的溶解温度为70℃，并且在一定范围内，温度越高PLA的黏度越低，苎麻与PLA的浸润性越好。经过70℃、80℃和90℃的水浴模拟，得出90℃时PLA的黏度较低，像水一样的流动；而且添加1%固化剂时，90℃下，PLA在1h内没有凝胶固化。

为了进一步确定苎麻/PLA的固化温度，将添加1%固化剂的PLA进行了差示扫描量热（DSC）测试，温度范围为20~200℃，升温速度10℃/min，其DSC曲线如图5-3所示。从图中可以看出，PLA的放热峰起始点温度为103.3℃，峰值温度为116.8℃，放热峰终止点温度为130.2℃，即PLA在103.3℃时开始固化，116.8℃时固化最快，130.2℃时固化终止。经过前期试验探索得出，苎麻/PLA的固化温度从PLA固化最快的温度升到固化终止温度时，复合材料的性能最好，因此，苎麻/PLA的固化温度确定为115℃（2min）升到130℃压制30min。

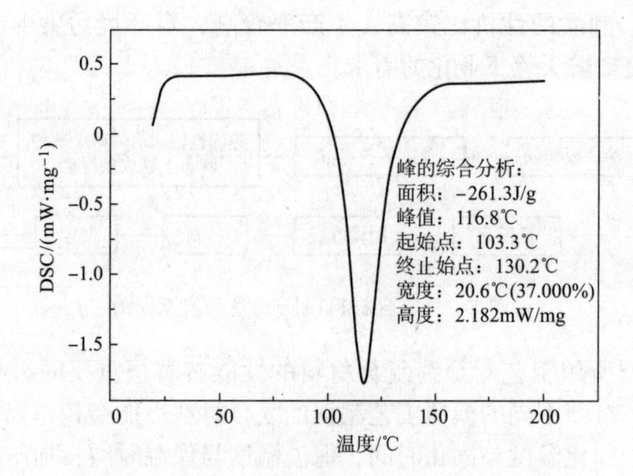

图 5-3 添加 1% 固化剂时 PLA 的 DSC 曲线图

为了提高苎麻和PLA之间的浸润性，在PLA凝胶固化前，需要给予一定的浸润时间。通过上述PLA的水浴模拟实验得知，PLA在添加固化剂1%、90℃条件下，1h内未凝胶。由此，本节苎麻/PLA固化工艺为：90℃，压制1h，然后再在115℃条件下压制2min，随后升到130℃压制30min，最后保压冷却后取出。为了使最终苎麻/PLA固化更加完全，将压制的苎麻/PLA进行后固化，一般后固化温度比固化温度高10℃，因此，后固化温度为140℃。后固化时间是根据固化PLA的DSC曲线来确定的，图5-4（a）和（b）分别是140℃后固化1.5h和140℃后固化2h的PLA的DSC曲线。从曲线可以得出，140℃后固化1.5h时，PLA的DSC曲线有一个放热峰，说明PLA固化不完全；而140℃后固化2h时，PLA的DSC曲线最终趋于平缓，无放热峰出现，说明PLA固化较完全。因此后固化工艺为：140℃后固化2h。

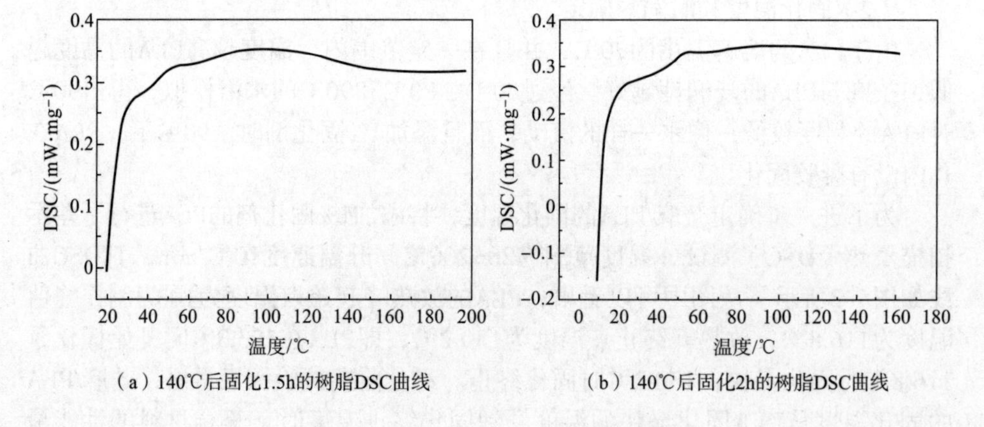

（a）140℃后固化1.5h的树脂DSC曲线　（b）140℃后固化2h的树脂DSC曲线

图 5-4 后固化后 PLA 的 DSC 曲线图

（3）复合材料压制工艺的确定

为了进一步验证前期初定固化工艺的正确性，本文以苎麻/PLA的弯曲强度作为评价指标，对比分析了三种不同压制工艺对苎麻/PLA弯曲性能的影响。三种压制工艺具体如下：

工艺一：

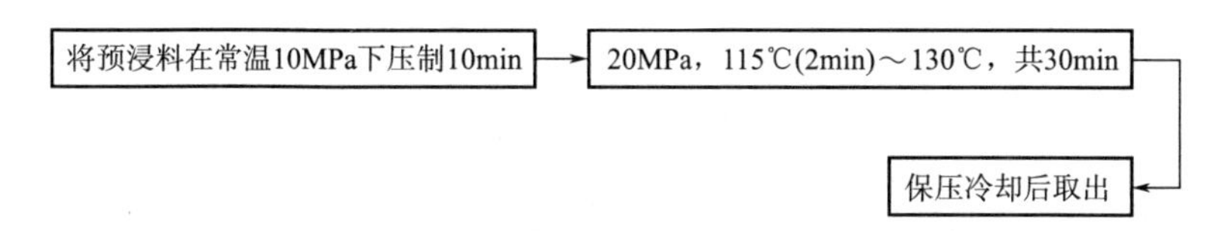

工艺二：

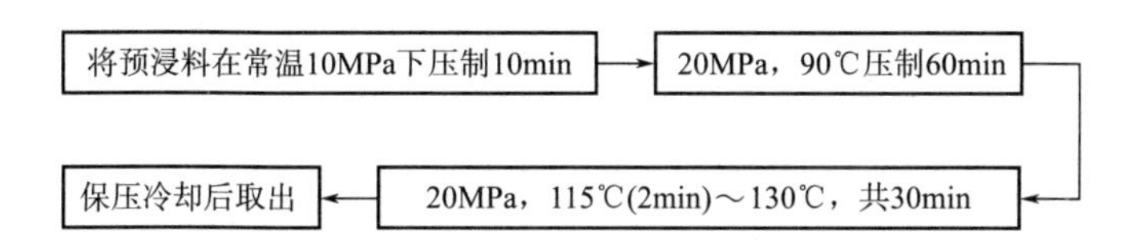

工艺三：

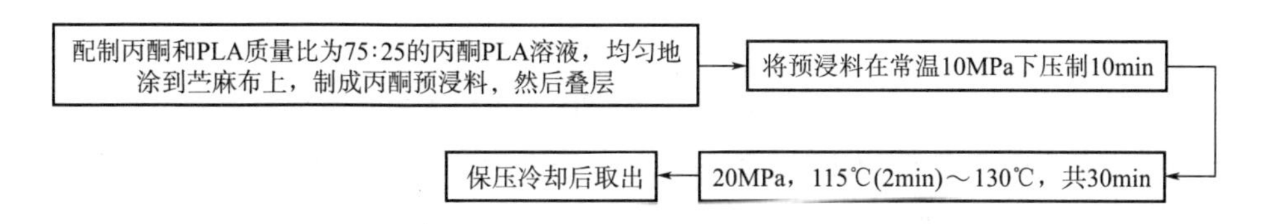

工艺一是在PLA固化温度范围内使预浸料迅速固化，以探索其性能；

工艺二是先在20MPa压强、90℃温度条件下，使苎麻布与PLA有足够的浸润时间，随后在PLA固化温度范围内使预浸料迅速固化，以探索其性能；

工艺三是先用丙酮稀释PLA，然后再均匀地涂到苎麻布上，制成预浸料，进一步保证苎麻布与PLA间的浸润性，之后叠层，随后在PLA固化温度范围内使预浸料迅速固化，以探索其性能。

图5-5是用以上三种不同成型工艺所压制的苎麻/PLA的弯曲性能对比图，从图中可以得出，苎麻/PLA无论是纬向受力还是经向受力，工艺二所制得的苎麻/PLA的性能都是最好的，分析三种工艺可以得出：工艺一中，由于PLA固化过快，苎麻布与PLA之间的浸润性不够，两者之间的黏合性较差，所以苎麻/PLA性能相对较差。工艺三所制苎麻/PLA的性能与工艺二相近，这是因为制作苎麻PLA预浸料能够保证苎麻布与PLA间的浸润性较好，但是要使丙酮完全挥发所需时间较长，而如果丙酮挥发不完全则又会严重影响复合材料的性能，因此考虑到效率问题（丙酮挥发至少24h），本文选择工艺二作为最优工艺。工艺二中，预压时的温度为90℃，此时PLA黏度较低，并且60min内PLA不会固化，此

时间段足以使苎麻布与PLA充分浸润。PLA浸透苎麻纤维程度高，固化后增加了两者之间的黏结性，从而提高了苎麻/PLA的性能。从图5–5还可以得出，无论哪一种工艺，其苎麻/PLA纬向受力时的性能都比经向的好，这主要是由于苎麻布的纬向拉伸强度（55.449MPa）比经向拉伸强度（44.810MPa）高。因此，后续研究苎麻/PLA性能时均采用纬向受力。

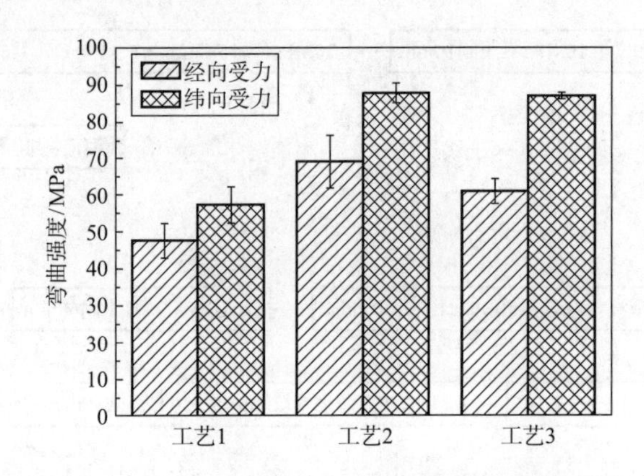

图 5–5　三种模压成型工艺对苎麻 /PLA 弯曲强度的影响

5.1.2　单向连续竹原纤维增强不饱和聚酯树脂复合材料的制备工艺

5.1.2.1　单向连续竹原纤维 / 不饱和聚酯树脂复合材料的制备工艺流程

竹原纤维/不饱和聚酯树脂复合材料制备工艺流程如图5–6所示，设计单向连续竹原纤维/不饱和聚酯树脂复合材料尺寸为长×宽×厚22cm×20cm×0.3cm，复合材料密度为1.2g/cm^3。根据复合材料尺寸、密度及复合材料中竹原纤维质量分数（30%、40%、50%、60%）计算每种复合材料所需竹原纤维质量，再把复合材料所需竹原纤维均匀分成4份，将每份的单向长竹原纤维沿同一方向均匀排列，将涤纶线和竹原纤维缝合成具有一定宽度的均匀单向纤维毡。然后将纤维毡置于80℃烘箱中干燥8h。根据竹原纤维与树脂的质量比（30∶70、40∶60、50∶50、60∶40）配置不饱和聚酯树脂，其中固化剂为树脂质量的1.3%，促进剂为树脂质量的1%。采用手糊工艺将树脂均匀地涂在各层纤维毡上，各层竹原纤维毡平行排列，制成单向纤维板坯。再将涂好胶液的纤维板坯放至液压机模具中，先在10MPa压强条件下室温冷压5min以使树脂均匀地渗透到纤维毡中，然后取出模具；随后将模具移入60℃液压机中，5MPa压30min；然后将温度升至75℃，5MPa压90min；热压完成后，保压60~180min后即可取出复合材料。最后将制备好的复合材料放置24h，然后放入95℃烘箱中烘2h，完成后固化。复合材料制备示意图如图5–7所示。

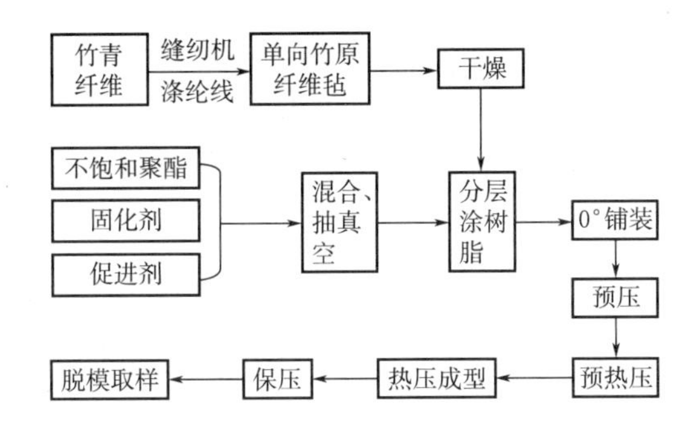

图 5-6　竹原纤维 / 不饱和聚酯树脂复合材料制备工艺流程

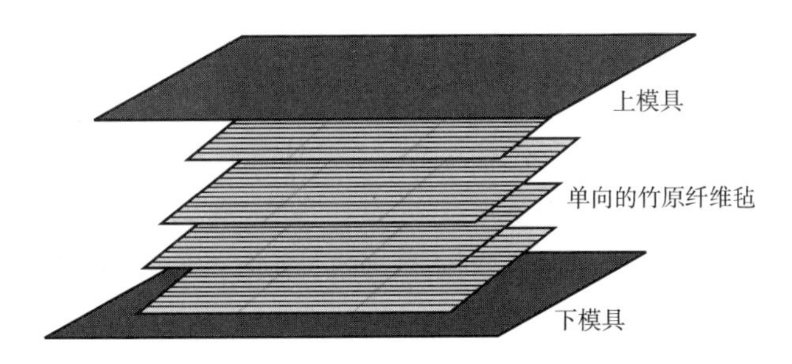

图 5-7　竹原纤维 / 不饱和聚酯树脂复合材料制备示意图

5.1.2.2　单向连续竹原纤维 / 不饱和聚酯树脂复合材料固化工艺的确定

采用差示扫描量热仪测定不饱和聚酯树脂的固化反应，根据反应的放热过程确定最合适的固化温度，这有利于复合材料固化反应的完全进行。参考Kissinger和Crane反应动力学方程对不同升温速率的DSC曲线进行动力学分析，从而确定不饱和聚酯的固化过程的温度系数。测试时，固化剂添加量为树脂质量的1.3%，促进剂添加量为树脂质量的1%。分别测试并得出升温速率为5℃/min、10℃/min、15℃/min、20℃/min的DSC反应曲线。

不饱和聚酯树脂的固化是一个热量释放与吸收的过程，通过对反应过程的差热分析，可得出固化反应DSC曲线，由曲线可得出固化反应的起始温度（凝胶温度）、固化温度、终止温度。由Kissinger和Crane反应动力学方程对数据进行动力学分析，得出固化温度随着升温速率的不同而不同，温度和升温速率间存在线性关系，其变化规律为：$T=A+B\beta$。对不饱和聚酯进行差热分析，用不同升温速率的温度点作拟合直线，再采用外推法，即可确定合适的固化工艺。

不饱和聚酯树脂在不同升温速率条件下的DSC曲线如图5-8所示。由图可知，四个升温速率下的DSC曲线形状相似，都包括固化反应的起始阶段、峰值阶段及终止阶段。通过对四个曲线的起始温度、峰值温度、终止温度作拟合直线，如图5-9所示，再使用外推法，得出当β=0时的对应温度，即为固化工艺所求温度。根据拟合直线得出不饱和聚酯树脂固化最合适的起始温度、峰值温度、终止温度分别为59℃、72℃、93℃，因模压机温度或烘箱温度在设定温度值上下浮动，所以设定进行复合材料制备时的起始温度、固化温度、后固化温度分别为60℃、75℃、95℃。

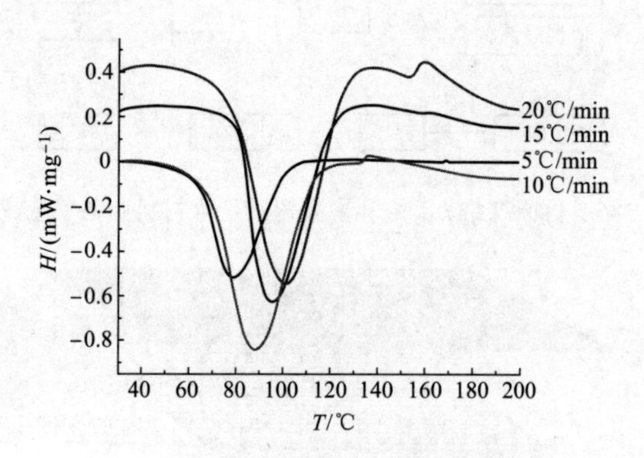

图 5-8 不饱和聚酯树脂在不同升温速率下的 DSC 曲线

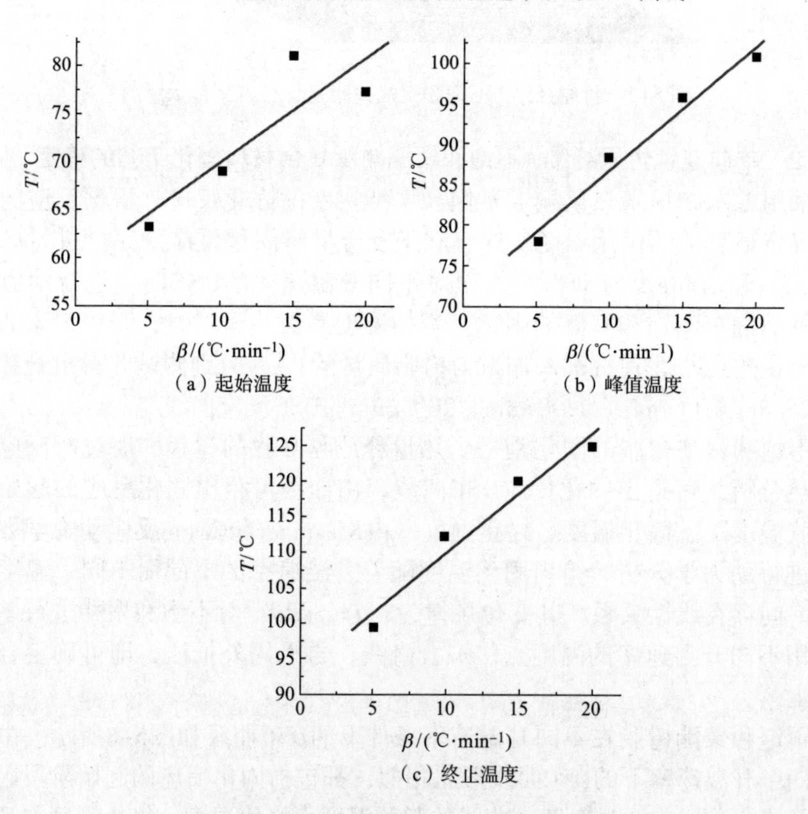

图 5-9 起始温度、峰值温度、终止温度拟合直线

5.2　航空用绿色复合材料性能测试方法

5.2.1　力学性能

5.2.1.1　弯曲性能

试验在借鉴ASTM D790标准的基础上确定了苎麻/PLA复合材料弯曲性能的测试方法。

具体测试参数为：样品长×宽×厚为60mm×12.5mm×3mm；弯曲试样跨距为48mm；加载速度为2mm/min。每组测试五个样品，取其平均值。

其加载方式如图5–10所示。

材料弯曲强度σ_f按式（5–1）计算，弯曲应变ε_f按式（5–2）计算，弯曲弹性模量E_B按式（5–3）计算。

$$\sigma_f=\frac{3PL}{2bd^2} \tag{5–1}$$

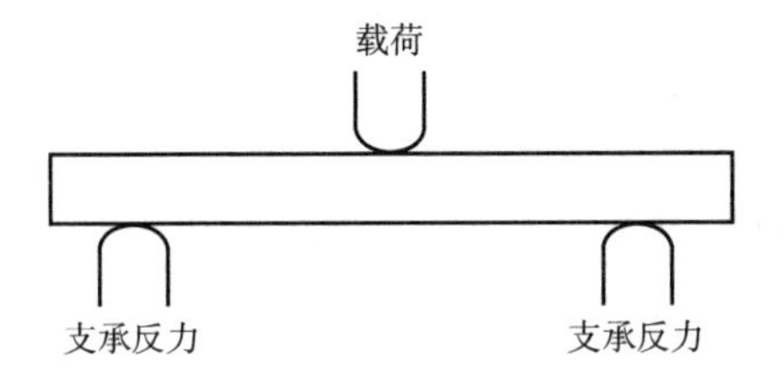

图 5–10　三点弯曲测试加载方式

式中：P为试样破坏时的最大载荷（N）；L为支座跨距（mm），本实验中取L=48mm；b为试样宽度（mm）；d为试样厚度（mm）。

$$\varepsilon_f=\frac{6Dd}{L^2} \tag{5–2}$$

式中：D为试样中部最大弯曲量（mm）；L为隔距（mm）；d为试样厚度（mm）。

$$E_B=\frac{L^3m}{4bd^3} \tag{5–3}$$

式中：L为支座跨距（mm），本实验中取L=48mm；b为试样宽度（mm）；d为试样厚度（mm）；m为弯曲时切线与载荷—弯曲曲线初始直线部分的倾斜度（N/mm）。

5.2.1.2　拉伸性能

试验在借鉴ASTM D3039/D3039M的基础上确定了苎麻/PLA的拉伸性能的测

试方法。

样品长×宽×厚为150mm×20mm×2mm，如图5-11所示，其中为了防止试样端部被压坏，需要粘贴加强片来保护，本文是在试样的两端粘贴了长35mm、宽20mm、厚1mm的玻璃钢加强片来进行保护的。玻璃钢是用玻璃布/不饱和聚酯树脂制作的，在使用之前，需要用不同型号的砂纸轻轻打磨欲黏结加强片的表面，清理好表面后将加强片用强力胶黏结在试样上，之后用重物压制一段时间，以确保加强片和试样之间能够黏结牢固。拉伸试样隔距为80mm；速度为2mm/min；

每组测试五个样品取其平均值。但是对于材料断裂处在仪器的夹具内或者在距离夹具夹持处小于10mm的位置，其测试结果均需作废，需补充新的试样。

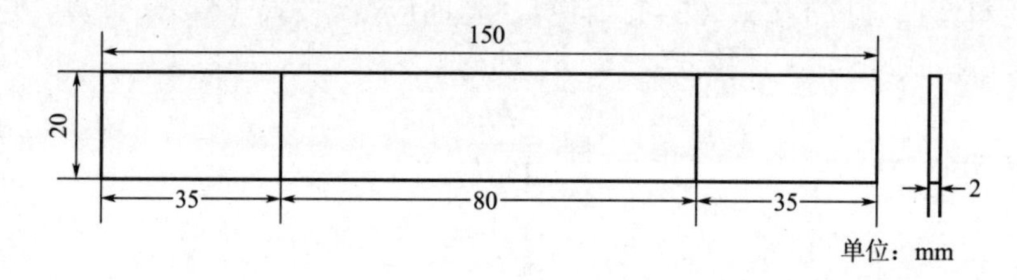

图 5-11　拉伸试样尺寸图

复合材料拉伸强度σ_t按式（5-4）计算，拉伸应变ε_t按式（5-5）计算，拉伸弹性模量E_t按式（5-6）计算。

$$\sigma_t=\frac{P}{b\times h} \tag{5-4}$$

式中：P为试样破坏时载荷（N）；b为试样宽度（mm）；h为试样厚度（mm）。

$$\varepsilon_t=\frac{100\Delta L_b}{L_0}\% \tag{5-5}$$

式中：ΔL_b为试样破坏时隔距L_0内的伸长量（mm）；L_0为测量的隔距（mm）。

$$E_t=\frac{L_0\times\Delta P}{b\times h\times\Delta L} \tag{5-6}$$

式中：b为试样宽度（mm）；h为试样厚度（mm）；L_0为测量的隔距（mm）；ΔP为载荷—位移曲线上初始直线段的载荷增量（N）；ΔL为与载荷增量ΔP所对应的隔距L_0内的变形增量（mm）。

5.2.1.3　压缩性能

试验在借鉴GB 5258—2008的基础上确定了本试验苎麻/PLA的压缩性能的测试方法。

样品长×宽×厚为110mm×10mm×2mm，如图5-12所示，其中试样的两端通过粘贴长50mm、宽10mm、厚1mm的玻璃钢来进行保护；压缩试样隔距为10mm；速度为1mm/min。每组测试五个样品，取其平均值。

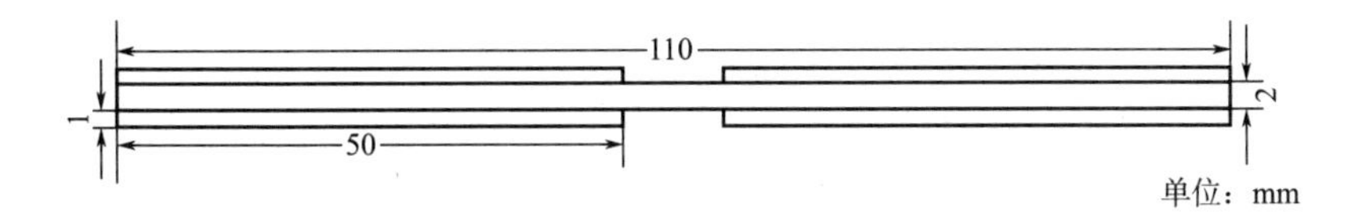

图 5-12　压缩试样尺寸图

压缩试样制作注意事项：为了防止试样端部被压坏，需要粘贴加强片来进行保护，按照标准要求，加强片是用玻璃布/不饱和聚酯树脂制作的，其尺寸为长50mm、宽10mm、厚1mm，加强片对单个试样进行单独粘贴，其使用之前需要用细砂纸轻轻打磨欲黏结加强片的表面，清理好表面后将加强片用强力胶黏结在试样上，之后用重物压制一段时间，以确保黏结牢固。对于测试后材料断裂口在仪器的夹具内的，其测试结果均需作废，需补充新的试样。

复合材料压缩强度σ_t、压缩应变ε_c分别按式（5-7）和式（5-8）来计算，压缩弹性模量E_t按式（5-9）计算。

$$\sigma_c=\frac{P}{bh} \tag{5-7}$$

式中：σ_c为压缩强度（MPa）；P为最大载荷（N）；b为试样宽度（mm）；h为试样厚度（mm）。

$$\varepsilon_c=\frac{\Delta L}{L} \tag{5-8}$$

式中：ΔL为标距段的变形量（mm）；L为标距（mm）；ε_c为对应于ΔL的应变量。

$$E_c=\frac{\sigma_c''-\sigma_c'}{\varepsilon_c''-\varepsilon_c'} \tag{5-9}$$

式中：E_c为压缩弹性模量（MPa）；ε_c''、ε_c'为压缩应力—应变曲线初始直线段上任意两点的应变；σ_c''、σ_c'为对应于ε_c''、ε_c'的应力（MPa）。

5.2.2　阻燃性能

在借鉴DOT/FAA/AR-00/12方法的基础上确定了本试验苎麻/PLA阻燃性能的测试方法。

使用美国ATLAS公司生产的VFC垂直燃烧测试仪测试复合材料的燃烧

性能，试验中点火时间分别采用12s和60s，燃烧气体为丙烷，火焰高度为38mm，点火源到试样的距离为19mm，如图5-13所示。材料尺寸：长×宽×厚为305mm×75mm×3mm，分别记录材料的点火时间、续燃时间、液滴燃烧时间和损毁长度。其中，点火时间是指燃烧器火焰接触试样的持续时间；液滴燃烧时间是指在短时间内，燃烧材料在从试样上滴落下来后继续燃烧的时间；如果没有液滴从试样上落下来，液滴燃烧时间为0，记做无液滴，如果滴落下来的不止一滴，则以液滴的燃烧时间最长的作为液滴燃烧时间，如果随后滴落的燃烧液滴很容易点燃以前滴落的液滴，那么液滴燃烧时间就是液滴一直燃烧的时间；续然时间是指点火源离开试样后，材料继续明火燃烧的时间，不包括火焰；损毁长度是指从样品边缘到破坏样品最远的地方，包括材料局部的损毁、炭化或者脆化，但是不包括烟熏黑的地方、玷污的地方和褪色的地方。

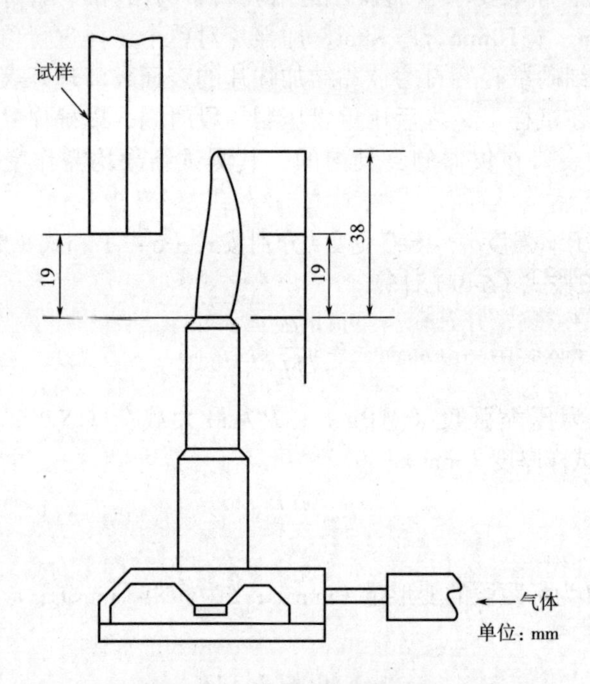

图 5-13　垂直燃烧仪示意图

5.2.3　动态力学性能

试样长×宽×厚为60mm×10mm×3mm，采用双悬臂梁弯曲模式，频率为1Hz，升温速率为2℃/min，温度范围为30~180℃。

5.2.4　吸水性能

复合材料吸水性能依据标准ASTM D570进行测试，试样长×宽×厚为

76.2mm × 25.4mm × 3mm，每组5个试样。

测试过程为：将试样表面擦拭干净，置于50℃烘箱中烘燥24h，然后快速取出放于干燥器中冷却25~30min，再取出称量材料干重。称过干重后将复合材料放入蒸馏水中浸泡24h后取出，用滤纸擦干复合材料表面，称量复合材料的湿重。

复合材料吸水率计算式为：$w_t(\%)=\frac{m_t-m_0}{m_0}\times 100$，其中$w_t$为试样浸泡24h后的吸水率，$m_t$为试样浸泡24h后的质量，$m_0$为试样干重。

5.3　苎麻 / 聚乳酸复合材料性能研究

5.3.1　苎麻 / 聚乳酸复合材料改性工艺优化

5.3.1.1　碱处理最优工艺的确定

采用单因素方差分析法研究不同碱处理浓度对苎麻/PLA弯曲性能的影响，并在此基础上确定碱处理的最优工艺。

（1）碱处理试验方案设计

本文研究了碱处理浓度分别为1%、3%和5%时，碱处理对苎麻/PLA复合材料弯曲性能的影响，并且在借鉴目前企业所用工艺的基础上确定了本实验碱处理的工艺。试验所用的碱处理工艺为：浴比为1∶20，温度为100℃，时间为40min，每10min搅拌一次，之后用温水洗涤至中性，最后在80℃的烘箱中烘干待用。

（2）碱处理浓度的确定

不同碱处理浓度下，苎麻/PLA复合材料的弯曲强度数据可见表5-2，分析数据可知，碱处理后苎麻/PLA的弯曲强度都有了不同程度的提高，当碱处理浓度为1%时，材料的弯曲强度达到最大，较处理前提高10.66%；当碱处理浓度增加到3%和5%时，材料弯曲性能较1%浓度时的弯曲性能有所下降。

表 5-2　不同碱处理浓度下苎麻 /PLA 复合材料的弯曲强度　　单位：MPa

强度水平	重复试验序号					弯曲强度均值
	1	2	3	4	5	
1% 碱	101.291	95.370	100.135	94.967	95.094	97.371
3% 碱	96.684	92.402	93.106	90.715	93.615	93.304
5% 碱	90.483	88.527	87.216	97.399	92.126	91.150

为了分析碱处理浓度对苎麻/PLA弯曲性能的影响，采用单因素方差分析对表5-2的数据进行分析。由表5-2可以得出，方差分析中有三种不同的碱处理浓度，即水平m=3，在每个水平下所做的试验为5次，即r=5。总的离差平方和S_T可根据式（5-10）进行计算，它反映了全部实验数据总的波动情况，其大小为219.66MPa^2；因其共有$m \times r$=15个数据，有一个线性约束，所以S_T的自由度$f_T=m \times r-1=14$。根据式（5-11）可以计算出组间离差平方和S_A，它反映出碱处理浓度变化引起的波动，其值为99.81MPa^2；因其共有m=3个数据，同时也有一个线性约束，所以S_A的自由度$f_A=m-1=2$。根据式（5-12）可以计算出组内离差平方和S_e=119.85MPa^2，它反映了随机误差引起的波动。由式（5-13）可以计算出S_e的自由度为f_e=14-2=12。组间和组内均方离差的值可以由式（5-14）计算得出，分别为V_A=49.904MPa，V_e=9.989MPa。F统计量为$F=V_A/V_e$=4.996，服从F（f_A，f_e）即F（2，12）分布，在给定的显著水平α=0.05条件下，查表得出$F_{0.05}$（2，12）=3.89，可知$F>F_{0.05}$（2，12），然而对于给定的显著水平α=0.01时，查表得出$F_{0.01}$（2，12）=6.93，可知$F<F_{0.01}$（2，12）。因此得出：碱处理浓度对苎麻/PLA弯曲强度的影响显著，经过对上述数据的整理可得方差分析表，见表5-3。

$$S_T=\sum_{i=1}^{m}\sum_{j=1}^{r}(x_{ij}-\bar{x}_{..})^2 \tag{5-10}$$

$$S_A=r\sum_{i=1}^{m}(\bar{x}_{i.}-\bar{x}_{..})^2 \tag{5-11}$$

$$S_T=S_A+S_e \tag{5-12}$$

$$f_T=f_A+f_e \tag{5-13}$$

$$V_A=\frac{S_A}{f_A}, \quad V_e=\frac{S_e}{f_e} \tag{5-14}$$

表5-3　碱处理试验方差分析表

方差来源	离差平方和	自由度	均方离差	F值	$F_{0.05}$（2，12）	$F_{0.01}$（2，12）	显著性
碱浓度	S_A=99.807	2	V_A=49.904	4.996	3.89	6.93	*
误差	S_e=119.855	12	V_e=9.988				
总和	S_T=219.662	14					

由表5-3可以得出，碱处理浓度对苎麻/PLA复合材料的弯曲强度影响显著，分析其原因有三点：第一，碱处理可去除苎麻纤维上的部分非纤维素成分；第二，碱处理可使苎麻纤维的极性得到提高，进而增加苎麻纤维与PLA的

结合性；第三，碱处理可减小苎麻纤维的直径，增加苎麻纤维的强度。具体分析如下。

①碱处理对苎麻纤维表面的影响。适当的碱处理浓度可以去除苎麻纤维中的部分杂质、纤维表面的油脂等胶质成分，图5-14为碱处理前后纤维的电镜图。同时碱处理还可部分去除半木质素和木质素等，使苎麻纤维表面更加粗糙，并且可减小苎麻纤维的直径，使苎麻纤维的长径比增加，纤维更加微纤化，进而增加苎麻纤维和PLA间的有效接触面积，增强其浸润性。同时碱处理还可以使苎麻纤维的表面吸附性能、纤维的强度以及模量等得到不同程度的提高。但是碱浓度过高时会损害到苎麻纤维中的纤维素成分，使纤维素发生降解，进而对苎麻/PLA的最终性能产生负面影响。

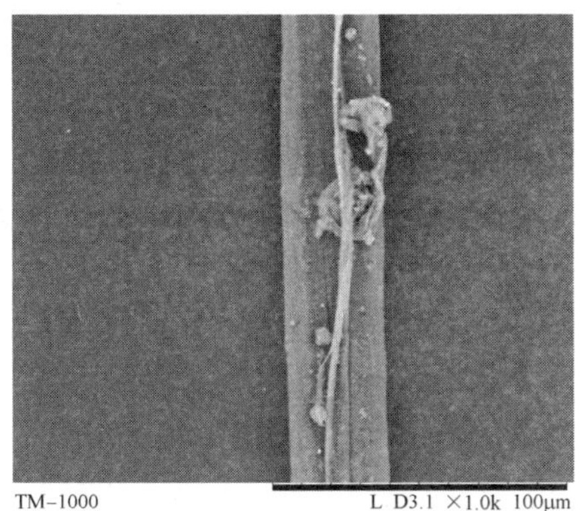

（a）碱处理前苎麻纤维表面图

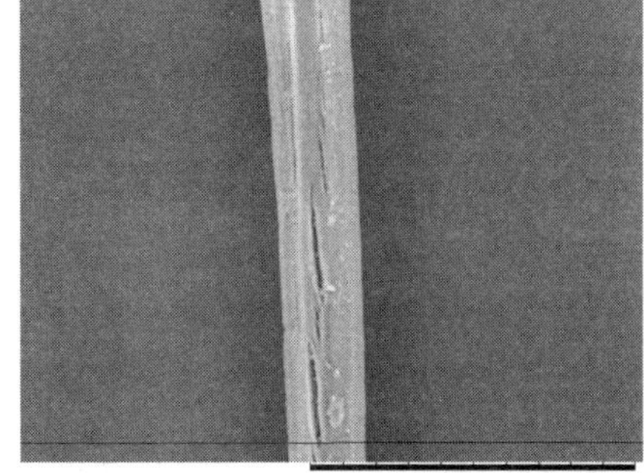

（b）碱处理后苎麻纤维表面图

图 5-14　碱处理前后苎麻纤维表面电镜图

②碱处理对苎麻纤维接触角的影响。接触角、浸润速率和表面张力等是通常用于表征材料浸润性能的主要参数。苎麻纤维与PLA的复合过程要经过接触、浸润和固化等才能完成。

在增强纤维和基体接触时，可能出现浸润和不浸润的情况，当将液态基体放到固体表面时，如果液态基体立即沿着纤维表面向周围流动并且铺展，两者之间的接触面不断扩大并相互附着，液体掩盖固体表面，这一现象即为“浸润”。如果液体放到固体表面后，团聚成球状，这一现象即为“浸润性差”或者“不浸润”。浸润性能好时，纤维与基体之间的界面相容性和黏合性能就较好。界面结合性越好，材料的性能就越好。

接触角（浸润角）可以用来表征液体对固体的浸润能力，图5-15是液体在固体表面浸润情况的示意图，浸润性的强弱或者接触角的大小是由液体、固体和气体的表面张力决定的。图中：固—液表面张力σ_{SL}使液滴趋于收缩状态；液—气界面张力σ_{LV}也使液滴趋于收缩；固—气界面张力σ_{SV}使液滴趋向AC方向进行铺展；θ为接触角；它们之间存在如下关系：

$$\sigma_{SV}=\sigma_{SL}+\sigma_{LV}\cos\theta \tag{5-15}$$

由式（5-15）可以得出以下结论：

a.当$\sigma_{SV}<\sigma_{SL}$时，则$\cos\theta<0$，$\theta>90°$，液体不浸润固体；

b.当$\theta=180°$时，则固体表面完全不浸润，液体呈球状；

c.当$\sigma_{LV}>\sigma_{SV}-\sigma_{SL}>0$时，则$1>\cos\theta>0$，$0<\theta<90°$，液体能够浸润固体；且随着$\theta$的增大，两者间的浸润性变差；

d.当$\sigma_{LV}=\sigma_{SV}-\sigma_{SL}$时，则$\cos\theta=1$，$\theta=0$，这时液体完全浸润固体表面；

e.当$\sigma_{SV}-\sigma_{SL}>\sigma_{LV}$时，说明液体与固体表面完全浸润（$\theta=0$）时，仍未达到平衡而铺展开来。

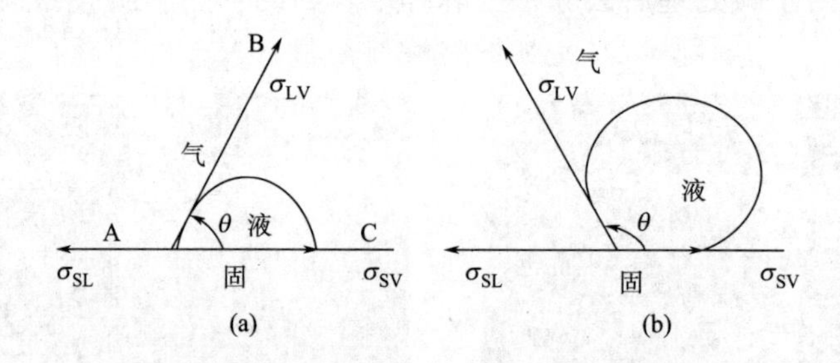

图 5-15　液体在固体表面的浸润情况

由以上叙述可知，固体的表面浸润性能与其结构有着很重要的关系，通过改变固体的表面形态，即对增强纤维进行表面处理，可以改变其表面张力大小，就可以达到改变两者间浸润性的目的，从而可以改进纤维和基体之间的浸润情况。

图5-16为1%碱处理与未处理纤维接触角的对比图，从图中可以看出，碱处理后苎麻纤维的接触角比未处理的要大，说明碱处理后苎麻纤维与纯净水的浸润性变差，即苎麻纤维的疏水性变强，极性减弱。这是因为碱处理可以去除苎麻纤维上的一些极性的杂质，并且碱处理时，纤维素表面的一些羟基会与碱

溶液发生反应［见式（5–16）］，进而使苎麻纤维表面的羟基数目有所减少，从而降低了苎麻纤维的表面极性，减少了苎麻布与PLA间的极性差异，增加了两相间的相容性和黏结强度，对提高苎麻/PLA的性能有积极意义，这也是1%碱处理后苎麻/PLA弯曲性能提高的原因之一。

$$\text{Fiber—OH+NaOH} \longrightarrow \text{Fiber—O—Na+H}_2\text{O} \quad (5\text{–}16)$$

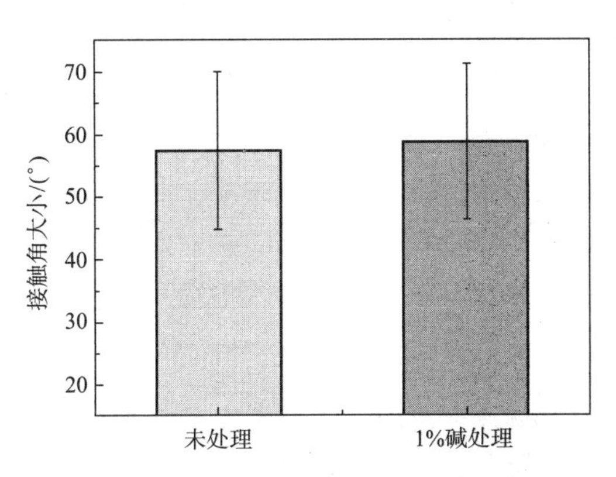

图 5–16　碱处理前后苎麻纤维接触角大小比较

③碱处理对苎麻纤维直径和强度的影响。图5–17为1%碱处理与未处理苎麻纤维的强度对比图，从图中可以看出，碱处理后，苎麻纤维的强度提高32.53%，这是由于碱处理后去除了苎麻纤维表面的一些杂质等物质，使苎麻纤维的直径变小，进而强度增加。如图5–18所示，从图中可以看出，碱处理前苎麻纤维直径主要分布在25~35μm之间，强度分布在150~650MPa之间；碱处理后苎麻纤维直径主要分布在20~32.5μm之间，强度分布在300~900MPa之间；这同时说明了碱处理后苎麻纤维变得更细，并且纤维的强度有所提高，这也是碱处理后苎麻/PLA复合材料力学性能提高的原因之一。

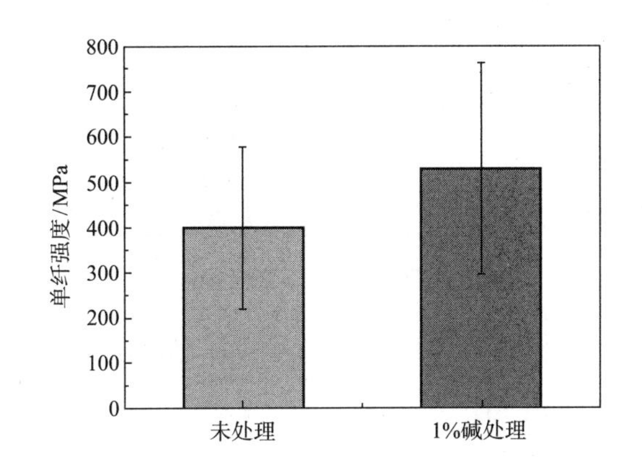

图 5–17　碱处理前后苎麻纤维强度大小比较

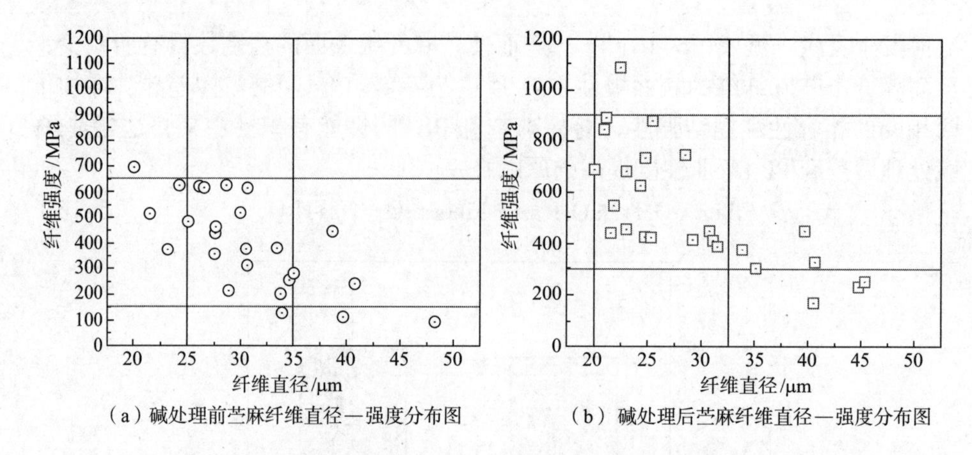

（a）碱处理前苎麻纤维直径—强度分布图

（b）碱处理后苎麻纤维直径—强度分布图

图 5-18　碱处理前后苎麻纤维直径—强度分布图

5.3.1.2　偶联剂改性工艺的确定

采用偶联剂KH550处理苎麻时，主要考虑的因素是偶联剂的浓度，适量的偶联剂浓度可以提高苎麻纤维与PLA之间的相容性，对提高苎麻/PLA复合材料的性能有很好的作用。当偶联剂浓度过低时，不能充分发挥偶联剂的结合、偶联作用，复合材料性能不能得到很好的改善；当偶联剂浓度过高时会在苎麻布表面形成偶联剂双分子层，在苎麻/PLA复合材料的界面层中起到增塑作用，使得苎麻/PLA复合材料的力学性能下降。因此，在查阅相关文献的基础上确定了偶联剂KH550的改性浓度及所用的工艺：偶联剂KH550的改性浓度为3%，浴比为1∶20，常温下浸泡2h，之后在80℃的烘箱中烘干待用。

偶联剂改性前后苎麻/PLA复合材料的弯曲性能对比如图5-19所示。从图中可以得出，经偶联剂处理后，苎麻/PLA复合材料的弯曲强度提高48.25%，其证明了偶联剂确实能够有效地提高苎麻/PLA复合材料的弯曲性能，且作用效果优于碱处理。其原因分析如下。

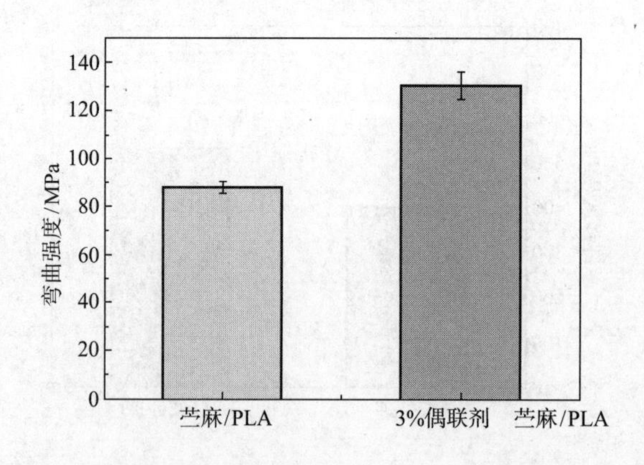

图 5-19　3%KH550 改性对苎麻 /PLA 复合材料弯曲性能的影响

（1）偶联剂作用机理分析

偶联剂是一种分子中具有两种不同性质反应基团的化合物，一种基团能够与增强纤维发生物理或化学作用，另一种基团能够与基体树脂发生物理或化学作用。通过利用偶联剂的偶联作用，使增强体与基体材料之间实现良好的界面结合，进而使复合材料的性能得到显著的提高。

有机硅烷偶联剂，其通式为R_nSiX_{4-n}，其中R为带有反应性官能团的有机基团；X为可水解基团，n=1~4。复合材料改性中常用的硅烷偶联剂大多n=1，因此偶联剂的通式可简化成$RSiX_3$。

选用的偶联剂为KH550，KH550硅烷偶联剂在苎麻与PLA间的作用机理如下：

X基团水解成硅醇：

$$\begin{array}{c} OC_2H_5 \\ | \\ H_5C_2O - Si - R \\ | \\ OC_2H_5 \end{array} + 3H_2O \longrightarrow \begin{array}{c} OH \\ | \\ HO - Si - R \\ | \\ OH \end{array} + 3C_2H_5OH$$

硅醇中的硅羟基之间，以及硅醇硅羟基与苎麻纤维表面的羟基反应，形成氢键：

$$\begin{array}{c} OH \\ | \\ HO - Si - R \\ | \\ OH \end{array} + HO - \text{Fiber} \longrightarrow \begin{array}{c} R \quad\quad\quad R \quad\quad\quad R \\ | \quad\quad\quad\; | \quad\quad\quad\; | \\ -Si - O \overset{H}{\cdots} O - Si - O \overset{H}{\cdots} O - Si - \\ | \quad\quad\quad\quad\quad | \\ O \quad\quad\quad\quad\quad O \\ H \;\; H \quad\quad\quad H \;\; H \\ O \quad\quad\quad\quad\quad O \\ | \quad\quad\quad\quad\quad | \\ \hline \text{苎麻纤维} \\ \hline \end{array}$$

硅羟基之间脱水，形成化学键：

$$\begin{array}{c} R \quad\quad\quad\; R \\ | \quad\quad\quad\;\; | \\ -Si - O - Si - O - \\ | \quad\quad\quad\;\; | \\ O \quad\quad\quad\; O \\ | \quad\quad\quad\;\; | \\ \hline \text{苎麻纤维} \\ \hline \end{array}$$

这样，偶联剂KH550与苎麻纤维表面就以化学键的形式进行了结合，同时偶联剂在苎麻纤维表面缩聚成膜，形成有机基团R朝向外面的结构形态。

有机基团R中含有氨基—NH_2、环氧基、乙烯基—C═C—等基团，这些基团能够参与到基体树脂的固化反应中去，比如，—C═C—就可参与到PLA的固化反应中。通过有机基团R中的活性官能团和PLA间的反应，偶联剂就与PLA以化学键的形式结合起来，如下所示。

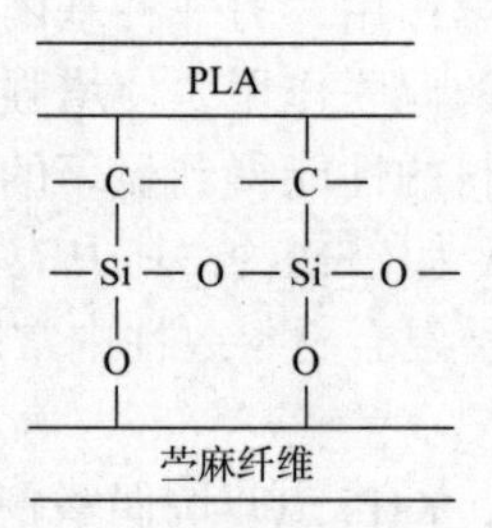

硅烷偶联剂KH550就是通过上述反应在天然植物苎麻纤维和PLA之间进行结合、偶联，进而极大地改善了两者间的相容性，提高了苎麻/PLA复合材料的力学性能。

（2）偶联剂处理对苎麻纤维极性的影响

图5-20为偶联剂KH550处理前后苎麻纤维接触角的大小对比图，从图中可以看出，偶联剂处理后苎麻纤维的接触角变大，这是由于偶联剂处理后在苎麻纤维表面形成了有机基团R。正是此原因，使得苎麻与PLA间的结合性能变好，同时使苎麻/PLA复合材料的性能得到提高。

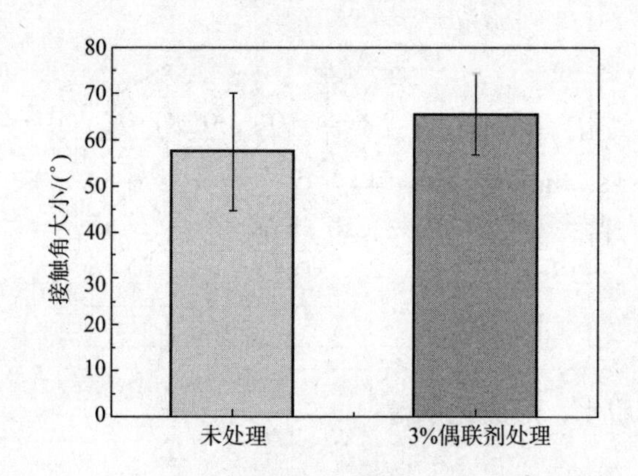

图 5-20　偶联剂处理前后苎麻纤维接触角大小对比

（3）偶联剂处理对苎麻纤维强度的影响

图5-21为偶联剂处理前后苎麻单纤强度对比图，从图中可以看出，偶联剂KH550处理后，苎麻纤维的强度提高15%，其原因是在偶联剂处理过程中，浸泡也可以去除纤维表面的一些杂质，增加苎麻纤维中纤维素的比例，进而使纤维强度得到提高。同时还可以得出，偶联剂处理后单纤强度增加也是其苎麻/PLA复合材料性能提高的原因之一。

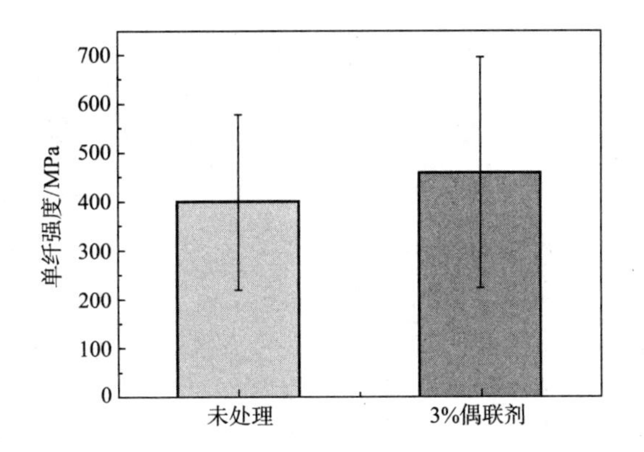

图 5-21　偶联剂处理前后苎麻纤维强度大小对比

5.3.1.3　界面改性对苎麻 /PLA 复合材料弯曲性能的影响

通过以上分析可知，碱处理和偶联剂处理都可以提高苎麻/PLA复合材料的性能，为了进一步提高苎麻/PLA复合材料的性能，本节对苎麻布进行了碱液和偶联剂联合处理，并且对改性效果进行了对比分析，如图5-22所示。

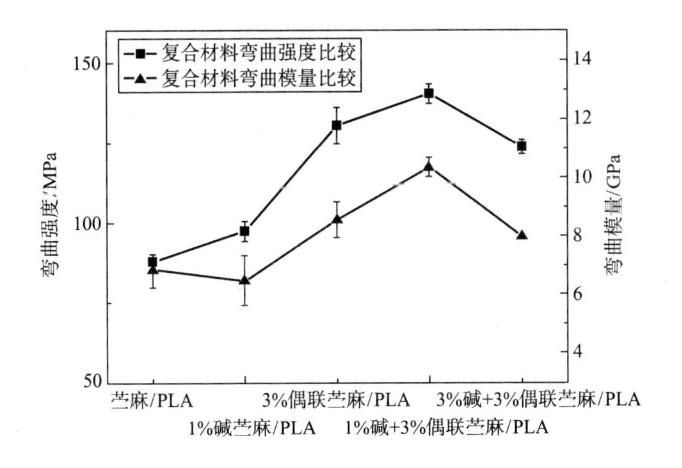

图 5-22　不同改性方法对复合材料弯曲性能的影响

从图5-22可以得出：偶联剂处理后苎麻/PLA复合材料的弯曲强度和弯曲模量都有所提高，其中弯曲强度提高48.25%，弯曲模量提高25.7%，其作用效果明显优于碱处理。从图中还可以得出：先1%碱处理再3%偶联剂处理后，苎麻/PLA复合材料的弯曲强度又得到进一步提高，达到140.37MPa，且弯曲模量达到10.36GPa。由图5-23苎麻/PLA复合材料断裂截面图也可以看出，1%碱+3%偶联剂处理后，苎麻纤维与PLA的浸润性得到改善，苎麻纤维周围PLA包裹较均匀且光滑，材料有脆性断裂部分。

TM-1000 200μm

（a）未处理

（b）1%碱+3%偶联剂处理

图 5-23　苎麻 /PLA 断裂截面 SEM 电镜图

5.3.2　苎麻 / 聚乳酸复合材料的应用性能分析

5.3.2.1　阻燃改性对苎麻 /PLA 复合材料力学和阻燃性能的影响

材料的阻燃性能是材料应用性考察的性能之一，本文按照阻燃测试方法对制备的苎麻/PLA复合材料进行燃烧性能测试，结果材料全部被烧毁，表明苎麻/PLA复合材料阻燃性能较差。因此，为了使所研制的苎麻/PLA复合材料应用性能得到进一步提高，对苎麻进行阻燃改性是很必要的。本节在借鉴文献探索的最优工艺的基础上，对苎麻布进行了阻燃整理。

由于阻燃剂处理苎麻布会对苎麻纤维产生一些负面的影响，降低苎麻纤维的单纤强度（204.98MPa），因此会影响到苎麻/PLA复合材料最终的性能。为了得到力学性能较优并且同时具备阻燃性能的复合材料，首先对增强体苎麻进行最优工艺的碱处理，然后进行阻燃处理，最后对其进行偶联剂处理（经过三种处理的工艺简称改性处理），之后对改性苎麻/PLA复合材料进行阻燃性能和弯曲性能测试。其阻燃测试结果为：改性苎麻/PLA燃烧时均无续燃和液滴滴落现象，当点火时间为12s时，损毁长度为1cm；当点火时间为60s时，损毁长度为8.25cm。其阻燃性能达到了飞机内饰用的要求。改性苎麻/PLA复合材料的弯曲强度为121.462MPa，较未阻燃改性的苎麻/PLA（140.371MPa）来说其性能有所降低。

5.3.2.2　阻燃改性后苎麻 /PLA、改性苎麻 /UPR 和玻璃布 /PLA 复合材料性能对比与分析

为了评估本文所研制的苎麻/PLA复合材料的实际应用性能和进一步评价PLA与196S型不饱和聚酯树脂（UPR）在复合材料应用上的差异，本文在参考相应标准的前提下对改性苎麻/PLA、改性苎麻/UPR、玻璃布/PLA复合材料的弯曲、拉伸、压缩和阻燃性能进行了测试和对比（改性是指对增强体同时进行碱处理、阻燃处理和偶联剂处理）。其中改性苎麻/UPR复合材料的压制工艺是按

照前期探索苎麻/PLA复合材料的思路确定的，玻璃布/PLA复合材料的制备工艺和苎麻/PLA复合材料的制备工艺相同。

（1）弯曲性能对比

图5–24为三种复合材料弯曲性能对比，从图5–24可以看出，对于三种复合材料，无论是弯曲强度还是弯曲模量，其复合材料性能对比都为：玻璃布/PLA复合材料>改性苎麻/PLA复合材料>改性苎麻/UPR复合材料，并且改性苎麻/PLA复合材料的弯曲强度和弯曲模量比改性苎麻/UPR复合材料分别提高27.5%、25.44%。同时玻璃布/PLA复合材料的弯曲强度和弯曲模量较苎麻/PLA复合材料分别提高262.36%、131.4%。

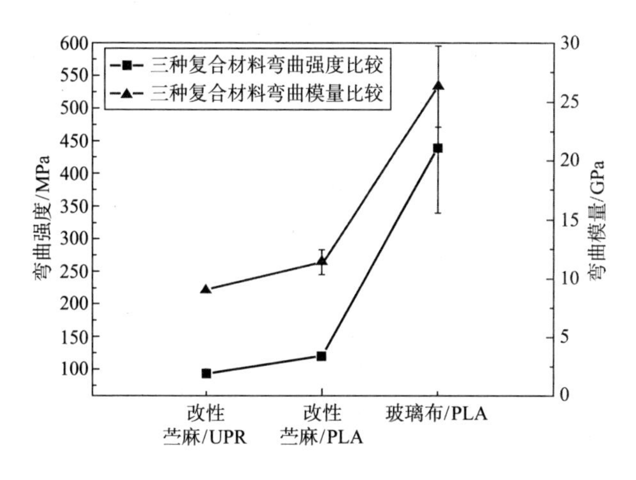

图 5–24　三种复合材料弯曲性能对比

（2）拉伸性能对比

拉伸性能是复合材料最基本的性能，从图5–25可以看出，三种复合材料

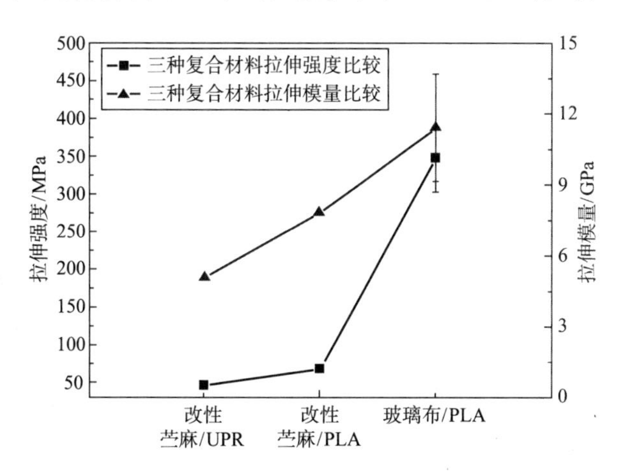

图 5–25　三种复合材料拉伸性能对比

的拉伸强度和拉伸模量对比结果都为：玻璃布/PLA复合材料>改性苎麻/PLA复合材料>改性苎麻/UPR复合材料。其中，改性苎麻/PLA复合材料的拉伸强度和拉伸模量比改性苎麻/UPR复合材料分别提高46.98%、53.95%，玻璃布/PLA复合材料的拉伸强度和拉伸模量较改性苎麻/PLA复合材料分别提高407.85%、45.5%。

（3）压缩性能对比

图5-26为三种复合材料压缩性能对比，从图5-26可以看出，三种复合材料的压缩强度和压缩模量对比结果都为：玻璃布/PLA复合材料>改性苎麻/PLA复合材料>改性苎麻/UPR复合材料。其中，改性苎麻/PLA复合材料的压缩强度和压缩模量比改性苎麻/UPR复合材料分别提高96.33%、74.78%，而玻璃布/PLA复合材料的压缩强度和压缩模量较改性苎麻/PLA复合材料分别提高120.56%、46.03%。

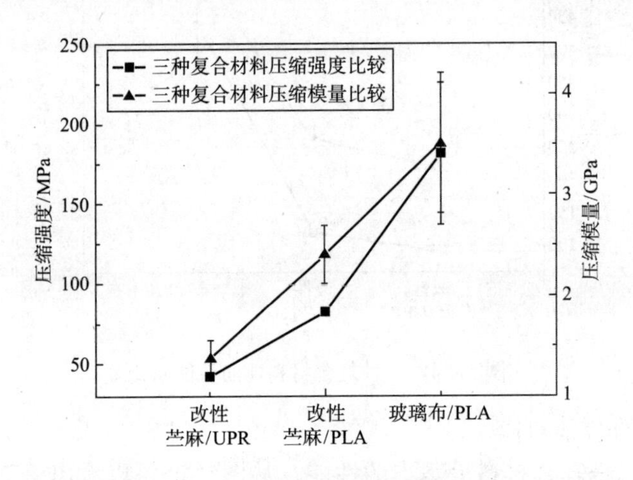

图5-26 三种复合材料压缩性能对比

（4）阻燃性能对比

根据燃烧测试标准手册的规定，复合材料阻燃测试需要记录材料的点火时间、液滴燃烧时间、续燃时间和材料的损毁长度。据此本节测试了三种复合材料的阻燃性能，结果见表5-4，燃烧样品如图5-27所示。

从表5-4可以看出，改性苎麻/PLA复合材料和改性苎麻/UPR复合材料的阻燃性能都比较好，都能满足交通运输用工程塑料对阻燃性能的要求，这是由于阻燃改性处理后，阻燃剂和苎麻布表面纤维素发生交联反应，使苎麻布的阻燃性具有耐久性，再经偶联剂处理后也不会影响苎麻布的阻燃性。虽然PLA和UPR没有阻燃性，但是其量相对较少，当压制成复合材料后，根据阻燃剂的阻燃机理可知，当对改性苎麻/PLA复合材料、改性苎麻/UPR复合材料进行点火时，在高温下，苎麻布上的阻燃剂会分解成磷酸，它会使苎麻纤维中的纤维素大分子链脱水产生水分，并且纤维也会炭化，$(C_6H_{10}O_5)_n \rightarrow 6nC+5H_2O$，固体碳的量会大幅度增加，同时还会抑制可燃气体的产生。因此，起到了阻止可燃气体燃烧的作用，这就是改性苎麻/PLA复合材料、改性苎麻/UPR复合材料具有阻燃性的原因。然而，对于玻璃布/PLA复合材料，虽然玻璃纤维不燃，但是PLA复合材料却是易燃的树脂，在阻燃测试过程中，玻璃/PLA复合材料中的PLA被烧尽，燃烧后只剩下玻璃布骨架，说明其阻燃性能较差。

表5-4　三种复合材料燃烧性能数据

材料类型	点火时间12s			点火时间60s		
	液滴燃烧时间/s	续燃时间/s	损毁长度/cm	液滴燃烧时间/s	续燃时间/s	损毁长度/cm
改性苎麻/UPR	无液滴滴落	0	1	无液滴滴落	3	10
改性苎麻/PLA	无液滴滴落	0	1	无液滴滴落	0	8.25
玻璃布/PLA	无液滴滴落	5′12″	全部	无液滴滴落	4′34″	全部

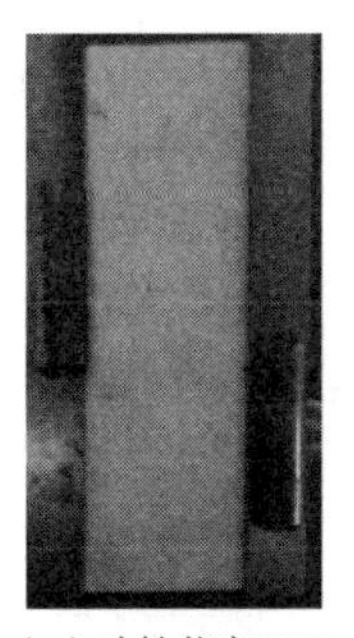

（a）改性苎麻/UPR

（b）改性苎麻/PLA

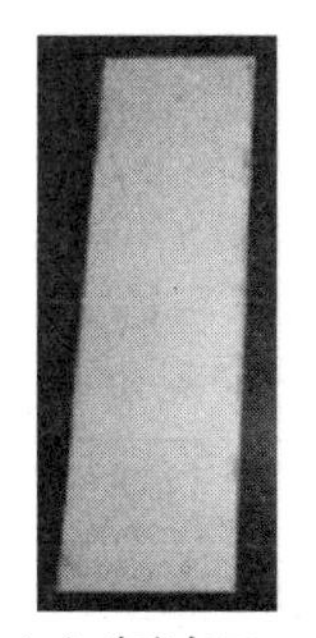

（c）玻璃布/PLA

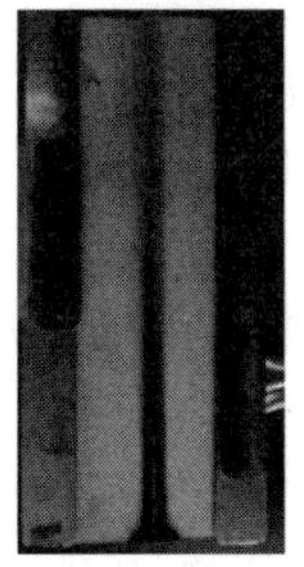

（d）12s点火时间时改性苎麻/UPR燃烧样品

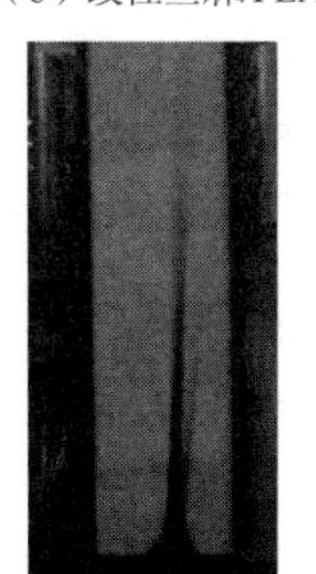

（e）12s点火时间时改性苎麻/PLA燃烧样品

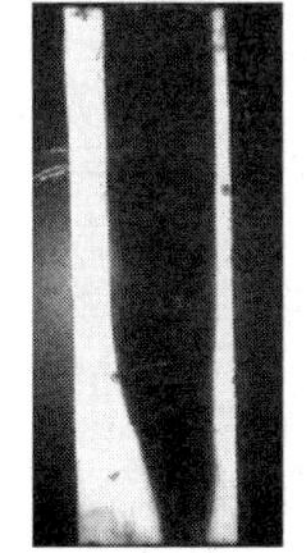

（f）12s点火时间时改性玻璃布/PLA燃烧样品

图5-27

（g）60s点火时间时改性苎麻/UPR燃烧样品

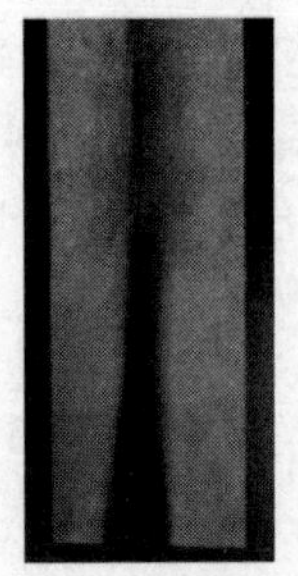

（h）60s点火时间时改性苎麻/PLA燃烧样品

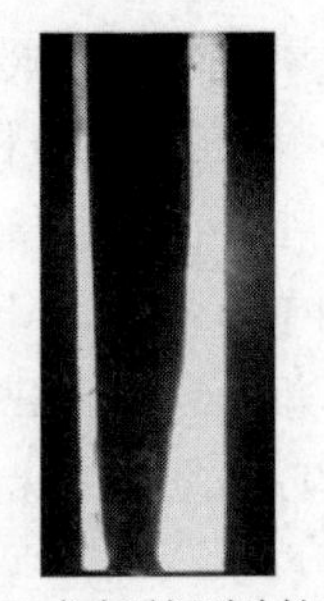

（i）60s点火时间时改性玻璃布/PLA燃烧样品

图 5-27　三种复合材料燃烧前后的复合材料图片

5.3.2.3　PLA 及阻燃改性苎麻 /PLA 复合材料应用性能分析

（1）PLA应用性能分析

综上所述，PLA与玻璃纤维所制复合材料性能较优，并且与玻璃布/环氧树脂、玻璃布/UPR、玻璃布/酚醛树脂复合材料相比（表5-5）其弯曲强度都高于玻璃增强通用树脂复合材料，同时，本节还比较了阻燃改性苎麻/PLA复合材料和阻燃改性苎麻/UPR复合材料三者性能间的关系，无论是拉伸、弯曲或压缩性能都是阻燃改性苎麻/PLA复合材料>阻燃改性苎麻/UPR复合材料，所以可以得出，无论是以玻璃纤维还是以苎麻纤维作为增强体，其与PLA制成的复合材料性能都比与UPR的要好。因此，通过上述信息可以初步判断，PLA具有良好的应用性能。但是，苎麻纤维相对于玻璃纤维，其所制复合材料的性能相差较大，需要继续探讨和研究。

表 5-5　各种玻璃纤维增强复合材料性能对比

材料种类	弯曲强度 /MPa
玻璃 /PLA 复合材料	440.128
玻璃 / 环氧树脂复合材料	410
玻璃 /UPR 复合材料	340
玻璃 / 酚醛树脂复合材料	377

（2）阻燃改性苎麻/PLA复合材料应用性能分析

在满足阻燃要求的前提下，本节所研制的阻燃改性苎麻/PLA复合材料的力学性能满足飞机内饰、轨道交通内饰等的要求，该要求规定相关材料的拉伸强度大于50MPa，弯曲强度大于70MPa，因此本节所研制的苎麻/PLA复合材料具有一定的应用价值和使用前景。

5.3.3　苎麻 / 聚乳酸复合材料强度预报模型的构建

复合材料孔隙是复合材料缺陷中的一部分，其数值相对易测量，如果能够找出复合材料孔隙率与复合材料纤维缺陷间的关系，则将为后续复合材料强度预测奠定基础。

按照复合法则，纤维增强复合材料的强度可用下式表示：

$$\sigma_c=\sigma_f v_f+\sigma_m(1-v_f) \tag{5-17}$$

式中：σ_c为复合材料的强度；σ_f为增强纤维的强度；σ_m为基体树脂的强度；v_f为增强体纤维的体积含量。

根据式（5-17）可以估算出复合材料的理论强度，经过查阅Sarkar和Roe的文献得知，复合法则也适用于纤维增强复合材料弯曲强度的理论计算。但是，在计算的理论强度值和测出的实际强度值之间有一定的差异，这是因为在复合材料制作过程中存在着材料空洞、裂纹、纤维破损等不同类型缺陷。因此，Sarkar通过研究，将复合材料缺陷归纳为基体缺陷和纤维缺陷两大类，并且将其引入复合材料强度估算式中，见式（5-18），用此估算式计算的复合材料强度与实际复合材料强度很接近。

$$\sigma_c=v_f(n_1e^{-kd_1}-n_2e^{-kd_2})+n_2e^{-kd_2} \tag{5-18}$$

式中：d_1为纤维缺陷；d_2为基体缺陷；n_1和n_2分别是缺陷d_1和d_2存在下纤维和基体的强度；σ_c为复合材料强度；v_f为增强体纤维的体积含量；k为常数，其值接近1。

因此，复合材料的缺陷可经过计算d_1和d_2来得出。同时Sarkar和曹勇的研究表明，材料的强度会随着复合材料缺陷的增加而降低，但是基体缺陷对复合材料强度的影响较小，然而纤维缺陷的微小变化却会引起复合材料强度大的变化。因此，认为复合材料缺陷主要的影响因子为纤维缺陷，基体缺陷恒定为10%。

5.3.3.1　测试方法与标准

（1）苎麻/PLA复合材料孔隙率测试方法与标准

在借鉴标准GB 3365—2008的基础上，确定了本试验测试苎麻/PLA复合材料孔隙率的测试方法。

测试苎麻/PLA复合材料孔隙率的中心思想是测试苎麻/PLA复合材料试样中孔隙总面积占试样面积的百分比，即为该试样的孔隙含量。通过光学显微镜来观察并测量苎麻/PLA复合材料孔隙率的含量，具体测试方法为：在一定放大倍数下，测量试样的总面积，然后再测试此试样中所含的每个孔隙的面积，并将各个孔隙的面积和孔隙的数目进行记录，最后按照下式进行计算。

$$X=\frac{A_g}{A}\times 100\% \tag{5-19}$$

式中：X为孔隙含量；A_g为孔隙总面积（mm^2）；A为试样面积（mm^2）。

（2）苎麻/PLA复合材料缺陷计算方法

苎麻/PLA复合材料中纤维体积含量为60%，PLA体积含量为40%，PLA的弯曲强度为110.723MPa，苎麻单纤的强度为399.47MPa。利用式（5-17）可以估算苎麻/PLA的理论弯曲强度，但是由表5-6可以看出，理论弯曲强度值与实际弯曲强度值相差很大，苎麻/PLA的缺陷值基本为两者之间的差值度，再利用式（5-18）可以计算出改性前后苎麻/PLA复合材料中纤维和PLA的缺陷。

表 5-6 不同改性苎麻 /PLA 的理论和实际弯曲强度

材料种类	理论强度 /MPa	弯曲强度 /MPa	
		平均值	CV/%
未处理苎麻 /PLA	283.9712	87.994	2.644
1% 碱处理苎麻 /PLA	283.9712	97.371	3.164
3% 碱处理苎麻 /PLA	283.9712	93.304	2.341
1% 碱 +3% 偶联处理苎麻 /PLA	283.9712	140.371	2.190
1% 碱 + 阻燃 +3% 偶联处理苎麻 /PLA	283.9712	121.462	2.805

5.3.3.2 苎麻 /PLA 复合材料孔隙率和纤维缺陷结果分析

（1）苎麻/PLA复合材料孔隙率测试结果

苎麻/PLA复合材料孔隙率测试结果见表5-7。

表 5-7 苎麻 /PLA 复合材料孔隙率

复合材料类型	未处理苎麻 /PLA	1% 碱处理苎麻 /PLA	3% 碱处理苎麻 /PLA	1% 碱 +3% 偶联处理苎麻 /PLA	1% 碱 + 阻燃 +3% 偶联处理苎麻 /PLA
孔隙率 /%	1.61	1.44	1.90	2.10	1.33

（2）苎麻/PLA复合材料纤维缺陷计算结果

根据5.3.3.1的计算方法，可以得出各种改性苎麻/PLA复合材料的缺陷：未处理苎麻/PLA复合材料缺陷为69%，1%碱处理苎麻/PLA复合材料缺陷为65%，3%碱处理苎麻/PLA复合材料缺陷为67%，1%碱+3%偶联处理苎麻/PLA复合材料缺陷为50%，1%碱+阻燃+3%偶联处理苎麻/PLA复合材料缺陷为57%。在假定PLA缺陷为10%不变的前提下，得出未处理苎麻/PLA复合材料纤维缺陷为59%，1%碱处理苎麻/PLA复合材料纤维缺陷为55%，3%碱处理苎麻/PLA复合材料缺陷为57%，1%碱+3%偶联处理苎麻/PLA复合材料纤维缺陷为40%，1%碱+阻燃+3%偶联处理苎麻/PLA复合材料纤维缺陷为47%。各种改性后苎麻纤维缺陷都有所降低。

5.3.3.3　苎麻 /PLA 复合材料强度预报模型

（1）苎麻/PLA复合材料的孔隙率与纤维缺陷之间的关系

图5–28为苎麻/PLA复合材料孔隙率与纤维缺陷之间的分布图，经过拟合曲线可以得出两者之间的关系式如下，其精度达到了95.7%。

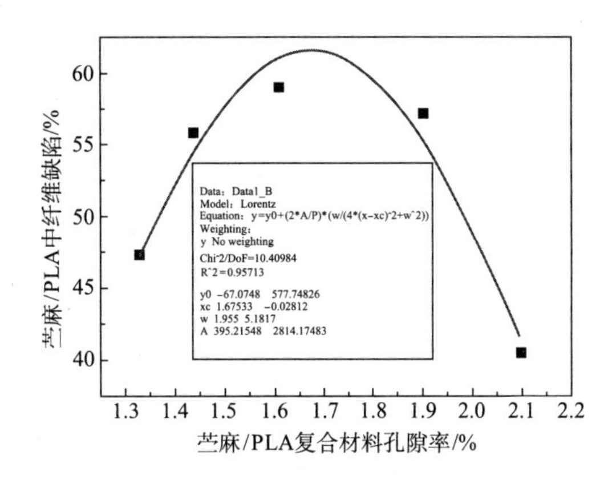

图 5–28　苎麻 /PLA 复合材料孔隙率与纤维缺陷间的关系

$$y=-67.07+\frac{2\times 395.22}{\pi}\times\frac{1.955}{4\times(x-1.68)^2+1.96^2} \tag{5-20}$$

式中：x为苎麻/PLA的孔隙率；y为苎麻/PLA复合材料中纤维的缺陷。

式（5–20）中纤维缺陷y可替换成d_1，即：

$$d_1=-67.07+\frac{2\times 395.22}{\pi}\times\frac{1.955}{4\times(x-1.68)^2+1.96^2} \tag{5-21}$$

式中，x为苎麻/PLA复合材料的孔隙率。

（2）苎麻 /PLA 复合材料强度预报模型的建立

将式（5–21）代入式（5–18），得出：

$$\sigma_c=v_f\left\{n_1 e^{-k\left[-67.07+\frac{2\times 395.22}{\pi}\times\frac{1.955}{4\times(x-1.68)^2+1.96^2}\right]}-n_2 e^{-kd_2}\right\}+n_2 e^{-kd_2} \tag{5-22}$$

式中：x为苎麻/PLA复合材料的孔隙率；d_2为基体PLA缺陷，恒定为10%；k为常数，其值接近1；n_1和n_2分别是苎麻纤维和PLA的强度；σ_c为苎麻/PLA复合材料的强度；v_f为苎麻纤维的体积含量。式（5–22）即为改进的纤维增强复合材料强度预报模型。

由上述可知，在已知增强纤维和树脂的基本力学性能以及复合材料孔隙率的前提下，用改进的纤维增强复合材料强度预报模型可以计算复合材料的弯曲强度。此研究为复合材料力学性能的预报奠定了基础。

5.4 单向连续竹原纤维增强不饱和聚酯树脂复合材料性能研究

5.4.1 竹原纤维含量对单向连续竹原纤维/不饱和聚酯树脂复合材料性能的影响

5.4.1.1 拉伸性能

图5-29为竹原纤维含量对竹原纤维/不饱和聚酯树脂复合材料拉伸性能的影响，由图可知，当竹原纤维含量由30%增加到50%时，复合材料拉伸性能呈上升趋势；而当竹原纤维含量大于50%时，拉伸强度呈下降趋势。当竹原纤维含量为50%时，复合材料拉伸强度为285.52MPa，拉伸模量为16.06GPa，拉伸强度比竹原纤维含量为60%时高34.70%，拉伸模量比竹原纤维含量为30%时高29.54%。影响复合材料力学性能的因素主要有：纤维强度和树脂强度、纤维含量及纤维与树脂的界面结合强度。有效而均匀的应力传递使复合材料拥有较好的拉伸性能。竹原纤维在复合材料中起增强作用，单向竹原纤维作为增强体时能承受更高的外力，当竹原纤维含量较少时，复合材料内部有效应力传递较少，拉伸性能较低；随着竹原纤维含量的增加，纤维与树脂的接触面积增加，两者之间的相互作用力增加，从而使有效应力传递增加，界面结合强度也随之增加，故当纤维含量增加至50%时，复合材料具有最优的拉伸性能。当纤维含量高于50%时，纤维不能被树脂完全浸润包裹，界面结合强度变差，当受到外力时界面容易失效，故复合材料拉伸强度有所降低。

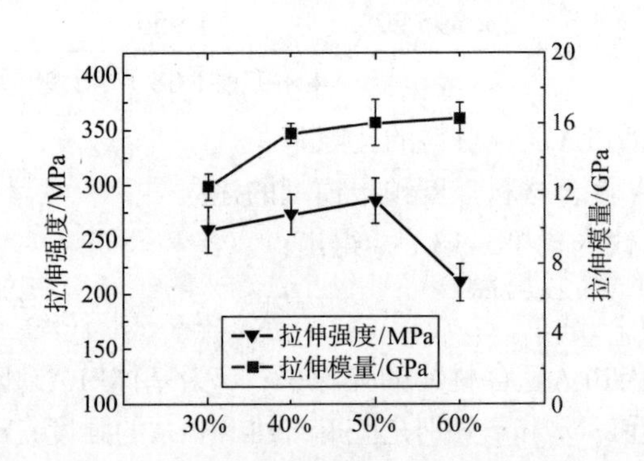

图 5-29 竹原纤维含量对复合材料拉伸性能的影响

5.4.1.2 弯曲性能

图5-30为竹原纤维含量对竹原纤维/不饱和聚酯树脂复合材料弯曲性能的影响，由图可知，随着竹原纤维含量的增加，复合材料弯曲性能呈先上升后下降的趋势，当含量为50%时，弯曲强度、弯曲模量最高，分别为359.80MPa、27.32GPa，弯曲强度比竹原纤维含量为60%时高56.01%，弯曲模量比竹原纤维

含量为30%时高46.00%。复合材料在应用过程中会时常受到弯曲应力的破坏，弯曲性能是复合材料作为结构材料的重要参数之一。竹原纤维具有一定的刚性，能有效抵抗外部弯曲力，当竹原纤维含量较少时，复合材料受到弯曲载荷时树脂传递到纤维上的载荷较少，弯曲性能较差；而随着纤维含量的增加，纤维与树脂界面黏合程度增加，承受载荷时树脂传递到纤维上的载荷增加，复合材料能承受较高的弯曲应力，故竹原纤维含量为50%时复合材料弯曲性能较好；而当纤维含量大于50%时，树脂不能完全包覆竹原纤维，界面结合恶化，纤维与树脂的机械锁结减小，相互作用力减弱，当受到弯曲应力时易发生脱黏，界面容易受到破坏，故复合材料弯曲性能下降迅速。

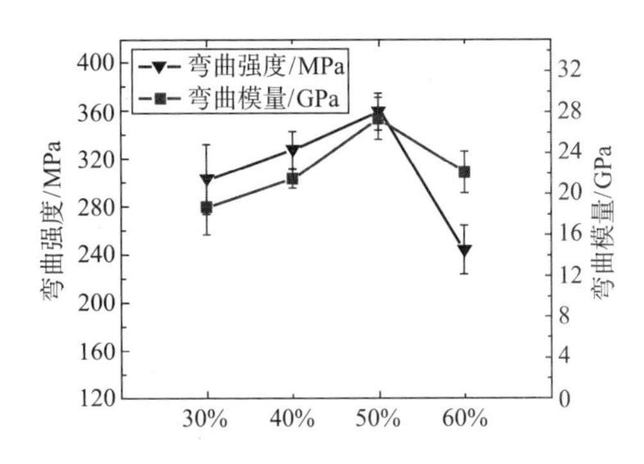

图 5-30　竹原纤维含量对复合材料弯曲性能的影响

5.4.1.3　动态力学性能

图5-31为竹原纤维含量对复合材料存储模量的影响，复合材料存储模量表征材料存储弹性变形能量的能力，存储模量越高，复合材料越不易变形。由图可知，随着温度的上升，不同竹原纤维含量的复合材料存储模量曲线均呈下降趋势。在玻璃化转变温度之前，材料内部分子链段处于冻结状态，只有小部分侧基、键角等运动，复合材料形变微小，存储模量下降缓慢，模量值保持在较大范围内；在接近玻璃化转变温度时，材料内部的分子链段运动强烈，复合材料形变变大，存储模量下降迅速。从图还可看出，随着竹原纤维含量的增加，复合材料存储模量增加，当纤维含量增加至50%时，复合材料存储模量最高，当纤维含量高于50%时，存储模量又有所降低，这种趋势在玻璃化转变温度之前尤为明显。竹原纤维具有一定的强度和韧性，随着竹原纤维含量的增加（30%~50%），纤维与树脂结合增加使得两者相互作用力加强，从而有效限制了材料分子链段的运动，复合材料刚性增加，能够承载更大的外力，抗变形能力增加，故复合材料存储模量呈增加趋势；而当竹原纤维含量高于50%时，复合材料界面结合性能变差，对材料分子链运动约束力变差，纤维与树脂结合强度变弱，有效应力传递变少，故存储模量值降低。

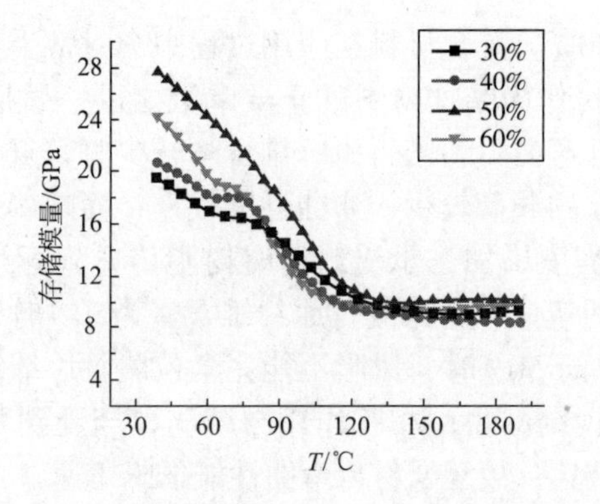

图 5-31　竹原纤维含量对复合材料存储模量的影响

图5-32为竹原纤维含量对复合材料损耗因子的影响，由图可知，随着竹原纤维含量的增加，复合材料tanδ峰值呈先下降后上升趋势，且曲线tanδ峰值稍向低温方向移动，tanδ峰变宽。损耗因子为材料的损耗模量与存储模量之比，表征的是材料的黏弹性能，损耗因子越大说明材料的黏性越大，损耗因子越小说明材料的弹性越大。在竹原纤维含量小于50%时，复合材料tanδ峰值随竹原纤维含量增加而降低，说明复合材料的弹性变大，同时也说明竹原纤维与树脂相互作用加强；而当竹原纤维含量大于50%时，tanδ峰值有所上升，说明复合材料弹性降低。从图中可知，随着竹原纤维含量的增加，复合材料玻璃化转变温度稍有降低，同时tanδ峰变宽。玻璃化转变温度降低原因可能是，随着竹原纤维含量的增加，树脂含量逐渐减少，吸附在竹原纤维表面的树脂量减少，使得纤维与树脂界面区域的交联密度减小，聚合物自由体积增加，从而使复合材料的玻璃化转变温度有所降低。tanδ峰变宽说明复合材料出现分子链的链段松弛运动，分子链运动分散性变大，链段松弛过程变得缓慢、时间延长，复合材料界面层厚度增加。

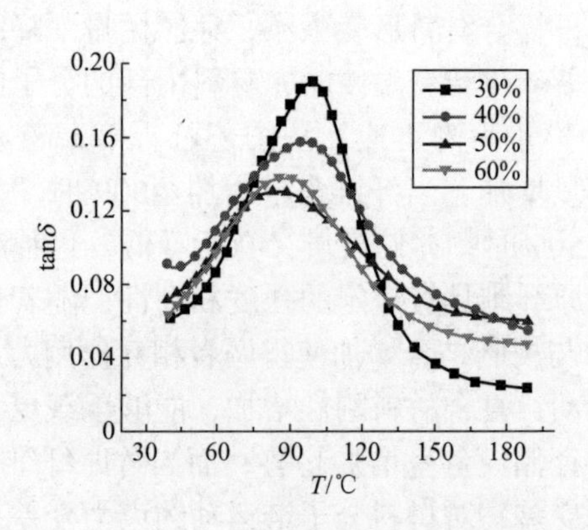

图 5-32　竹原纤维含量对复合材料损耗因子的影响

5.4.1.4　吸水性能

图5–33为竹原纤维含量对复合材料24h吸水率的影响，由图可知，随着竹原纤维含量的增加，复合材料吸水率逐渐增加。影响复合材料吸水性能的因素主要有：树脂种类、纤维种类、树脂与纤维界面结合情况、浸泡水温度高低、复合材料吸水后吸收水以及纤维与树脂的界面结合等。竹原纤维属于天然纤维，具有良好的亲水性，随着竹原纤维含量的增加，纤维中羟基等亲水性基团增加，从而使复合材料吸水率也随之增加。另外，从图中可看出，当纤维含量大于50%时，复合材料吸水率增加显著，这是因为竹原纤维含量增多，且复合材料界面结合情况变差，从而导致更多的水分被吸入复合材料内部。

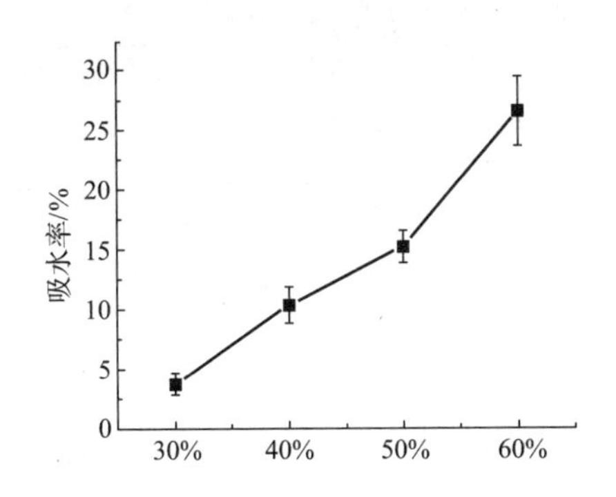

图 5–33　竹原纤维含量对复合材料 24h 吸水率的影响

5.4.2　缝合方式对单向连续竹原纤维 / 不饱和聚酯树脂复合材料性能的影响

5.4.2.1　缝合线缝合间距对单向连续竹原纤维 / 不饱和聚酯树脂复合材料性能的影响

单向排列的竹原纤维被缝合为具有不同缝合间距的纤维毡，缝合的间距从1~7cm不等，缝合后的纤维毡不容易脱散，整体性较好。缝合间距越小，纤维毡整体性越强，越不容易脱散。图5–34 所示的是不同缝合间距的竹原纤维/不饱和聚酯树脂复合材料表观形貌。

（1）拉伸性能

不同缝合间距对复合材料拉伸性能的影响如图5–35所示，由图可知，随着缝合间距的减小，复合材料拉伸性能基本呈先增加后减小的趋势，当缝合间距为3cm时，复合材料拉伸性能最好。复合材料缝合间距为3cm时，拉伸强度比缝合间距为7cm、5cm、1cm时分别高28.64%、13.88%、5.94%；拉伸模量比缝合间距为7cm时高11.69%。当竹原纤维呈单向起增强作用时，竹原纤维在纵向的取向度及竹原纤维的损伤情况影响着复合材料的拉伸性能。随着缝合间距的减小，竹原纤维纵向取向度逐渐增加，使得复合材料在纵向受力时能承受较强

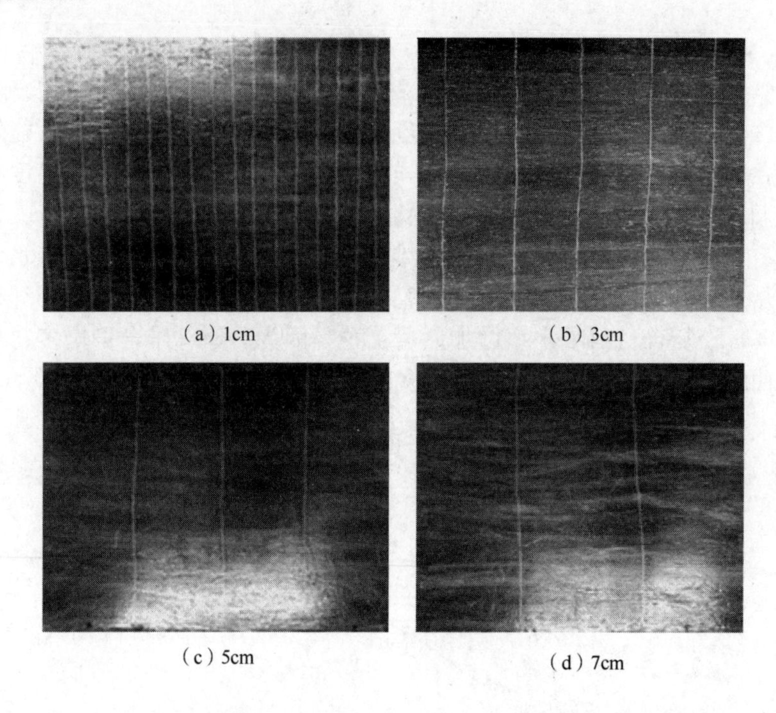

图 5-34　不同缝合间距的竹原纤维 / 不饱和聚酯树脂复合材料

的拉伸外力，复合材料拉伸性能也随之增加，并在缝合间距为3cm时达到最优值；而当缝合间距小于3cm时，纤维受损伤较严重，且界面结合受到影响，层间结合变差，复合材料拉伸性能也随之降低。

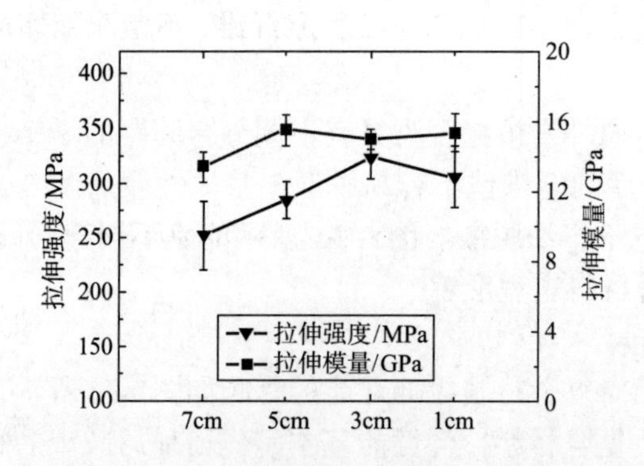

图 5-35　缝合间距对复合材料拉伸性能的影响

采用SPSS软件对不同缝合间距竹原纤维复合材料的拉伸强度、拉伸模量进行单因素方差分析，见表5-8，得出P值分别为0.002、0.008，均小于0.05，故竹原纤维缝合间距对复合材料拉伸强度、拉伸模量的影响是显著的。

表 5-8　缝合间距对复合材料拉伸性能显著性影响分析

性能	平方和	自由度	均方差	*F* 值	*P* 值
拉伸强度	14341.965	3	4780.655	7.578	0.002
拉伸模量	13.877	3	4.626	5.614	0.008

注　P 值 < 0.05 时，表示因素对复合材料拉伸强度或拉伸模量影响显著，反之影响不显著。

（2）弯曲性能

不同缝合间距对复合材料弯曲性能的影响如图5-36所示，由图可知，随着缝合间距的减小，复合材料弯曲性能基本呈先上升后下降的趋势。当缝合间距为3cm时，复合材料拉伸强度与缝合间距为7cm、5cm、1cm时相差不大，即缝合间距对复合材料弯曲强度无显著影响；复合材料弯曲模量比缝合间距为7cm、5cm、1cm时分别高12.26%、6.33%、25.61%，即缝合间距对复合材料弯曲模量具有显著影响。弯曲强度反映了复合材料的刚性，缝合间距的大小对复合材料纵向弯曲强度的影响不大。弯曲模量反映了复合材料弯曲破坏与剪切破坏共同作用的结果，剪切作用反映复合材料的界面结合情况，当缝合密度大于3cm时，随着缝合间距的增加，复合材料界面结合性能变差，剪切作用减小，故复合材料弯曲模量有所降低。

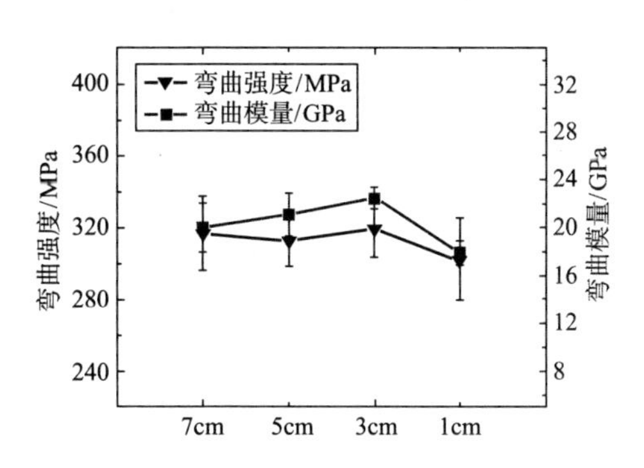

图 5-36　缝合间距对复合材料弯曲性能的影响

采用SPSS软件对不同缝合间距竹原纤维复合材料的弯曲强度、弯曲模量进行单因素方差分析，见表5-9，得出P值分别为0.705、0，故竹原纤维缝合间距对复合材料弯曲强度的影响是不显著的，对复合材料拉伸模量的影响是显著的。

表 5-9　缝合间距对复合材料弯曲性能显著性影响分析

性能	平方和	自由度	均方差	*F* 值	*P* 值
弯曲强度	814.100	3	271.367	0.473	0.705
弯曲模量	55.770	3	18.590	14.635	0

（3）剪切性能

不同缝合间距对复合材料层间剪切性能的影响如图5-37所示，由图可知，随着缝合间距的减小，复合材料剪切强度基本呈先增加后减小的趋势。当缝合间距为3cm时，复合材料剪切强度为22.08MPa，比缝合间距为7cm、5cm、1cm时分别高7.75%、3.32%、18.61%。复合材料剪切强度反映了其纤维与树脂界面结合强度。当缝合间距较大时，纤维受损伤较小，同时纤维毡、树脂之间的界面结合良好，在受外力时不易发生分层失效现象，故缝合间距从7cm至3cm剪切强度虽有轻微上升，但总体变化不大；但当缝合间距小于3cm时，纤维在缝合时受损严重，且缝合的纤维由于缝合间距小使得单个纤维毡整体性较强，由于纤维毡具有一定的厚度，制作复合材料时纤维毡、树脂界面结合较差，在受外力时极易发生分层失效现象，故缝合间距为1cm时复合材料层间剪切性能最差。

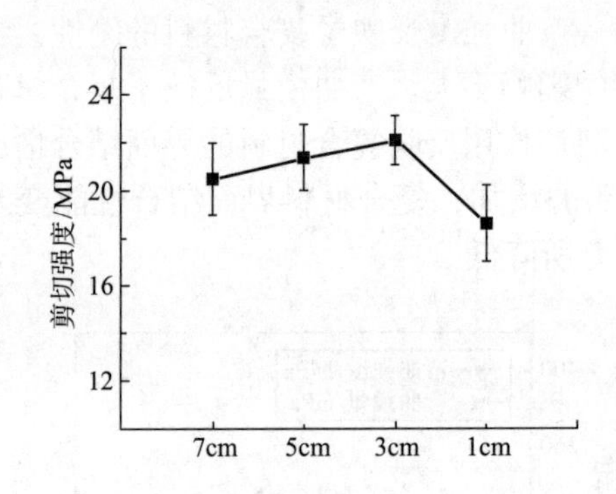

图 5-37　缝合间距对复合材料层间剪切性能的影响

采用SPSS软件对不同缝合间距竹原纤维复合材料的剪切强度进行单因素方差分析，结果见表5-10，得出P值为0.007，小于0.05，故竹原纤维缝合间距对复合材料剪切强度的影响是显著的。

表 5-10　缝合间距对复合材料剪切性能显著性影响分析

性能	平方和	自由度	均方差	F值	P值
剪切强度	33.632	3	11.211	5.748	0.007

5.4.2.2　缝合线种类对单向连续竹原纤维 / 不饱和聚酯树脂复合材料性能的影响

设计竹原纤维毡缝合间距为3cm，竹原纤维缝合时分别采用涤纶缝纫线、芳纶缝纫线，分别制备涤纶缝纫线缝合竹原纤维/不饱和聚酯树脂复合材料和芳纶缝纫线缝合竹原纤维/不饱和聚酯树脂复合材料。

（1）拉伸性能

不同缝合线种类对竹原纤维/不饱和聚酯树脂复合材料拉伸性能的影响如图5–38所示，由图可知，采用芳纶缝纫线缝合制备的复合材料拉伸强度、拉伸模量分别为346.95MPa、16.79GPa，与涤纶缝纫线缝合的相比，拉伸强度、拉伸模量分别提高7.32%、12.09%。当复合材料受到纵向拉伸外力时，复合材料内部受损，纤维与基体发生断裂，载荷的转移和传递使得复合材料破坏加剧，受损部位有向外运动的趋势，当缝纫线强度较小时，容易导致缝纫线的断裂从而使复合材料的拉伸失效。如图5–39所示，采用涤纶缝纫线缝合的复合材料在拉伸测试时发生缝纫线断裂现象，而采用芳纶缝纫线缝合的复合材料则没有出现这种情况，故芳纶缝纫线缝合的复合材料拉伸性能略优于涤纶缝纫线缝合的复合材料。

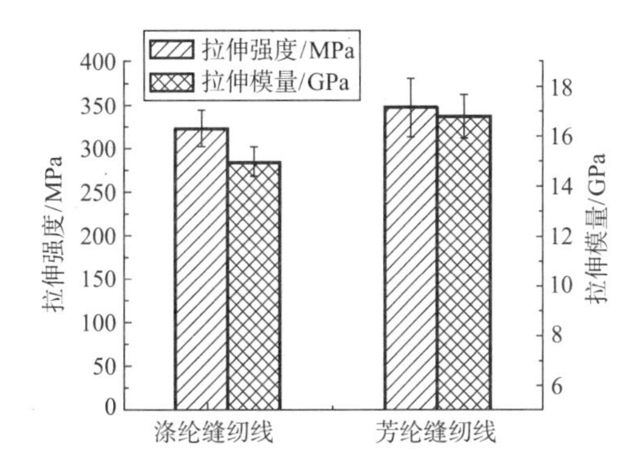

图 5–38 不同缝纫线种类对复合材料拉伸性能的影响

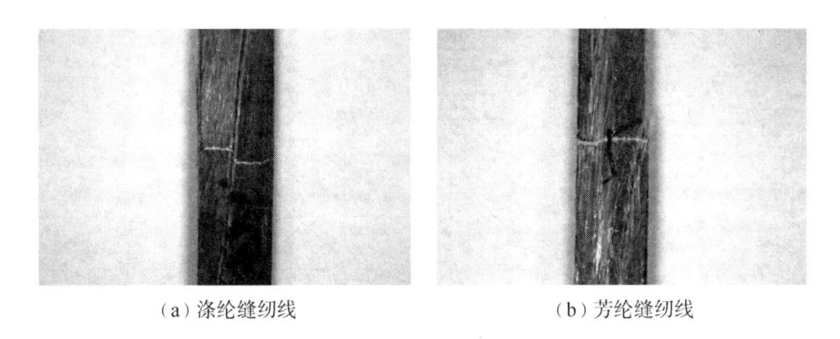

（a）涤纶缝纫线 （b）芳纶缝纫线

图 5–39 经拉伸性能测试后的涤纶、芳纶缝纫线缝合复合材料

（2）弯曲性能

不同缝合线种类对竹原纤维/不饱和聚酯树脂复合材料弯曲性能的影响如图5–40所示，由图可知，采用芳纶缝纫线缝合制备的复合材料弯曲强度、弯曲模量分别为335.49MPa、23.25GPa，比采用涤纶缝纫线时分别高4.99%、3.47%，弯曲性能提高不明显。复合材料在受垂直向下弯曲外力时，不易发生复合材料整体断裂，弯曲失效主要由测试时复合材料受拉伸一面内部纤维的断裂及

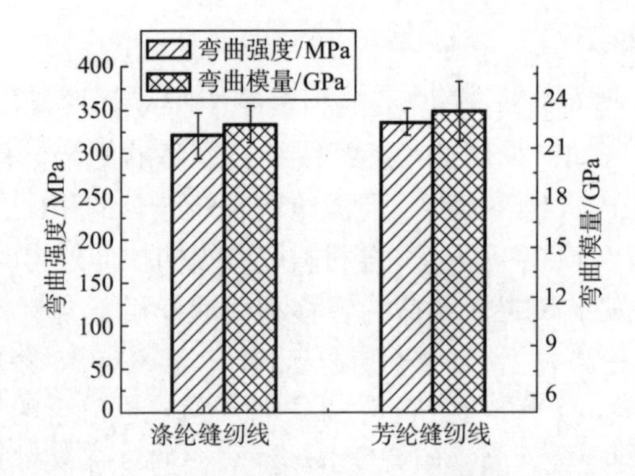

图 5-40 缝纫线种类对复合材料弯曲性能的影响

受压缩一面内部纤维的屈曲造成的，弯曲应力减小时不会发生缝纫线的断裂，故在复合材料缝合间距相同条件下，缝合线种类对复合材料弯曲性能影响不大。

（3）剪切性能

不同缝合线种类对竹原纤维/不饱和聚酯树脂复合材料剪切性能的影响如图5-41所示，由图可知，芳纶缝纫线缝合制备的复合材料剪切强度为20.21MPa，比涤纶缝纫线的低8.47%，剪切强度有所下降。剪切性能表征复合材料界面结合情况，由于芳纶缝纫线线密度大于涤纶缝纫线，缝合纤维毡时会造成缝合部位纤维束的上下位置与平面位置有些许偏差，这种情况比线密度较小的涤纶缝纫线缝合的纤维毡明显，从而影响复合材料的面内性能，进而影响复合材料的界面结合性能，故涤纶缝纫线缝合制备的复合材料剪切性能略优于芳纶缝纫线缝合的复合材料。

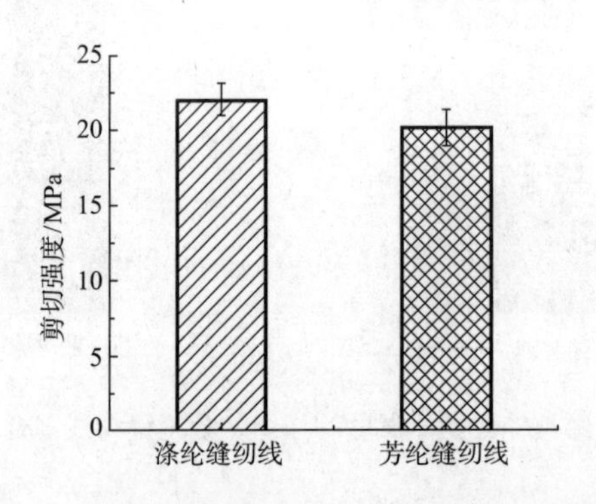

图 5-41 缝纫线种类对复合材料剪切性能的影响

5.4.3 偶联剂改性对竹原纤维 / 不饱和聚酯树脂复合材料性能的影响

竹原纤维属于天然纤维，表面呈极性，与非极性的不饱和聚酯树脂一起制备复合材料时由于极性不同会导致界面结合不好。近年来，改善天然纤维增强复合材料界面结合情况的研究很多，改性方法主要有物理法和化学法，其中化学法由于操作简便、耗时短、对复合材料性能提高作用显著等优点被广泛研究和应用。

碱处理是较常用的一种天然纤维化学改性方法。竹原纤维表面含有大量的胶质，如半纤维素、木质素、糖类、果胶等，碱作用在竹原纤维表面可去除这些杂质，使竹原纤维表面变得粗糙不平，提高纤维与树脂间的机械锁结，从而增强界面结合效果；另外，碱处理通过去除小分子杂质如半纤维素、果胶等，使纤维长径比增加，还使纤维微纤角减小，取向度增加，从而提高纤维力学性能，进而提高复合材料力学性能。纤维碱处理反应式为：Fiber—cell—OH+NaOH→Fiber—cell—O^-Na^++H_2O+impurities。

偶联剂处理也是经常使用的天然纤维化学改性方法。偶联剂是连接竹原纤维、树脂的桥梁，它一端含有极性基团，一端含有非极性基团，从而将呈极性状态的竹原纤维与呈非极性状态的树脂连接起来，增强纤维与树脂的界面结合程度。偶联剂极性一端将纤维包围起来，非极性一端暴露出来，从而减少了纤维的羟基数量，使复合材料吸水性有所降低。纤维偶联剂处理反应式为：

$CH_2CHSi(OC_2H_5)_3 \rightarrow CH_2CHSi(OH)_3+3C_2H_5OH$

$CH_2CHSi(OH)_3$+Fiber—OH→$CH_2CHSi(OH)_2O$—Fiber+H_2O

目前碱、偶联剂联合处理纤维的方法运用较多。于昊等采用偶联剂处理和5%碱、偶联剂联合处理麦秸秆纤维，结果表明，5%碱、偶联剂联合处理法制备的复合材料力学性能及吸湿吸水性能均优于单独偶联剂处理的；李津等分别比较了碱处理，偶联剂处理，碱、偶联剂联合处理洋麻纤维增强复合材料力学性能的差别，结果表明，碱、偶联剂联合处理的综合力学性能优于单独碱处理、单独偶联剂处理的；Kushwaha研究了5%碱处理，5%碱、偶联剂联合处理对竹原纤维增强不饱和聚酯复合材料吸水性能的影响，结果表明，5%碱、偶联剂联合处理竹原纤维制备的复合材料抗水性能优于单独碱处理的；Choi研究了5%碱处理，5%碱、偶联剂联合处理对苎麻/聚乳酸复合材料性能的影响，结果表明，5%碱、偶联剂联合处理的复合材料冲击性能优于单独5%碱处理的。

基于上述内容，本节采用5%碱与不同浓度的偶联剂（0、1%、3%、5%、7%）联合处理竹原纤维，探究碱—不同浓度偶联剂联合处理对复合材料性能的影响，以提高竹原纤维/不饱和聚酯树脂复合材料的综合性能。

制备出的改性竹原纤维/不饱和聚酯树脂复合材料编号见表5-11。

表5-11 制备出的改性竹原纤维/不饱和聚酯树脂复合材料编号

竹原纤维/不饱和聚酯树脂复合材料	编号
未处理	0
5%碱处理	AS-0
5%碱处理+1%偶联剂处理	AS-1

续表

竹原纤维 / 不饱和聚酯树脂复合材料	编号
5% 碱处理 +3% 偶联剂处理	AS–3
5% 碱处理 +5% 偶联剂处理	AS–5
5% 碱处理 +7% 偶联剂处理	AS–7

5.4.3.1 拉伸性能

偶联剂处理对竹原纤维/不饱和聚酯树脂复合材料拉伸性能的影响如图5–42所示，由图可知，AS–0（碱处理）与AS–7（碱+7%偶联剂处理）改性条件下的复合材料拉伸强度提高最大且相当，较未处理的分别提高42.74%和42.93%；AS–1（碱+1%偶联剂处理）与AS–3（碱+3%偶联剂处理）的次之，拉伸强度较未处理的分别提高34.29%和34.44%；AS–5（碱+5%偶联剂处理）的提高最少，拉伸强度较未处理的提高14.64%。而在拉伸模量方面，改性对其影响不如拉伸强度显著，5%偶联剂处理的复合材料拉伸模量提高最大，较未处理的提高15.70%；7%偶联剂处理的次之，较未处理的提高12.62%；碱处理、1%偶联剂处理、3%偶联剂处理的提高较少，较未处理的分别提高8.58%、7.36%、5.45%。

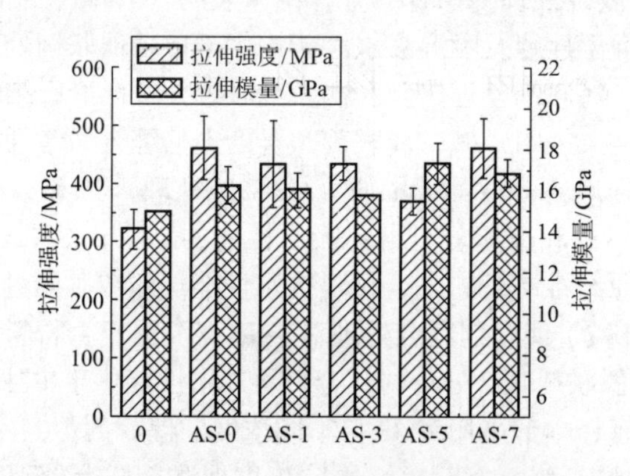

图 5–42 偶联剂处理对复合材料拉伸性能的影响

经碱处理后，纤维表面的半纤维素、果胶、木质素等杂质得到去除，纤维素含量增加，纤维长径比增加。因去除了纤维表面的部分杂质，纤维原纤间变得更加疏松柔软，在受到拉伸外力时，原纤沿纵向能较好地解旋和重排，使应力传递在原纤间得到更好的分布，从而使竹原纤维能够承受更大的载荷，使其拉伸强度增加。另外，碱处理使纤维表面变得粗糙，增加了纤维与树脂的机械锁结和界面啮合，纤维拉伸强度的增加及界面结合的改善使得复合材料纵向拉伸性能得到显著增强。而纤维经偶联剂处理后，竹原纤维表面的羟基与偶联剂水解形成的硅醇会发生缩聚反应形成氢键，这样就损坏了竹原纤维表面原有的纤维素分子链间的氢键作用，从而降低竹原纤维拉伸强度。故1%~5%偶联剂处理的复合材料拉伸强度小于碱处理的。而在偶联剂处理浓度为7%时复合材料拉伸强度又上升，这可能是因为过量的偶联剂吸附在纤维表面对复合材料拉伸强度起了积极作用。而复合材料拉伸模量在偶联剂浓度为1%~3%时减小，偶联剂浓度为5%~7%时增加，这可能是因为偶联剂浓度高时有利于提高竹原纤维的拉伸模量，从而使复合材料拉伸模量有所增加。

5.4.3.2　弯曲性能

偶联剂处理对竹原纤维/不饱和聚酯树脂复合材料弯曲性能的影响如图5-43所示，由图可知，经过碱—偶联剂联合处理，复合材料弯曲强度、弯曲模量均得到提高；而经过单独碱处理，复合材料弯曲强度、弯曲模量均减小。随着偶联剂浓度的增加，复合材料弯曲性能呈先上升后下降的趋势，当偶联剂浓度为3%时，复合材料弯曲性能最好，弯曲强度、弯曲模量比未处理时分别提高15.95%、11.26%；偶联剂浓度为1%、5%、7%时，复合材料弯曲强度分别提高11.44%、5.23%、4.44%，弯曲模量分别提高12.51%、12.37%、0.86%；单独碱处理时，复合材料弯曲强度、弯曲模量分别降低3.50%、5.60%。

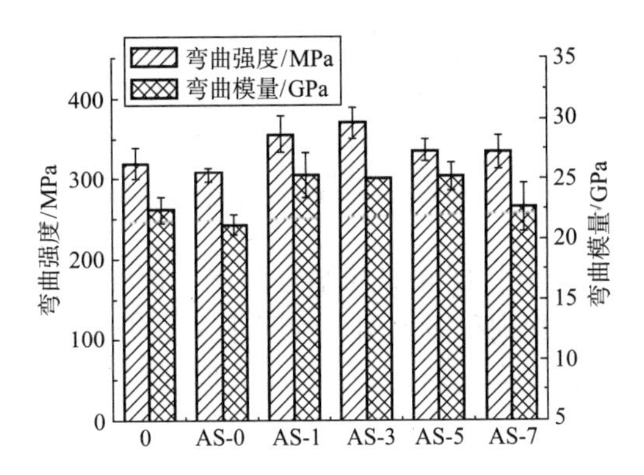

图 5-43　偶联剂处理对复合材料弯曲性能的影响

处理竹原纤维时，当偶联剂含量较小时，会在竹原纤维表面和内部镀上一层偶联剂薄膜，偶联剂分子上的极性化学键与非极性化学键分别与竹原纤维和不饱和聚酯反应，改善了竹原纤维与不饱和聚酯的界面结合，复合材料受到弯曲应力时能更均匀有效地传递载荷，从而使复合材料弯曲性能增加；随着偶联剂含量的增加，复合材料弯曲性能在3%时达到最优值，界面结合最好；而当偶联剂含量持续增加时，过量的偶联剂会发生团聚，从而减少竹原纤维与树脂基体的结合量，使复合材料界面结合变差，当受到弯曲应力时容易发生受力不匀而使复合材料内部受到破坏、失效，所以弯曲性能会降低。竹原纤维化学成分主要为纤维素、半纤维素、木质素等，纤维素嵌于半纤维素、木质素等细胞间质中，其中半纤维素、木质素决定纤维的弯曲性能，纤维素决定纤维的拉伸强度。经碱处理后，纤维表面的部分半纤维素、木质素得到去除，使纤维的弯曲性能下降，从而使复合材料的弯曲性能下降。

5.4.3.3 剪切性能

偶联剂处理对竹原纤维/不饱和聚酯树脂复合材料剪切性能的影响如图5-44所示，由图可知，碱与偶联剂处理均提高了复合材料的层间剪切强度。其中，3%偶联剂处理对复合材料剪切性能提高最大，剪切强度为28.57MPa，比未处理时提高29.39%；1%偶联剂处理效果次之，剪切强度较未处理的提高25.00%；碱处理、5%偶联剂处理、7%偶联剂处理的复合材料剪切强度分别提高17.94%、14.14%、14.01%。

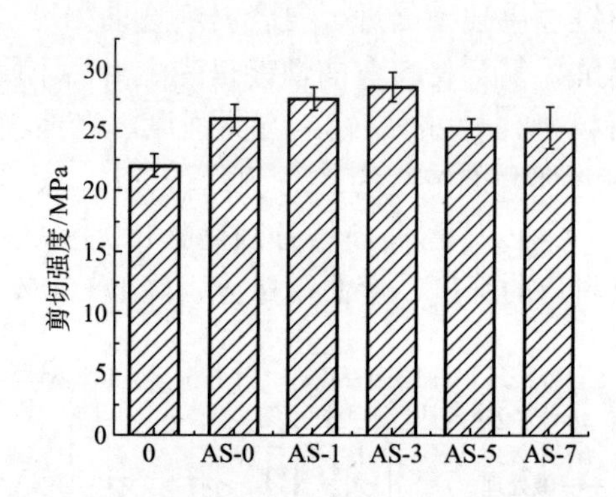

图 5-44 偶联剂处理对复合材料剪切性能的影响

剪切强度表征复合材料层间界面结合性能，由图可知，碱、偶联剂处理都对复合材料界面结合起到积极作用。竹原纤维经过碱处理后，纤维表面的半纤维素、木质素、果胶等物质被去除，纤维表面变得粗糙、凹凸不平，与树脂结合时有利于增加纤维与树脂的接触面积和机械锁结，因而复合材料层间界面结合强度有所提高；偶联剂作为纤维与树脂的连接纽带，将极性一端化学键与竹原纤维相连，非极性一端化学键与不饱和聚酯相连，使得纤维与树脂更有效的结合，提高了复合材料的界面结合强度，使复合材料受力时能够更有效地传递载荷，故复合材料界面剪切强度有所提高。由图可知，随着偶联剂浓度的增加，复合材料剪切强度呈先增加后减小的趋势，当偶联剂浓度为3%时，复合材料剪切强度最大。当偶联剂浓度较小时，随着偶联剂浓度的增加，偶联剂与纤维、树脂的反应量增加，复合材料层间界面结合强度增加；而当偶联剂浓度大于3%时，过量的偶联剂在竹原纤维表面发生团聚，偶联剂膜过厚，减小了偶联剂的反应效率，从而降低其键合强度，使复合材料层间界面结合强度有所降低。

5.4.3.4 动态力学性能

偶联剂处理对竹原纤维/不饱和聚酯树脂复合材料动态力学性能的影响如

图5-45、图5-46所示，图5-45为偶联剂处理对竹原纤维/不饱和聚酯树脂复合材料存储模量的影响，图5-46为偶联剂处理对竹原纤维/不饱和聚酯树脂复合材料损耗因子的影响。由图5-45可知，碱处理、3%偶联剂处理均可提高复合材料的存储模量，但3%偶联剂处理对复合材料存储模量提高更显著，复合材料在33℃时的存储模量较未处理时提高63.75%。竹原纤维经过碱处理后，纤维表面的杂质得到去除，纤维变得粗糙、比表面积增大，这样就增加了纤维与树脂的接触面积和机械锁结，使得材料分子链运动得到有效限制，从而使复合材料存储模量增加。碱、偶联剂联合处理，不仅使纤维与树脂接触面积、机械锁结增加，同时偶联剂作为纤维与树脂连接的纽带，极性一端与纤维表面的纤维素、木质素、半纤维素等物质的羟基反应形成氢键，非极性一端与不饱和聚酯的不饱和双键反应形成氢键，氢键作用使得材料内部分子间作用力增加，更加有效地限制了分子链的运动，从而使复合材料刚度增加，储存变形能力增加。

由图5-46可知，竹原纤维经过碱、偶联剂处理后，tanδ峰值降低，其中3%偶联剂处理的tanδ峰值最低，这说明偶联剂处理使得纤维与树脂相互作用增加，复合材料弹性增加。另外，从图中可看出，改性前后复合材料玻璃化转变温度变化不大，这说明碱、偶联剂处理对复合材料玻璃化转变温度影响不大。

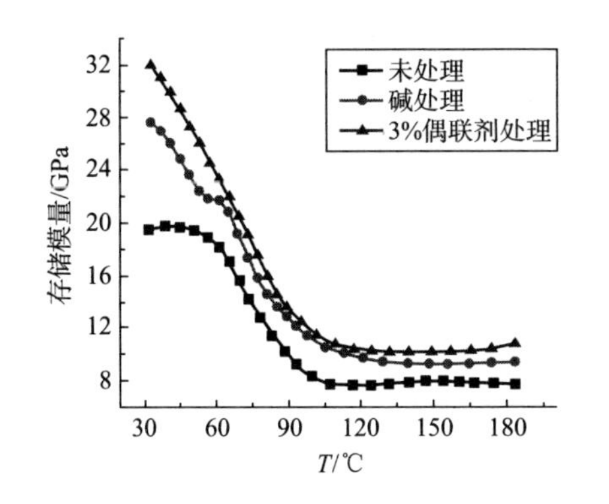

图 5-45　碱、偶联剂改性对复合材料存储模量的影响

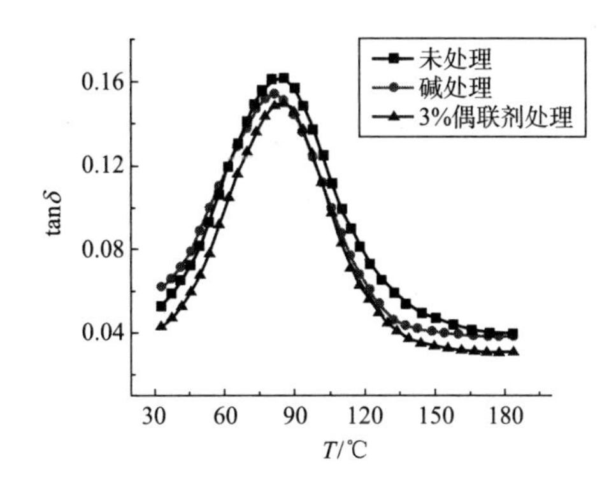

图 5-46　碱、偶联剂改性对复合材料损耗因子的影响

5.4.3.5　吸水性能

图5-47为偶联剂处理对竹原纤维/不饱和聚酯树脂复合材料吸水性能的影响，由图可知，在浸泡初始阶段复合材料吸水率增加迅速，而在浸泡360h后，吸水率基本处于饱和状态。在复合材料浸泡初始阶段，由于竹原纤维表面的极性基团、纤维与树脂结合时存在的微小缝隙以及其他复杂的物理化学反应，使得复合材料浸泡时吸水率迅速上升，然后随着浸泡时间的增加，竹原纤维吸水逐渐达到饱和、复合材料内部缺陷及其他物理化学反应吸水达到饱和，因此，

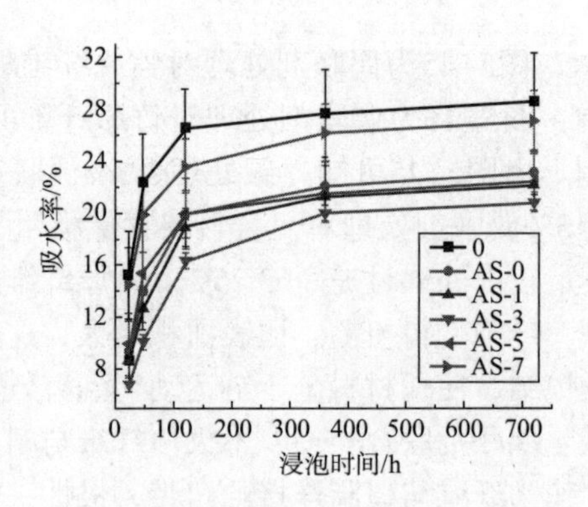

图 5–47　偶联剂处理对复合材料吸水性能的影响

复合材料吸水率就不再增加或增加微小。

与未处理复合材料相比，碱、偶联剂处理均可降低复合材料的吸水性能，随着偶联剂浓度的增加，复合材料吸水率呈先减小后增加趋势，且当偶联剂浓度为3%时，复合材料吸水率最低，24h吸水率比未处理时低55.35%，720h吸水率比未处理时低27.32%。纤维表面亲水基团数量、纤维与树脂界面结合情况等是影响复合材料吸水性能的重要因素。纤维经过碱处理后，比表面积增加，纤维与树脂接触面积增加，这有效改善了复合材料界面结合性能，减少了复合材料内部的孔隙，从而使吸水率降低。而经碱、偶联剂联合处理后，纤维比表面积的增加使得偶联剂与纤维的反应面积增加，且伴随着偶联剂浓度的增加（1%~3%），纤维表面更多的羟基（—OH）与偶联剂水解的硅羟基（Si—OH）反应，亲水基团减少，且在偶联剂浓度为3%时这种化学反应达到饱和状态，此时复合材料界面结合性能得到较大改善，内部结构更加致密，吸水率较低；但当偶联剂浓度大于3%时，过量的偶联剂对纤维与树脂界面结合性能起负作用，从而使复合材料吸水率又有所上升。

5.4.3.6　增强机理分析

（1）改性竹原纤维微观形貌分析

未处理、碱处理、偶联剂处理的竹原纤维纵向微观形貌如图5–48所示，由图可知，未处理竹原纤维表面有果胶等杂质，单纤维被半纤维素、木质素等黏结在一起形成束纤维；经过碱处理后，果胶、半纤维素、木质素等物质被部分去除，束纤维出现分丝现象，纤维比表面积增加；经过偶联剂处理后，纤维表面布满偶联剂颗粒，并在部分区域形成偶联剂薄膜，这对提高纤维与树脂界面结合强度起到非常积极的作用。

（2）改性竹原纤维红外光谱分析

经碱处理、偶联剂处理的竹原纤维红外光谱图如图5–49所示，由图可知，1596cm^{-1}和1424cm^{-1}处为芳香环骨架振动，为木质素类物质的特征吸收峰，由

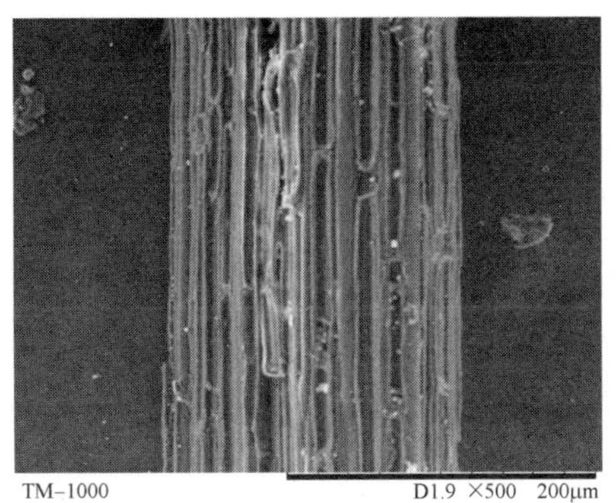

（a）未处理

（b）碱处理

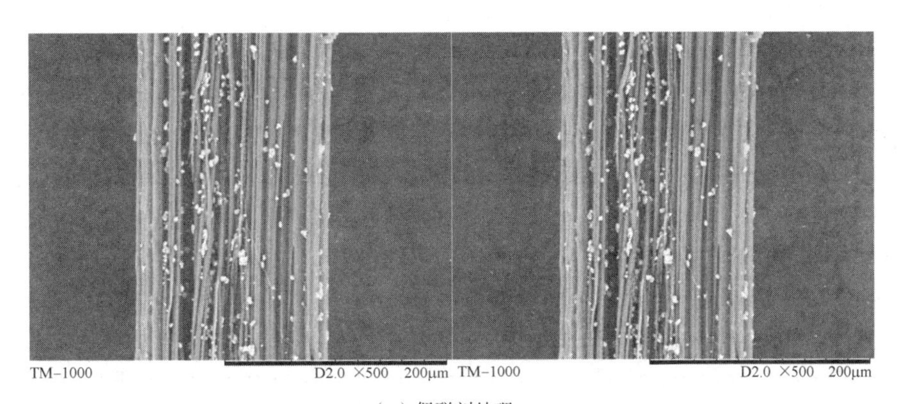

（c）偶联剂处理

图 5-48　改性前后竹原纤维微观形貌

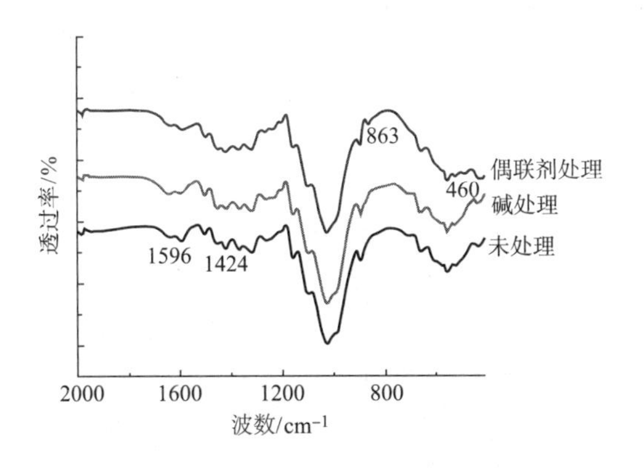

图 5-49　改性前后竹原纤维红外光谱

图可知，经过碱处理后，这两处的吸收峰强度有所减弱，这说明碱处理有助于去除或减少纤维内部的木质素。经过偶联剂处理的竹原纤维，在863cm^{-1}处出现了一个新的吸收峰，这是硅羟基的特征吸收峰；另外，在460cm^{-1}处也新添吸收峰，这是Si—O—C伸缩振动的特征波数，这说明经过偶联剂处理后，竹原纤维表面的化学成分有所改变，偶联剂被成功地引入到竹原纤维表面。

经过碱处理后，竹原纤维内部的木质素、半纤维素类物质得到去除或减少，纤维素含量增加，竹原纤维拉伸强度、拉伸模量增加，故复合材料拉伸性能提高，同时复合材料弯曲性能略微降低。经过偶联剂处理后，偶联剂包覆在竹原纤维表面，与不饱和聚酯、纤维反应，以化学键形式紧密结合起来，有效地改善了纤维与树脂的界面结合，故复合材料的拉伸性能、弯曲性能、剪切性能、动态力学性能、耐水性能均得到显著改善。

（3）复合材料断面微观形貌分析

未处理、碱处理、偶联剂处理的复合材料拉伸后的断面微观形貌如图5-50所示，由图5-50（a）可知，未处理竹原纤维断面处纤维与树脂间存在微小缝隙，且抽拔出的纤维表面光滑，没有树脂黏附，纤维与树脂界面结合性能较差；由图5-50（b）可知，经过碱处理后，纤维与树脂间不存在缝隙，有纤维抽拔出且纤维表面没有黏附树脂，但抽拔出的孔洞较浅，纤维与树脂界面结合性能得到部分改善；由图5-50（c）可知，经过偶联剂处理后，纤维与树脂在同一处断裂，且纤维被树脂包裹紧密，两相界面混沌，纤维与树脂界面结合性

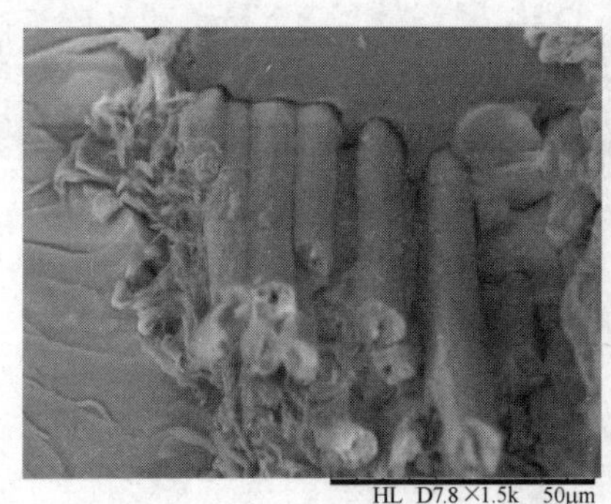

（a）未处理

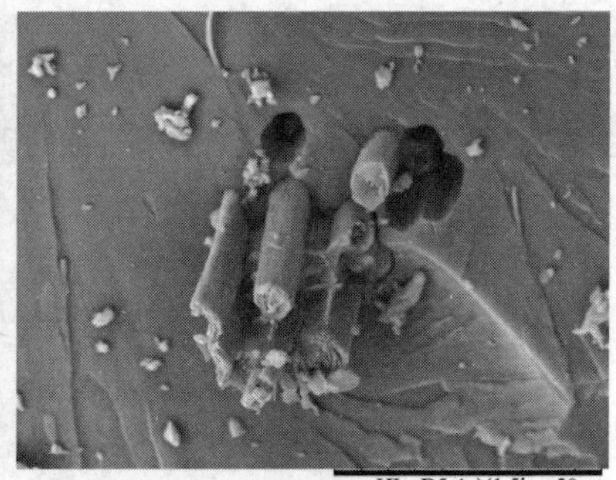

（b）碱处理

（c）偶联剂处理

图 5-50 改性前后复合材料拉伸断面微观形貌

能较好。这说明偶联剂改性有效地改善了复合材料的界面结合情况，使复合材料界面强度增加。

参考文献

[1]周菊兴，董永祺.不饱和聚酯树脂生产及应用[M].北京：化学工业出版社，2000.

[2]黄发荣，焦扬声，郑安呐.不饱和聚酯树脂[M].北京：化学工业出版社，2001.

[3]ODONNELL A，DWEIB M A，WOOL R P. Natural fiber composites with plant oil-based resin[J]. Composites ence & Technology，2004，64（9）：1135-1145.

[4]张伟民，李玉学，刘朔，等.芳叔胺促进剂对不饱和聚酯树脂固化的研究[J].中国塑料，2001，15（8）：70-73.

[5]陈剑楠，李玲，董风云.不饱和聚酯树脂 BPO/DMA 固化体系的研究[J].应用化工，2006，35（3）：206-207.

[6]沈开猷.不饱和聚酯树脂及其应用[M].北京：化学工业出版社，2008.

[7]乌云其其格.模压成型工艺对复合材料性能影响[J].玻璃钢/复合材料，2001（6）：40-41.

[8]诸爱士，郑传祥，成忠.复合材料基体固化成型工艺综述[J].浙江科技学院学报，2008，20（4）：269-273.

[9]邱军，魏良明.芳纶纤维/环氧树脂复合材料固化工艺的研究[J].沈阳化工学院学报，2009，14（3）：201-204.

[10]王溪繁.竹原纤维/PLA 复合材料性能的研究[D].苏州：苏州大学，2009.

[11]王春红，张强，李姗.生物基复合材料的制备与改性研究[J].第五届全球华人航空科技研讨会，2011：1-6.

[12]蒋海青，严玉，王晓钧，等.非等温 DSC 法研究不饱和聚酯树脂/淤泥体系固化反应动力学[J].玻璃钢/复合材料，2010（4）：33-36.

[13]EL-SHEKEIL Y A，SAPUAN S M，ABDAN K，et al. Influence of fiber content on the mechanical and thermal properties of Kenaf fiber reinforced thermoplastic polyurethane composites[J]. Materials & Design，2012（40）：299-303.

[14]ASTM 790-03 Standard Test Methods for Flexural Properties of Unreinforced and Reinforced Plastics and Electrical Insulating Materials. New York，United States：ASTM International，2009.

[15]ASTM D3039/D3039M-00，Standard test method for tensile properties of polymer matrix composite material，United States：ASTM International，2006.

[16]王春红.植物纤维增强可降解复合材料的制备及力学、降解性能研究[D].天津：天津工业大学，2008.

[17]纺织工业科学技术发展中心.GB 5258—2008，纤维增强塑料面内压缩性能试验方法[S].北京：中国标准出版社，2008.

[18]April Horner. DOT/FAA/AR-00/12 Aircraft materials fire test handbook[M]. Washington：Federal Aviation Administration Fire Safety Section，2000.

[19]ASTM D570—2005 Standard Test Method for Water Absorption of Plastics. New York，United

States：ASTM International，2005.

[20]王汝敏，郑水蓉，郑亚萍．聚合物基复合材料［M］．北京：科学出版社，2011.

[21]肖长发．纤维复合材料——纤维、基体力学性能［M］．北京：中国石化出版社，1995.

[22]李姗，李冬松，王春红，等．苎麻/UPR复合材料的制备及其弯曲性能［J］．天津工业大学学报，2012，31（5）：14-17.

[23]王晶晶，王春红，李津，等．婴幼儿服装阻燃整理工艺的探究［J］．天津工业大学学报，2012，31（5）：50-54.

[24]SARKAR B K. Estimation of composite strength by a modified rule of mixture resin corporating defects［J］.Indian Academy of Sciences，1998，21（4）：329-333.

[25]ROE P J，ANSELL M P. Jute-reinforced polyester composites［J］.Mater Sci 1985，20：4015-4020.

[26]SARKAR B K，RAY D. Effect of the defect concentration on the impact fatigue endurance of untreated and alkali treated jute - vinylester composites under normal and liquid nitrogen atmosphere［J］.Composites Science and Technology，2000，64：2213-2219.

[27]RAYA D，SARKARA B K，RANAB A K，et al. The mechanical properties of vinylester resin matrix composites reinforced with alkali-treated jute fibres［J］.Composites：Part A，2001，32：119-127.

[28]曹勇，柴田信一．甘蔗渣的碱处理对其纤维增强全降解复合材料的影响［J］．复合材料学报，2006，23（3）：60-66.

[29]纺织工业科学技术发展中心.GB 3365—2008，纤维增强塑料孔隙含量和纤维体积含量试验方法［S］．北京：中国标准出版社，2008.

[30]ELKHAOULANI A，ARRAKHIZ F Z，BENMOUSSA K，et al. Mechanical and thermal properties of polymer composite based on natural fibers：Moroccan hemp fibers/polypropylene［J］. Materials & Design，2013（49）：203-208.

[31]SATHISHKUMAR T P，NAVANEETHAKRISHNAN P，SHANKAR S. Tensile and flexural properties of snake grass natural fiber reinforced isophthallic polyester composites［J］. Composites Science and Technology，2012，72（10）：1183-1190.

[32]ALAMRI H，LOW I M. Mechanical properties and water absorption behaviour of recycled cellulose fibre reinforced epoxy composites［J］. Polymer testing，2012，31（5）：620-628.

[33]厉国清，张晓黎，陈静波，等．亚麻纤维增强聚乳酸可降解复合材料的制备与性能［J］．高分子材料科学与工程，2012，28（1）：143-146.

[34]SREENIVASAN V S，RAJINI N，ALAVUDEEN A，et al. Dynamic mechanical and thermo-gravimetric analysis of Sansevieria cylindrica/polyester composite：Effect of fiber length，fiber loading and chemical treatment［J］. Composites Part B：Engineering，2015（69）：76-86.

[35]张宗华，刘刚，张晖，等．纳米氧化铝颗粒对高性能环氧树脂玻璃化转变温度的影响［J］．材料工程，2014（9）：39-44.

[36]KUSHWAHA P K，KUMAR R. Influence of chemical treatments on the mechanical and water absorption properties of bamboo fiber composites［J］. Journal of Reinforced Plastics and Composites，2010，30（1）：73-85.

[37]沈云玉.PET/竹原纤维/不饱和聚酯复合材料的制备及性能研究［D］．福州：福建农林大学，2014.

[38] 徐萍，李发学，俞建勇. 缝纫工艺对缝纫复合材料弯曲性能的影响[J]. 东华大学学报(自然科学版)，2011，37(2)：162-164，214.

[39] 陈健，孔振武，吴国民. 天然植物纤维增强环氧树脂复合材料研究进展[J]. 生物质化学工程，2010，44(5)：53-59.

[40] JOHN M J, ANANDJIWALA R D. Recent developments in chemical modification and characterization of natural fiber-reinforced composites[J]. Polymer composites, 2008, 29(2): 187-207.

[41] XIE Y, HILL C A S, XIAO Z, et al. Silane coupling agents used for natural fiber/polymer composites: A review[J]. Composites Part A: Applied Science and Manufacturing, 2010, 41(7): 806-819.

[42] 于旻，何春霞，刘军军，等. 不同表面处理麦秸秆对木塑复合材料性能的影响[J]. 农业工程学报，2012，28(9)：171-177.

[43] 李津，王春红，贺文婷，等. 洋麻纤维的表面改性及其在聚丙烯基复合材料中的应用[J]. 工程塑料应用，2014，42(2)：6-10.

[44] KUSHWAHA P K, KUMAR R. Studies on water absorption of bamboo-polyester composites: effect of silane treatment of mercerized bamboo[J]. Polymer-Plastics Technology and Engineering, 2009, 49(1): 45-52.

[45] CHOI H Y, LEE J S. Effects of surface treatment of ramie fibers in a ramie/poly(lactic acid) composite[J]. Fibers and Polymers, 2012, 13(2): 217-223.

[46] 曲微微，俞建勇，刘丽芳，等. 表面处理对生物降解黄麻/PBS复合材料性能的影响[J]. 东华大学学报(自然科学版)，2008，34(6).700-703，739.

[47] RONG M Z, ZHANG M Q, LIU Y, et al. The effect of fiber treatment on the mechanical properties of unidirectional sisal-reinforced epoxy composites[J]. Composites Science and Technology, 2001, 61(10): 1437-1447.

[48] 许民，陶红梅，陈磊，等. 偶联剂含量对植物纤维高密度聚乙烯复合材料力学性能的影响[J]. 东北林业大学学报，2007，35(10)：33-34.

[49] 李兰杰，胡娅婷，刘得志，等. 木粉的碱化处理对木塑复合材料性能的影响[J]. 合成树脂及塑料，2006，22(6)：53-56.

[50] 许小芳，申世杰. 硅烷偶联剂处理玻璃纤维对复合材料界面的影响[J]. 宇航材料工艺，2011(3)：5-8.

[51] GORIPARTHI B K, SUMAN K N S, RAO N M. Effect of fiber surface treatments on mechanical and abrasive wear performance of polylactide/jute composites[J]. Composites Part A: Applied Science and Manufacturing, 2012, 43(10): 1800-1808.

[52] YU T, REN J, LI S, et al. Effect of fiber surface-treatments on the properties of poly(lactic acid)/ramie composites[J]. Composites Part A: Applied Science and Manufacturing, 2010, 41(4): 499-505.

[53] 李姗. 苎麻增强生物基复合材料的制备及其性能研究[D]. 天津工业大学，2014.

[54] 张青菊. 竹原纤维及其单向连续增强复合材料的制备与性能研究[D]. 天津工业大学，2016.

[55] 任子龙. 航空用单向连续洋麻纤维增强环氧树脂夹芯蜂窝结构复合材料的制备及性能研究[D]. 天津工业大学，2019.

第6章　建筑装饰用绿色复合材料

近年来，由于技术进步，天然纤维产品的成本、质量以及性能，如产品的稳定性、隔热、防蛀、防霉等，都得到了显著的改善，天然纤维产品已经逐步进入建筑装饰市场。当今建筑工业化的发展趋势是标准化设计、预制化生产、装配式施工，而装配式施工的功能非人造板莫属。现代建筑技术，要求建筑材料质轻、高强、保温、隔热、隔声、抗震，属节能型和装配式，这些要求是传统砖、瓦等建筑材料难以满足的。而天然纤维，尤其是一年生天然纤维的原材料来源广泛，制造工艺简单，可就地取材，故价格便宜，因此，在建筑业上以天然纤维制造的新型建材正逐渐推广。利用天然纤维和碎料制造复合材料(板材、拉挤型材、模压件和墙体构件等)，已经在国内外各个领域获得了广泛应用，对气候调节、环境保护、水土保持、能源节约和耕地保护起到了积极作用，并取得了明显的经济效益和社会效益。

木塑复合材料是一种综合性能优异的新型生态环保材料，其开发应用前景非常广阔。这种新型材料是将热塑性材料如PVC、PE、PP、ABS等塑料(可以是废塑料)与木质纤维如木粉、稻壳粉、花生壳、麻秆粉等混合后，配合定量

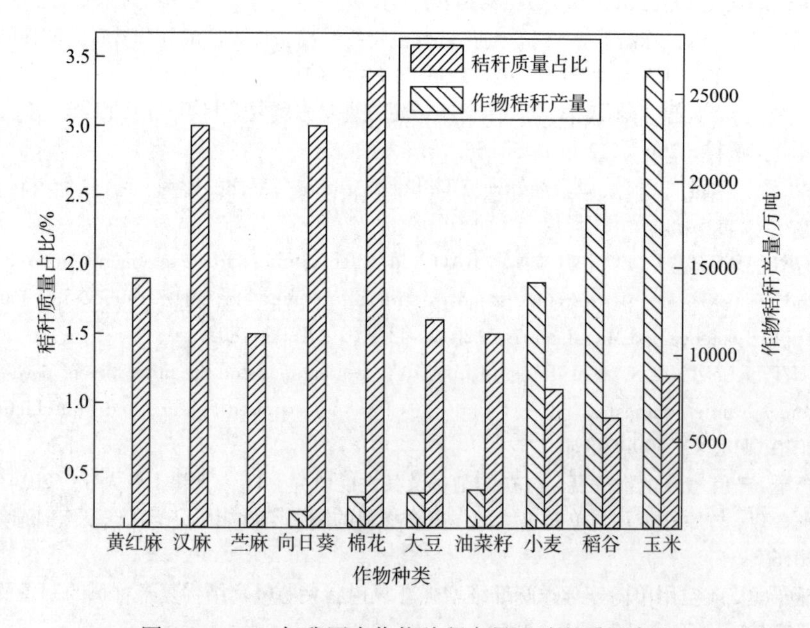

图6–1　2018年我国农作物秸秆产量及秸秆质量占比

的加工助剂，制成各种型材和板材等制品。使用结果表明，这是一种性能好、经济且能保护环境的新材料。在家具、建筑、装饰等领域作为木材替代品得以应用。

我国农作物秸秆资源丰富，每年产生的秸秆超过9亿吨。汉麻秸秆属于汉麻纤维作物的秸秆部分，提取纤维后剩余的秸秆部分利用率非常低，而其轻质、抗菌等优势使汉麻秸秆成为潜在的可利用优质材料。然而，目前超过60%的秸秆无法得到合理利用，若被遗弃或焚烧对环境和人身安全可能造成危害。

我国是水稻生产大国，年总产量约2亿吨，居世界首位。全世界每年的稻壳粉数量在1.2亿吨左右，我国达4000万吨，数量十分庞大。大量的水稻废弃物被遗弃在田间地头，有的地区甚至进行焚烧处理。这样不仅浪费资源，而且严重污染环境，由此引起的环境污染问题，已成为全社会普遍关注的话题之一。因此，为稻壳寻求合适的出路已成为日益迫切的课题。我国的稻壳利用研究还处在起步阶段，虽然有许多学者对稻壳进行了研究，但多集中在能源开发方面和制取乙醇方面，而在作为塑料填充材料制备复合材料方面的研究较少。若能把稻壳作为制备复合材料的填充材料，则会有很好的市场前景。

目前，建筑产业在国民经济中的支柱作用不断增强，建筑材料的用量不断增加。在国家大力倡导建设环境友好型社会和实现可持续发展的背景下，开发建筑装饰用绿色复合材料助力绿色建筑产业发展，已经成为国内外先进材料及技术领域共同关注的话题。因此，充分利用我国丰富的植物纤维资源，实现建筑装饰用绿色复合材料的性能稳定性，并在此基础上使其吸声、隔热、阻燃等特性进一步改善是扩大其在建筑领域应用及市场占比的关键。

6.1　建筑装饰用绿色复合材料的制备工艺

6.1.1　麻秆粉/聚乳酸木塑复合材料的制备工艺

6.1.1.1　挤出造粒

为了使聚乳酸更好地包覆麻秆粉，排除熔融过程中的挥发物，采用双螺杆挤出机进行共混造粒。提前将挤出机的各个区升到设定温度，调整转速，将混合均匀的原料放入料筒中，原料在双螺杆的推动下熔融前进，最后从喷嘴挤出成条，挤出的长条样品通过相连的切粒机切成颗粒状（图6-1）。

6.1.1.2　模压成型

模压成型即使用塑料制品液压机压制成型，总压力为450kN，最大液压压力为32MPa，滑块最大行程为250mm，热板规格为360mm × 380mm，模框规格为180mm × 180mm × 3mm。

模压成型具体过程为：首先在热板上铺好便于脱模的铝箔纸，在上下两层

图 6-2 挤出造粒

铝箔纸和模具框表面再涂上一层脱模剂，以便于制品更好地脱模；将挤出切粒后的样品手工铺装在模具框内，每次铺装原料质量相同（根据前期预实验得出每次铺装108g最为适宜）；待模压机温度达到设计温度后，将热板置于模压机上下模块间，施加设定的压力，一定时间后取下模板，在空气中自然冷却；模压过程中，首先需要在无压力下预热10min，然后在5MPa下热压3min后卸压一次，以排除原料间的气泡，之后再按照工艺模压成型。

6.1.2 稻壳粉 / 非医疗废弃物木塑复合材料的制备工艺

挤出机、注塑机工艺参数调节过程中，最佳工艺参数的优选方法是采用基于正交实验设计的多指标优化方法。该试验方法利用矩阵分析法对多指标正交试验设计进行优化，解决了多指标正交试验方法中存在的计算工作量大、权重的确定不够合理等问题；通过建立正交试验的三层结构模型和层结构矩阵，将各层矩阵相乘得出试验指标值的权矩阵，并计算得出影响试验结果的各因素各水平的权重，根据权重的大小，确定最优方案以及各个因素对正交试验的指标值影响的主次顺序，解决多指标正交试验设计中最优方案的选择问题。

根据实验测定以及调研文献发现，非医疗废弃物的熔点在185~190℃。螺杆转速一般设定在100r/min、150r/min和200r/min，螺杆转速过大，对稻壳粉和塑料的剪切力越大，导致木纤维和塑料长分子链断裂，影响材料的力学性能。由于稻壳粉在200℃下会发生分解炭化，为了使非医疗废弃物能够顺利融化而又不使稻壳粉炭化，所以设定注塑机的温度分别为195℃、200℃和205℃。注塑机的加热区较短，稻壳粉在加热区停留时间较短，而这段时间不足以使稻壳粉炭化，因此注塑时温度可以稍高一些。系统压力为30MPa，注塑压力设定为系统压力的55%、65%和75%，多指标正交设计优化表见表6-1。

表 6-1　多指标正交设计优化表

水平数	影响因素				评判指标			
	挤出机温度 /℃	螺杆转速 /（r/min）	注塑温度 /℃	注塑压力为系统压力的比例 /%	拉伸强度 /MPa	拉伸模量 /MPa	弯曲强度 /MPa	弯曲模量 /MPa
1	185	100	195	55				
2	190	150	200	60				
3	195	200	205	65				

（1）稻壳粉预处理

稻壳粉的粒径为850μm，实验开始前，对稻壳粉进行干燥处理。稻壳粉具有吸水性，因此使用前必须去除其水分。稻壳粉在105℃下烘箱中进行干燥处理，以排除水分和低分子挥发物，干燥时间定为12h，测得水分含量为0.281%，故符合实验要求。

（2）原料混合

稻壳粉的含量为20%，先用天平称量设定好的稻壳粉与非医疗废弃物的质量，然后混合在一起，搅拌均匀。

（3）挤出造粒

为了使稻壳粉与回收塑料能够充分地混合均匀、排除挥发物，在制作试样的过程中能够使物料塑化良好，容易成型，故先对原材料进行造粒处理。

（4）粒子干燥

将挤出的粒子在80℃下干燥处理2h，以除去水分。

（5）注塑成型

按照设定好的实验，设定注塑机的工艺参数，将预先处理好的粒子制作成实验所需的试样。图6-3为生产工艺流程图。

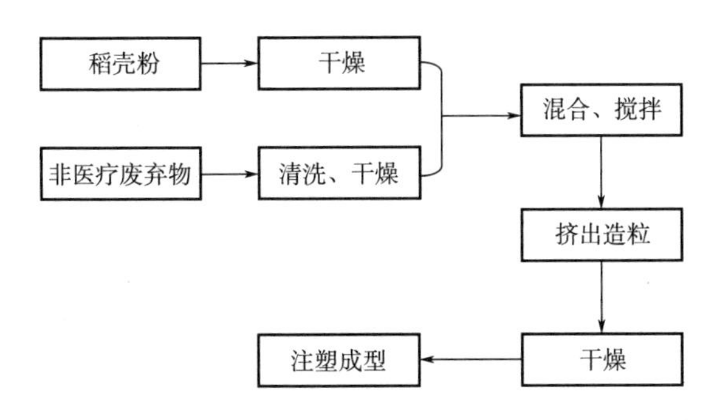

图 6-3　生产工艺流程图

6.1.3 麻秆粉增强水泥基复合材料的制备工艺

前期调研结果表明，当前装配式建筑材料公司已经应用的木粉增强水泥板材中木粉的掺入量为12%。因此，本部分实验在12%掺入量下，根据表6–2的实验设计，分别以5目、10目、20目、40目、80目汉麻秸秆纤维作为掺入骨料与水泥混合均匀，加水搅拌均匀后分层振捣注入模具中。试样在模具中成型24h后脱模，喷水养护7d后测试复合材料的性能（图6–4）。

表 6–2 实验配比表

目数 / 目	5	10	20	40	80
汉麻秸秆纤维 /g	120	120	120	120	120
水泥 /g	1000	1000	1000	1000	1000
粉煤灰 /g	55	55	55	55	55
水 /mL	462	462	462	582	582

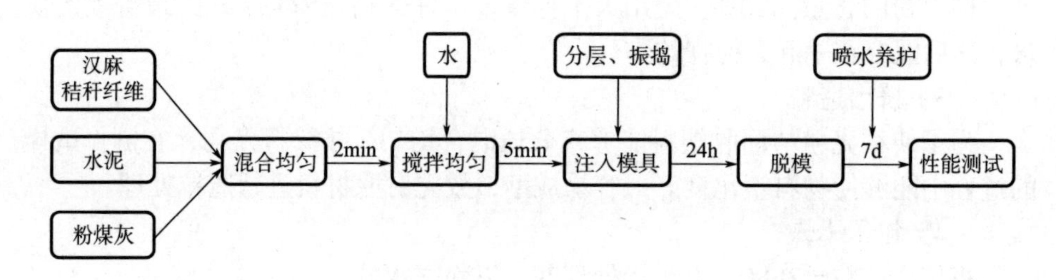

图 6–4 材料成型工艺图

6.2 建筑装饰用绿色复合材料性能测试方法

6.2.1 植物粉体增强树脂基复合材料性能测试方法

6.2.1.1 密度测试

密度测试按照标准GB/T 29418—2012《塑木复合材料产品物理力学性能测试》进行，样品从试样长度方向上截取，根据实际情况，试样尺寸为20mm × 20mm × 3mm，每组测试3个试样，取算数平均值。首先用精密天平称量样品的质量，然后测量试样对称位置的长度、宽度和厚度各3个点，取算数平均值，精确至0.02mm。密度计算式为：

$$p=\frac{m}{L\times b\times h} \qquad (6\text{–}1)$$

式中：ρ为试样的密度（g/cm^3）；m为试样的质量（g）；L为试样的长度（cm）；b为试样的宽度（cm）；h为试样的厚度（cm）。

6.2.1.2 含水率测试

含水率以试样干燥前后的质量差与干燥质量之比来表征，按照标准GB/T 29418—2012《塑木复合材料产品物理力学性能测试》进行，根据实际情况，试样尺寸为80mm×20mm×3mm，每组测试3个样品，取算数平均值。首先称量干燥前试样的质量，然后将试样放置在烘箱中103℃下干燥4h，干燥器内冷却后称重；再将试样放于烘箱中2h，称重，保证两次干燥后的质量变化不超过0.5%，则可认为试样干燥至质量恒定。含水率计算式为：

$$H=\frac{m_u-m_0}{m_0}\times 100\% \tag{6-2}$$

式中：H为含水率，精确至0.01%；m_u为干燥前的质量（g）；m_0为干燥后的质量（g）。

6.2.1.3 吸水率测试

吸水率是指试样在水中浸泡一定时间前后的质量差与浸泡前试样质量之比，参考标准GB/T 17657—2013《人造板及饰面人造板理化性能试验方法》进行。根据实际情况，试样尺寸为25mm×25mm×3mm，每组取3个试样。首先称量试样的质量，将试样完全浸泡于pH=7±1、温度为20℃左右的水槽中，保持试样与水槽地面有一定距离，以使样品充分吸水膨胀。浸泡一定时间后取出试样，擦去表面吸附水，称量其质量。吸水率计算式为：

$$W=\frac{m_2-m_1}{m_1}\times 100\% \tag{6-3}$$

式中：W为试样浸泡一定时间后的吸水率，精确至0.01%；m_1为试样浸泡前的质量（g）；m_2为试样浸泡一定时间后的质量（g）。

6.2.1.4 力学性能测试

（1）拉伸性能

木塑复合材料拉伸性能参考GB/T 1447—2005《纤维增强塑料拉伸性能试验方法》，并根据实际样品情况确定测试参数。样品尺寸为160mm×12.5mm×3mm，拉伸隔距为90mm，拉伸速度为5mm/min。每组测试5个样品，取算数平均值，实验过程中对于断裂位置在距离夹具不到10mm或者在夹具内部断裂的试样作废处理，不用于计算［图6-5（a）］。拉伸强度计算式为：

$$\sigma_t=\frac{F}{b\times h} \tag{6-4}$$

式中：σ_t为复合材料拉伸强度（MPa）；F为试样断裂时承受的最大拉伸载荷（N）；b为试样的宽度（mm）；h为试样的厚度（mm）。

拉伸断裂伸长率计算式为：

$$\varepsilon_t=\frac{\Delta L_b}{L_0}\times 100\% \tag{6-5}$$

式中：ε_t为试样断裂时的伸长率；ΔL_b为试样断裂时隔距L_0内的伸长量（mm）；L_0为拉伸时的标距（mm）。

拉伸弹性模量计算式为：

$$E_t=\frac{L_0\times \Delta P}{b\times h\times \Delta L} \tag{6-6}$$

式中：E_t为试样的拉伸弹性模量（MPa）；L_0为拉伸标距（mm）；ΔP为载荷—位移曲线上初始直线段的载荷量（N）；ΔL为与载荷增量所对应的位移增量（mm）；b为试样的宽度（mm）；h为试样的厚度（mm）。

（2）弯曲性能

木塑复合材料的弯曲性能参考标准GB/T 17657—2013《人造板及饰面人造板理化性能试验方法》，并根据样品实际情况进行测试，加载方式为三点弯曲［图6-5（b）］。

弯曲测试样品尺寸为60mm×12.5mm×3mm，跨距为48mm，加载速度为2mm/min，每组测试5个样品取平均值。弯曲强度计算式为：

$$\sigma_f=\frac{3PL}{2bh^2} \tag{6-7}$$

式中：σ_f为试样的弯曲强度（MPa）；P为试样弯曲破坏时的最大载荷（N）；L_1为支座间的跨距（mm）；b为试样的宽度（mm）；h为试样的厚度（mm）。

弯曲模量计算式为：

$$E_b=\frac{L^3m}{4bh^3} \tag{6-8}$$

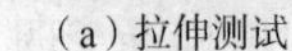

（a）拉伸测试　（b）弯曲测试

图 6-5　复合材料力学性能测试

式中：E_b为试样的弯曲模量（MPa）；L为支座间的跨距（mm）；m为载荷—形变曲线中初始直线部分的斜率（N/mm）；b为试样的宽度（mm）；h为试样的厚度（mm）。

6.2.1.5　热重分析

采用热重分析仪研究复合材料的热稳定性，样品为挤出后的颗粒，氮气气氛，流速为50mL/min，升温速度为10℃/min，升温范围为25~800℃，样品质量取10~15mg。

6.2.1.6　断面形貌分析

采用飞纳全自动台式扫描电子显微镜观察复合材料的断面结构形态。扫描电子显微镜加速电压为5kV，放大倍数为120~24000倍。进行扫描之前，对断面进行喷金处理以消除测试时表面电荷的影响。

6.2.2　植物粉体增强水泥基复合材料性能测试方法

6.2.2.1　断面形貌分析

材料弯曲断裂截面形貌采用重庆奥特公司生产的数码提示显微镜进行观察，分辨率为2048×1536。

6.2.2.2　X射线衍射测试

采用X射线衍射仪对材料中水泥结晶情况进行分析，扫描速度为2°/min，扫描范围2θ在5~50之间。试样在30℃下烘干，研磨成粉末状后过200目标准分样筛，试样粉末压成薄片后放入衍射仪中进行测试。

6.2.2.3　力学性能测试

（1）抗折强度

参照GB/T 7019—2014《纤维水泥制品试验方法》对试样的抗折强度进行测试，试样尺寸为160mm×40mm×40mm，以Instron3369万能强力机对试样的抗折强度进行测试，控制试样在10~30s内断裂，加载速度为2mm/min，跨距为100mm。按下式计算试样的抗折强度，精确至0.1MPa。

$$R=\frac{3Pl}{4\times b\times t^2} \tag{6-9}$$

式中：R为试样的抗折强度（MPa）；P为试样断裂载荷（N）；l为试验跨距（mm）；b为试样的宽度（mm）；t为试样的厚度（mm）。

（2）弯曲韧性

参照峰值载荷后能量比法（post-crack energy ratio，PCER）对材料的弯曲韧性进行计算，PCER方法通过实测材料弯曲强度峰值荷载—挠度曲线与理想混凝土峰值荷载过后面积的比值对材料的韧性进行评价。试样尺寸为160mm×40mm×40mm，加载速度为2mm/min。试样的PCER值按下式进行计算：

$$\text{PCER}=\frac{E_{\text{post}}}{0.5F_{\text{peak}}k} \tag{6-10}$$

式中：F_{peak}为材料峰值载荷（N）；k为峰值后挠度设定值，即弯曲位移值，为与纯水泥试样弯曲韧性进行对比，取纯水泥基体弯曲断裂后的弯曲位移值0.1mm作为峰值后位移设定值；E_{post}为实测峰值载荷F_{peak}、峰值载荷下位移值δ_{peak}、峰值荷载后设定位移值k及设定位移值k所对应荷载所组成曲线的面积，即图6–6中$ABCD$曲线面积，单位为N·mm。

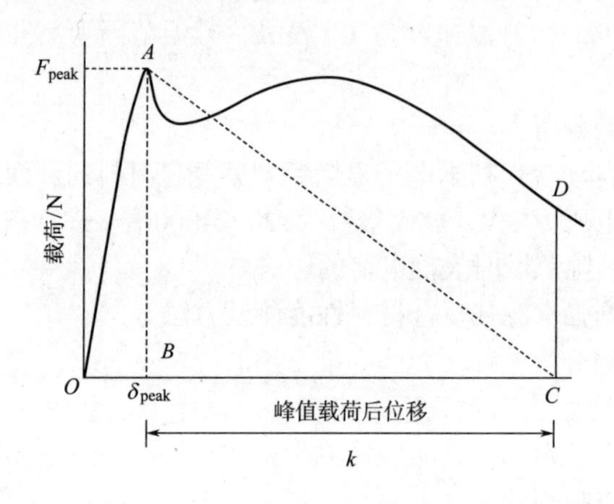

图 6–6　载荷位移曲线图

6.3　麻秆粉/聚乳酸木塑复合材料性能研究

6.3.1　粒径对麻秆粉/聚乳酸木塑复合材料性能的影响

通常所研究的木塑复合材料中，填料尺寸的选择一般是通过网目筛，选择在20~100目的范围内，而填料纤维往往都具有较大的长径比。粒径不同则其长径比和表面粗糙度不同，粒径大的粉末表面粗糙、结构蓬松，可与基体嵌合接触，且粒径大可起到较好的支撑作用，从而获得较高的力学性能，但也有研究表明，粉末粒径越小，颗粒分散地越均匀，力学性能又有一定的增强，这可能是因为填料和基体有较大的接触面积。

本部分是在麻秆粉含量一定（30%）的情况下，探究麻秆粉粒径的大小对复合材料综合性能的影响。

6.3.1.1　粒径对木塑复合材料密度的影响

本节所研究的密度并非是木塑复合材料的绝对密度，而是表观密度。不同组分复合材料的表观密度会因材料内部存在孔隙或含有水分等原因而不同。图6–7是不同粒径麻秆粉/聚乳酸复合材料的密度，密度在1.23~1.28g/cm^{3}范围内。可以看出，随着粒径减小，复合材料的密度逐渐增大。这是因为麻秆粉粒径大时，容易在复合材料内部交叉形成孔隙，密度较小；而粒径小时，其与

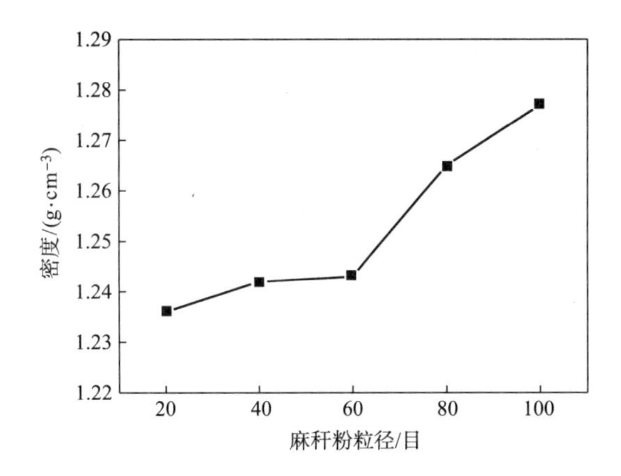

图 6–7　不同粒径麻秆粉 / 聚乳酸复合材料的密度

树脂间形成的孔隙小，比较密实，密度会相对大一点。

6.3.1.2　粒径对木塑复合材料含水率和吸水率的影响

通常，木塑复合材料的含水率与从空气中吸收的湿气有关，取决于复合材料的密度，密度越高则含水率越低。图6–8为不同粒径麻秆粉/聚乳酸复合材料的含水率，可以看出，随着粒径的减小，复合材料的含水率也相应减小，这一规律与复合材料的表观密度恰好相反，可以解释为孔隙的存在导致复合材料内部含水率的增加。

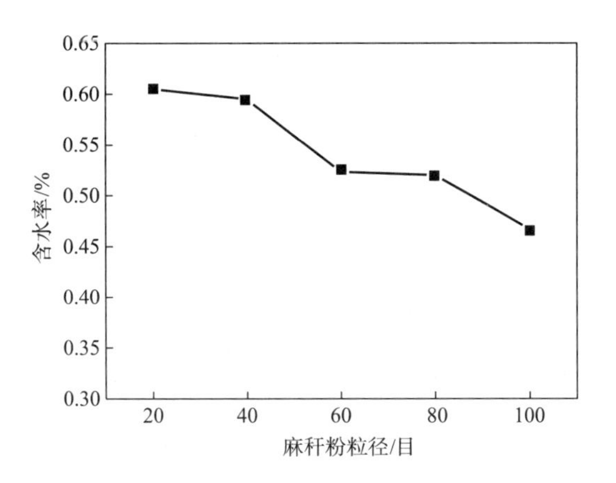

图 6–8　不同粒径麻秆粉 / 聚乳酸复合材料的含水率

聚乳酸树脂本身的含水率很小（0.21%），吸水率也不高，但是加入麻秆粉后，由于麻秆粉的强吸水性会导致复合材料的吸水率升高。而对于木塑复合材料来说，吸水率是一个非常重要的指标，如果吸水率过大，就会导致制品发霉和腐蚀，降低其使用寿命和安全性。从图6–9可以看出，在水中浸泡时间相同时（72h），吸水率随着粒径的减小呈现先增大后减小的趋势，80目麻秆粉制备的复合材料吸水率最大，达到1.77%，但几种粒径的吸水率相差不大。较大的吸水率可能是由于麻秆粉粒径小、比表面积大，接触水分子的概率增加，且粉体之间易团聚，从而导致吸水率增大。

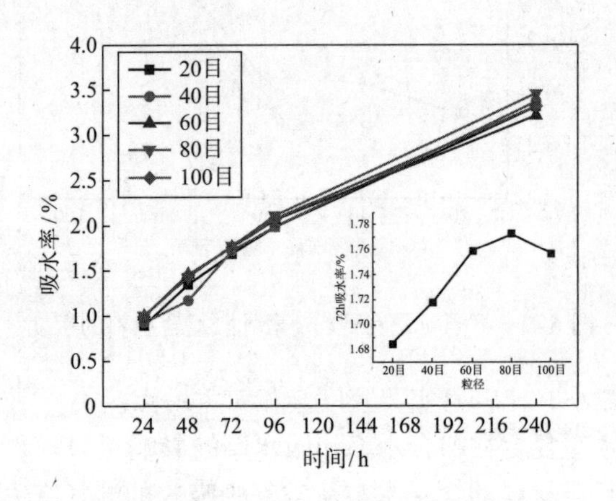

图 6-9　不同粒径麻秆粉 / 聚乳酸复合材料的吸水率

6.3.1.3　粒径对木塑复合材料力学性能的影响

图6-10是麻秆粉含量为30%时，不同粒径的麻秆粉填充聚乳酸复合材料的拉伸和弯曲性能。从图中可以看出，随着粒径的减小，拉伸强度、拉伸模量和弯曲强度均先增大后减小，粒径为40目时，复合材料的拉伸强度、拉伸模量和弯曲强度均最大，分别为40.26MPa、2056.37MPa及73.84MPa；不同粒径麻秆粉复合材料的弯曲模量相差不大（均在4300MPa左右），但仍是40目时弯曲模量最大，为4346.98MPa。虽然不同粒径的麻秆粉填充聚乳酸得到的复合材料力学性能有较大差异，但其弯曲强度和弯曲模量均远大于GB/T 24137—2009《木塑装饰板》的要求（弯曲强度平均值≥20MPa，弯曲模量≥1800MPa）。

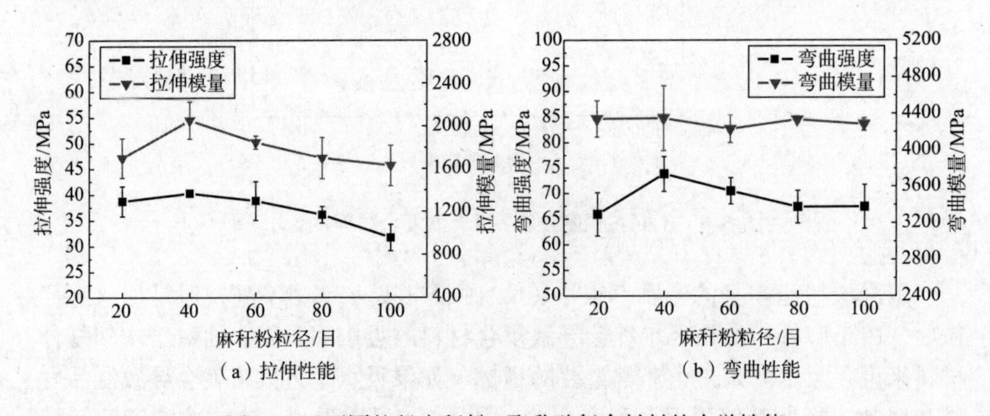

图 6-10　不同粒径麻秆粉 / 聚乳酸复合材料的力学性能

麻秆粉与基体间的界面结合强弱及麻秆粉在基体中的分散性是影响复合材料力学性能的主要因素。当受载荷作用时，界面结合性能好的复合材料的纤维与基体间能够形成更好的交联，便于应力分散和传递。在一定范围内，麻秆粉粒径越小，其表面积越大，与基体相接触的面积越大，较容易分散均匀，在基体中起到均匀增强的作用，因此复合材料的力学性能较好。但粒径过小时，由于大量羟基的存在，团聚现象严重，基体无法很好地包覆粉体，从而形成界面分离，产生孔隙或缺陷，复合材料受拉伸或弯曲时容易在这些孔隙或缺陷处应力集中，同时因块状粉体的存在，破坏了聚乳酸基体的整体性和连续性，力学性能大大下降。

6.3.1.4　粒径对木塑复合材料断面形貌的影响

图6-11是20目、40目和100目麻秆粉/聚乳酸木塑复合材料拉伸断面的扫描电镜图。从图中可以看出，20目麻秆粉粒径很大，与聚乳酸树脂间存在分层现象，断面有纤维拔出；40目中同样也有少量纤维拔出，但整体断面粗糙，分层现象较少，粉体与聚乳酸间界面结合效果较好；100目麻秆粉填充聚乳酸后，由于粒径变小，比表面积增大，粉体间出现团聚现象，且存在许多细小的孔洞，增强作用相对减弱。

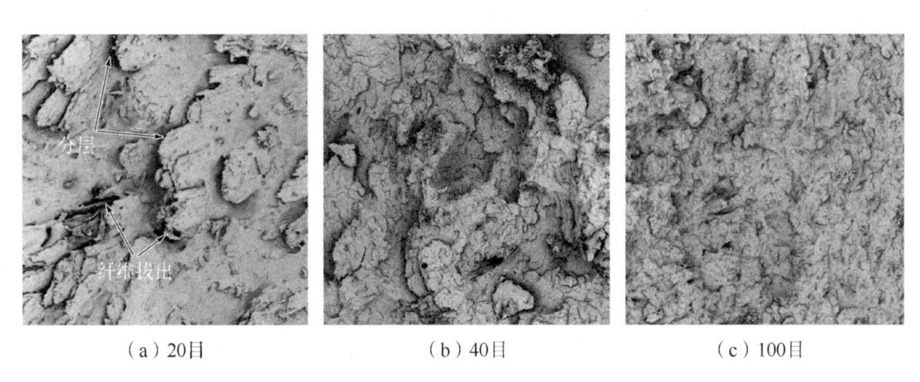

（a）20目　（b）40目　（c）100目

图 6-11　不同粒径麻秆粉 / 聚乳酸复合材料的断面形貌

聚乳酸和麻秆粉在加工过程中会分解产生挥发性有机物，麻秆粉中的木质素在塑料热熔温度下分解产生CO_2，以及原料中存在的微量水分在热熔温度下产生水汽，这些都是孔隙形成的原因。而成型过程中，压力、温度及原料粒径、含量等都会影响塑料的流动性和原料混合的均匀性，这也是木塑板材内部含有孔隙的影响因素。

6.3.2　麻秆粉含量对麻秆粉 / 聚乳酸木塑复合材料性能的影响

麻秆粉属于天然高分子聚合物，内部含有较多羟基，分子内氢键作用力较强，将大量的麻秆粉加入聚乳酸中，粉体分布不均匀，容易团聚在一起，导致材料内部应力集中，木塑复合材料力学性能下降；但如果含量过少，又达不到填充替代聚乳酸从而降低成本的效果。本部分在上一节研究的基础上，以综合性能较好的40目麻秆粉和聚乳酸为原料，研究麻秆粉的含量（10%、20%、30%、40%和50%）对复合材料性能的影响。

6.3.2.1　麻秆粉含量对木塑复合材料密度的影响

由图6-12可知，聚乳酸的密度为1.209g/cm^3，添加麻秆粉后复合材料密度均增加，且随着麻秆粉含量的增加，复合材料密度也随之增大，含量为50%时最大，为1.275g/cm^3。麻秆粉压缩后的实际密度要大于聚乳酸的密度，含量越多，复合材料密度越大；同时，麻秆粉含量越多，相同体积的复合材料含水率也越大，这也是导致密度增大的原因之一。

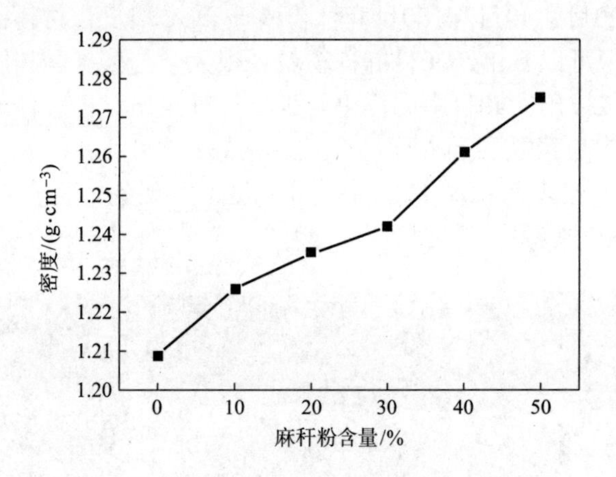

图 6-12　不同麻秆粉含量复合材料的密度

6.3.2.2　麻秆粉含量对木塑复合材料含水率和吸水率的影响

麻秆粉中含有大量的羟基，因此，决定了麻秆粉具有很强的吸湿性能，其填充聚乳酸后也会影响复合材料的吸水性能。由图6-13可以看出，纯聚乳酸的含水率仅有0.21%，而添加麻秆粉后，随着其含量的增加，复合材料的含水率也逐渐增大，含量为50%时，含水率达到0.66%，为纯聚乳酸的3倍。

将制备的不同麻秆粉含量的复合材料板材浸泡于水中，一定时间后的吸水率如图6-14所示。从图中可以看出，不同含量麻秆粉复合材料的吸水率均随时间的增加而增大，且增长趋势基本一致；而麻秆粉含量越高，相同时间内的吸水率越大，在水中浸泡72h时，含有50%麻秆粉的复合材料的吸水率达到2.87%，是纯聚乳酸（72h吸水率为0.49%）的6倍，纯聚乳酸和10%麻秆粉的复合材料浸泡10d后吸水率基本达到饱和，分别为0.82%和1.56%，20%~50%含量的麻秆粉复合材料的吸水率仍在增大，50%含量的复合材料浸泡10d后的吸水率达5.74%，尚未饱和，但增加趋势变缓。

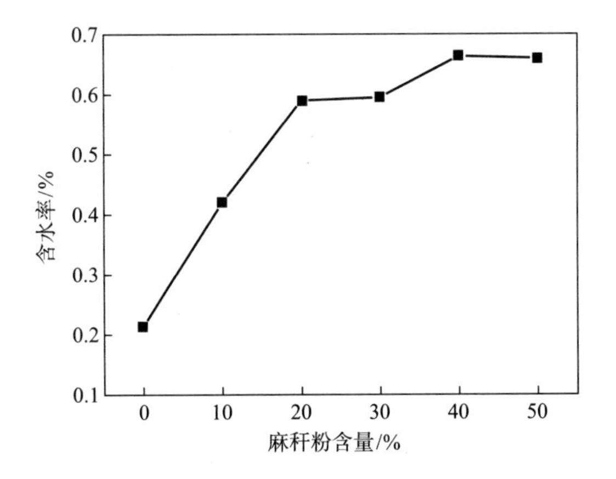

图 6-13　不同麻秆粉含量复合材料的含水率

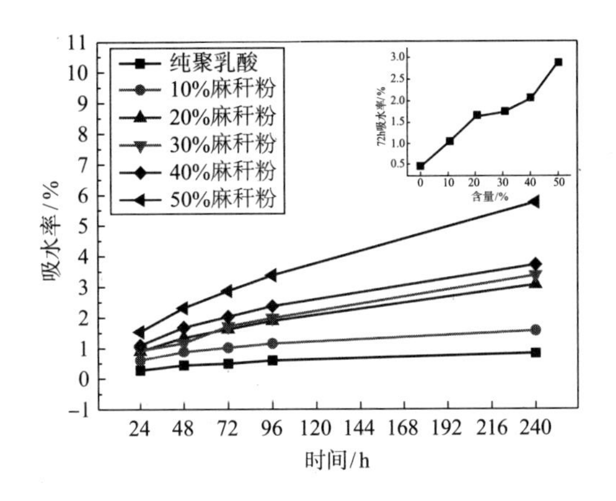

图 6-14　不同麻秆粉含量复合材料的吸水率

针对上述结果，分析原因如下：当麻秆粉含量较低时，聚乳酸可以充分地将其包裹，形成一个密闭的整体，阻止麻秆粉中的亲水基团与水分子接触，同时水分子也不容易穿过聚乳酸进入复合材料的内部，所以含水率和吸水率较低；随着麻秆粉含量的增加，尤其是在40%以上时，聚乳酸不能对麻秆粉起到足够的包覆作用，加剧了粉体间的团聚，从而造成与基体分层，形成缝隙或孔洞；同时过多的麻秆粉暴露在复合材料的外表面，形成延伸的、相互连接的链，使得水分子沿着这些链渗透进材料内部，或留存在缝隙或孔洞中，因此，高含量麻秆粉/聚乳酸复合材料含水率和吸水率均增大。

6.3.2.3　麻秆粉含量对聚乳酸木塑复合材料力学性能的影响

图6-15是不同麻秆粉含量对复合材料拉伸性能、弯曲性能的影响结果。从图6-15（a）可以看出，复合材料的拉伸强度和拉伸模量均随着麻秆粉含量的增加先增大后减小，含量为30%时，复合材料拉伸强度最大，为40.26MPa，相

比于纯聚乳酸提高13.9%；含量为20%时，拉伸模量最大，为2125.05MPa，比纯聚乳酸稍有提高。从图6-15（b）可以看出，随着麻秆粉含量的增加，复合材料的弯曲强度逐渐减小，而弯曲模量逐渐增大。麻秆粉含量在30%以下相较于纯聚乳酸而言，复合材料的弯曲强度下降不大，均在77MPa左右；含量大于30%之后，弯曲强度下降较多，含量为50%时，弯曲强度为46.21MPa，与纯聚乳酸相比下降35.8%，而弯曲模量为4346.98MPa，与纯聚乳酸相比提高35.9%，说明麻秆粉含量增加，复合材料强度减小，刚度增大。图6-16表明，麻秆粉的加入使复合材料的断裂伸长率下降，含量越多，断裂伸长率越小，即复合材料韧性越差。麻秆粉含量为50%时，断裂伸长率相较于纯聚乳酸下降60.4%。

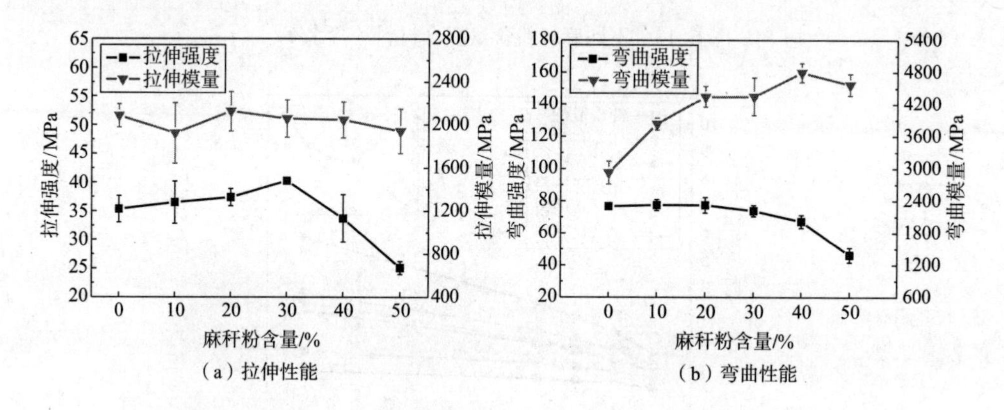

图 6-15　不同麻秆粉含量复合材料的力学性能

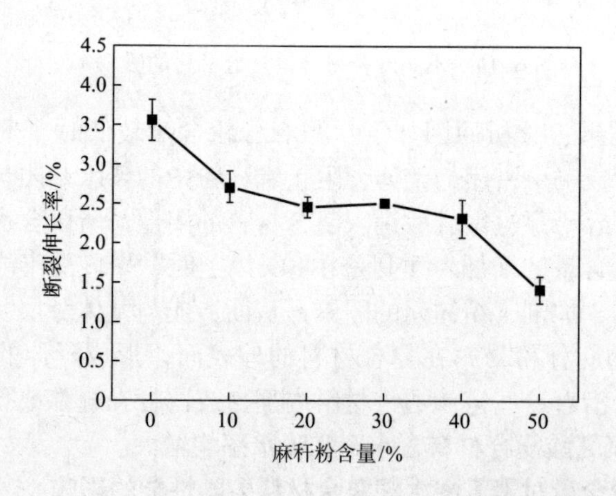

图 6-16　不同麻秆粉含量复合材料的断裂伸长率

针对上述结果，分析原因如下：聚乳酸本身具有较高的拉伸和弯曲强度，添加麻秆粉后，对聚乳酸树脂体系产生了一定的影响。当麻秆粉填充量较少时，少量的麻秆粉在基体中呈海岛状分布，受到载荷作用时，粉体周围形成银纹，载荷增大时，银纹扩增，最终导致复合材料断裂，因此增强效果不明显。当麻秆粉含量增加到一定程度时，粉体之间能够相互牵连，在基体中交叉缠绕，起到一定的增强作用。但含量过高时，基体的连续相被破坏，而麻秆粉团聚现象严重，造成应力集中，麻秆粉与聚乳酸基体的界面分层，使材料力学性能急剧下降。

6.3.2.4　麻秆粉含量对聚乳酸木塑复合材料断面形貌的影响

图6–17为纯聚乳酸和添加不同含量麻秆粉的复合材料拉伸断面微观形貌。从图中可以看出，纯聚乳酸的拉伸断面平整光滑，而添加麻秆粉后复合材料断面比较粗糙，且存在不同程度的孔隙，麻秆粉与基体的界面结合较差。10%的麻秆粉相对于基体来说含量较少，树脂完全包覆；含量增加时，可以明显地看到麻秆纤维的截面，说明麻秆粉在基体中分布形态各异，垂直于拉伸平面的纤维因为脱黏而被拔出。含量为50%时，能明显地看到纤维拔出后留下的孔洞，且麻秆粉与基体存在一定的相分离，拉伸过程中容易出现应力集中，从而复合材料的力学性能下降。

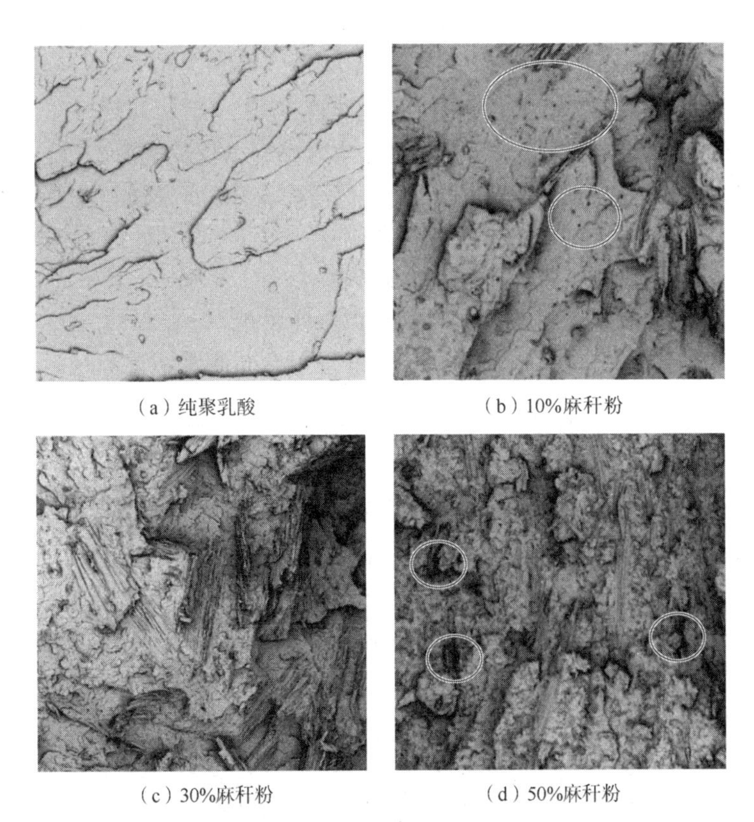

（a）纯聚乳酸　（b）10%麻秆粉

（c）30%麻秆粉　（d）50%麻秆粉

图 6–17　不同麻秆粉含量 / 聚乳酸木塑复合材料的断面形貌

另外，本节对复合材料吸水前后的表面形貌进行了研究，图6-18是麻秆粉粒径为40目、含量为30%时的复合材料吸水前后的表面形貌。从图中可以看出，未浸泡前复合材料表面平滑、无裂纹，而在水中浸泡240h后，表面出现较多的裂纹，复合材料界面不连续，这必然会导致更多水分子的渗入，因此力学性能下降，说明木塑复合材料的吸水性对其力学性能和使用寿命有重要影响。

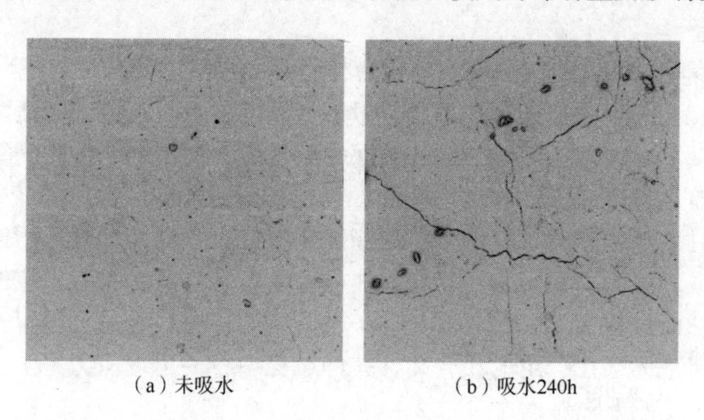

（a）未吸水　　（b）吸水240h

图 6-18　麻秆粉 / 聚乳酸木塑复合材料吸水前后的表面形貌

6.3.3 麻秆粉 / 聚乳酸木塑复合材料的改性研究

6.3.3.1 偶联剂对高填充量麻秆粉 / 聚乳酸木塑复合材料的界面改性

使用两种偶联剂对麻秆粉进行改性，分别为硅烷偶联剂KH550和钛酸酯偶联剂TC201。两种偶联剂的添加量均为麻秆粉质量的3%，处理方式为先用偶联剂改性麻秆粉，再与聚乳酸混合制备复合材料。

（1）不同偶联剂改性木塑复合材料的吸水性能

图6-19是经过不同偶联剂处理与未处理复合材料的吸水率（24h）对比，

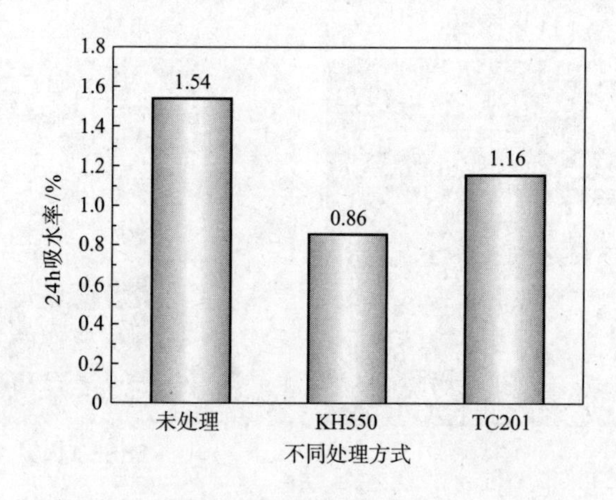

图 6-19　不同偶联剂处理后复合材料的吸水率

从图中可以看出，偶联剂处理后复合材料的吸水率明显下降，硅烷偶联剂KH550处理的效果好于钛酸酯偶联剂TC201。其原因是硅烷偶联剂KH550上的极性基团水解生成硅醇，与麻秆粉表面的羟基反应，形成牢固的化学键，羟基减少，增强了麻秆粉与聚乳酸的黏合作用；同样，钛酸酯偶联剂的金属原子间存在一定的亲和作用，在麻秆粉表面形成单分子吸附层，使麻秆粉与聚乳酸基体间形成较强的界面结合，这都使得复合材料内部孔隙减少，吸水率降低。

（2）不同偶联剂改性木塑复合材料的力学性能

图6-20是不同偶联剂处理对复合材料力学性能的影响。由图6-20（a）可以看出，偶联剂对复合材料的拉伸强度稍有改善，但影响不大；拉伸模量有较大提升，硅烷偶联剂KH550和钛酸酯偶联剂TC201处理复合材料的拉伸模量分别提高24.1%和17.7%。由图6-20（b）可以看出，硅烷偶联剂KH550处理后的复合材料弯曲强度和弯曲模量分别为74.50MPa和5354.33MPa，比未处理前分别提高61.2%和17.2%；钛酸酯偶联剂TC201处理后的弯曲强度和弯曲模量分别为65.12MPa和5170.96MPa，比未处理前分别提高40.9%和13.2%，硅烷偶联剂KH550的改性效果比钛酸酯偶联剂TC201好，这与目前大部分研究均采用硅烷偶联剂改性木塑复合材料的现状一致。偶联剂降低了麻秆粉的极性，改善了麻秆粉与聚乳酸基体间的相容性，尤其是在高的麻秆粉填充量下，促进了麻秆粉的分散，使熔体流动性改善。

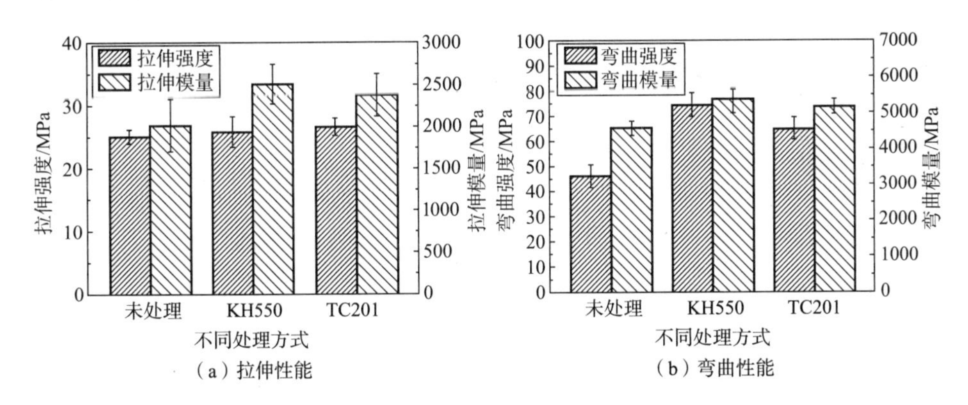

（a）拉伸性能　　（b）弯曲性能

图 6-20　不同偶联剂处理后复合材料的力学性能

（3）不同偶联剂改性木塑复合材料的热稳定性

麻秆粉作为一种易降解的天然纤维填料，填充聚乳酸后复合材料的热稳定性发生变化。热重分析法是指在程序控制温度下，测试材料的质量随温度或时间变化的技术，常用于研究物质分解、氧化、升华等伴随有质量变化的过程，也常被用来研究复合材料的热稳定性。通过热重分析测试，可以得到热失重曲线（TG）和热失重曲线的一阶倒数曲线（DTG），DTG曲线可以清楚地看出材料高温下失重的速率。

首先对聚乳酸（PLA）、麻秆粉（HP）和50%含量麻秆粉的复合材料（50–HP/PLA）进行热失重分析，结果如图6–21所示。结合TG和DTG曲线可以看出，麻秆粉的热降解有两个阶段，第一阶段有约4%的质量损失，其主要原因是麻秆粉中仍含有水分和少量小分子挥发物，因而在制备复合材料时要对麻秆粉进行充分干燥，以消除水分对复合材料性能的不良影响。第二阶段约从280℃开始，麻秆粉开始迅速分解，这一阶段主要是半纤维素、木质素及纤维素的分解。其中，半纤维素为热稳定性最差的物质，在300℃左右基本分解；木质素在300℃开始分解，在450℃基本完全分解；纤维素的分解始于275℃左右，550℃时尚未完全分解，剩余质量较多。结合表6–3可知，聚乳酸的起始分解温度为340.6℃，最大失重速率温度为362.7℃，550℃时残留质量分数为2.7%，失重发生的温度区域比较窄。麻秆粉加入后，复合材料的热分解温度（起始分解温度为293.3℃，最大失重速率温度为314.7℃）明显低于纯聚乳酸，说明麻秆粉的加入降低了聚乳酸材料的热稳定性。

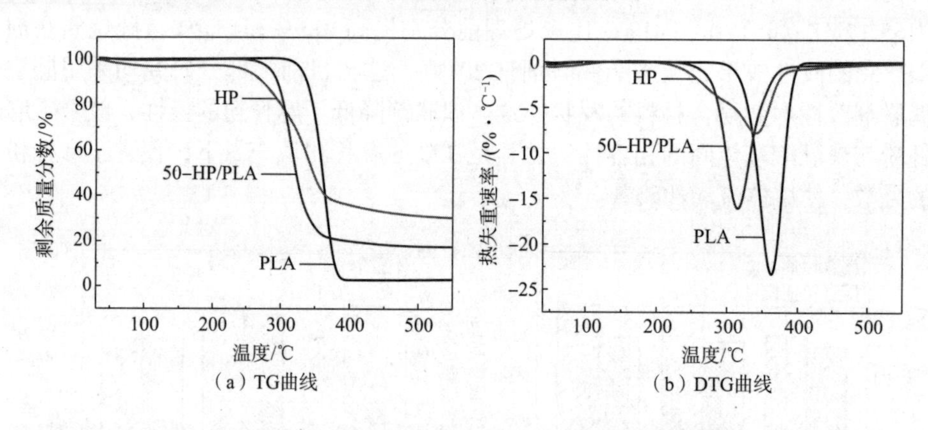

图6–21 HP、PLA和50–HP/PLA的热重分析曲线

图6–22是50%麻秆粉/聚乳酸复合材料经过硅烷偶联剂KH550和钛酸酯偶联剂TC201改性后的热重分析曲线。结合表6–3中参数可知，偶联剂KH550和TC201的加入均提高了复合材料的热稳定性，钛酸酯偶联剂TC201处理后的复合材料的各特征温度均大于硅烷偶联剂KH550，说明钛酸酯偶联剂TC201的热稳定性改善效果优于硅烷偶联剂KH550。偶联剂处理增强了麻秆粉与聚乳酸间的界面黏合力，从而提高了复合材料的热降解温度。

表6–3 不同种类样品的热学性能参数

样品	T_i/℃	$T_{0.25}$/℃	$T_{0.5}$/℃	T_p/℃	550℃剩余质量/%
PLA	340.6	349.2	360.6	362.7	2.7
HP	285.3	311.2	347.2	339.8	30.5

续表

样品	T_i/℃	$T_{0.25}$/℃	$T_{0.5}$/℃	T_p/℃	550℃剩余质量 /%
50–HP/PLA	293.3	307.2	321.9	314.7	17.7
KH550	300.5	314.9	330.5	328.0	13.3
TC201	309.2	327.3	346.8	342.7	18.6

注　T_i—外推起始分解温度，T_x（x=0.25、0.5）—失重为x（25%、50%）时的温度，Tp—最大失重速率温度（DTG 曲线峰值温度），后同。

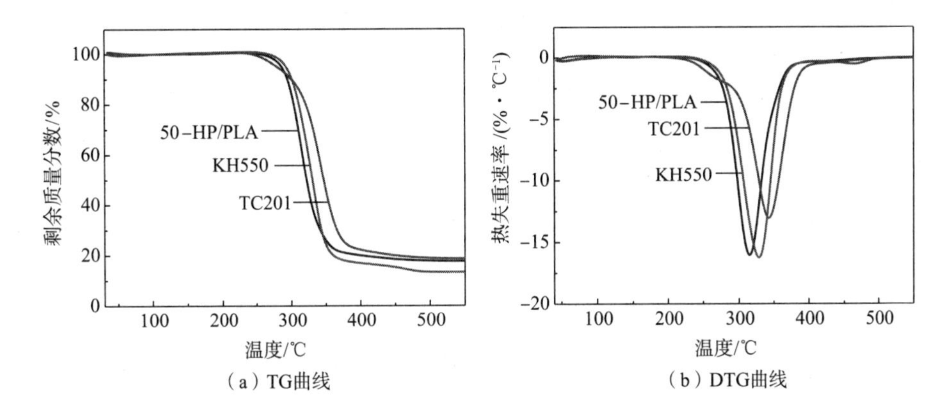

（a）TG曲线　（b）DTG曲线

图6–22　不同偶联剂改性复合材料的热重分析曲线

6.3.3.2　增韧剂对高填充量麻秆粉 / 聚乳酸木塑复合材料的增韧改性

麻秆粉填充量为50%的木塑复合材料的断裂伸长率比纯聚乳酸下降60%，韧性变差，其他性能也下降很多。造成这一结果的原因：一是大量的麻秆粉与聚乳酸基体的界面结合作用较差，多为简单的物理结合；二是麻秆粉含量过高时，容易在复合材料内部产生应力集中现象，造成裂纹生长和扩展。因此，在高填充量麻秆粉的基础上，可通过提高复合材料的韧性和强度从而扩展其应用和延长使用寿命。

本部分通过共混改性，采用加入10%弹性体SBS和10%弹性体+5%增塑剂DOP两种方式来研究其对复合材料韧性的改善作用。

（1）增韧剂对木塑复合材料力学性能的影响

从表6–4可以看出，仅添加弹性体SBS和添加弹性体SBS+增塑剂DOP的复合材料拉伸强度和弯曲强度均有一定提高。只加入SBS的复合材料拉伸强度为35.48MPa，弯曲强度为58.09MPa，较未添加时分别提高41.5%和25.7%；而辅助加入DOP后弯曲强度比只加入SBS时稍高，但拉伸强度反而比只加入SBS时下降许多。从图6–23的拉伸应力—应变曲线可以看出，只加入SBS的复合材料的断裂伸长率相比于未添加时提高18.8%，复合材料的韧性改善。从理论上讲，增塑剂可增加高聚物的塑性，改善基体的柔韧性，弹性体的加入同样能够提高复合材料的韧性，但从本实验的结果来看，二者同时加入并没有起到协同增强的作用，反而有所制约，这可能与它们加工过程中原料间的内部复杂反应有关。

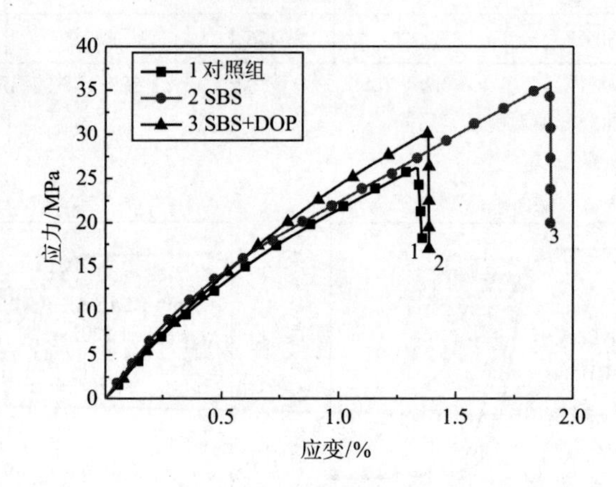

图 6-23　添加增韧剂和未添加复合材料的拉伸应力—应变曲线

表 6-4　添加增韧剂和未添加复合材料的力学性能

项目	拉伸强度 /MPa	弯曲强度 /MPa
未添加	25.08 ± 1.12	46.21 ± 4.49
SBS	35.48 ± 1.23	58.09 ± 1.78
SBS+DOP	28.22 ± 1.80	62.98 ± 3.23

（2）增韧剂对木塑复合材料热稳定性的影响

图6-24为两种方法改性后复合材料的TG曲线和DTG曲线图，表6-5为相对应的热学性能参数。由图中可以看出，两种添加方式制备的复合材料的热学性能均有提高，只加入SBS后，复合材料的最大失重速率温度提高12.4℃，而辅助加入DOP后仅提高2.8℃，只加入SBS的复合材料热稳定性更好。此外可以看出，加入弹性体后复合材料的热分解在450℃左右有一个失重台阶，属于SBS的分解。

表 6-5　不同增韧剂处理后复合材料的热学性能参数

样品	T_i/℃	$T_{0.25}$/℃	$T_{0.5}$/℃	T_p/℃	550℃剩余质量 /%
50-HP/PLA	293.3	307.2	321.9	314.7	17.7
SBS	302.4	315.7	329.8	327.1	12.9
SBS+DOP	292.8	309.5	325.1	317.5	16.5

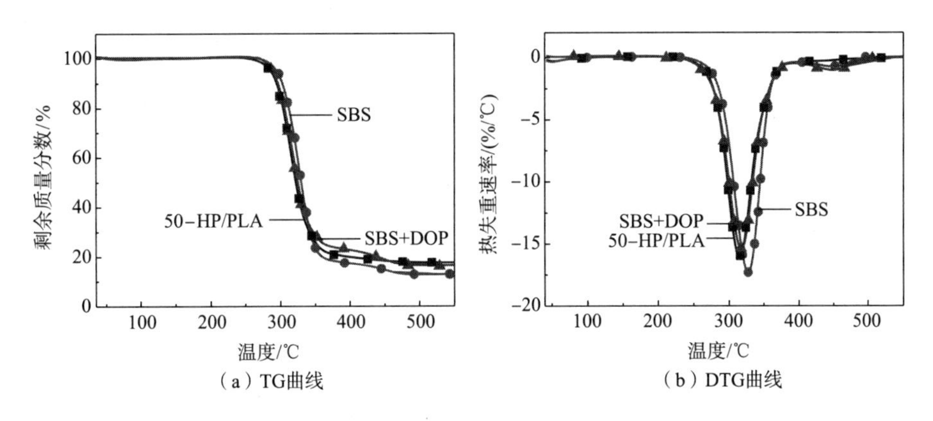

图6-24　增韧剂处理后复合材料的热重分析曲线

（3）增韧剂对木塑复合材料微观形貌的影响

图6-25是两种增韧方式对麻秆粉/聚乳酸复合材料拉伸断裂面微观形貌的影响。图6-25（a）是未添加增韧剂的复合材料，有纤维拔出后留下的孔洞以及界面分层现象，导致力学性能较低。而图6-25（b）和（c）显示复合材料断面较粗糙，麻秆粉和基体相容性较好，添加SBS的断面形貌图显示纤维沿拉伸方向取向较多，这使得复合材料具有较高的拉伸强度和断裂伸长率；同时添加DOP和SBS的复合材料断面较模糊，纤维与基体形成均匀一致的体系，具有较高的力学性能。SBS受到外力时会发生形变，出现大量银纹和剪切带，消耗能量，分散应力，从而增强材料抵抗破坏断裂的能力。增塑剂能够在一定程度上提高塑料基体的柔韧性。从力学性能看，SBS和DOP的协同作用并不好，同时添加时拉伸强度和断裂伸长率反而比较低，这说明在添加助剂时要考虑助剂间的相互影响作用，避免出现相反的效果。

（a）未添加　　（b）添加SBS　　（c）添加SBS+DOP

图6-25　不同增韧方式对复合材料断面形貌的影响

6.3.3.3　抗氧化剂对高填充量麻秆粉/聚乳酸木塑复合材料的性能改善

木塑复合材料在使用过程中会受到多种因素的影响，从而使其使用寿命缩短。有些因素是偶然的，如材料达到极限载荷而使力学性能丧失，即突然冲击或火灾等；有些因素是长时间的累积作用，如材料疲劳、热降解及光降解等。热降解和光降解等因素会明显影响木塑复合材料的寿命，商业木塑复合材料中一般均加入抗氧化剂来进行稳定化处理，对木塑板材采取保护措施。抗氧化剂不仅能在高温加工过程中使聚合物基体免受氧化作用，保护聚合物，同时其在复合材料使用过程中具有长期保护作用。

本节研究了木塑复合材料制备过程中，抗氧化剂1010的添加量对复合材料吸水性能、力学性能及热稳定性的影响。

（1）抗氧化剂对木塑复合材料吸水性能的影响

图6-26是添加不同含量抗氧化剂的复合材料的吸水率，从图中可以看出，添加抗氧化剂后，复合材料的吸水率大幅降低。其中，抗氧化剂含量为0.6%时，复合材料的24h吸水率仅为0.72%，比未添加时下降了一半多。在麻秆粉与聚乳酸混合加工过程中，或多或少都会有原料的热分解，从而产生挥发性气体，这些气体如果不能很好地排出去，就会在复合材料内部形成大大小小的孔洞。由于抗氧化剂的存在，使得原料发生热分解的概率下降，复合材料结构相对更加密实，吸水率因此大大降低，同时力学性能也有很大提高。

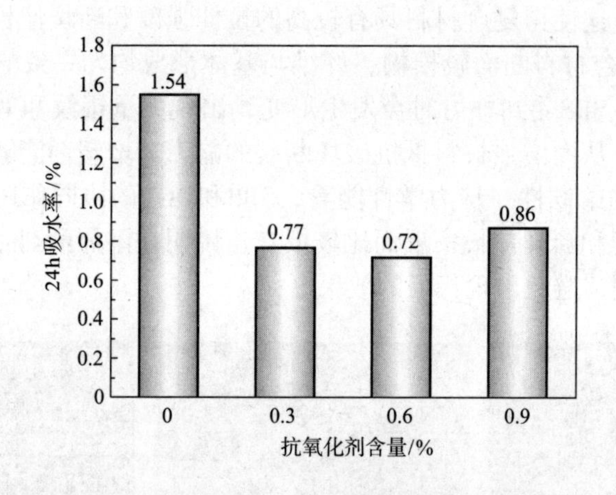

图 6-26　不同抗氧化剂含量处理后复合材料的吸水率

（2）抗氧化剂对木塑复合材料力学性能的影响

图6-27显示了不同含量的抗氧化剂对复合材料力学性能的影响，从图中可以看出，抗氧化剂的加入明显提高了复合材料的拉伸强度和弯曲强度。随着抗氧化剂含量的增加，拉伸强度和弯曲强度均呈先增加后减小的趋势，含量为0.6%时，复合材料的拉伸强度和弯曲强度分别为34.63MPa和67.12MPa，比未添加抗氧化剂时的复合材料分别提高38.1%和45.2%，故力学性能改善效果明显。

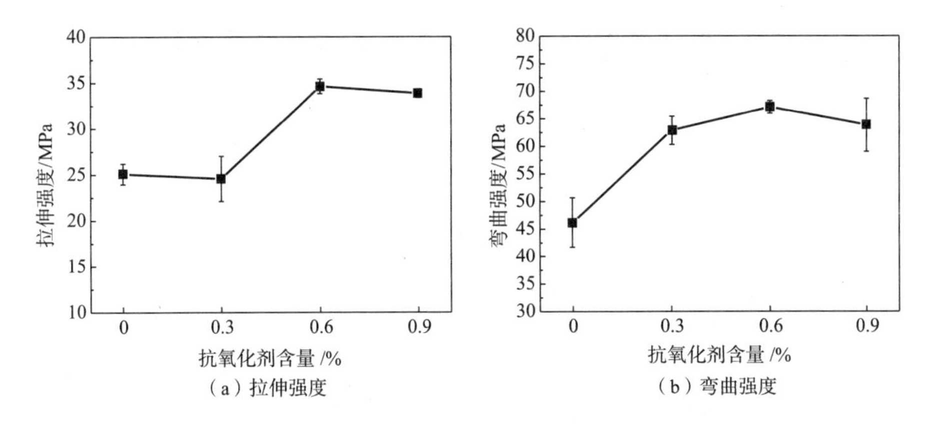

（a）拉伸强度　（b）弯曲强度

图 6–27　不同抗氧化剂含量对复合材料力学性能的影响

加入抗氧化剂使复合材料力学性能提高的原因在于：麻秆粉/聚乳酸复合材料的制备是在高温并且接触空气的情况下进行的，在高温和氧气存在的条件下，塑料基体和麻秆粉均会发生热氧化分解，导致原料性能的降低。而抗氧化剂加入后，能够捕捉自由基或阻止自由基的形成，从而阻止了破坏性链反应，复合材料加工过程中的热氧化分解程度下降，在一定程度上降低了复合材料力学性能下降的概率。

（3）抗氧化剂对木塑复合材料热稳定性的影响

图6–28是不同含量的抗氧化剂对麻秆粉/聚乳酸木塑复合材料热稳定性的影响。结合TG和DTG曲线可以看出，加入抗氧化剂后，木塑复合材料的热稳定性均有提高，抗氧化剂含量为0.3%时提高不明显，含量为0.6%时，热稳定性最好。根据表6–6可以更直接地比较抗氧化剂含量对复合材料热学性能的影响程度，加入0.6%抗氧化剂的复合材料起始分解温度为306.2℃、最大失重速率温度为331.5℃，比未处理时分别提高12.9℃和16.8℃。抗氧化剂阻止了聚乳酸基体的热氧化分解，从而在一定程度上提高了复合材料的分解温度。

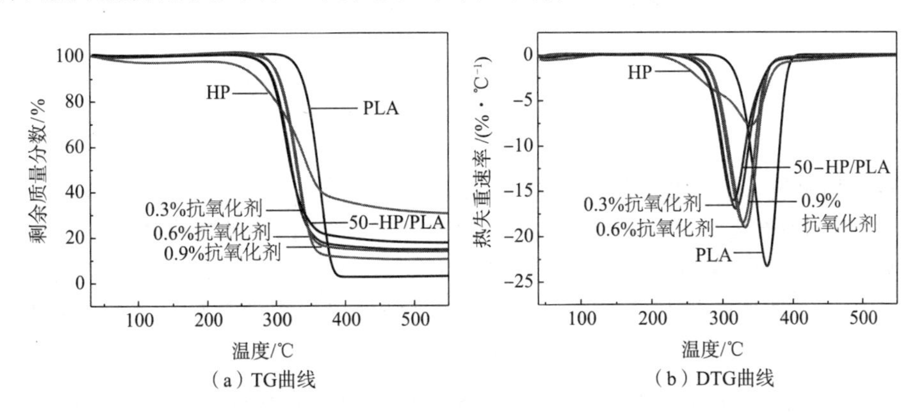

（a）TG曲线　（b）DTG曲线

图 6–28　不同抗氧化剂含量对复合材料热稳定性的影响

表 6-6　不同抗氧化剂含量处理的复合材料的热学性能参数

样品	T_i/℃	$T_{0.25}$/℃	$T_{0.5}$/℃	T_p/℃	550℃剩余质量 /%
PLA	340.6	349.2	360.6	362.7	2.7
HP	285.3	311.2	347.2	339.8	30.5
50-HP/PLA	293.3	307.2	321.9	314.7	17.7
0.3% 抗氧化剂	295.2	309.0	323.1	318.7	14.7
0.6% 抗氧化剂	306.2	318.1	331.6	331.5	10.5
0.9% 抗氧化剂	303.8	316.8	330.0	327.9	13.9

（4）抗氧化剂对木塑复合材料断面形貌的影响

图6-29为不同含量抗氧化剂复合材料的断裂形貌，由图中可以看出，三种复合材料的拉伸断面均存在纤维拉出后留下的孔洞，但添加0.6%抗氧化剂的断面多为纤维断裂而较少有拔出，且断面较粗糙，表明麻秆粉与聚乳酸基体的相容性较好，这也是其力学性能高的原因。其深层原因是抗氧化剂降低了聚乳酸基体在加工过程中的热分解率，增加了基体与麻秆粉的接触面积，从而可以实现更好地结合。

（a）0.3%　（b）0.6%　（c）0.9%

图 6-29　不同含量抗氧化剂复合材料的断裂形貌

6.3.4　麻秆粉 / 聚乳酸木塑复合材料的应用性能分析

麻秆粉/聚乳酸作为新型的绿色木塑复合材料，目前的应用还比较有限。木塑产品的使用最基础的是要保证其物理和力学性能满足要求，然后再根据实际应用针对性地改善其他性能，因此基础性能的研究至关重要，而本节主要针对木塑复合材料的成型工艺及物理力学性能进行了研究。

表6-7是本节研究的麻秆粉/聚乳酸复合材料与他人研究的木粉/聚乳酸以及木粉/聚丙烯复合材料的性能对比，其中植物粉体含量均为40%~50%。从

表中可以看出，麻秆粉/聚乳酸复合材料具有良好的强度和刚度，但韧性相对较差。

表 6–7　不同类型木塑复合材料的力学性能

复合材料类型	拉伸强度 / MPa	拉伸模量 / GPa	断裂伸长率 / %	弯曲强度 / MPa	弯曲模量 / GPa
麻秆粉 / 聚乳酸	25~35	2.0~4.1	1.4~2.3	46~74	4.3~5.4
木粉 / 聚乳酸	26~71	1.2~8.9	1.0~3.1	34~67	3.3~5.9
木粉 / 聚丙烯	17~47	1.8~5.6	1.6~16	30~68	2.0~4.4

表6–8是不同木塑产品标准要求和本研究结果（50%麻秆粉含量）的对比情况，可见本研究中麻秆粉/聚乳酸木塑复合材料的物理力学性能均能达到相关标准要求，为木塑复合材料的进一步研究和应用提供了良好的基础。根据聚乳酸原料的生物相容性和可降解性等特点，可以将麻秆粉/聚乳酸木塑复合材料应用于各种托盘、食品包装箱以及汽车内饰板等方面，既环保又安全。

表 6–8　麻秆粉 / 聚乳酸木塑复合材料的应用性能分析

性能指标	标准要求			本文结果
	GB/T 24508—2009《木塑地板》	GB/T 24137—2009《木塑装饰板》	QB/T 4492—2013《建筑装饰用塑木复合墙板》	
密度 / （$g \cdot cm^{-3}$）	≥ 0.85	—	1.15~1.40	1.28
含水率 /%	—	≤ 2.0	—	0.66
吸水率 /%	≤ 3（72h）	—	≤ 1.2（24h）	0.72（72h）
弯曲强度 / MPa	—	≥ 20	≥ 21	74.50
弯曲模量 / MPa	—	≥ 1800	≥ 1900	5354.34

6.4　稻壳粉 / 非医疗废弃物复合材料性能研究

6.4.1　稻壳粉 / 非医疗废弃物复合材料成型工艺多指标优化试验结果分析

表6–9为所得数据及处理结果，通过表6–9可看出，基于正交试验设计的多指标优化方法对复合材料的弯曲强度、弯曲模量、拉伸强度、拉伸模量4个单

指标评价最优方案的结果。对正交试验的指标层、因素层与水平层结构建立矩阵，将三层矩阵相乘得出试验指标值的权矩阵，并计算得出影响试验结果的各因素各水平的权重。

表 6–9　正交实验分析

<table>
<tr><td rowspan="2">试验号</td><td>因素 A</td><td>因素 B</td><td>因素 C</td><td>因素 D</td><td>指标 1</td><td>指标 2</td><td>指标 3</td><td>指标 4</td></tr>
<tr><td>挤出机温度 /℃</td><td>螺杆转速 /（r·min^{-1}）</td><td>注塑温度 /℃</td><td>注塑压力 /%</td><td>拉伸强度 /MPa</td><td>拉伸模量 /MPa</td><td>弯曲强度 /MPa</td><td>弯曲模量 /MPa</td></tr>
<tr><td>1</td><td>185</td><td>100</td><td>195</td><td>55</td><td>8.91</td><td>371.38</td><td>9.14</td><td>349.11</td></tr>
<tr><td>2</td><td>185</td><td>150</td><td>200</td><td>65</td><td>8.42</td><td>407.51</td><td>9.40</td><td>373.99</td></tr>
<tr><td>3</td><td>185</td><td>200</td><td>205</td><td>75</td><td>8.38</td><td>378.99</td><td>9.26</td><td>358.39</td></tr>
<tr><td>4</td><td>190</td><td>100</td><td>200</td><td>75</td><td>9.07</td><td>352.80</td><td>8.83</td><td>370.29</td></tr>
<tr><td>5</td><td>190</td><td>150</td><td>205</td><td>55</td><td>8.04</td><td>372.92</td><td>9.03</td><td>362.46</td></tr>
<tr><td>6</td><td>190</td><td>200</td><td>195</td><td>65</td><td>7.90</td><td>387.99</td><td>9.33</td><td>356.01</td></tr>
<tr><td>7</td><td>195</td><td>100</td><td>205</td><td>65</td><td>7.91</td><td>412.42</td><td>9.30</td><td>366.03</td></tr>
<tr><td>8</td><td>195</td><td>150</td><td>195</td><td>75</td><td>8.13</td><td>383.95</td><td>8.69</td><td>332.42</td></tr>
<tr><td>9</td><td>195</td><td>200</td><td>200</td><td>55</td><td>8.10</td><td>363.94</td><td>9.51</td><td>344.50</td></tr>
<tr><td>K1</td><td>8.574</td><td>8.632</td><td>8.316</td><td>8.348</td><td colspan="4" rowspan="5">拉伸强度分析：A>B=D>C</td></tr>
<tr><td>K2</td><td>8.338</td><td>8.198</td><td>8.531</td><td>8.080</td></tr>
<tr><td>K3</td><td>8.046</td><td>8.182</td><td>8.110</td><td>8.530</td></tr>
<tr><td>R</td><td>0.528</td><td>0.450</td><td>0.421</td><td>0.450</td></tr>
<tr><td>优方案</td><td>A1</td><td>B1</td><td>C2</td><td>D3</td></tr>
<tr><td>K1</td><td>385.958</td><td>378.868</td><td>381.107</td><td>369.410</td><td colspan="4" rowspan="5">拉伸模量分析：D>A>C>B</td></tr>
<tr><td>K2</td><td>371.238</td><td>388.125</td><td>374.751</td><td>402.643</td></tr>
<tr><td>K3</td><td>386.771</td><td>376.974</td><td>388.109</td><td>371.915</td></tr>
<tr><td>R</td><td>15.533</td><td>11.151</td><td>13.358</td><td>33.233</td></tr>
<tr><td>优方案</td><td>A3</td><td>B2</td><td>C3</td><td>D2</td></tr>
<tr><td>K1</td><td>9.266</td><td>9.092</td><td>9.054</td><td>9.224</td><td colspan="4" rowspan="5">弯曲强度分析：D>B>A>C</td></tr>
<tr><td>K2</td><td>9.065</td><td>9.038</td><td>9.248</td><td>9.347</td></tr>
<tr><td>K3</td><td>9.166</td><td>9.366</td><td>9.195</td><td>8.925</td></tr>
<tr><td>R</td><td>0.201</td><td>0.328</td><td>0.194</td><td>0.422</td></tr>
<tr><td>优方案</td><td>A1</td><td>B3</td><td>C2</td><td>D2</td></tr>
</table>

续表

试验号	因素 A	因素 B	因素 C	因素 D	指标 1	指标 2	指标 3	指标 4
	挤出机温度 /℃	螺杆转速 /（r·min^{-1}）	注塑温度 /℃	注塑压力 /%	拉伸强度 /MPa	拉伸模量 / MPa	弯曲强度 / MPa	弯曲模量 / MPa
K1	360.494	361.811	345.844	352.023	弯曲模量分析：C>A>D>B			
K2	362.922	356.289	362.926	365.344				
K3	347.649	352.965	362.295	353.698				
R	15.273	8.846	17.082	13.321				
优方案	A2	B1	C2	D2				

由表6-9可知，各个因素对拉伸强度、拉伸模量、弯曲强度、弯曲模量4个指标影响的主次顺序为D>A>C>B；因素A1、B1、C2、D2的权重最大，正交试验的最优方案为A1B1C2D2，即最佳设备工艺参数为：挤出机温度为185℃，螺杆转速为100r/min，注塑机温度为200℃，注塑压力为65%（即19.5MPa），见表6-10。

表 6-10　多指标各因素及权重计算结果

因素	水平	权重
挤出机温度 /℃	185	0.080761
	190	0.079245
	195	0.078290
螺杆转速 /（r·min^{-1}）	100	0.071024
	150	0.069922
	200	0.070244
注塑温度 /℃	195	0.073845
	200	0.075173
	205	0.074619
注塑压力 /%	55	0.108041
	60	0.111854
	65	0.107732

6.4.2 稻壳粉/非医疗废弃物复合材料性能分析

6.4.2.1 稻壳粉粒径对复合材料性能的影响

（1）稻壳粉粒径对复合材料密度的影响

图6-30是稻壳粉粒径（含量为20%时）对复合材料密度的影响，从图中可以看出，复合材料的密度随稻壳粉粒径的增加先增加后减小，当稻壳粉粒径为250μm时，复合材料的密度最大。当稻壳粉粒径较小时，稻壳粉在塑料基体中分散性差，稻壳粉的团聚现象严重，导致材料中存在较多的孔洞，同时稻壳粉粒径太大容易在复合材料界面形成孔洞缺陷，这些孔洞和缺陷都会导致复合材料的密度较低。只有当稻壳粉的粒径大小适当时，制备的复合材料才会结构致密。

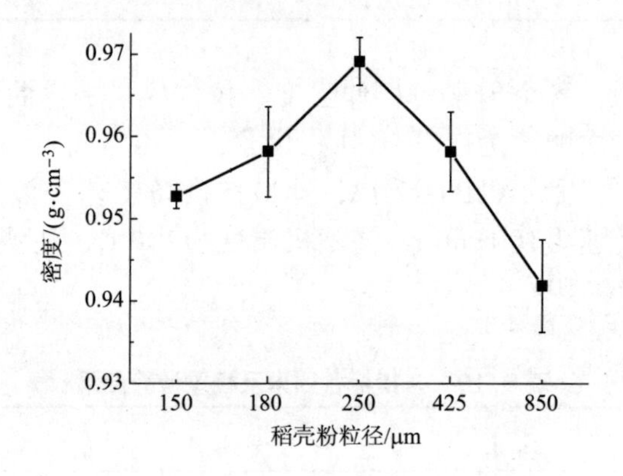

图 6-30　稻壳粉粒径对复合材料密度的影响

（2）稻壳粉粒径对复合材料力学性能的影响

不同粒径稻壳粉（含量为20%时）对复合材料力学性能的影响如图6-31所示，从图中可以看出，随着稻壳粉粒径的增加，复合材料的拉伸及弯曲性能均呈现先上升后下降的趋势，以稻壳粉粒径为425μm的稻壳粉/非医疗废弃物复合材料的性能较佳。稻壳粉在基体中的分散性和稻壳粉与基体之间的界面结合性能是影响复合材料力学性能的主要因素。在一定范围内，稻壳粉粒径越大，稻壳粉分散越均匀，同时稻壳粉与塑料基体接触的比表面积增大，使稻壳粉与基体的结合力增大，从而提高了力学性能。但当粒径增加到一定范围时，由于稻壳粉的团聚现象加剧，分散性也变差，稻壳粉和塑料之间的界面结合强度变弱，稻壳粉不仅没起到增强效果，反而还破坏了塑料基体的整体性和连续性，因此复合材料的力学性能会下降。同时稻壳粉粒径太大容易在复合材料界面形成孔洞缺陷，复合材料在承受作用力时会在这些微小的缺陷处形成应力集中，从而使复合材料的力学性能下降。因此，本研究中粒径为425μm的稻壳粉制备的稻壳粉/非医疗废弃物复合材料的力学性能较好。

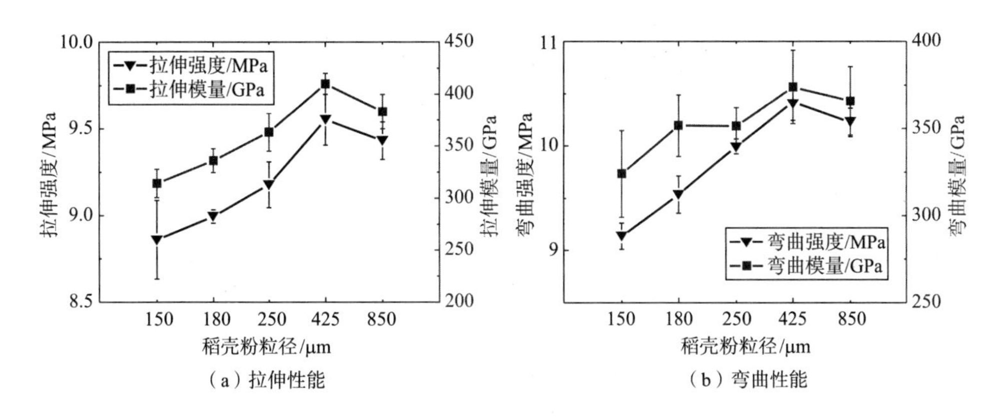

图 6-31　稻壳粉粒径与复合材料力学性能的关系

（3）稻壳粉粒径对复合材料吸水性能的影响

不同粒径稻壳粉（含量为20%时）对复合材料吸水性能的影响如图6-32所示，从图中可以看出，随稻壳粉粒径的增加，复合材料的吸水率基本上呈上升趋势。当粒径较大时，稻壳粉的表面积较大，稻壳粉在复合材料内同水分子接触的概率变大，且稻壳粉之间具有较多的空隙，增加了水分进入材料内部的途径。随着稻壳粉粒径的降低，稻壳粉比表面积变大，疏水性的塑料基体对稻壳粉包覆得更好，减少了稻壳粉与水分子的接触。另外，粒径小的稻壳粉具有较小的长径比，复合料间结合比较致密，材料内部缝隙较少，水分进入材料内部的途径减少，从而材料的吸水率降低。

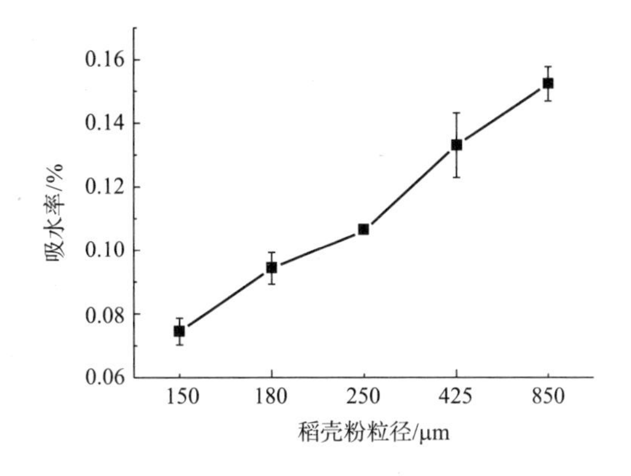

图 6-32　稻壳粉粒径与复合材料吸水性能的关系

（4）不同粒径稻壳粉复合材料微观结构分析

图6-33中（a）、（b）、（c）分别是150μm（20%）、425μm（20%）、850μm（20%）稻壳粉/非医疗废弃物复合材料微观形貌。由图可以看出，150μm稻壳粉由于粒径大、表面粗糙，界面之间有孔洞，850μm稻壳粉在塑料

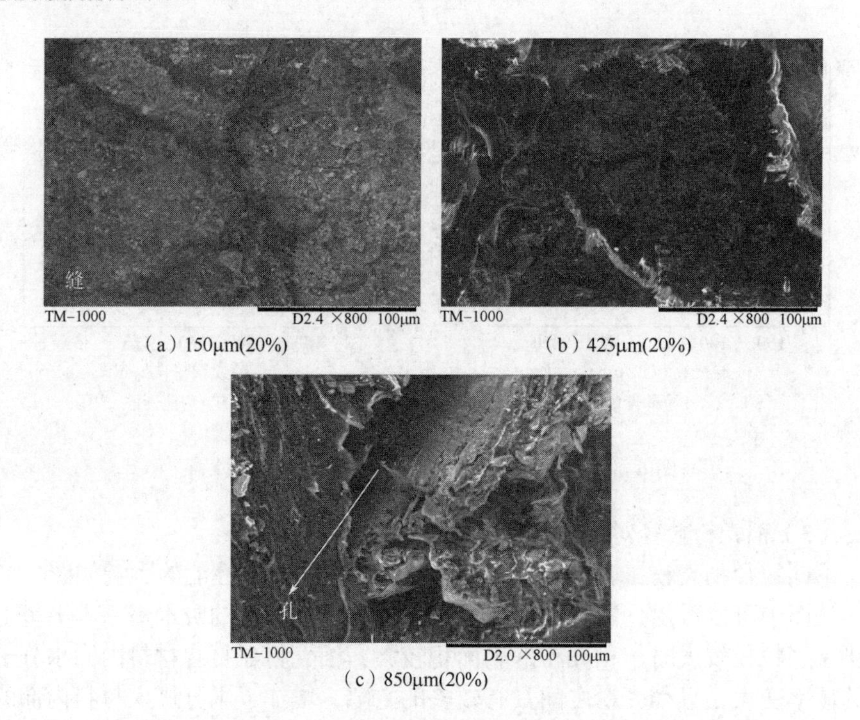

（a）150μm(20%)　（b）425μm(20%)　（c）850μm(20%)

图 6-33　不同粒径稻壳粉 / 非医疗废弃物复合材料的微观形貌

基体中有团聚现象，稻壳粉团之间有孔洞夹杂其中。425μm稻壳粉粒径大小合适，与塑料基体之间结合界面均匀连续，显示出良好界面结合性能。

6.4.2.2　稻壳粉含量对复合材料性能的影响

（1）稻壳粉含量对复合材料密度的影响

稻壳粉含量（粒径为425μm时）对稻壳粉/非医疗废弃物复合材料密度的影响如图6-34所示，从图中可以看出，稻壳粉/非医疗废弃物复合材料的密度随稻壳粉含量的增加而增加。稻壳粉的真实密度为1.26g/cm^3，大于非医疗废弃物

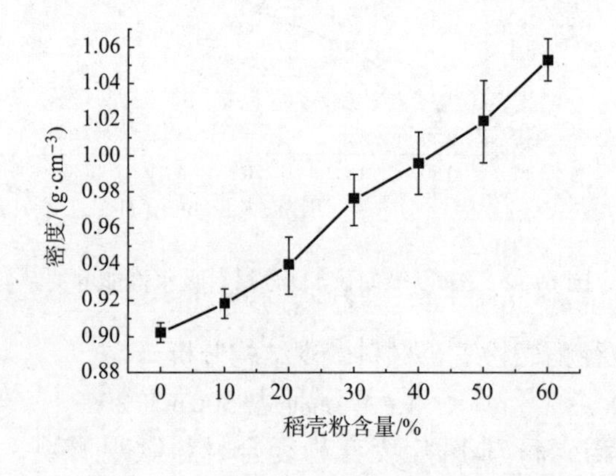

图 6-34　稻壳粉含量对复合材料密度的影响

的密度，所以随着稻壳粉含量的增加，复合材料的密度逐渐增加。

（2）稻壳粉含量对复合材料力学性能的影响

稻壳粉含量对稻壳粉/非医疗废弃物复合材料力学性能的影响（稻壳粉粒径为425μm时）如图6-35所示，从图中可以看出，稻壳粉/非医疗废弃物复合材料力学性能基本上随稻壳粉含量的增加呈上升趋势。在稻壳粉含量为60%时，复合材料的力学性能较好，拉伸强度为9.66MPa，拉伸模量为646.26MPa，弯曲强度为11.93MPa，弯曲模量为721.54MPa；但当稻壳粉含量大于50%时，挤出的粒子表面粗糙，不易成型。综合复合材料的力学性能和成型情况，50%为稻壳粉的最佳含量。稻壳粉含量较少时，稻壳粉中的纤维素具有较高的机械强度及刚性，在复合材料中起到了增强刚性的作用。同时塑料浸入稻壳粉及其微纤表面空隙将其包裹，成为稻壳粉及微纤之间的黏合剂，此时稻壳粉之间有互相接触、交叉、缠结。当复合体系受到外力作用时，木塑结合界面可将应力从塑料基体传递到木纤维上去，达到体系中能量相互传递的作用，对体系起到了增强的作用，其力学性能相应提高。当稻壳粉含量超过50%时，其纤维素中羟基形成的分子内氢键导致稻壳粉有聚集现象。稻壳粉被基体完全包覆的程度小，破坏了塑料基体的整体性和连续性，使基体黏结性能变差，导致在熔融温度下木塑材料的熔体流动性差、制品表面粗糙。

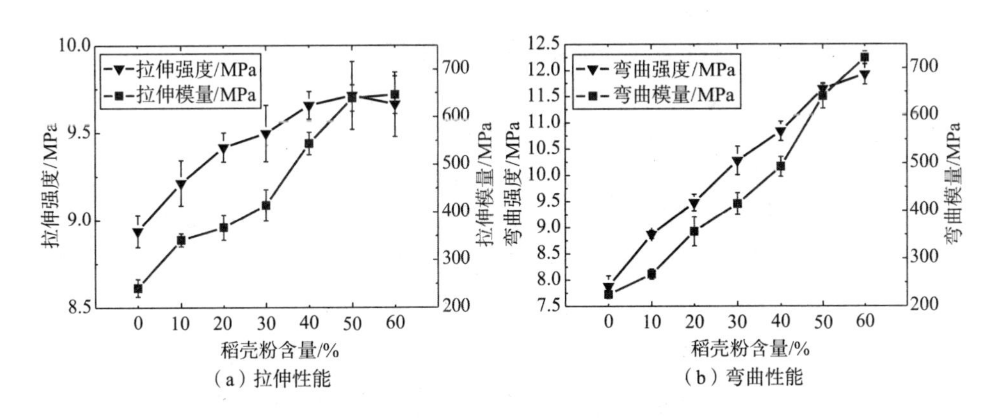

（a）拉伸性能　　（b）弯曲性能

图6-35　稻壳粉含量与复合材料力学性能的关系

（3）稻壳粉含量对复合材料吸水性能的影响

稻壳粉含量对稻壳粉/非医疗废弃物复合材料吸水性能的影响（稻壳粉粒径为425μm时）如图6-36所示，从图中可以看出，随着稻壳粉含量的增加，复合材料的吸水率逐渐上升。添加60%稻壳粉的复合材料的吸水率比未填充稻壳粉的复合材料升高25倍。这是因为稻壳粉的表面有很多亲水性羟基，使得稻壳粉有很强的吸水性，因此，稻壳粉含量越多，复合材料的吸水率就越大。另外，当稻壳粉含量较少时，稻壳粉能被塑料完全包裹住，成为一个很致密的整体，稻壳粉同水分子接触的面积较小，同时水分子不容易进入复合材料内部，因而吸水率低。随着稻壳粉含量的增加，尤其是超过50%后，稻壳粉在塑料中的分散性不好，容易团聚，稻壳粉团之间有孔洞夹杂其中，使整体不够致密，同时过多的稻壳粉不能被塑料完全包裹住，增大了与水分子的接触面积，使得吸水率增大。综合复合材料的力学性能和吸水性能，50%为稻壳粉的最佳添加量。

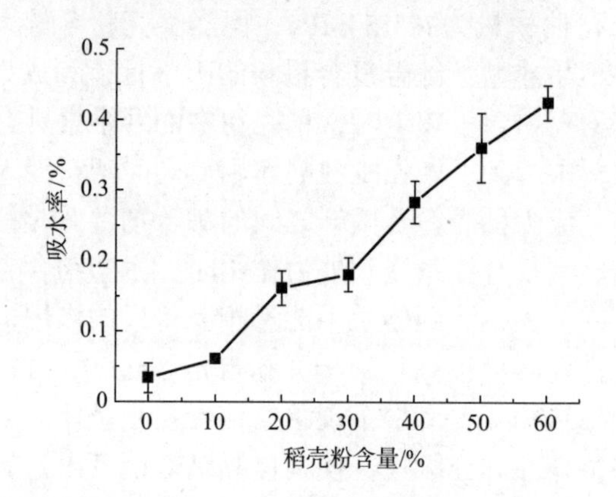

图 6-36　稻壳粉含量与复合材料吸水性能的关系

（4）稻壳粉含量对复合材料微观结构的影响

图6-37中（a）、（b）、（c）分别是稻壳粉含量为10%、30%、50%（粒径均为425μm时）的稻壳粉/非医疗废弃物复合材料的微观结构，由图可以看出，当稻壳粉含量较少时，稻壳粉和塑料基体之间的结合性能差，稻壳粉/非医疗废弃物复合材料中有明显缝隙，当稻壳粉含量为50%时，稻壳粉与塑料基体混合均匀且能够形成较好连续相，因此，稻壳粉含量为50%的复合材料的力学性能优于其他组分复合材料。

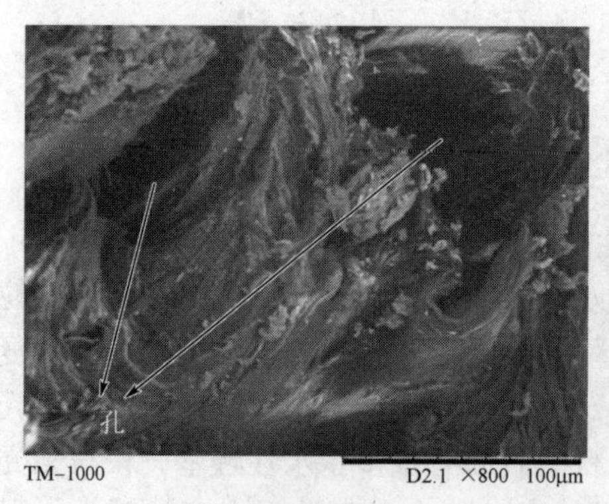

（a）10%(425μm)

（b）30%(425μm)

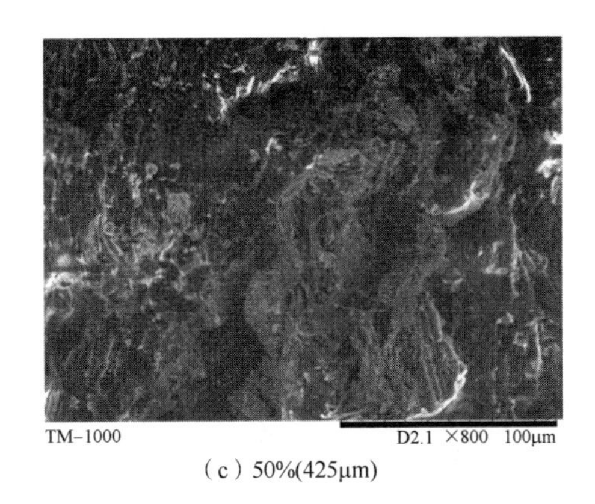

（c）50%(425μm)

图 6-37　不同稻壳粉含量时复合材料的微观结构

6.4.3　稻壳粉 / 非医疗废弃物复合材料的改性

6.4.3.1　不同改性方法对复合材料性能的影响

图6-38为不同增强方法对复合材料力学性能的影响，其中滑石粉、玻璃纤维、碳酸钙的含量均为20%，玻璃纤维长度为6mm。从图中可以看出，滑石粉、玻璃纤维、碳酸钙都可以提高稻壳粉/非医疗废弃物复合材料的力学性能，其中以玻璃纤维的增强效果最佳，木塑复合材料的拉伸强度、拉伸模量、弯曲强度、弯曲模量分别提高17.28%、32.71%、21.24%、29.97%。

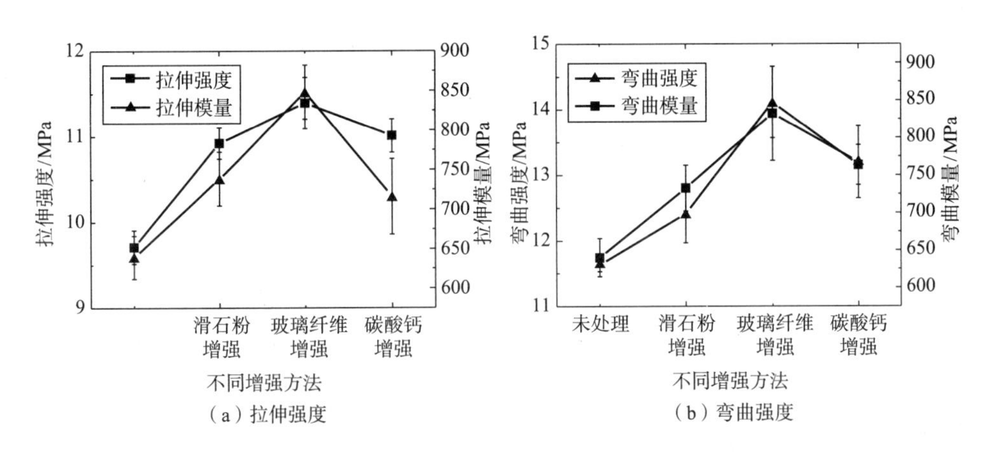

（a）拉伸强度　　（b）弯曲强度

图 6-38　不同增强方法对复合材料力学性能的影响

滑石粉、碳酸钙等刚性无机纳米粒子以其独特的体积效应、表面效应在提高木塑复合材料的韧性的同时可使其强度增大、模量增大以及热学性能、加工流动性能得到改善，显示了良好的增韧增强的复合效应。增强机理可用剪切带屈服理论和银纹终止理论解释。弹性体以分散相形式分散于塑料基体中，受到外力作用时，无机刚性粒子成为应力集中点，它在受到拉伸、压缩或冲击力下发生变形。若两相界面黏结良好，会导致颗粒所在区域产生大量银纹和剪切带，从而消耗外界能量，同时，银纹和剪切带又可终止银纹或剪切带继续产生，从而转化为破坏性裂纹，起到增强作用。但滑石粉和碳酸钙的总体增强效果要低于玻璃纤维。

6.4.3.2 玻璃纤维增强改性复合材料

（1）不同玻璃纤维含量对复合材料力学性能的影响

图6-39为不同玻璃纤维含量（长度为6mm时）对复合材料力学性能的影响，从图中可以看出，玻璃纤维可以对稻壳粉/非医疗废弃物复合材料起到良好的增强作用，稻壳粉/非医疗废弃物复合材料的力学性能随着玻璃纤维含量的增加先增加后降低，当玻璃纤维含量为20%时，拉伸强度和弯曲强度均达到最大值，分别是11.39MPa、14.11MPa。

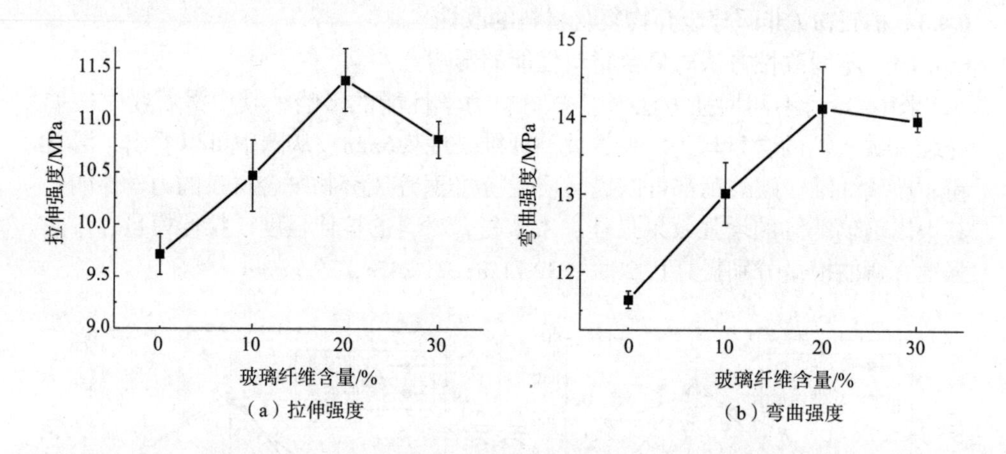

图 6-39 不同玻璃纤维含量对复合材料力学性能的影响

在稻壳粉/非医疗废弃物复合材料的挤出—注塑成型过程中，玻璃纤维束会分散成若干的玻璃纤维棒，而玻璃纤维棒与稻壳粉颗粒之间的摩擦作用，会产生大量的木纤维微丝，这些微丝与玻璃纤维棒相互缠结在一起，形成中空的三维结构，稻壳粉颗粒与塑料可以填充在其中的空隙中，这种三维网络结构在塑料基体材料中形成了十分坚固的骨架，从而有效地阻止了裂纹的产生和扩展。所以玻璃纤维可以对稻壳粉/非医疗废弃物复合材料起到良好的增强作用。

玻璃纤维增强是依靠其复合作用，利用玻璃纤维的高强度以承受应力。当玻璃纤维含量较少时，玻璃纤维周围的区域中没有达到一定程度的交迭，对复合材料强度提高较小。随着玻璃纤维含量的增加，复合材料任一截面上有更多纤维的承载，这些纤维的抽出或断裂，需要施加更大的载荷，因而提高了复合材料的拉伸强度和弯曲强度，同时由于纤维体积含量的上升，即纤维与纤维间的树脂层变薄，作用在复合材料上的应力很容易通过树脂层而在纤维中传递，树脂的形变也受到纤维的约束，因而弯曲、拉伸模量也随纤维含量的提高而上升。但当玻璃纤维含量超过20%时，复合材料的强度开始下降，主要是因为随着玻璃纤维含量的增加，反应液流动性差，加工困难，导致材料力学性能下降。

（2）不同长度的玻璃纤维对复合材料力学性能的影响

图6-40为不同长度玻璃纤维（含量为20%时）对复合材料力学性能的影响，从图中可以看出，当玻璃纤维长度为6mm时，稻壳粉/非医疗废弃物复合材料的力学性能达到最大，拉伸强度和弯曲强度分别是11.39MPa和14.11MPa。这是因为对于短纤维增强的复合材料，存在纤维的临界长度l_{cr}，可由下式计算：

$$\frac{l_{cr}}{d}=\frac{\sigma_f}{2\tau_s} \tag{6-11}$$

式中：d为纤维直径；σ_f为纤维的拉伸强度；τ_s为界面剪切强度。

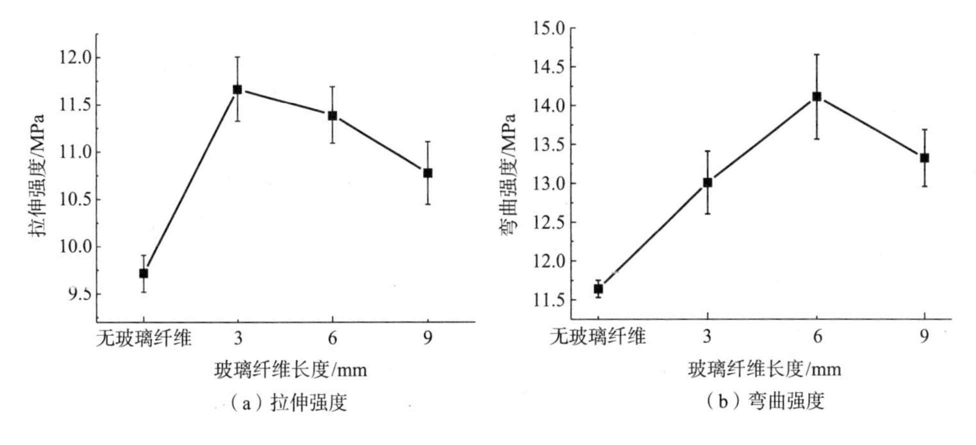

（a）拉伸强度　（b）弯曲强度

图6-40　不同长度的玻璃纤维对复合材料力学性能的影响

只有当玻璃纤维的长度大于临界长度时，才能起到增强作用。较短的玻璃纤维仅仅起到了填料的作用，所以增强效果并不明显。当玻璃纤维长度达到6mm时，在复合材料断裂时，伴随着更多的玻璃纤维断裂，同时能更好地传递应力，使复合材料承载能力提高。纤维长度增加，则纤维拔出消耗更多的能量，故有利于力学性能的提高。另外，纤维的端部是裂纹增长的引发点，长纤维端部的数量小，也会使力学性能提高。从摩擦学理论解释，随着纤维的长度的增加，玻璃纤维与塑料基体的摩擦力提高，使得复合材料的性能得以进一步提高。当玻璃纤维的长度超过6mm后，由于双螺杆挤出机的双螺杆对玻璃纤维的剪切作用，过长的玻璃纤维被切断，导致玻璃纤维的长度不均匀，增强效果反而会下降。

6.4.3.3 偶联剂处理玻璃纤维对复合材料性能的影响

（1）偶联剂处理玻璃纤维对复合材料力学性能的影响

图6-41为偶联剂处理玻璃纤维（长度为6mm，含量为20%）对复合材料力学性能的影响，从图中可以看出，经过偶联剂处理后，稻壳粉/非医疗废弃物复合材料的力学性能得到明显提高，较纯非医疗废弃物，复合材料的拉伸强度、拉伸模量、弯曲强度、弯曲模量分别为16.27MPa、1241.14MPa、19.91MPa、1207.21MPa，分别提高82.01%、414.66%、152.62%、436.99%。

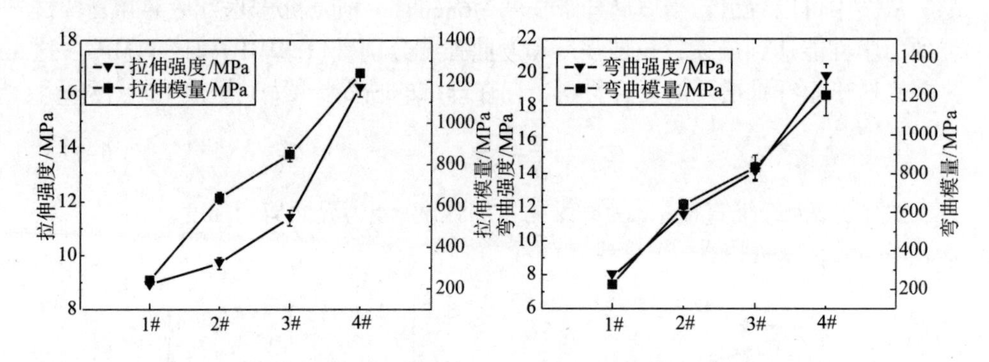

图 6-41 偶联剂处理玻璃纤维对复合材料力学性能的影响

1#—纯非医疗废弃物 2#—未增强改性（稻壳粉粒径为425μm，含量为50%）
3#—未经偶联剂处理玻璃纤维增强改性 4#—偶联剂处理玻璃纤维增强改性

硅烷偶联剂是具有亲无机基团的短链烷氧基和亲有机基团的酯酰基、长链烷基等长链分子两种不同性质官能团的化合物。亲无机基团的短链烷氧基可在玻璃纤维表面发生交换反应，亲有机基团的酯酰基、长链烷基等长链分子可与塑料基体发生反应，溶解于塑料表面。玻璃纤维与树脂作为两种性质完全不同的物质，在偶联剂协助下，二者之间可以形成化学链接。用偶联剂处理玻璃纤维表面能够改善纤维与基体之间的润湿性，形成一个力学上的微缓冲区，改善界面之间的黏结力，当受外力作用时，界面能使外力均匀地传递给增强玻璃纤维，使外力有效地在增强纤维之间得到缓冲，从而使复合材料的力学性能随之上升。

（2）微相结构分析

图6-42为试样断面的微观结构，从试样的拉伸断面形貌可以看出，玻璃纤维的拔出是主要破坏形式，此外还有玻璃纤维断裂和界面脱黏。从图6-42（b）可以看出，未经偶联剂处理的玻璃纤维从材料中抽拔出来，界面结合不好；从图6-42（c）可以看出，玻璃纤维经过偶联剂处理后，断口比较整齐，表明玻璃纤维与木塑基体之间的界面结合比较良好，玻璃纤维表面较好地黏附了树脂基体。

6.4.3.4 非医疗废弃物、纯聚丙烯共混对复合材料力学性能的影响

图6-43为在最佳玻璃纤维改性工艺的基础上，非医疗废弃物、纯聚丙烯共混对复合材料力学性能的影响，当非医疗废弃物与纯聚丙烯质量比为2：3时，

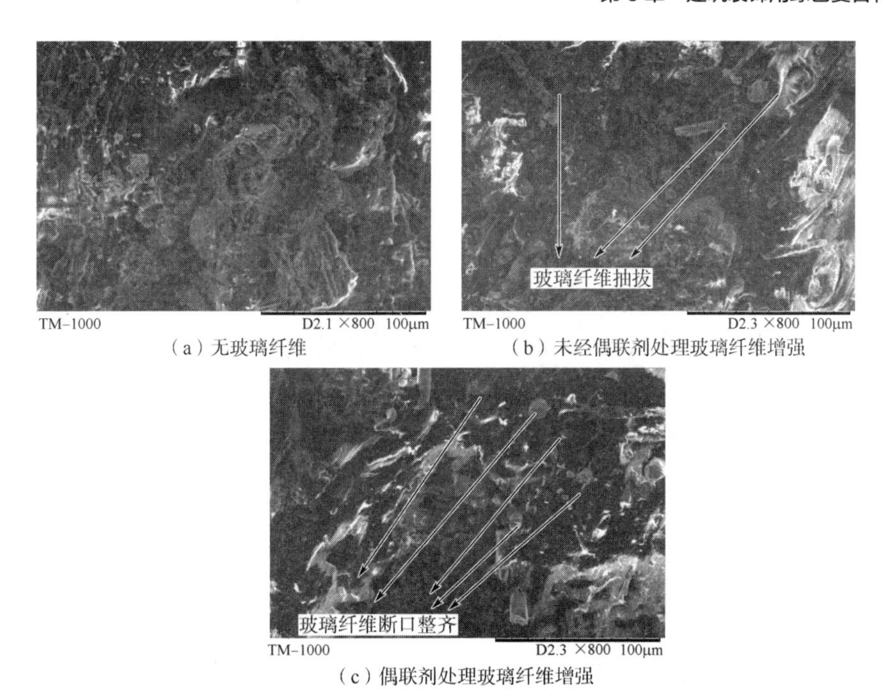

（a）无玻璃纤维　（b）未经偶联剂处理玻璃纤维增强

（c）偶联剂处理玻璃纤维增强

图 6-42　玻璃纤维增强复合材料的微观特征

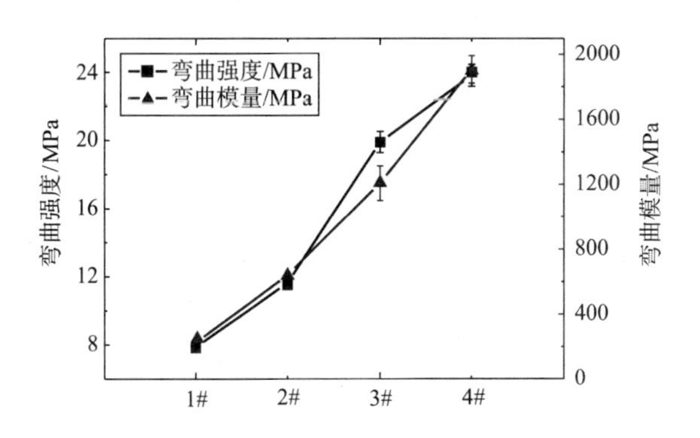

图 6-43　非医疗废弃物、纯聚丙烯共混对复合材料力学性能的影响

1#—纯非医疗废弃物　2#—未增强改性（稻壳粉粒径为425μm，含量为50%）　3#—偶联剂处理玻璃纤维增强改性　4#—偶联剂处理玻璃纤维改性+非医疗废弃物与纯聚丙烯共混改性（质量比为2：3）

与纯非医疗废弃物相比，稻壳粉/非医疗废弃物复合材料的弯曲强度、弯曲模量分别达到23.81MPa、1907.02MPa，分别提高202.22%、748.27%，达到了标准中对于建筑装饰材料力学性能的要求。相对于纯聚丙烯制备的木塑复合材料来说，采用非医疗废弃物和纯聚丙烯共混，在满足使用要求的前提下，可以大幅度降低生产成本，提高产品的市场竞争力，扩大稻壳粉/非医疗废弃物复合材料的应用范围。

6.4.3.5 稻壳粉/非医疗废弃物复合材料的阻燃改性

（1）阻燃改性对稻壳粉/非医疗废弃物复合材料阻燃性能的影响

目前木塑复合材料大多用于室内外建筑装饰、汽车内饰等方面，这些地方对于材料的阻燃性能要求较高，一旦发生火灾，会造成严重的损失。所以材料的阻燃性能是材料应用性考察的重要性能之一，本节按照阻燃测试方法对制备的稻壳粉/非医疗废弃物复合材料进行燃烧性能测试，结果显示材料全部被烧毁，表明稻壳粉/非医疗废弃物复合材料的阻燃性能较差，因此，为了使所研制的稻壳粉/非医疗废弃物复合材料应用性能得到进一步提高，对材料进行阻燃改性是很必要的。本节在最佳增强改性工艺的基础上采用微胶囊包覆红磷阻燃剂，对材料进行阻燃改性。

表6-11是在最优的增强改性工艺下，采用20%的微胶囊包覆红磷阻燃改性后的稻壳粉/非医疗废弃物复合材料的阻燃性能。从表中可以看出，阻燃改性后的稻壳粉/非医疗废弃物复合材料的阻燃性能比较好，都能满足室内外装饰材料对阻燃性能的要求。

表 6-11 阻燃改性稻壳粉/非医疗废弃物复合材料的阻燃性能

材料类型	液滴燃烧时间/s	续燃时间/s	损毁长度/mm
未阻燃处理	4″12	持续燃烧	全部
阻燃处理	无液滴滴落	3″54	4.3

微胶囊包覆红磷对木塑复合材料的阻燃作用是以凝聚相阻燃为主，木塑复合材料燃烧时红磷受热被氧化生成氧化磷，氧化磷遇水又迅速转变为磷酸、偏磷酸和各种聚磷酸等。这些磷酸不仅能覆盖在复合材料表面形成液态隔膜，起到隔氧、隔热并阻隔可燃性气体进入燃烧气相的作用，且磷酸在高温下发生脱水，促使复合材料表面成炭，炭也可以起到隔绝作用，进一步提高阻燃效果。

（2）阻燃改性对稻壳粉/非医疗废弃物复合材料力学性能的影响

图6-44为在最优的增强改性工艺下，采用20%的微胶囊包覆红磷阻燃改性后的稻壳粉/非医疗废弃物复合材料的力学性能。从图中可以看出，阻燃改性后的稻壳粉/非医疗废弃物复合材料的弯曲性能出现小幅度下降，弯曲强度、弯曲模量分别为21.90MPa、1970.90MPa，相对于最优增强改性工艺，分别下降8.05%和提高3.50%。这是因为微胶囊包覆红磷在树脂基材料中的添加量不大，红磷经有机树脂包覆后与树脂的兼容性得到进一步改善，添加的微胶囊包覆红磷平均粒径约为5μm，粒径较小，在材料体系中产生的应力集中点不多，所以木塑复合材料的力学性能下降不大。

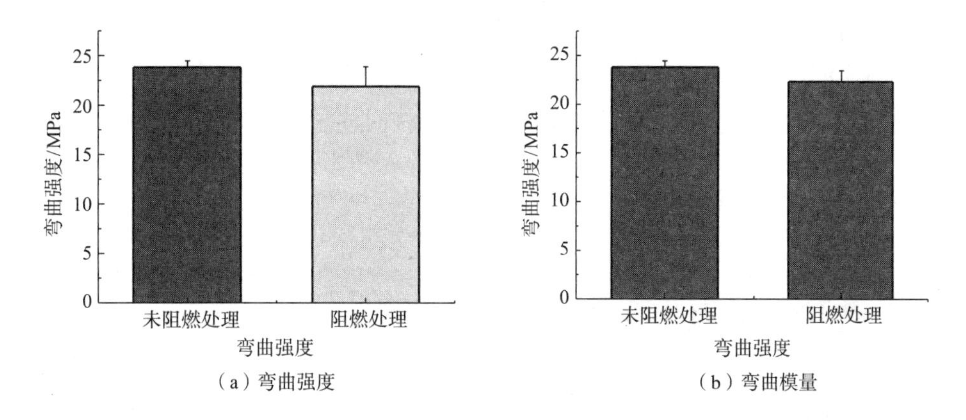

（a）弯曲强度　　（b）弯曲模量

图 6-44　阻燃改性对稻壳粉 / 非医疗废弃物复合材料力学性能的影响

6.4.4　稻壳粉 /非医疗废弃物复合材料的应用性能分析

稻壳粉/非医疗废弃物复合材料的应用领域为室内外装饰用和汽车内饰用木塑复合材料，目前已经公布并实施的国内木塑国家标准有GB/T 24137《木塑装饰板》和GB/T 24508《木塑地板》两部，行业标准有LY/T 1513《挤出成型木塑复合板材》。这三项标准对于木塑复合材料的性能制备要求以及本文制备的稻壳粉/非医疗废弃物复合材料的性能见表6–12。

表 6–12　稻壳粉 / 非医疗废弃物复合材料性能分析

性能指标	标准要求			产品已达到值	是否满足
	GB/ T 24137—2009《木塑装饰板》	GB/T 24508—2009《木塑地板》	LY/T 1613—2017《挤出成型木塑复合板材》		
含水率 /%	≤ 2	—	≤ 2	0.25	满足
吸水率 /%	—	基材发泡≤ 10 基材不发泡≤ 3	—	0.18	满足
吸水厚度膨胀率 /%	≤ 0.5	≤ 0.5	≤ 1	0.95	满足
密度 /（g·cm^{-3}）	—	0.85	—	1.10	满足
抗弯强度 /MPa	平均值：≥ 20 最小值：≥ 16	—	≥ 20	21.90	满足
抗弯弹性模量 /MPa	≥ 1800	—	≥ 1800	1970.90	满足
甲醛释放量（室内用）/（mg·L^{-1}）	E0 级：≤ 0.5 E1 级：≤ 1.5	E0 级：≤ 0.5 E1 级：≤ 1.5	—	0~0.39	满足
阻燃性能	15s 点火时间，续燃时间≤ 20s	—	—	3′54″	满足

由表6-12可以看出，本节所制备的稻壳粉/非医疗废弃物复合材料的含水率、吸水率、吸水厚度膨胀率、密度、抗弯强度、抗弯弹性模量、甲醛释放量（室内用）、阻燃性能等均可以满足国标以及行业标准中对于建筑装饰用木塑复合材料的性能要求。所以，本节所研制的稻壳粉/非医疗废弃物复合材料具有一定的应用价值和使用前景。

6.5 麻秆粉增强水泥基复合材料性能研究

6.5.1 汉麻秸秆纤维粒径对复合材料性能的影响

6.5.1.1 断面形貌

为了解不同粒径秸秆纤维在复合材料中呈现的形态，试验对纯水泥试样和5种粒径目数秸秆纤维复合材料试样的断面进行显微结构观察。从图6-45中可以看出：

①秸秆纤维复合材料断面可以看到纤维抽拔产生的坑槽，在5目、10目和20目秸秆纤维复合材料的断面中尤为明显。

②粒径目数较大的秸秆纤维复合材料断面纤维数量较多，这是因为粒径目数的增加，使得纤维粒径尺寸减小，相同掺入量下纤维数量增加。

③5目秸秆纤维复合材料断面出现较大孔隙，这是由于粒径尺寸较大的纤

（a）纯水泥　（b）复合材料(粒径5目)

（c）复合材料(粒径10目)　（d）复合材料(粒径20目)

（e）复合材料(粒径40目)

（f）复合材料(粒径80目)

图 6-45　不同试样断面形貌

维在复合材料内分散性差。

6.5.1.2　水化产物分析

为了解秸秆纤维粒径对水泥水化反应的影响，试验对5种粒径复合材料和纯水泥的水化产物进行了XRD分析。图6-46是6种材料7d的水化产物的XRD图谱，从图谱中可以看出：①不同粒径秸秆纤维水泥复合材料的XRD图谱基本相似，均存在大量未发生水化反应的水泥原料成分C_2S和C_3S。②6种试样中，纯水泥试样、5目和10目粒径复合材料试样都出现了钙矾石的衍射峰，而20目、40目和80目粒径复合材料试样没有发现钙矾石的特征峰。③$Ca(OH)_2$是水泥水化反应的特征产物之一，除了20目、40目和80目粒径复合材料试样外，其他3种试样的XRD图谱中均出现了$Ca(OH)_2$的衍射峰。出现上述实验结果的原因如下。

①秸秆纤维成分中含有的半纤维、木质素等成分阻碍了水泥的水化反应，

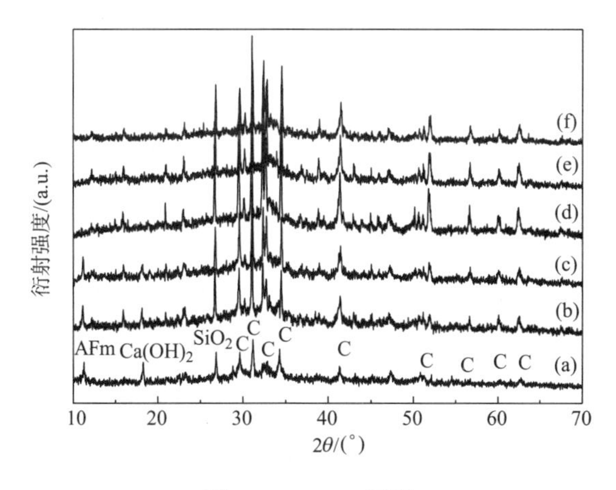

图 6-46　XRD 图谱

（a）纯水泥，（b）5目粒径复合材料，（c）10目粒径复合材料，
（d）20目粒径复合材料，（e）40目粒径复合材料，（f）80目粒径复合材料
AFm—水泥水化产物钙矾石　C—水泥原料成分C_2S和C_3S

掺入秸秆纤维后试样中存在大量未水化的成分。

②随着粒径目数的增加，秸秆纤维在复合材料中呈现的比表面积增加，与水泥原料成分的接触面积增加。因而，40目和80目粒径秸秆纤维对水泥水化反应的阻碍作用较大，材料中的水化产物钙矾石和Ca（OH）$_2$含量较低。

6.5.1.3 物理和力学性能

图6–47为汉麻秸秆纤维粒径目数对复合材料抗折强度和比强度的影响，从图中可以看出，材料抗折强度和比强度均随着秸秆纤维目数的增加而呈现先增加后降低的趋势。随着目数的增加，秸秆纤维长度降低，秸秆纤维对材料的增强骨架作用降低。同时，粒径目数的增加，也使秸秆纤维对水泥水化反应的阻碍作用增加。但是，目数增加也使纤维在水泥基体中的分散性提高，从而使材料内部结构更均匀，因此，材料抗折强度随着秸秆纤维目数的增加而呈现先增加后降低的趋势。在秸秆纤维目数为10目时达到最大值2.57MPa，秸秆纤维目数为80目时达到最低值0.36MPa。

汉麻秸秆纤维结构多孔，密度远低于水泥，因而秸秆纤维的加入对材料起到减重作用。但在相同掺入量下，纤维粒径目数对密度的影响较小。因此，材料的比强度与抗折强度呈现相同的变化趋势，即随着秸秆纤维目数的增加先增加后降低。当秸秆纤维目数为10目时，复合材料的比强度达到最大值2.39N·m/g，较纯水泥的比强度1.94N·m/g高出23.20%。

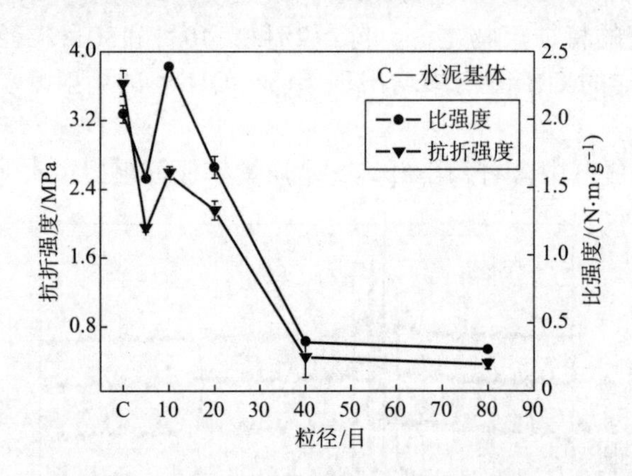

图 6–47　汉麻秸秆纤维粒径目数对复合材料抗折强度和比强度的影响

图6–48为汉麻秸秆纤维粒径目数对复合材料弯曲韧性的影响，从图中可以看出，加入目数低的秸秆纤维后，复合材料的弯曲韧性较水泥基体显著提高。水泥基体的弯曲韧性为0.47，5目、10目、20目、40目粒径汉麻秸秆纤维水泥复合材料的弯曲韧性分别为1.48、1.15、1.25和0.62，复合材料弯曲韧性较水泥基体分别提高214.89%、144.68%、165.96%和31.91%。这是由于秸秆纤维在材料内形成了骨架结构，秸秆纤维与水泥之间的界面作用增强了材料的弯曲韧性。

在材料达到最大载荷破坏后，不会立即脆性断开，而是依靠秸秆纤维与水泥之间的界面作用继续承担载荷。随着载荷继续增大，秸秆纤维不断从材料内部抽拔出来，材料承担载荷降低。当秸秆纤维完全抽拔出后，材料断开，不再承担载荷。随着秸秆纤维粒径目数的增加，秸秆纤维长度逐渐降低，承力骨架作用和界面作用逐渐降低，从而增韧作用降低。

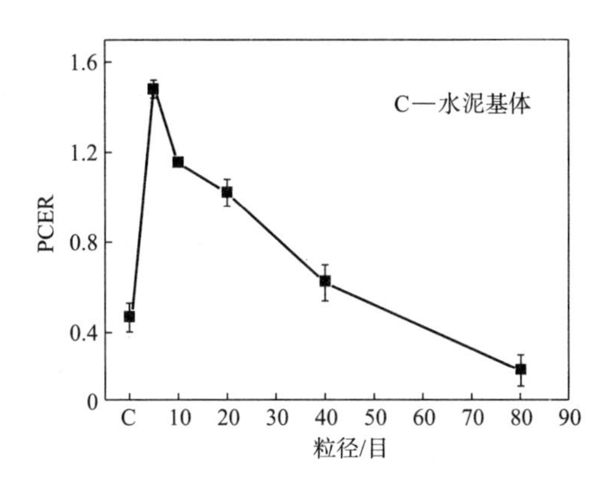

图 6-48　汉麻秸秆纤维粒径对复合材料弯曲韧性的影响

图6-49为汉麻秸秆纤维粒径目数对复合材料密度的影响，从图中可以看出，加入秸秆纤维后复合材料的密度较水泥基体明显降低，不同粒径目数下复合材料密度相对水泥基体降低30.77%~35.57%。由于汉麻秸秆纤维属于多孔中空结构，秸秆纤维密度（0.24g/cm^3）低于水泥基体的密度（1.87g/cm^3），因此复合材料密度低于水泥基体的密度。相同掺入量下，不同粒径秸秆纤维对材料的减重作用差异较小，粒径对材料密度的影响相对较小。

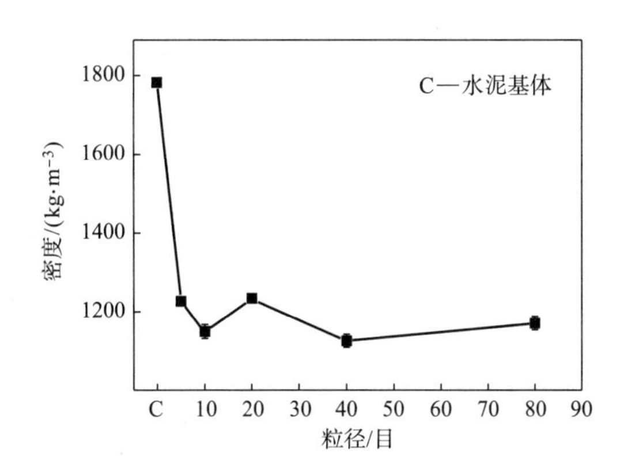

图 6-49　汉麻秸秆纤维粒径对复合材料密度的影响

图6-50为汉麻秸秆纤维粒径目数对复合材料含水率的影响，从图中可以看出，纯水泥基体复合材料的含水率为5.10%，掺入秸秆纤维后复合材料的含水

率均高于14.07%。不同粒径目数秸秆纤维复合材料的含水率均高于水泥基体，较水泥基体含水率高出175.88%以上。汉麻秸秆纤维属于亲水性的多孔材料，其24h吸水率为156.56%。水泥基体中掺入秸秆纤维后，由于秸秆纤维的吸水特性而使复合材料在养护过程中吸收大量的水分并保存在秸秆纤维中，因此秸秆纤维水泥复合材料相对水泥基体具有较高的含水率。

随着粒径目数的增加，秸秆纤维在水泥基体中的分散性能增加，材料内部结构孔隙减少，复合材料的含水率呈现降低趋势。但是，粒径目数的增加也使得秸秆纤维的比表面积增加，进而增加了纤维的吸水能力。因此，复合材料的含水率随着粒径目数的增加而呈现先降低后增加的趋势。

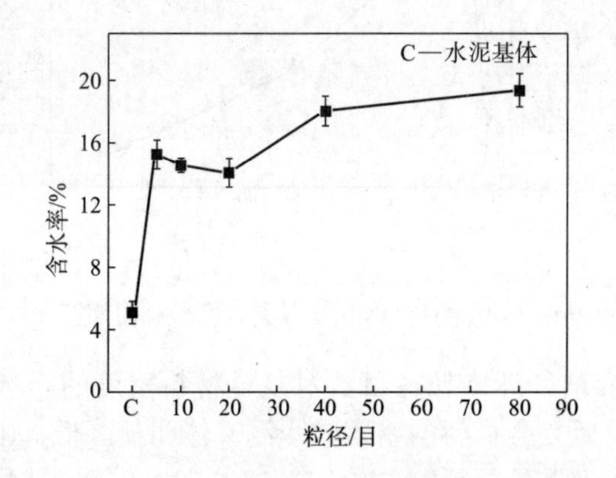

图 6-50　汉麻秸秆纤维粒径对复合材料含水率的影响

图6-51为汉麻秸秆纤维粒径目数对复合材料吸水率的影响，从图中可以看出，不同粒径秸秆纤维掺入后，复合材料的吸水率均高于水泥基体。水泥基体的吸水率为9.62%，掺入秸秆纤维后复合材料的吸水率均高于20.73%，较水泥基体吸水率均增加115.46%以上。汉麻秸秆纤维结构多孔并且化学成分中含有

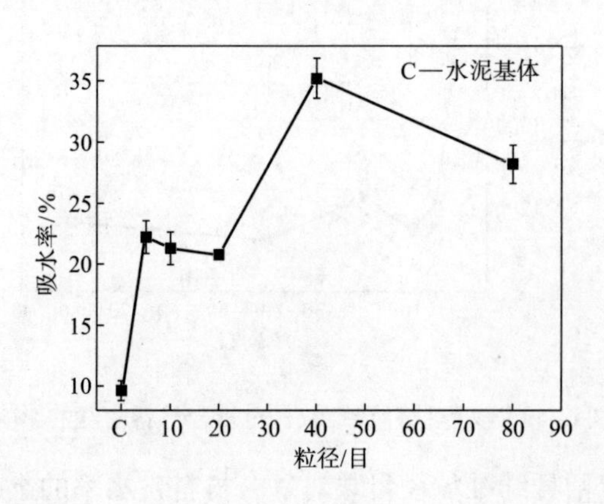

图 6-51　汉麻秸秆纤维粒径对复合材料吸水率的影响

50%以上的亲水性综纤维素，秸秆纤维24h吸水率能够达到156%以上。因此，秸秆纤维水泥复合材料具有较高的吸水率。

在考虑秸秆纤维粒径目数对材料吸水率的影响时，复合材料的吸水率随着粒径目数的增加而呈现先降低后增加的趋势，这与粒径目数对材料含水率的影响呈现相同的规律。随着粒径目数的增加，秸秆纤维在材料中分散性提高，材料内部结构孔隙率降低，吸水率出现降低。但是，秸秆纤维比表面积随着粒径目数增加而增加，使得吸水率也逐渐增加。因此，材料的吸水率随着秸秆纤维粒径目数的增加而呈现先降低后增加的趋势。

6.5.1.4　粒径目数对复合材料物理和力学性能的综合影响

考虑材料的实际使用时，公路、地板用材料需要抗折强度和弯曲韧性较高，以保证材料能够承受更大弯曲载荷的同时提高安全性。装配式建筑材料需要比强度高，要使材料满足性能要求的同时降低密度以减少运输和安装成本。装饰或者保温用板材需要吸水率、含水率低，保证材料应用性的同时延长材料的使用寿命。因此，考量粒径目数对材料综合性能的影响具有重要意义。

从不同粒径目数汉麻秸秆纤维增强水泥复合材料性能数据中可以看出，粒径目数对复合材料的性能具有明显的影响。但是秸秆纤维粒径目数和得到的试样性能数据量纲存在较大差异，不能较好地对比粒径对材料综合性能产生的影响程度。因此，依据式（6-12）对数据进行规格化处理。

$$X_i^0(k)=X_i(k)/X_i(1) \tag{6-12}$$

从图6-52可以看出，秸秆纤维粒径目数对材料各项性能呈现不同的影响趋势和影响程度。相同秸秆纤维掺入量下，粒径目数对密度的影响相对较低。因此，秸秆纤维粒径目数对比强度和抗折强度的影响呈现相同的趋势，比强度和抗折强度均随着粒径目数的增加而先增加后降低。随着秸秆纤维粒径目数的增加，材料的含水率和吸水率呈现增加的趋势。

在本实验所选秸秆纤维粒径范围内，10目粒径秸秆纤维对材料的增强效果

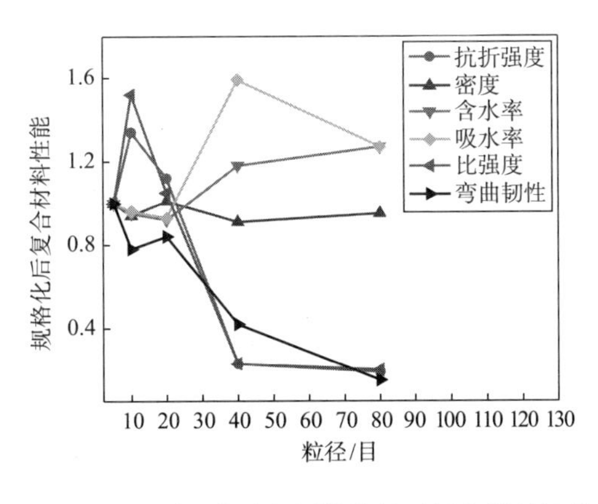

图6-52　不同汉麻秸秆纤维粒径下复合材料性能

较好，材料的比强度、弯曲韧性和密度性能优于水泥基体，能够对水泥基体起到良好的减重和增韧作用。因此，需进一步探究10目粒径下秸秆纤维的掺入量对复合材料性能的影响。

6.5.2 汉麻秸秆纤维掺入量对复合材料性能的影响

6.5.2.1 水化产物分析

为了分析汉麻秸秆纤维掺入量对水泥水化反应的影响，对4%、12%、20%掺入量复合材料试样和纯水泥试样水化产物进行XRD分析。图6-53是不同掺入量下复合材料试样和纯水泥试样的XRD图谱，从图中可以看出：①不同掺入量下，复合材料试样中均存在较多的未水化水泥原料成分，这是由于汉麻秸秆纤维对水泥水化反应的阻碍作用。②钙矾石是水泥水化反应产生的主要结晶产物之一，对材料的力学性能具有重要影响。3种掺入量下复合材料试样和纯水泥试样的XRD图谱中都出现了钙矾石的衍射峰。5目、10目、20目、40目和80目5种粒径目数下，只有在5目和10目粒径目数下复合材料水化产物中发现钙矾石的衍射峰，这说明粒径目数对水泥水化反应的影响更大。③4种XRD图谱中，纯水泥试样和4%掺入量复合材料试样中出现了$Ca(OH)_2$的衍射峰，12%和20%掺入量复合材料试样未发现$Ca(OH)_2$的特征峰。4%掺入量复合材料产生的$Ca(OH)_2$的衍射峰强度高于纯水泥试样，采用喷水养护的方法制备秸秆纤维水泥复合材料，低掺入量秸秆纤维能够释放吸收的水分，对水泥水化反应具有促进作用。

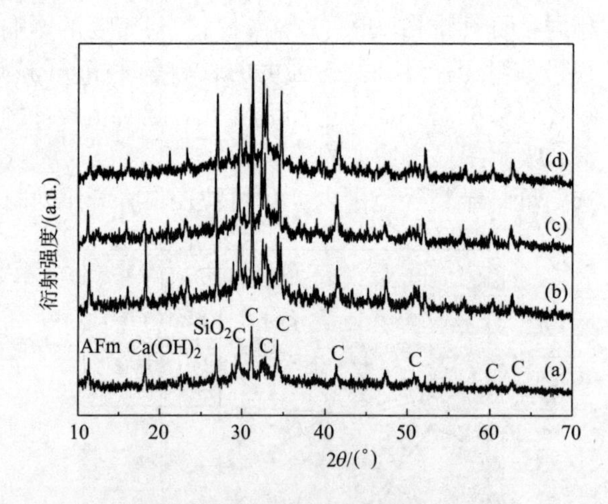

图 6-53 XRD 图谱

（a）纯水泥试样，（b）4%掺入量复合材料试样，
（c）12%掺入量复合材料试样，（d）20%掺入量复合材料试样
AFm—水化产物钙矾石 C—水泥原料成分C_2S和C_3S

6.5.2.2　断面形貌

不同汉麻秸秆纤维掺入量下复合材料断面形貌如图6–54所示，随着掺入量的增加，复合材料断面纤维数量增加，水泥凝胶产物被秸秆纤维分隔越明显，连续性降低；不同掺入量下，复合材料断面均有纤维抽拔产生的坑槽；图6–54（e）中，汉麻秸秆纤维附近出现较为明显的返碱现象，这是由于复合材料内部水泥水化产生的Ca（OH）$_2$随着秸秆纤维中水分的蒸发而析出到材料断面，

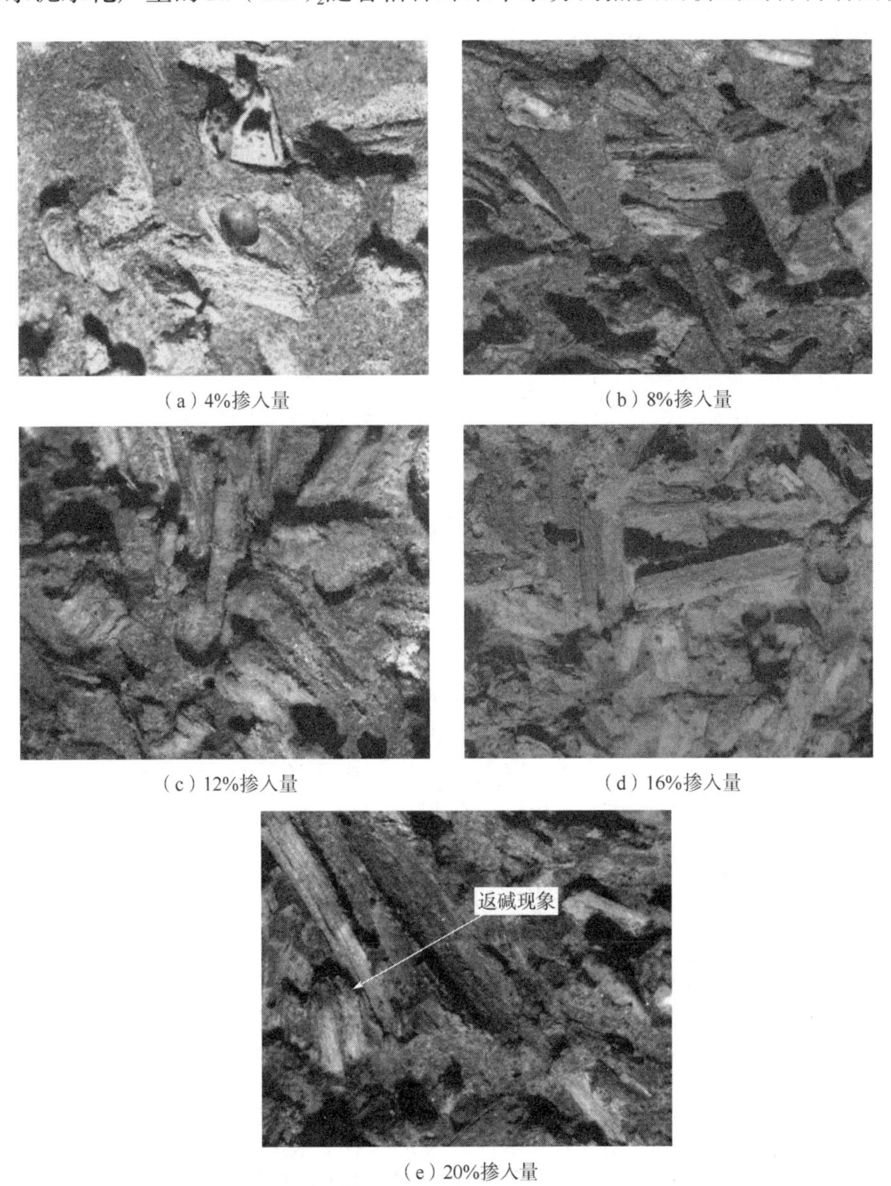

（a）4%掺入量　（b）8%掺入量

（c）12%掺入量　（d）16%掺入量

（e）20%掺入量

图6–54　不同秸秆纤维掺入量下复合材料的断面形貌

并与CO_2气体反应形成$CaCO_3$白色颗粒。汉麻秸秆纤维掺入量较大时，纤维蒸发散失的水分较多，因而返碱现象较为明显。

6.5.2.3 物理和力学性能

图6-55为汉麻秸秆纤维掺入量对复合材料密度的影响，从图中可以看出，材料密度随着秸秆纤维掺入量的增加而逐渐降低。4%、8%、12%、16%和20%掺入量下，汉麻秸秆纤维水泥复合材料密度分别较纯水泥试样降低15.89%、21.74%、35.57%、38.06%和45.12%。

水泥基体的密度为1781.09kg/m³，汉麻秸秆纤维具有多孔、空腔结构，密度仅为240kg/m³。因此，秸秆纤维的掺入对材料起到减重作用。随着掺入量的增加，秸秆纤维对材料的减重作用增加，材料密度逐渐降低。

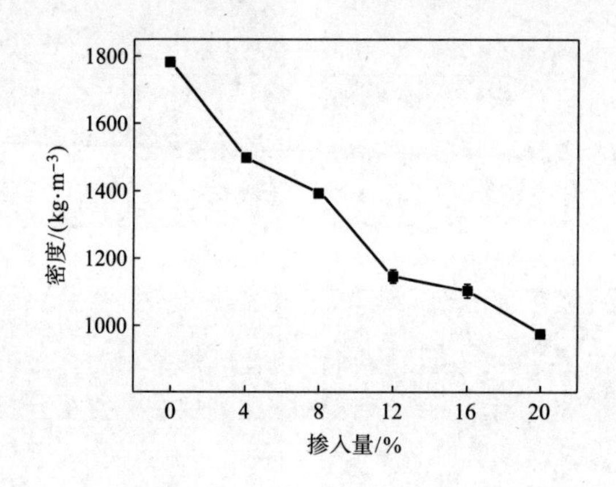

图 6-55　汉麻秸秆纤维掺入量对复合材料密度的影响

图6-56为汉麻秸秆纤维掺入量对复合材料抗折强度和比强度的影响，从图中可以看出，随着汉麻秸秆纤维掺入量的增加，材料抗折强度呈现逐渐降低的趋势，而比强度则呈现先增加后降低的趋势。由于秸秆纤维成分中纤维素、半纤维素等多糖类物质对水泥水化反应的阻碍作用，加入汉麻秸秆纤维后复合材料的抗折强度低于水泥基体。

随着汉麻秸秆纤维掺入量的增加，复合材料的比强度呈现先增加后降低的趋势，在掺入量为12%时达到最大值2.39N · m/g。随着掺入量的增加，秸秆纤维对水泥基体的阻碍作用和减重作用均增加，因而复合材料抗折强度和密度均呈现降低的趋势。当掺入量较低时，由于汉麻秸秆纤维在材料中的骨架作用和界面黏结作用，材料的抗折强度得到一定程度的改善。因此，低掺入量下材料的比强度呈现增加的趋势。但是，随着秸秆纤维掺入量的增加，复合材料内水泥基体的比例降低，水泥基体对秸秆纤维的包覆程度降低。随着复合材料中水泥基体比例的降低，汉麻秸秆纤维对水泥的阻碍作用增加，材料抗折强度降低量增加。同时，水泥基体对汉麻秸秆纤维包覆作用的降低也使材料中纤维的骨架作用和界面黏结作用降低。因此，秸秆纤维掺入量过大时，材料的比强度呈现降低趋势。综上，随着秸秆纤维掺入量的增加，复合材料的比强度呈现先增加后降低的趋势。

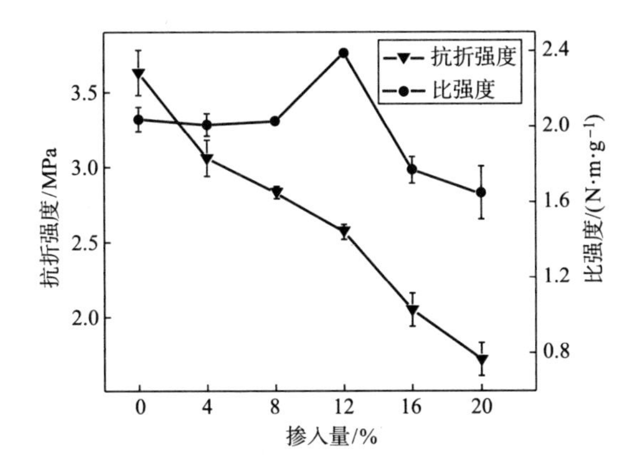

图 6-56　汉麻秸秆纤维掺入量对复合材料抗折强度和比强度的影响

水泥材料因凝结和硬化过程中收缩大极易产生裂纹，发生弯曲断裂时呈现脆性。汉麻秸秆纤维的加入，使得水泥基体的弯曲韧性得到显著提高，提高了材料应用可靠性。从图6-57可以看出，随着秸秆纤维掺入量的增加，复合材料的弯曲韧性逐渐增加。当秸秆纤维掺入量达到20%时，复合材料的弯曲韧性达到最大值1.72。水泥属于脆性材料，其弯曲韧性值为0.47，掺入20%秸秆纤维的复合材料的弯曲韧性较水泥基体提高265.96%。

随着汉麻秸秆纤维的掺入，材料内秸秆纤维形成了骨架结构，秸秆纤维与水泥基体之间产生了界面黏结。因而，掺入秸秆纤维使材料的弯曲韧性得到提高。随着秸秆纤维掺入量的增加，材料弯曲断裂需要抵抗的纤维抽拔数量逐渐增加，由于秸秆纤维的界面黏结作用使得复合材料继续破坏时的耗能

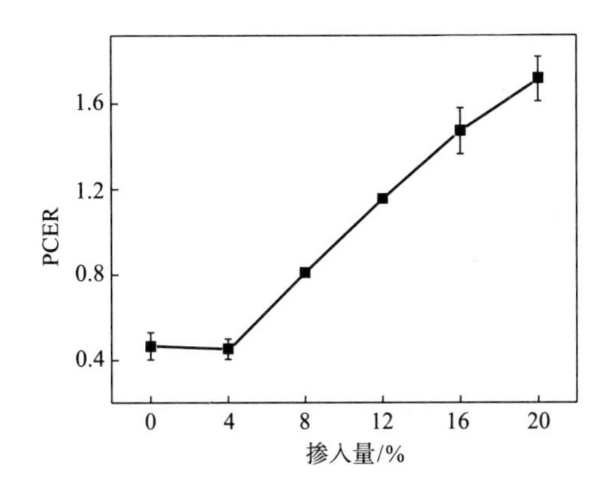

图 6-57　汉麻秸秆纤维掺入量对复合材料弯曲韧性的影响

增加。因此，复合材料达到最大破坏载荷后持续承载能力增加，材料的弯曲韧性增加。

图6-58为汉麻秸秆纤维掺入量对复合材料吸水率的影响，从图中可以看出，复合材料的吸水率随着秸秆纤维掺入量的增加而呈增加的趋势。汉麻秸秆纤维掺入量在4%~20%时，复合材料的吸水率分别提高58.32%~276.17%。汉麻秸秆纤维属于亲水性多孔材料，24h吸水率可达156%以上，秸秆纤维的掺入使复合材料的吸水率显著提高。随着秸秆纤维掺入量的增加，亲水性秸秆纤维在复合材料内的比例逐渐增加。因此，复合材料的吸水率随着秸秆纤维掺入量的增加而逐渐增加。

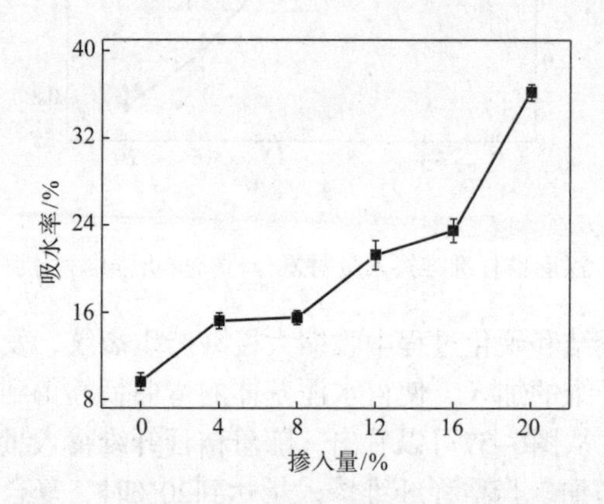

图 6-58　汉麻秸秆纤维掺入量对复合材料吸水率的影响

图6-59为汉麻秸秆纤维掺入量对复合材料含水率的影响，从图中可以看出，材料的含水率随着秸秆纤维掺入量的增加而呈现增加的趋势。秸秆纤维具有多孔结构，并且成分中含有亲水性的纤维素、半纤维素等。养护的过程中，纤维吸收水分并保存在材料内部，材料含水率增加。随着汉麻秸秆掺入量的增加，材料内秸秆纤维的占比增加，复合材料的含水率呈现逐渐增加趋势。

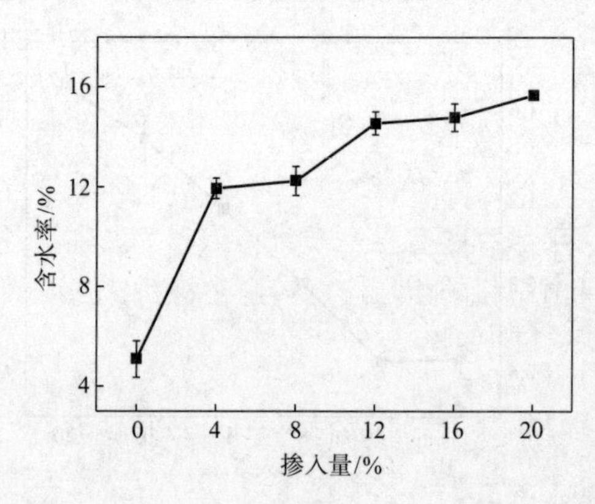

图 6-59　汉麻秸秆纤维掺入量对复合材料含水率的影响

6.5.2.4　掺入量对复合材料物理和力学性能的综合影响

从不同掺入量下复合材料性能数据及分析可以看出，汉麻秸秆纤维的掺入量对其增强水泥基复合材料的性能具有明显的影响。但是秸秆纤维掺入量和得到的试样性能数据量纲存在较大差异，不能更好地对比因素对试样性能产生的影响程度，因而不能更好地实现以试样性能对汉麻秸秆纤维掺入量进行更好的优选。因此，依据式（6–12）对数据进行规格化处理。

图6–60为不同汉麻秸秆纤维掺入量下复合材料的性能，从图中可以看出，相同量纲下，汉麻秸秆纤维掺入量对材料各项性能的影响呈现不同的趋势。随着掺入量的增加，密度、抗折强度均呈现逐渐降低的趋势，比强度呈现先增加后降低的趋势，弯曲韧性、含水率和吸水率呈现出递增的趋势。其中掺入量对弯曲韧性的影响最大，对比强度、含水率和吸水率的影响次之，对抗折强度和密度影响较大。

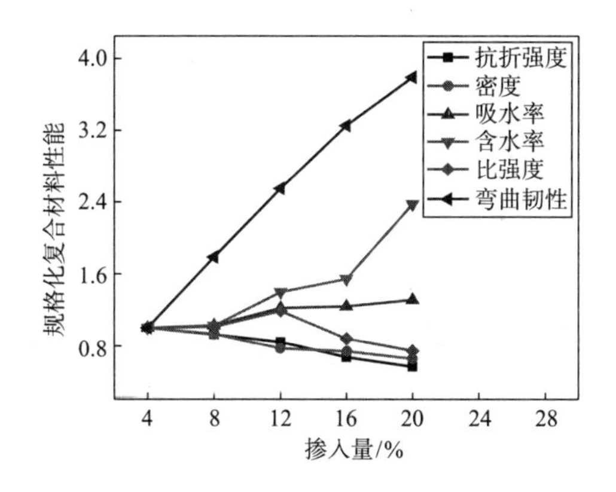

图 6–60　不同汉麻秸秆纤维掺入量下复合材料的性能

随着掺入量的增加，汉麻秸秆纤维对水泥基体的阻碍作用和减重作用增加，复合材料抗折强度和密度逐渐降低。随着掺入量的增加，秸秆纤维在水泥基体中的骨架作用和界面黏结作用降低，秸秆纤维对材料抗折强度的增强作用降低，材料比强度呈现先增加后降低的趋势。秸秆纤维掺入量的增加使材料弯曲断裂耗能增加，材料的弯曲韧性增加。汉麻秸秆纤维具有较强的吸水性能，复合材料的含水率和吸水率随着秸秆纤维掺入量的增加而逐渐增加。12%掺入量下，汉麻秸秆纤维对材料的增强作用较好，材料比强度最高，密度性能和弯曲韧性较好。

6.5.3　聚合物改性秸秆纤维增强水泥复合材料的性能研究

6.5.3.1　聚合物改性工艺

随着汉麻秸秆纤维在水泥基体中的应用，复合材料的密度降低，比强度和韧性得到提高。但是，材料抗折强度较水泥基体明显降低。抗折强度是水泥基复合材料的重要性能，提高材料抗折强度能够拓展材料的应用领域。PVA乳液具有价格低廉、水溶性好、无刺激性气味等特点，广泛应用于建筑领域中。在上述研究结果的基础上，本研究以PVA聚合物乳液对大麻秸秆纤维水泥复合材料进行增强改性，讨论和分析PVA聚合物乳液掺入量对材料物理力学性能的影响。

6.5.3.2 聚合物改性效果分析

（1）断面形貌分析

为分析不同掺入量下PVA聚合物乳液对复合材料断面形态的影响，试验对未添加聚合物乳液试样和8种不同聚合物乳液掺入量下复合材料试样进行断面形貌观察。从图6-61可以看出：①加入PVA聚合物乳液后，复合材料断面中出现微小孔隙［图6-61（d）、（e）、（f）、（g）、（h）］，而且孔隙量随着聚合物乳液掺入量的增加而呈现增加趋势。这是由于，聚合物乳液中有分散介质，随着聚合物乳液的凝胶固化，分散介质挥发而在复合材料中形成孔隙。②未改性试样［图6-61（a）］中秸秆纤维与水泥基体界面结合较差，加入PVA聚合物乳液后复合材料中纤维与水泥之间结合界面得到改善［图6-62（e）］。这是由于，秸秆纤维湿胀干缩较大，随着复合材料的成型，秸秆纤维水分逐渐散失而产生干缩，纤维与水泥基体的结合界面被破坏。加入PVA聚

（a）未添加　（b）5%

（c）10%　（d）20%

（e）40%　（f）80%

（g）160%　（h）320%

图 6-61　不同聚合物乳液掺入量时复合材料的断面形貌

合物乳液后，聚合物乳液在复合材料中固化成膜，加强了秸秆纤维与基体之间的黏结，改善了纤维与基体之间的界面结合效果。

（2）红外光谱分析

图6-62为不同材料试样的红外光谱图，从图中可以看出：①5种试样在3640cm^{-1}和872cm^{-1}处均出现水泥水化产物$Ca(OH)_2$的吸收峰，在1415cm^{-1}处均出现$CaCO_3$的伸缩振动峰，960cm^{-1}处均出现未水化水泥成分C_2S的吸收峰。②纯水泥试样［图6-62（a）］在1646cm^{-1}处出现水化硅酸钙的结晶水吸收峰，而加入秸秆纤维后复合材料［图6-62（b）、（c）、（d）和（e）］中均未出现该吸收峰，这可以解释为，秸秆纤维对水泥水化反应的阻碍作用使材料中水泥未水化产生水化硅酸钙结晶体。

（3）力学性能分析

抗折强度是建筑材料应用性能的重要指标之一，试验对在6种不同的PVA聚合物乳液掺入量下制备的复合材料的抗折强度进行了测试。从图6-63可以看出，复合材料的抗折强度随着改性试剂量的增加呈现先增加后降低的趋势。当改性试剂量达到秸秆纤维质量的40%时，抗折强度达到最大值3.01MPa，较未改性试样的抗折强度提高17.17%。PVA乳液具有良好的水溶性，能够随着水分

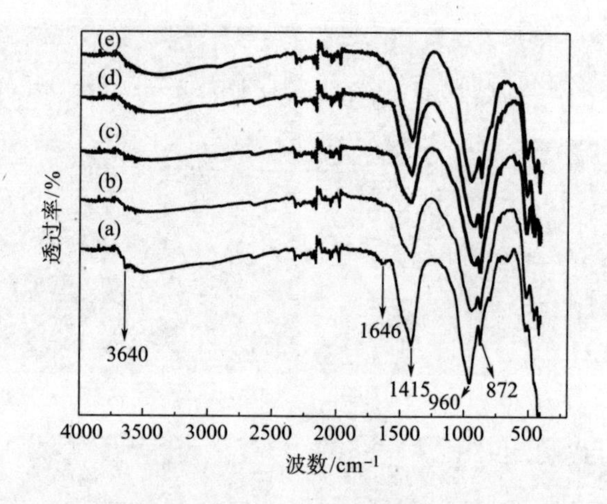

图 6-62　红外光谱图

（a）纯水泥试样，（b）12%秸秆纤维水泥试样，（c）5%PVA乳液改性试样，（d）40%PVA乳液改性试样，（e）320%PVA乳液改性试样

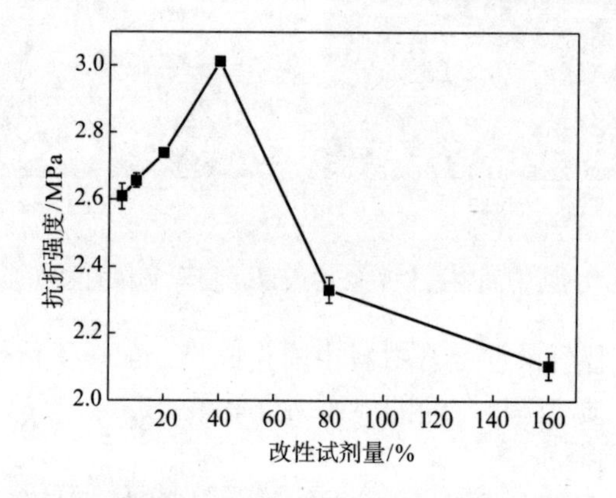

图 6-63　改性试剂量对复合材料抗折强度的影响

均匀地分布于水泥基复合材料内部并在其中形成网状膜结构，从而提高复合材料的弯曲性能。但是，PVA乳液水解后释放醋酸根离子，这些醋酸根离子能够与水泥水化产物$Ca(OH)_2$发生反应，对水泥结晶性能具有削弱作用。因此，当PVA聚合物乳液掺入量过多时，复合材料的抗折强度呈现降低趋势。

图6-64为PVA聚合物乳液掺入量对复合材料密度的影响，从图中可以看出，复合材料密度随着聚合物乳液掺入量的增加而呈现降低的趋势，这会对大麻秸秆纤维增强水泥复合材料起到减重的效果。当PVA聚合物乳液的添加量为秸秆纤维质量的160%时，复合材料的密度为943.50kg/m^3，相比未改性试样降低17.78%。这是由于PVA聚合物乳液的密度约为1300kg/m^3，低于水泥基体的密度，聚合物乳液对水泥的替代能够降低复合材料的密度。随着聚合物乳液掺入量的增加，复合材料内水泥含量降低，材料密度降低。同时，随着聚合物乳液

成分中水分和分散介质的挥发，复合材料内会形成微小孔隙。材料的孔隙量随着聚合物乳液掺入量的增加而增加，材料密度也随之降低。

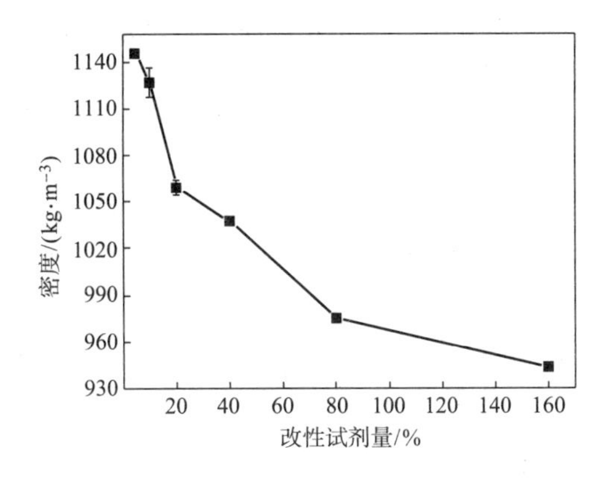

图 6–64　改性试剂量对复合材料密度的影响

比强度高是材料轻质高强的标志，具有高比强度的材料能够在较低自重下满足应用强度的要求。从图6–65可以看出，随着PVA聚合物乳液掺入量的增加，复合材料比强度先增加后降低，这与抗折强度呈现相似的规律。当PVA聚合物乳液的添加量为秸秆纤维质量的40%时，复合材料的比强度为2.88N · m/g，相比未改性试样提高20.50%。当聚合物乳液的掺入量较低时，复合材料抗折强度性能得到提高。但是，当PVA聚合物乳液掺入量过大时，PVA的水解对水泥水化结晶产生了负作用，复合材料的抗折强度降低。相同聚合物掺入量比例下，材料密度的降低比例相同，而抗折强度呈现较大幅度的降低。因此，材料比强度呈现先增加后降低的趋势。

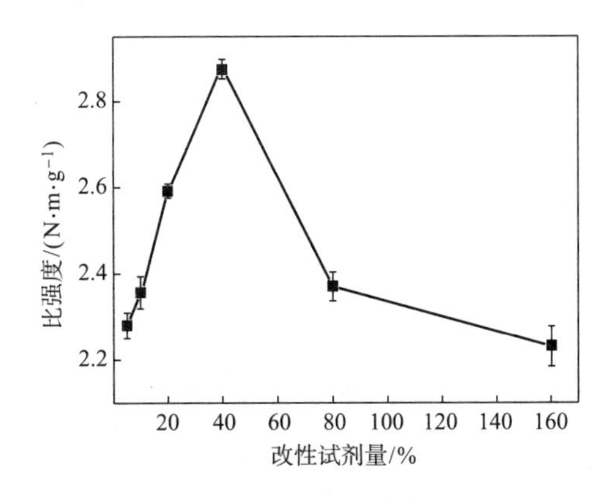

图 6–65　改性试剂量对复合材料比强度的影响

楼板、阶梯、桥梁等领域建筑材料会受到较大的弯曲载荷，较高的弯曲韧性可以保证材料不发生脆性断裂，能提高材料的安全性。从图6–66可以看出，随着PVA聚合物乳液掺入量的增加，复合材料的弯曲韧性呈现增加的趋势。这是由于PVA聚合物乳液在复合材料内固化形成了网状结构膜，提高了材料的弯曲韧性。当掺入量大于40%后，PVA聚合物乳液对复合材料抗折强度性能产生负作用，材料弯曲韧性的增加趋势变缓。

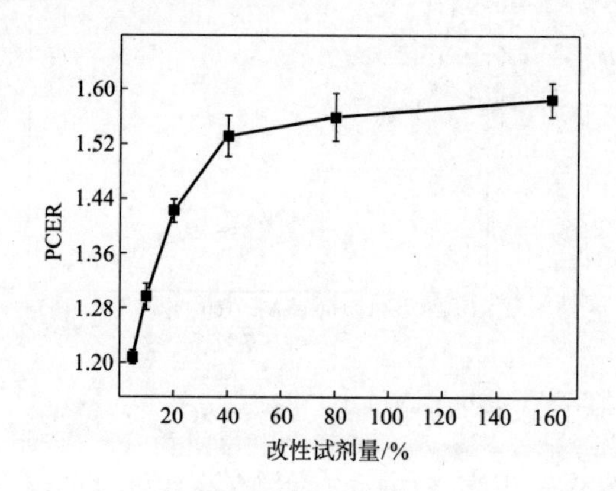

图 6-66　改性试剂量对复合材料弯曲韧性的影响

PVA聚合物乳液掺入量对复合材料含水率的影响如图6-67所示，随着改性试剂量的增加，含水率呈现降低趋势。PVA聚合物乳液中含有的水分和分散介质，能够降低复合材料搅拌达到相同黏稠度所需水量，从而降低材料体系中的含水量。因此，PVA聚合物乳液的掺入对材料含水率有降低作用。

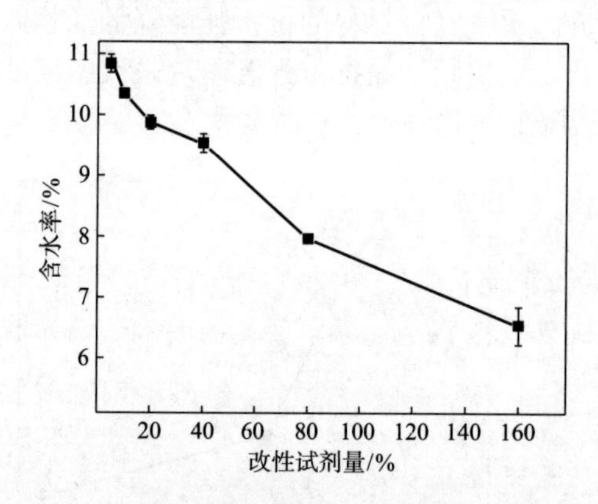

图 6-67　改性试剂量对复合材料含水率的影响

图6-68为PVA聚合物乳液掺入量对复合材料吸水率的影响，从图中可以看出，随着PVA聚合物乳液掺入量的增加，复合材料吸水率呈增加的趋势。这是由于，随着乳液掺入量的增加，聚合物乳液中水分和分散介质的挥发使复合材料产生的孔隙量增加，进而使复合材料吸水性能增加。同时，PVA分子结构中含有的亲水性羟基也对复合材料吸水性能具有促进作用。

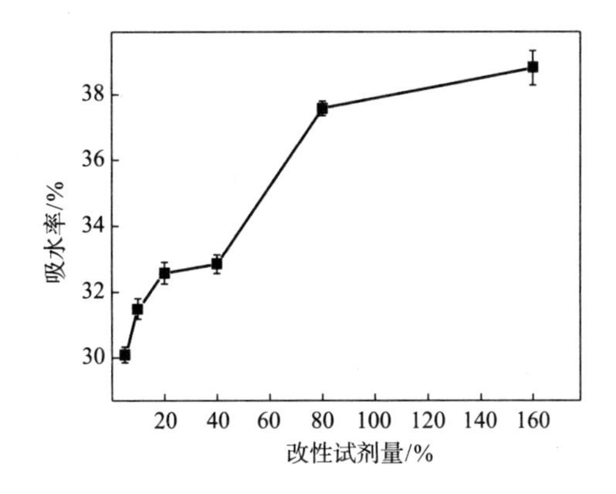

图 6–68　改性试剂量对复合材料吸水率的影响

6.5.4　基于秸秆纤维粒径和掺入量的复合材料抗折强度预测模型的构建

6.5.4.1　模型建立

假设水泥基体中秸秆纤维具有相同的强度，相同粒径秸秆纤维具有相同的长度、宽度和厚度并且均匀分布于水泥基体中。假设任意一根秸秆纤维在水泥基体任意方向和位置上出现的概率相同，秸秆纤维均处于伸直状态，则弯曲断裂强度可根据复合材料的混合定律进行估算：

$$\sigma=C_f\sigma_f V_f+\sigma_m(1-V_f) \tag{6–13}$$

式中：σ为复合材料的抗弯强度（MPa）；σ_f为秸秆纤维的拉伸强度（MPa）；σ_m为水泥基体的弯曲强度（MPa）；V_f为秸秆纤维的体积分数，即秸秆纤维体积与试样体积的比值；C_f为纤维抵抗复合材料弯曲断裂时的增强系数，其数值根据下式计算：

$$C_f=C_\alpha \cdot C_b \cdot C_l \tag{6–14}$$

式中：C_f为复合材料弯曲断裂时秸秆纤维的增强系数；C_α为秸秆纤维的方向有效系数；C_b为秸秆纤维与基体界面的黏结系数；C_l为秸秆纤维的长度有效系数。

（1）秸秆纤维方向有效系数计算

当试样中纤维三维乱向分布时，任意纤维在试样内可能取得的位置具有相同的概率。假设秸秆纤维与复合材料轴向的夹角为α，如图6–69所示，可根据半径为秸秆纤维长度的球体模型来推导秸秆纤维在试样中的方向有效系数。

根据推导，秸秆纤维落在与试样轴向夹角为α位置的概率t等于宽度为dα微圆环面积与半径为纤维长度的半球面积之比，即：

$$t=\frac{2\pi r\sin\alpha \cdot r\mathrm{d}\alpha}{2\pi r^2}=\sin\alpha\mathrm{d}\alpha \tag{6–15}$$

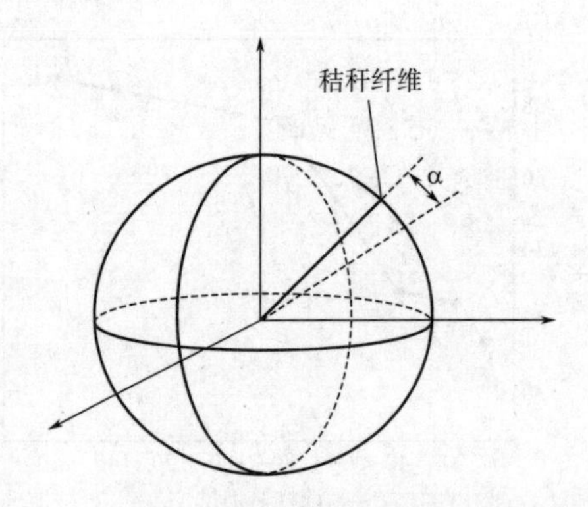

图 6-69　秸秆纤维三维乱向分布

则纤维在试样轴向的有效系数为cosα，秸秆纤维方向有效系数为：

$$C_\alpha=\int_0^{\frac{\pi}{2}}\cos\alpha\sin\alpha\mathrm{d}\alpha=\frac{1}{2} \tag{6-16}$$

当秸秆纤维呈二维乱向分布于试样中时，纤维落在与试样轴向夹角为α位置的概率为：

$$t=\frac{r\mathrm{d}\alpha}{\pi r}=\frac{\mathrm{d}\alpha}{\pi} \tag{6-17}$$

此时，秸秆纤维方向有效系数为：

$$C_\alpha=\int_0^{\frac{\pi}{2}}\frac{\cos\alpha}{\pi}\mathrm{d}\alpha=\frac{2}{\pi} \tag{6-18}$$

（2）秸秆纤维与基体界面的黏结系数

当秸秆纤维增强复合材料受弯曲时，复合材料轴向受到剪切应力的作用而产生拉伸。秸秆纤维由于黏结强度的作用而与基体同时受到剪切应力作用而产生拉伸，纤维在剪切应力作用下从复合材料内拔出或拉伸断裂（图6-70）。

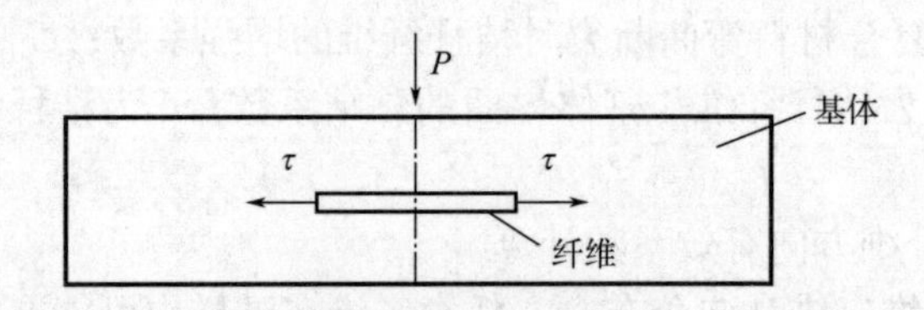

图 6-70　秸秆纤维受到剪切应力示意图

当秸秆纤维受到剪切应力作用而拉伸断裂时，秸秆纤维受到的最大拉伸应力等于秸秆纤维与水泥基体之间的黏结强度，即：

$$\sigma_1=\tau=\frac{P}{2\cdot l_{\mathrm{crit}}\cdot(b+h)} \tag{6-19}$$

式中：σ_1为复合材料断裂时纤维承受的最大拉伸应力；P为秸秆纤维受到的

最大拉伸载荷；l_{crit}、b、h分别为秸秆纤维临界长度、宽度和厚度。

此时，秸秆纤维由于秸秆纤维与水泥基体之间黏结作用而受到的最大拉伸载荷等于拉伸断裂载荷，则秸秆纤维临界纤维长度为：

$$l_{crit}=\frac{\sigma_f \cdot b \cdot h}{2 \cdot \tau \cdot (b+h)} \tag{6-20}$$

式中：l_{crit}为秸秆纤维临界长度；σ_f为纤维拉伸断裂强度；τ为秸秆纤维在水泥中的黏结强度。

定义秸秆纤维长度与临界长度的比值为秸秆纤维与水泥基体之间的黏结系数。当秸秆纤维长度$l<l_{crit}$时，秸秆纤维受到拉伸应力而从复合材料内拔出，纤维与基体之间的黏结系数为：

$$C_b=\frac{l}{l_{crit}} \tag{6-21}$$

式中：C_b为秸秆纤维与水泥基体之间的黏结系数；l为秸秆纤维长度；l_{crit}为秸秆纤维断裂临界长度。

当秸秆纤维长度$l \geqslant l_{crit}$时，纤维受到拉伸应力作用而发生断裂，此时秸秆纤维对复合材料增强的有效长度等于l_{crit}，即纤维与水泥基体之间的黏结系数为1。

（3）秸秆纤维长度有效系数

假设复合材料断裂破坏点处秸秆纤维在基体中的埋入深度为x，则实际受力秸秆纤维长度为$2x$，而纤维落在埋入深度为x处的概率为$\frac{2dx}{l}$。当秸秆纤维长度$l \leqslant l_{crit}$时，试样内秸秆纤维受到拉伸应力的作用而从试样中抽拔出，此时秸秆纤维的有效系数为$\frac{2x}{l}$，则秸秆纤维的长度有效系数为：

$$C_l=\int_0^{\frac{l}{2}} \frac{2x}{l} \cdot \frac{2dx}{l}=\frac{1}{2} \tag{6-22}$$

当秸秆纤维长度$l>l_{crit}$时，试样中的秸秆纤维可能断裂或者拔出。当复合材料断裂破坏点处秸秆纤维在基体中的埋入深度x在$0\sim\frac{l_{crit}}{2}$之间时，秸秆纤维从复合材料中拔出，秸秆纤维的有效系数为$\frac{2x}{l_{crit}}$；当复合材料断裂破坏点处秸秆纤维在基体中的埋入深度$x \geqslant \frac{l_{crit}}{2}$时，秸秆纤维受到剪切应力作用而被拉断，秸秆纤维的长度有效系数为l_{crit}。则对纤维的长度有效系数积分得：

$$C_l=1-\frac{l_{crit}}{2l} \tag{6-23}$$

综上推导，当秸秆纤维呈二维乱向分布时，秸秆纤维的增强系数C_f为：

$$C_f=\begin{cases}\dfrac{l}{\pi\cdot l_{crit}},\ l\leqslant l_{crit}\\ \dfrac{2}{\pi}\cdot\left(1-\dfrac{l_{crit}}{2l}\right),\ l>l_{crit}\end{cases} \tag{6-24}$$

复合材料抗折强度为：

$$\sigma=\begin{cases}\dfrac{l}{\pi\cdot l_{crit}}\cdot\sigma_f\cdot V_f+\sigma_m\cdot(1-V_f),\ 1\leqslant l_{crit}\\ \dfrac{2}{\pi}\cdot\left(1-\dfrac{l_{crit}}{2l}\right)\cdot\sigma_f\cdot V_f+\sigma_m\cdot(1-V_f),\ 1>l_{crit}\end{cases} \tag{6-25}$$

当秸秆纤维呈三维乱向分布时，秸秆纤维的增强系数C_f为：

$$C_f=\begin{cases}\dfrac{l}{4\cdot l_{crit}},\ l\leqslant l_{crit}\\ \dfrac{1}{2}\cdot\left(1-\dfrac{l_{crit}}{2l}\right),\ l>l_{crit}\end{cases} \tag{6-26}$$

复合材料抗折强度为：

$$\sigma=\begin{cases}\dfrac{l}{4\cdot l_c}\cdot\sigma_f\cdot V_f+\sigma_m\cdot(1-V_m),\ 1\leqslant l_c\\ \dfrac{1}{2}\cdot\left(1-\dfrac{l_c}{2l}\right)\cdot\sigma_f\cdot V_f+\sigma_m\cdot(1-V_m),\ 1>l_c\end{cases} \tag{6-27}$$

6.5.4.2 复合材料性能与模型验证

图6-71为不同粒径汉麻秸秆纤维水泥复合材料断裂截面图，从图中可以看出，不同粒径汉麻秸秆纤维在复合材料内部均呈现三维乱向分布。从图6-71（a）可以看出，5目粒径秸秆纤维沿着试样断面的垂直方向和轴向呈现不同角度分布，整体在试样内呈三维乱向分布。随着粒径目数的增加，试样断面分布的纤维数量增加。粒径目数为10目、20目时，试样断面分布纤维数量较多，并且沿着垂直方向和轴向在试样内乱向分布。当秸秆纤维粒径目数增加到40目和80目时，粒径尺寸减小使断面内分布的纤维数量增加，断面内纤维取向不明显。

不同粒径目数汉麻秸秆纤维的尺寸稳定性见表6-13，随着秸秆纤维粒径目数的增加，纤维长度、宽度和厚度呈现逐渐降低的趋势。当粒径目数较小时，秸秆纤维长度与宽度和厚度相差较大。秸秆纤维长度、宽度和厚度之间的差异随着粒径目数的增加而降低，当粒径目数为80目时，秸秆纤维宽度与厚度数值相等。

（a）5目

（b）10目

（c）20目

（d）40目

（e）80目

图 6-71　不同粒径汉麻秸秆纤维水泥复合材料断裂截面图

表 6-13　不同粒径目数汉麻秸秆纤维尺寸稳定性

目数 / 目	5	10	20	40	80
长度均值 /mm	15.63	7.21	3.64	0.82	0.36
宽度均值 /mm	3.77	0.87	0.56	0.31	0.16
厚度均值 /mm	2.41	0.52	0.39	0.27	0.16

根据式（6–20）分别计算得到不同粒径目数秸秆纤维在剪切应力作用下的断裂临界长度，计算结果见表6–14。

表 6–14 不同粒径目数汉麻秸秆纤维临界长度

目数 / 目	5	10	20	40	80
长度 /mm	15.63	7.21	3.64	0.82	0.36
临界长度 /mm	114.43	25.33	17.89	11.21	6.23

从表6–14可以看出，秸秆纤维临界长度随着粒径目数的增加而逐渐降低。这是由于，随着秸秆纤维粒径目数的增加，宽度和厚度逐渐降低。宽度和厚度的降低使得秸秆纤维能够承受的最大拉伸断裂载荷降低，进而在相同黏结强度下秸秆纤维的断裂临界长度降低。

由表6–14可知，不同粒径目数秸秆纤维长度均小于临界长度，则不同粒径目数秸秆纤维增强系数可根据式（6–26）计算得出，不同粒径秸秆纤维增强系数计算结果见表6–15。

表 6–15 不同粒径目数汉麻秸秆纤维增强系数

目数 / 目	5	10	20	40	80
增强系数	0.0342	0.0712	0.0509	0.0183	0.0146

从表6–15可以看出，随着粒径目数的增加，秸秆纤维的增强系数呈现先增加后降低的趋势。在秸秆纤维粒径目数为10目时，增强系数达到最大值0.0712。汉麻秸秆纤维拉伸强度为23.35MPa，密度为0.24g/cm^3，水泥基体的抗折强度为3.63MPa。12%掺入量下秸秆纤维体积分数为0.66，根据式（6–27）计算得到不同粒径目数下复合材料抗折强度，模型预测值与实际试验结果见表6–16。

表 6–16 不同粒径目数汉麻秸秆纤维抗折强度试验值与模型预测值

目数 / 目	5	10	20	40	80
预测值 /MPa	1.77	2.34	2.03	1.53	1.48
试验值 /MPa	1.92	2.57	2.15	0.44	0.36
误差 /%	8.46	9.81	5.96	–71.28	–75.60

从表6–16和图6–72可以看出，当秸秆纤维粒径目数为5目、10目和20目时，模型能够良好预测复合材料的抗折强度。但是，当秸秆纤维粒径目数增加到40目和80目时，复合材料的试验值低于预测值，预测误差达到75.60%。

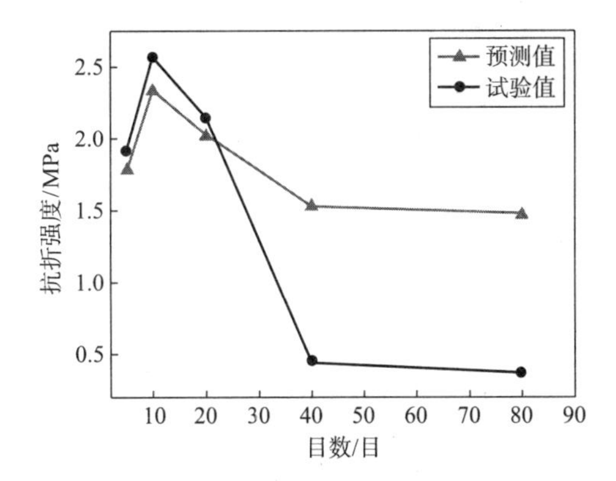

图 6–72　不同粒径目数时复合材料抗折强度模型预测结果比较

根据式（6–27）计算可知，当试样内秸秆纤维体积分数为0.65时，试样内基体的抗折强度为1.25MPa，此时40目和80目粒径秸秆纤维产生的强度分别为0.28MPa和0.22MPa。这表明40目和80目粒径目数下，复合材料内基体所贡献的强度远低于1.25MPa。从下式可以看出，复合材料中基体贡献的强度为纯基体强度与基体所占体积分数乘积。

$$\sigma=C_f\sigma_f V_f+\sigma_m(1-V_f)=C_f\sigma_f V_f+\sigma_m V_m \quad (6\text{–}28)$$

当纤维体积分数取1时，40目粒径和80目粒径材料的抗折强度分别为0.43MPa和0.34MPa，模型对材料抗折强度的预测误差降低至2.83%和5.59%。秸秆纤维的比表面积随着粒径目数的增加而逐渐增加，对秸秆纤维完全包覆所需的水泥基体质量增加。40目和80目粒径下，秸秆纤维外观呈粉状，因此以秸秆纤维堆积密度计算纤维在复合材料中所占体积更为合适。

40目粒径和80目粒径秸秆纤维堆积密度分别为0.13g/cm^{3}和0.12g/cm^3，12%掺入量下秸秆纤维体积分别为307.69cm^{3}和333.33cm^3。试样体积为（4×4×16）cm^3=256cm^3，40目粒径和80目粒径秸秆纤维体积均高于试样体积。因此，以1作为试样中纤维体积分数。

从图6–73可以看出，通过对秸秆纤维性能进行修正，修正后模型对复合材料抗折强度预测误差绝对值均小于9.81%，模型能够较好地预测不同粒径复合材料的抗折强度。

当粒径目数为定值时，秸秆纤维对复合材料的增强系数也为定值。10目粒径秸秆纤维的增强系数为0.0823，不同掺入量的抗折强度试验值与预测结果见表6–17。

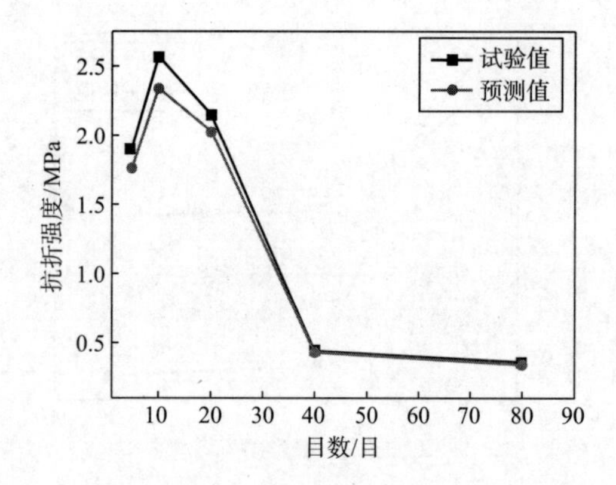

图 6-73　修正模型对不同粒径目数秸秆纤维复合材料抗折强度预测结果比较

表 6-17　不同汉麻秸秆纤维掺入量下复合材料抗折强度试验值与模型预测值

掺入量 /%	4	8	12	16	20
体积分数	0.22	0.44	0.66	0.87	1（1.09）
试验值 /MPa	3.06	2.83	2.57	2.05	1.72
预测值 /MPa	3.20	2.77	2.34	1.91	1.66
误差 /%	–4.26	2.15	9.81	7.38	3.60

注　20% 掺入量下秸秆纤维体积计算为 279.53cm^3，与试样体积 256cm^3 的比值为 1.09。纤维体积大于试样体积，因此以 1 作为试样中纤维体积分数。

从表6–17及图6–74可以看出，模型能够较为准确地预测不同秸秆纤维掺入量时复合材料的抗折强度性能，预测误差均小于9.81%，预测结果与试验结果吻合良好。

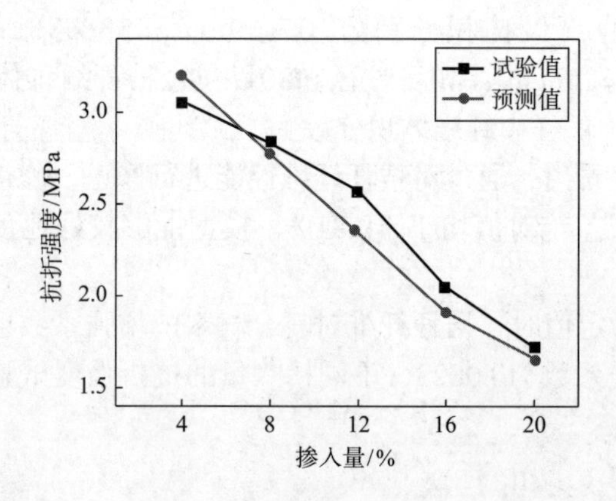

图 6-74　不同秸秆纤维掺入量下材料抗折强度预测

参考文献

[1] 车宁，胡宝云 . 木塑复合材料加工改性工艺国内专利技术浅析［J］. 云南化工，2018，45（5）：10–11.

[2] BIGG D M. A study of the effect of pressure，time，and temperature on high - pressure powder molding［J］. Polymer Engineering & Science，2010，17（9）：691–699.

[3] 侯秀英，黄祖泰，杨文斌 . 改善模压成型木塑复合材料力学性能的途径［J］. 森林工程，2005，(1)：46–48.

[4] 葛正浩，魏悦涵，司丹鸽，等 . PLA/PBS/ 秸秆粉可生物降解木塑复合材料制备及性能［J］. 塑料，2017，46（3）：18–22.

[5] KHAN B A，CHEVALI V S，NA H，et al. Processing and properties of antibacterial silver nanoparticle–loaded hemp hurd/poly（lactic acid）biocomposites［J］. Composites Part B，2016，100：10–18.

[6] GB/T 29418—2012，塑木复合材料产品物理力学性能测试［S］.

[7] GB/T 17657—2013，人造板及饰面人造板理化性能试验方法标准［S］.

[8] GB/T 1447—2005，纤维增强塑料拉伸性能试验方法［S］.

[9] 克列阿索夫王伟宏，宋永明，高华 . 木塑复合材料：Wood–plastic composites［M］. 科学出版社，2010.

[10] NAJAFI S K，SHARIFNIA，HOURI，et al. Effects of water absorption on creep behavior of wood–plastic composites［J］. Journal of Composite Materials，2008，42（10）：993–1002.

[11] GB/T 24137—2009，木塑装饰板［S］.

[12] 徐卅蒙，陈太安，吴章康，等 . 不同木质纤维原料对 PVC 木塑复合材料力学性能的影响［J］. 西南林业大学学报，2015，(5)：88–91.

[13] 王春红，任子龙，吴利伟，等 . 木质纤维对木塑复合材料力学性能和吸水性能的影响［J］. 塑料科技，2018（5）：65–70.

[14] XIAO Z，ZHAO L，XIE Y，et al. Review for development of wood plastic composites［J］. Journal of Northeast Forestry University，2003，29（2）：278–289.

[15] YU T，REN J，LI S，et al. Effect of fiber surface–treatments on the properties of poly（lactic acid）/ramie composites［J］. Composites Part A：Applied Science and Manufacturing，2010，41（4）：499–505.

[16] DONG E Y，REN Y L，JIN Y S，et al. Development of interfacial modification of wood–plastic composites［J］. Journal of Tianjin Polytechnic University，2013，32（1）：48–51.

[17] FRIEDMAN H L. Kinetics of thermal degradation of charforming plastics from thermogravimetry. Applications to phenolic plastic［J］. Journal of Polymer Science Polymer Symposia，2010，6（1）：183–195.

[18] FEBRIANTO F，YOSHIOKA M，NAGAI Y，et al. The morphological，mechanical and physical properties of wood flour–poly lactic acid composites under various filler types［J］. Journal of Biological Science，2006，6：555–563.

[19] LEE S Y，KANG I A，DOH G H，et al. Thermal and mechanical properties of wood flour/talc–

filled polylactic acid composites：effect of filler contentand coupling treatment [J] . Journal of Thermoplastic Composite Materials，2008，21（21）：209–223.

[20] PILLA S，GONG S，O'NEILL E，et al. Polylactide–pine wood flour composites [J] . Polymer Engineering & Science，2008，48（3）：578–587.

[21] PETINAKIS E，YU L，EDWARD G，et al. Effect of matrix - particle interfacial adhesion on the mechanical properties of poly（lactic acid）/wood–flour micro–composites [J] . Journal of Polymers & the Environment，2009，17（2）：83–94.

[22] CSIZMADIA R，FALUDI G，RENNER K，et al. PLA/wood biocomposites：improving composite strength by chemical treatment of the fibers [J] . Composite Part A Applied Science & Manufacturing，2013，53（19）：46–53.

[23] LIU R，CHEN Y，CAO J. Effects of modifier type on properties of in situ Organo–montmorillonite modified wood flour/poly（lactic acid）composites [J] . ACS Appl. Mater. Interfaces，2016，8（1）：161–168.

[24] 宋丽贤，姚妮娜，宋英泽，等 . 木粉 / 聚乳酸可降解复合材料性能研究 [J] . 功能材料，2014，45（5）：5037–5040.

[25] TEYMOORZADEH H，RODRIGUE D. Biocomposites of wood flour and polylactic acid：processing and properties [J] . Journal of Biobased Materials & Bioenergy，2015，9（2）：1–6.

[26] 王茹 . 木粉填充聚丙烯复合材料的制备和性能研究 [D] . 上海：华东理工大学，2011.

[27] CHAN C M，VANDI L J，PRATT S，et al. Composites of wood and biodegradable thermoplastics：a review [J] . Polymer Reviews，2017：1–51.

[28] GB/T 24508—2009，木塑地板 [S] .

[29] QB/T 4492—2013，建筑装饰用塑木复合墙板 [S] .

[30] 潘刚伟，侯秀良，朱澍，等．用于复合材料的小麦秸秆纤维性能及制备工艺 [J]．农业工程学报，2012，28（9）：287–292.

[31] ASTMD 790–03，Standard test methods for flexural properties of unreinforced and reinforced plastics and electrical insulating materials [S].

[32] 全国人造板标准化技术委员会．GB/T 17657—2013，人造板及饰面人造板理化性能试验方法 [S]．北京：中国标准出版社，2013.

[33] 刘庄，黄旭江，张翔．HDPE 微发泡塑木复合材料的制备及其性能研究 [J]．化工新型材料，2014，42（3）：71–73.

[34] 李兰杰，刘得志，陈占勋．木粉粒径对木塑复合材料性能的影响 [J]．现代塑料加工应用，2005，17（5）：21–24.

[35] DIKOBE D G，LUYT A S．Effect of filler content and size on the properties of ethylene vinyl acetate copolymer–wood fiber composites [J] .Journal of Applied Polymer Science，2006，103（6）：3645–3654.

[36] 胡圣飞，张冲，赵敏．表面处理对 PVC- 稻壳复合材料吸湿性能影响研究 [J]．化工新型材料，2009，37（7）：90–92.

[37] 张建东，孙晓明，王和平．HDPE- 稻糠复合材料性能研究 [J]．塑料工业，2007，35（9）：18–22.

[38] 刘文鹏，姚姗姗，陈晓丽，等．影响聚丙烯基木塑复合材料力学性能因素 [J]．现代塑

料加工应用，2006，18（2）：19–22.
[39] 王凌云，廖晓明. 废旧聚乙烯—木粉复合发泡材料的研究［J］. 化工新型材料，2009，37（12）：129–131.
[40] 崔益华，Noruziaan Bahman，Lee Stephen，等. 玻璃纤维—木塑混杂复合材料及其协同增强效应［J］. 高分子材料科学与工程，2006，22（3）：231–234.
[41] 顾金萍. 短玻璃纤维增强 MC 尼龙复合材料力学性能的研究［D］. 南京，南京理工大学，2004.
[42] 邹汉涛，易长海，刘晓洪，等. 玻纤、木粉组合增强 PP 复合材料的制备及性能研究［J］. 天津工业大学学报，2008，27（6）：15–19.
[43] 李东红. 短切玻璃纤维增强 ABS 复合材料性能的研制［J］. 山西师范大学学报，2005，19（1）：74–78.
[44] 沃丁柱. 复合材料大全［M］. 北京：化学工业出版社，2000：18.
[45] 刘玉桂，任元林，董二莹，等. 木塑复合材料界面相容性及加工工艺研究进展［J］. 天津工业大学学报，2011，30（6）：16–19.
[46] OLMOS D，LOPEZ–MORON R，GONZALEZ–BENITO J. The nature of the glass fiber surface and its effect in the water absorption of glass fiber/epoxy composites.The use of fluorescence to obtain information at the interface［J］.Composites Science and Technology，2006，66（15）：2758–2768.
[47] 王德花，李荣勋，刘光烨. 包覆红磷阻燃 ABS 的性能研究［J］. 中国塑料，2007，21（11）：74–77.
[48] 中国石油，化学工业协会. GB/T 24137—2009 木塑装饰板［S］. 北京：中国标准出版社，2009.
[49] 国家林业局. GB/T 24508—2009 木塑地板［S］. 北京：中国标准出版社，2009.
[50] 全国人造板标准化技术委员会. LY/T 1613—2017 挤出成型木塑复合板材［S］. 北京：中国标准出版社，2004.
[51] GB/T 7019—2014 纤维水泥制品试验方法［S］. 北京，中国标准出版社.
[52] HAN J G，YAN P Y. Influence of Fiber Type on Concrete Flexural Toughness［J］. Advanced Materials Research，2011，287–290：1179–1183.
[53] 周璇. 超高性能注浆纤维水泥基材料性能研究［D］. 湖南大学，2017.
[54] 丛后罗. 秸秆 / 橡胶复合材料性能的研究［D］. 苏州大学，2008..
[55] 王春红，支中祥，任子龙，等. 稻壳纤维粒径和掺量分数对水泥复合材料性能的影响［J］. 复合材料学报，2018，35（6）：1582–1589.
[56] 俞友明. 轻质水泥刨花板的研究［D］. 南京林业大学，2006.
[57] HATCHER D W，ANDERSON M J，DESJARDINS R G，et al. Effects of flour particle size and starch damage on processing and quality of white salted noodles.［J］. Cereal Chemistry，2002，79（1）：64–71.
[58] JOSHI V S，JOSHI M J. FTIR spectroscopic，thermal and growth morphological studies of calcium hydrogen phosphate dihydrate crystals［J］. Crystal Research & Technology，2003，38（9）：817–821.
[59] 范基骏，陈日高，罗朝巍，等. 水泥砂浆的 PVA 改性机理研究［J］. 广西大学学报（自

然科学版），2009，34（4）：513–516.
[60] 王茹，王培铭．不同养护条件下丁苯乳液改性水泥砂浆的物理性能［J］．硅酸盐学报，2009，37（12）：2118–2123.
[61] 刘贤萍，王培铭．丁苯乳液和硅酸盐水泥对石膏改性的研究［C］// 中国硅酸盐学会水泥化学学术会议．2001.
[62] 汉南特编，纤维水泥与纤维混凝土［M］．中国建筑工业出版社，1986.
[63] 黄承逵．纤维混凝土结构［M］．机械工业出版社，2004.
[64] 陈华辉．现代复合材料［M］．中国物资出版社，1998.
[65] 姚琏，叶连生，钱辉惋．乱向短纤维增强混凝土的裂后纤维有效系数［J］．东南大学学报：自然科学版，1983，13（1）：87–95.
[66] 任子龙．稻壳粉非医疗废弃物木塑复合材料的制备及性能研究［D］．天津工业大学，2015.
[67] 王妮．麻秆粉 / 聚乳酸木塑复合材料的制备与性能研究［D］．天津工业大学，2019.
[68] 支中祥．汉麻秸秆纤维增强水泥基复合材料性能研究［D］．天津工业大学，2019.
[69] 王利剑．汉麻杆粉增强聚乳酸木塑复合材料阻燃及力学性能研究［D］．天津工业大学，2020.